U0263472

本书研究获
国家科技重大专项(2009ZX07209-008-04)
国家重点基础研究发展计划(2006CB403303)
国家自然科学基金(21377013)
等科研项目支持

Migration Mechanism and Risk Assessment of Typical
Pollutants in Baiyangdian Lake

白洋淀典型污染物迁移机制及风险评估

刘新会　董黎明　成登苗　戴国华　梁　刚　刘冠男／著

科学出版社

北京

内 容 简 介

本书基于作者近年来白洋淀的研究成果编纂而成,主要介绍了白洋淀水体中典型污染物的赋存规律、迁移机制、环境风险以及新型检测方法等。主要内容包括:氮、磷、重金属、抗生素、有机氯农药、多环芳烃和多氯联苯等污染物在白洋淀水体中的赋存规律;白洋淀水–沉积物界面典型污染物的迁移机制;白洋淀水体中典型污染物的环境风险;典型污染物电化学 DNA 生物传感检测方法。

本书可供环境、生态、资源等专业的研究人员、管理人员及高等院校相关专业师生阅读参考。

图书在版编目(CIP)数据

白洋淀典型污染物迁移机制及风险评估 / 刘新会等著 . —北京:科学出版社 , 2017.5

ISBN 978-7-03-052828-5

Ⅰ . ①白… Ⅱ . ①刘… Ⅲ . ①白洋淀–水污染–研究 Ⅳ . ① X522

中国版本图书馆CIP数据核字(2017)第107502号

责任编辑:林 剑 / 责任校对:邹慧卿
责任印制:张 伟 / 封面设计:无极书装

科 学 出 版 社 出版

北京东黄城根北街16号

邮政编码:100717

http://www.sciencep.com

北京京华虎彩印刷有限公司 印刷

科学出版社发行 各地新华书店经销

*

2017年5月第 一 版 开本:787×1092 1/16
2017年5月第一次印刷 印张:24

字数:573 000

定价:168.00元

(如有印装质量问题,我社负责调换)

前　言

在水环境的风险评价和环境管理中，水环境不同介质中污染物的赋存、分布、迁移和转化等研究能够为科研工作者提供基础数据，水-沉积物界面等不同介质间污染物环境行为的探究有助于水体污染物环境风险的深入剖析、有助于为水体污染物环境管理政策的制定提供科学数据。作为中国华北地区最大的内陆湖泊——白洋淀对当地生态系统平衡的维护、华北平原及京津冀地区气候的调节、华北地区地下水的补充及生物多样性和珍稀物种资源的保护等发挥着重要作用。近年来，伴随白洋淀区域经济的快速发展和人口的快速增长，白洋淀水环境中污染物的种类和含量呈现不断增大的趋势，白洋淀的水生态环境、区域经济发展和当地居民健康等已经遭受到严重负面影响。目前，白洋淀水环境中污染物的赋存特征、分布规律、迁移规律和环境风险等还未有论著进行系统阐述，而白洋淀水环境中污染物迁移行为等系统研究成果出版物的缺失将不利于白洋淀的水环境管理工作。

基于本课题组近10年来的相关研究成果，本书对白洋淀水体环境中典型污染物的分布特征、迁移机制、环境风险及新型检测方法研究等进行了系统阐述。本书由刘新会教授（北京师范大学）作为牵头人，会同董黎明博士（北京工商大学）、成登苗博士（中国农业科学院农业资源与农业区划研究所）、戴国华博士（中国科学院植物研究所）、梁刚博士（北京市农林科学院北京农业质量标准与检测技术研究中心）和刘冠男博士（中国地质科学院矿产资源研究所）共同撰写完成。本书由六部分内容组成，第1章为白洋淀水体环境特征等基础知识的概要介绍（刘新会、成登苗和梁刚），第2章为白洋淀水体磷的赋存、迁移及风险评估（董黎明和刘新会），第3章为白洋淀水体中典型有机污染物的赋存、迁移及风险评估（戴国华、刘新会和成登苗），第4章为白洋淀水体中抗生素类污染物的赋存、迁移及风险评估（成登苗、刘新会和戴国华），第5章为白洋淀区域沉积物、土壤中重金属污染的特征、迁移机制及风险评估（刘冠男、刘新会和董黎明），第6章为电化学DNA生物传感技术对典型水体环境污染物的快速检测方法（梁刚、刘新会和成登苗）。

本书研究工作得到了国家科技重大专项（2009ZX07209-008-04）、国家重点基础研究发展计划（2006CB403303)和国家自然科学基金（21377013）等科研项目的支持，在此向支持和帮助作者研究工作的所有单位表示衷心的感谢。在本书编纂过程中，所参考或借鉴的研究成果均作为参考文献予以引用，在此向相关科研人员和研究单位表示真诚的感谢。

以白洋淀水体环境为基础，作者深入开展了水体环境污染物的赋存规律、水-沉积物界面污染物的迁移机制、水体环境污染物的环境风险，以及污染物DNA传感检测等研究，因而基于作者近10年研究成果编纂而成的本书具有科学性和新颖性。本书可以作为环境科学和环境工程等相关专业的教师、本科生、研究生及研究人员和环境管理者参考用书。

在本书撰写过程中，作者力求科学、系统地阐述白洋淀水体环境中典型污染物的赋存规律、迁移机制和环境风险等，然而由于作者研究水平的限制及研究领域的局限，因而本书内容的缺失、错误和遗漏等仍然在所难免，敬请广大读者不吝批评和指正。

著　者

于 2017 年 1 月 15 日

目　录

第1章 │ 绪论

1.1 白洋淀水体环境

1.1.1 白洋淀区域简介

白洋淀是中国华北地区第一大内陆湖，位于 $38°43′N \sim 39°02′N$、$115°38′E \sim 116°07′E$ 的河北省中部平原区域的京津冀腹地，其北距北京 162 km、南距石家庄 189 km、东距天津 155 km（图 1.1）。以淀区周边 238 km 的长堤为边界，白洋淀东西长 39.5 km，南北宽 28.5 km，总面积约为 366 km²。

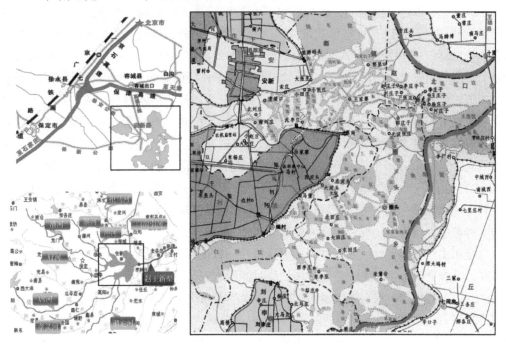

图 1.1 白洋淀区域地理位置示意图

白洋淀属于海河水系的一个支系——大清河水系，淀区地势自西北向东南倾斜，自然坡度为 1:7000。白洋淀总流域面积为 31 199 km²，占大清河水系流域面积的 96.13%。在河北省境内的流域面积占到大清河流域总面积的 88.4%，属于保定市的部分又占到总流域面积的 85%。白洋淀水源依靠大清河水系上游各支流流入，潴龙河和唐河的水从白洋淀的南侧注入马棚淀，漕河、府河、瀑河和萍河从白洋淀的中部汇入藻杂淀，而拒马河则通过白沟引河直接进入白洋淀北部的烧车淀。白洋淀由大小 143 个淀泊、3700 条沟濠所组成，淀内水陆交错、沟濠纵横。在淀内地势较高的地方镶嵌着大小不同的 36 个水村，沿岸分布着 61 个村庄，居住人口近 20 万，是华北地区著名的水乡。

1.1.2　白洋淀污染特征

由于历年来降水的明显减少和工农业用水的大量增加，再加上保定市西部的太行山区修建了大小不等、数量众多的水库，几乎卡断了白洋淀的水源。因此，除了拒马河偶尔有水注入淀区外，号称"九河下梢"的白洋淀几乎无水可进，而发源于保定市区的府河却充斥着保定市的工业和生活污水且不断注入白洋淀。从行政区域划分上看，白洋淀 85% 的区域位于保定市管辖的安新县境内。安新县位于保定市的东部，历史上和保定城的经济交往频繁，它们之间的水上交通主要依靠府河。近代以来，保定市的经济迅速发展，其城市工业和生活污水均通过府河直接排入白洋淀。加之白洋淀周边经济的发展，白洋淀不断存积着包括营养元素、重金属和有机物等在内的各种污染物，已经成为各种污染物的"蓄存库"。

磷的生物可利用性一直被认为是决定湖泊水质的重要因素。过高的水体磷浓度会导致水体光合生物的大量生长、水体浑浊和无法预知的生物变化（Søndergaard et al., 2003, Zhu et al., 2008）。磷进入湖泊后，颗粒态可能直接沉淀进入沉积物，溶解态可能被湖泊初级生产者所利用，最终以有机态形式沉淀进入沉积物。另外，碳酸盐、黏土矿物以及铁、铝水合物的吸附，或形成钙、铁、铝的磷化合物等也可将部分磷带入沉积物（Boers et al., 1998）。在早期成岩作用过程中，在生物参与和化学作用的影响下，沉积物中的磷多数会被重新溶解，经过各种物理化学作用，最终或永久沉积或经孔隙水释放出来，再次参与水体物质的生物地球化学循环。沉积物中的磷一般包括无机磷和有机磷。无机磷主要是以磷酸盐的形式存在于矿物或难溶解的磷酸盐中，如羟磷灰石、磷酸铁、磷酸铝和磷酸钙。而更多的磷酸盐是以阴离子形式吸附在金属氧化物或水合氧化物的表面或内部（特别是 Fe、Al 和 Mn），也有一部分磷酸盐会吸附在黏土表面。磷也可能以有机磷脂的形态存在于有机质或生物体中，一般可分为稳定态和易变态。易变态有机磷会在一定条件下，尤其是微生物或酶水解条件下转为生物可利用磷并释放到水体中。

重金属由于其高毒性、累积性和不可降解性一直受到人们关注。湖泊等水体中重金属含量过高，可能会对水生态系统造成破坏，且对饮用水安全带来威胁。沉积物是水体重金属重要的"汇"。沉积物中重金属含量的分析，对水生态系统的健康具有重要意义。2004 年，杨卓等（2005）对白洋淀沉积物采样，并对其中重金属含量进行了测定和风险评价，结果表明白洋淀沉积物中 Cd、Pb 的污染较普遍。Cd、Cu、Pb 和 Zn 的含量分别为 6.920 mg/kg、

31.488 mg/kg、55.347 mg/kg 和 118.639 mg/kg，重金属综合污染指数为 3.583，达到 5 级，为重度污染。2008 年，有研究报道白洋淀表层沉积物中 Cd、Cu、Pb 和 Zn 的含量分别为 0.3 mg/kg、31.3 mg/kg、16.3 mg/kg 和 269.4 mg/kg（胡国成等，2011）。2010 年，白洋淀沉积物中 Pb 和 Zn 的平均值分别为 19.09 mg/kg 和 144.81 mg/kg（李必才等，2012）。对白洋淀沉积物中重金属含量的追踪研究表明，白洋淀沉积物中 Cd 和 Zn 含量较高，具有一定的环境风险。不同时间白洋淀沉积物中重金属含量不同，这可能与采样区域及白洋淀部分地区的清淤工作有关。总体而言，白洋淀沉积物中重金属含量不高，但仍需要关注，并对其环境风险进行评估。另外，考虑到土壤中的重金属往往随地表径流进入湖泊，白洋淀地区周边土壤重金属污染和迁移也值得关注。

　　有机污染物是指对环境造成污染和对生态系统造成不利影响的有机化学品。环境中有机污染物的来源除了天然来源，更多的是人为污染，即因为人类认知能力和科技水平的局限性，不加节制地生产与滥用化学品，造成有毒有害污染物大量进入环境。近年来，有机污染物对环境和人类的危害已逐渐引起人们的关注和重视。美国国家环境保护署在 1979 年《清洁水法》修正案中明确规定了 129 种优先控制污染物和 114 种有毒有害有机化合物，占化合物总数的 88.4%（Ostoich et al., 2009）。在优先控制污染物中，人们更多关注的是具有环境持久性和生物蓄积性的持久性有机污染物，如有机氯农药（OCPs）、多环芳烃（PAHs）和多氯联苯（PCBs）等，它们在环境污染研究中占有十分重要的地位。这些污染物具有持久性、生物蓄积性、半挥发性和毒性，能通过各种环境介质（大气、水、生物体等）长距离迁移并对人体健康和环境产生严重危害。

　　此外，近十几年来由于大量使用和不断输入环境体系且以一种"假持久性"特征呈现于世的一类新型有机污染物——抗生素被广泛关注，但学术界只是最近几年才对抗生素类污染物进行更为复杂的研究，以对抗生素可能带来的环境风险进行评价。在近十年中，越来越多涉及抗生素的输入、发生、迁移转化和影响的研究被发表（Gothwal and Shashidhar, 2015），环境中抗生素类污染物的研究已成为当今环境科学界关注的热点之一。尽管已开展了大量研究，但对水生环境中抗生素的时空分布、迁移规律及其影响因素的理解和认识仍然比较匮乏。作为中国北方最大的内陆湖泊，白洋淀区域存在多种污染物，但关于抗生素污染的研究相对较少（Li et al., 2012）。据报道，白洋淀内普遍存在抗生素污染。其中，湖水中含量较高的是磺胺类抗生素（0.86～1563 ng/L），沉积物和植物中含量较高的是氟喹诺酮类抗生素（浓度分别为 65.5～1166 μg/kg 和 8.37～6532 μg/kg），而水生动物中相对含量较高的是罗红霉素和诺氟沙星（其最高含量分别为 1076 μg/kg 和 98.4 μg/kg）。但是，对白洋淀水体中抗生素类污染物的时空分布规律及其沉积物-水界面迁移规律的研究却未见报道。

1.2　水体环境中沉积物-水界面过程

　　沉积物-水界面是以物相为基础并且相对固定的环境界面，其营养物质的地球化学行为对水体环境质量和生态系统有着非常重要的影响（Lijklema et al., 1993）。随着社会经济的快速发展，水体环境中过量营养物质蓄积在沉积物中，使沉积物成为污染物的蓄积库；

同时，也改变了诸如界面氧化还原电位、pH 和微生物组成等沉积物－水界面微环境特征。当水体环境条件改变时，蓄积在沉积物中的营养物质通过形态变化、界面特性改变等途径向上覆水释放从而影响上覆水水质。因此，沉积物－水界面过程一直是研究水体富营养化机制及生物地球化学过程的重点和热点，被国内外研究学者所关注（王圣瑞，2016）。

目前，沉积物－水界面过程研究主要针对以下三个方面：

（1）水体沉积物－水界面氮、磷与富营养化研究。长期以来人们在湖泊污染和富营养化等环境问题上的研究，较多地关注外部污染源向湖内输送过程和机制等，相对忽视湖泊内部的物质（尤其是生源要素氮、磷等）的迁移转化和循环的影响（范成新等，2007）。在湖泊、水库这些相对静止的水体中，沉积物作为其重要组成部分，是湖泊乃至整个流域中重要的物质归宿，对上覆水体的生源要素具有重要的"源/汇"效应（金相灿，1992，2001），污染物可以通过沉积物－水界面交换作用重新进入水体。在点源、非点源污染得到有效控制后，这一过程对于湖泊等水体的功能恢复显得尤为重要。

湖泊沉积物的磷释放是一个非常复杂的现象，包含了一系列物理、化学和生物过程，如解吸、配位体交换、沉淀溶解、矿化过程、活细胞释放和细胞水解，其中解吸和配位体交换被认为是湖泊沉积物磷释放的主要机制。浓度梯度扩散则是沉积物释放后磷进入上覆水体最主要的转移过程（Boström et al.，1988）。通常，由于浅水湖泊比深水湖泊具有更大的沉积物面积与水体比值，因此沉积物磷的释放对浅水水体的磷浓度影响更大（Søndergaard et al.，2001）。同时，浅水湖泊表层沉积物易受扰动作用影响，极易将孔隙水中溶解态磷扩散进入上覆水体。

（2）水体沉积物－水界面重金属污染研究。对于水体环境来说，沉积物是重金属的重要归宿。但是当沉积物中重金属含量过高，或者是水体环境发生变化时（水动力、氧化还原条件、pH 等）沉积物中的重金属可以向水体中释放，并作为重金属的"源"对水体环境质量产生重要的影响。因此，重金属在沉积物－水界面发生的物理、化学和生物作用一直是人们关注的重点。对重金属在沉积物－水界面和土壤中的环境行为研究有助于水体环境风险的预测，为湖泊、河流和近海区域环境管理提供可靠的依据。沉积物中的重金属以多种化学形态存在，不同化学形态的重金属表现出不同的生物可利用性及迁移能力，因此沉积物中重金属总量很难反映出重金属的迁移能力。沉积物中重金属的形态一般用化学连续提取法来进行确定，包括水溶态、可交换态、碳酸盐结合态、铁锰氧化物结合态、有机质（硫化物）结合态和残渣态（Rauret et al.，1999；Tessier et al.，1979）。水溶态和可交换态重金属作为生物可利用性最强和迁移能力最强的部分，最容易释放和迁移；碳酸盐结合态重金属也具有一定的生物可利用性和迁移能力，受 pH 影响较大；铁锰氧化物和有机质（硫化物）结合态重金属的释放主要受氧化还原电位的控制；而残渣态重金属主要存在于矿物晶格中，一般很难发生迁移。水体扰动（包括人为扰动、自然扰动和生物扰动），尤其是对于浅水湖泊、河流和滨海湿地来说，是造成沉积物中重金属释放的主要原因。随着水体的搅动，部分沉积物在水动力的作用下再悬浮，沉积物环境的理化性质发生明显变化。例如，沉积物悬浮，其还原环境被破坏，氧化还原电位升高，使有机质（硫化物）部分被氧化，进而导致与其结合的重金属释放。另外，水体的温度、盐度和溶解氧也影响水体中沉积物对重金属的吸附、解吸和重金属的氧化还原过程（俞慎和历红波，2010）。

（3）水体沉积物－水界面有机污染物研究。在沉积物中，一类典型有机污染物是包括多氯联苯（PCBs）、有机氯农药（OCPs）和多环芳烃（PAHs）等疏水性有机污染物（HOCs），由于它们具有水溶解性小和辛醇－水分配系数（K_{ow}）大的特点，所以易于通过分配作用进入有机质而长久蓄积在沉积物中；另一类是以抗生素类污染物为代表的辛醇－水分配系数小、溶解性大的离子型有机污染物（IOCs），在不同 pH 下，抗生素分子可以是中性、阳离子、阴离子或两性离子，所以它们在沉积物上的蓄积不但与沉积物的理化性质有关，而且有可能与随着 pH 变化的抗生素理化性质和生物学性质有关（Gong et al.，2015）。随着有机污染物特别是一些有毒有机污染物在沉积物中的蓄积，它们对栖息在沉积物中的生物体具有致癌、致畸和致突变作用，对于抗生素类污染物还可能加重微生物抗药性和抗性基因（ARGs）的污染。污染沉积物中含有的有机污染物可通过与上覆水的物理化学与生物作用，重新进入水体中，对水生生态系统构成直接或间接影响，而成为上覆水的二次污染源（Dai et al.，2013；Cheng et al.，2014）。另外，沉积物是底栖生物的主要生活场所及食物来源，其中的有害化学物质在环境条件改变时会发生迁移转化，并通过生物富集和食物链放大等进一步影响水生和陆生生物乃至危害人类健康（Brorasmussen，1996）。

1.2.1　水体沉积物－水界面磷与富营养化研究重点和方法

由于湖泊外源磷输入的逐渐控制和减少以及富营养化水体水质改善和恢复的需要，沉积物中磷的释放对富营养化的贡献显得越来越重要（Kim et al.，2003；Ribeiro et al.，2008），国内外学者已开展大量研究，主要集中在沉积物中磷的形态及生物可利用性、水－沉积物界面的磷迁移及影响因素、沉积物磷释放的潜力及生态风险评估模型等方面。

沉积物磷的释放首先依赖于沉积物中磷含量及磷形态，其易释放性及生物可利用性差异较大。化学提取法目前被广泛应用于沉积物磷形态的分级，其原理都是基于在特定提取剂中磷形态的活性，主要针对沉积物中无机磷形态。此外，也有采用土壤有机磷的提取方法将有机磷分级为活性、中等活性和非活性有机磷，还有学者运用磷核磁共振（^{31}P NMR）研究有机磷形态的降解速率和生物有效性。一些环境因子如温度、pH、Eh（氧化还原电位）等在模拟水－沉积物界面磷迁移的过程中被广泛研究，微生物矿化作用及生物扰动因素的重要性也越来越受到重视。基于传统的铁磷及其他磷形态的释放模型仍是比较简便的生态风险预测方法，同时结合磷形态与不同释放机制的复杂数学模型也一直为研究者所关注。

1.2.2　水体沉积物－水界面有机污染物研究重点和方法

随着有机污染物在水体和沉积物环境中的重要性逐渐被认识，国内外的专家学者开展了大量的研究，归纳起来，主要集中在有机污染物在水体和沉积物中的赋存特征、有机污染物源解析及有机污染物的控制策略与消除方法等（余刚等，2001；Kümmerer，2009a，2009b）。

目前，对于疏水性有机污染物的监测，主要是通过液液萃取提取沉积物中的化合物，提取液被旋转蒸发仪浓缩后，通过氧化铝／硅胶柱做纯化、分离，最后利用气相色谱－质谱联用（GC-MS）法和气相色谱（GC）法进行检测分析，其中 GC-MS 法目前应用较多，它主要采用内标定量法，减少了普通色质法中因溶剂提取及色谱进样造成的误差，精准度可达到 10^{-9}（林志芬等，2006）；对于离子型有机污染物的监测，主要通过 EDTA-McIlvaine 缓冲溶液提取沉积物中的化合物，提取液通过 HLB 柱固相萃取和净化后，最后利用液相色谱－串联质谱（LC-MS/MS）法和高效液相色谱（HPLC）法进行检测分析，其中 LC-MS/MS 法目前应用较为广泛，主要采用内标法定量，减少了基质效应及色谱进样造成的误差（Zhou et al.，2013）。

1.2.3　水体沉积物－水界面重金属污染研究重点和方法

对水体重金属的研究有很多，包括重金属污染特征分布、形态分布、源解析、环境风险评价、沉积物重金属模拟释放、重金属迁移转化等方面的研究。由于重金属的生物活性和迁移能力与其形态有关，因此沉积物中重金属的赋存形态研究是进行重金属环境风险评价的必要手段。一般用化学连续提取法将沉积物中重金属划分为离子可交换态、碳酸盐结合态、铁锰氧化物态（可还原态）、有机质结合态（可氧化态）和残渣态五种。国内外广泛使用的 Tessier 法将沉积物中重金属分成了可交换态、碳酸盐结合态、铁锰氧化态、有机态及残渣态五种（Tessier et al.，1979）；修改后的 BCR 法[①]将沉积物重金属的可交换态和碳酸盐结合态划分到一起，分成了可交换和碳酸盐结合态、可还原态、可氧化态和残渣态四种（Rauret et al.，1999）。另外还有很多其他沉积物重金属形态提取方法将重金属分为更多种类。例如，加拿大地质调查局（Geological Survey of Canada，GSC）将铁锰氧化物结合态分为无定形氢氧化物结合态和晶体氧化物结合态两种（Gwendy，1996）；Zeien 和 Brümmer（1989）将重金属分为 7 种形态，包括 EDTA 提取态重金属、弱可还原态重金属和强可还原态重金属；而 Miller 和 Mc Fee（1983）将重金属分为了 8 种形态。

沉积物重金属的模拟释放、重金属形态在不同条件下的转化都是当前的研究热点（Huang et al.，2015；Ma et al.，2006；雷阳等，2015；杨振东等，2012；俞慎和历红波，2010）。

1.2.4　天然胶体对重金属迁移的影响

一般来说，沉积物和土壤中重金属向深层迁移受到沉积物和土壤吸附重金属能力的控制。对重金属的吸附能力越强，重金属离子就越不易发生迁移；反之亦然。该认识源自重金属迁移主要为重金属离子在水溶液中的迁移。但是随着对重金属迁移认识的深入，发现环境中存在的天然胶体能够对重金属的迁移产生重要影响。胶体通常是指粒径范围在

---

① 1993 年欧洲共同体标准局（European Community Bureau of Reference）在综合已有的沉积物重金属元素提取方法的基础上，提出了三步提取法（BCR 法）。

1 nm～1μm的颗粒。土壤环境中的胶体主要由层状硅酸盐、铁铝三氧化物、有机大分子、细菌和病毒等组成（Bekhit and Hassan，2005；de Jonge et al.，2004；Stumm，1977；曹存存等，2012）。由于沉积物与土壤同源，沉积物环境中的胶体与土壤中胶体并无太大差别。由于介质环境中大孔径和优先流的存在，胶体往往较溶质运移速度更快，进而对重金属迁移起到非常重要的作用。一方面，胶体本身富集重金属能力较强，胶体的迁移对重金属的迁移产生一定影响；另一方面，胶体颗粒粒径小、比表面积大，可以吸附大量重金属、放射性物质、病毒等污染物质，并对重金属元素、放射性元素和一些农药等有机污染物质在土壤中的运移产生影响（Albarran et al.，2011；Kanti Sen and Khilar，2006；Li and Zhou，2010；Um and Papelis，2002；Zhang et al.，2012）（图1.2）。胶体与重金属的共运移明显受到粒径的影响。一方面，重金属在不同粒径颗粒上的富集，随着粒径的减小而逐渐增加（Ajmone-Marsan et al.，2008；Gong et al.，2014；Zhang et al.，2013）；另一方面，不同粒径胶体颗粒本身的运移能力不同。另外，介质裂缝、土壤或沉积物溶液 pH 和离子强度、氧化还原条件、水动力条件等均影响天然胶体对重金属迁移的影响。

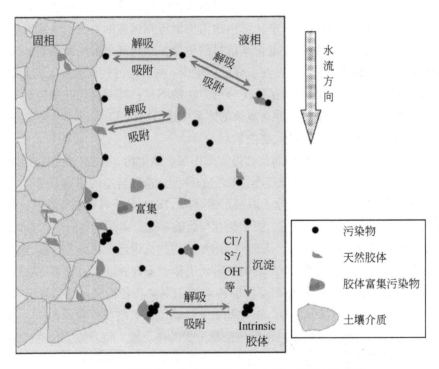

图 1.2　不同粒径土壤胶体颗粒对重金属迁移影响示意图

1.3　水体环境中污染物的检测方法

环境污染已经对全球生态构成了严重的威胁，引起了环境工作者的关注。水体环境污染物种类繁多，其中最受关注的是有机有毒污染物、重金属污染物等，由于其具有环境持久性、难降解性、生物可累积性等特点，对生态系统和人类健康危害极大，是国际环境科学研究的热点。因此，在环境保护工作中迫切需要研发快速、精确、灵敏、可靠的环境污染物监测方法。实现环境体系中有机有毒污染物的监测不仅可以为环境污染物风险评价提供有效的数据，而且可以为有效控制污染物排放提供科学依据，具有十分重要的意义。

目前，环境体系中有机污染物的检测主要采用传统的理化分析法及常规仪器分析法，如荧光光谱法、液相色谱法、液相色谱-质谱联用法、气相色谱法、气相色谱-质谱法等。这些传统的分析方法能够精确、快速地反映出环境体系中污染物的含量，但仍存在一些不足之处，例如，仪器设备昂贵、测试费用高；测试样品需进行前处理，耗时较长；仪器操作复杂，需专业技术人员培训；测试结果难于分析；难于实现原位、实时、在线检测等。因此，建立快速、灵敏、高效的检测方法以实现对污染物的原位、实时、在线检测，成为科研工作者亟待解决的一个课题。

电化学分析由于具有灵敏度高、选择性好、操作简单、抗干扰性强等诸多优点引起了人们广泛的兴趣，开发环境污染物的电化学分析方法亦为环境分析工作者所青睐。特别是近年来随着生物传感技术的进步，电化学生物传感器得到迅速的发展。电化学生物传感器是将生物感应元件与一个能够产生电化学信号的传导器结合起来的一种装置，它具有操作简易、价格低廉、分析快速、灵敏度高、样品用量少、对样品的损伤程度低、无试剂分析、环境污染小等优点，从而大大弥补了传统分析方法的不足；同时又因其本身具有体积小、携带方便、与微制造技术相兼容并能在复杂的体系中进行快速实时、原位、在线连续监测，因而具有巨大的应用潜力和广阔的发展前景。

就目前现有电化学生物传感器而言，通常采用酶、微生物、抗原/抗体、组织、细胞、DNA 等作为分子识别元件，可根据待测目标物的种类，选择合适的识别分子，从而制备检测性能较好的传感器。相对于其他分子识别元件而言，DNA 分子具有制备简单，价格低廉，易于批量化生产、纯化、修饰/标记，便于储存与运输等优点而深受科研工作者青睐。同时，随着人们对 DNA 研究的深入发展，人们对 DNA 结构的认识已不再局限于传统的单链、双链 DNA 结构，越来越多的新型 DNA 结构被科研工作者发现并证实，如 G-四联体 DNA 结构、I-结构 DNA，hairpin 结构 DNA 及能够特异性识别某些靶标分子的、具有特殊序列的 C-rich、T-rich、核酸适配体 DNA 等。在此基础上科研工作者制备了各种各样、功能迥异的电化学 DNA 生物传感器，实现了对靶标污染物分子的超灵敏、特异性、快速检测，推动了电化学 DNA 生物传感技术迅速发展。电化学 DNA 生物传感器是目前研究最多、最有发展潜力和前景的生物传感技术。

1.3.1　重金属污染物的电化学 DNA 生物传感检测

重金属是一类重要的环境污染物，因此开展重金属电化学生物传感检测方法研究具有重要的研究意义。目前为止，用于检测重金属的电化学 DNA 生物传感器主要是基于重金属与 DNA 的特异性作用，根据 DNA 与重金属离子的作用方式不同，主要分为三大类：一类是重金属适配体电化学传感器，如铅离子适配体传感器（Xu et al., 2015）、钾离子适配体传感器等；一类是重金属特定识别 DNA 碱基的电化学传感器，如基于汞离子与碱基 T（T-Hg-T）作用的电化学 DNA 传感器（Shi et al., 2012）、银离子与碱基 C（C-Ag-C）作用的电化学 DNA 传感器（Gong and Li, 2011）；一类是重金属特异性识别酶电化学传感器，如铅离子 DNA 酶电化学传感器（Shi et al., 2012）、铜离子 DNA 酶电化学传感器（Liu and Lu, 2007）。在上述检测原理的基础上，科研工作者通过巧妙设计 DNA 结构、核酸标记、电极界面性能改造等技术设计了各种各样的电化学 DNA 传感器，不仅实现了对单种重金属离子的特异性、高灵敏、选择性检测，也实现了对两种及多种重金属目标离子的同时检测。

1.3.2　有机污染物的电化学 DNA 生物传感检测

有机污染物进入生物体内可以直接或间接与 DNA 发生作用导致基因毒性，这也是 DNA 生物传感器对有机污染物进行检测的基础。到目前为止，科研工作者通过合理构建电化学 DNA 传感器，实现了对多种有机污染物的检测，如实现了多环芳烃的检测（Kerman et al., 2001）、芳香胺（Liang et al., 2013）、芳香酚（Liang and Liu, 2015）等的检测。但是由于有机污染物，特别是同一类污染物的数量较多、结构相似，往往在检测过程中不能实现对目标污染物的特异性识别，因此通常构建的 DNA 生物传感器可以实现对一类污染物的检测。此外，通过文献调研，到目前为止采用电化学 DNA 生物传感器对环境污染物的研究相对比较匮乏且存在一些不足，主要表现在环境污染物种类很多，而被研究的污染物较少；针对污染物单体与 DNA 作用的定性研究较多，而污染物复合体系对 DNA 产生的联合效应、定量化研究较少；对一类污染物中的代表性污染物研究较多，而对该类污染物与 DNA 发生作用的系统性研究较少；体外研究污染物与 DNA 作用的模式较多，而模拟生物体内污染物与 DNA 作用机理的研究较少。此外，筛选对某一种或某一类化合物具有特异性识别作用的 DNA 片段亦受到现有技术水平限制，这也是制约电化学 DNA 生物传感器研究环境污染物的一个"瓶颈"问题。

1.4　水体环境中污染物的环境风险评估

生态风险（ecological risk，ER）是指生态系统及其组分所承受的风险，指在一定区域内具有不确定性的事故或灾害对生态系统及其组分可能产生的作用，这些作用的结果可能导致生态系统结构和功能的损伤，从而危及生态系统的安全和健康（汪芳，2008）。生态风险评价是定量预测各种风险源对生态系统产生风险的或然性以及评估该风险可接受程度的方法体系，因而是生态风险管理决策的依据（张思锋和刘晗梦，2010）。环境中污染物的环境风险评估流程一般如图 1.3 所示。

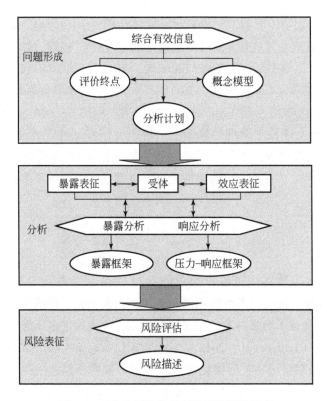

图 1.3　环境中污染物的环境风险评估流程

1.4.1　磷的环境风险评估

由于沉积物磷释放对水体富营养化和水资源管理的影响，因此沉积物磷释放的风险预测成为初期沉积物释放研究的热点。基于沉积物－水界面的铁磷循环，Jenson 等（1992b）提出了在浅水湖泊好氧沉积物表面的 P 释放风险预测，他们认为，如果表层沉积物的 Fe：P 大于 15（质量比），则沉积物释放的 P 都会被沉积物表面的 Fe 水合物吸附而束缚，不会释放到上层水体中。Ruban 等（1998）基于 Fe-P 为总 P 中的主要不稳定 P，因此也有用质量比 Fe：Fe-P 作为沉积物 P 释放的风险预测。

尽管传统的沉积物 Fe/P 释放模型认为在厌氧条件下一定会增大沉积物 P 的释放量，但实际情况并非如此。这主要是因为 $Al(OH)_3(s)$ 颗粒对沉积物释放 P 的吸附与扣留，由于 $Al(OH)_3(s)$ 对氧化还原环境并不敏感，吸附在其表面的 P 通常认为是永久沉积。因此，大量增加的 $Al(OH)_3(s)$ 表层吸附位会增加沉积物对 P 的吸附能力。Kopáček 等（2005）确定了沉积物中发生 P 释放及滞留的 P、Fe 和 Al 的比值。他们发现在物质的量比（mol/mol）$[H_2O-Al+BD-Al+NaOH_{25}-Al]$：$[H_2O-Fe+BD-Fe+NaOH_{25}-Fe]>3$ 且 $NaOH_{25}-Al$：$[H_2O-P+BD-P]>25$ 时，则不会发生沉积物 P 释放到水体中。

早期对沉积物内源磷的释放是基于水体中磷的质量平衡，通过建立两箱的输入输出模型来估计内源磷负荷（Imboden，1974）。近几十年来，研究者通过沉积物中的质量迁移及平衡来研究磷的分布和释放（Jogensen et al.，1982；Boers et al.，1988；Ishikawa et al.，1989）；同时，还考虑到了沉积物中有机物降解所再生的磷素等细节。Kamp-Nielsen 将沉积物看成混合均匀的整体，并通过室内模拟建立了释放通量和可溶性磷或可交换磷的经验模型，用来描述好氧和缺氧沉积物下的磷素释放情况，且仅将温度和磷浓度作为模型参数，在应用于埃斯鲁姆湖时有较好的结果（Kamp-Nielsen，1975）。

随着对沉积物中磷素行为的研究深入，目前普遍认为上覆水和沉积物的相互作用只发生在上层最多 10cm 的活性沉积物层。关于磷模型的研究也越来越多地集中于沉积物 - 水界面，且对模型中的机制研究越来越细。Smits 等（1993）就运用了 SWITCH 模型描述了荷兰费吕沃湖（Lake Veluwe）的营养盐释放，根据沉积物垂向理化性质的差异将沉积物分成了两个氧化层和两个还原层，尽管这种方法改善了模型，但其中很多参数很难通过实验获得，因此也增加了该模型的不确定性。

Wang 等则将沉积物分为好氧层和厌氧层，对可溶性磷、可交换磷及有机磷在不同沉积物层的释放机制分别进行了模型建立，充分考虑了磷在沉积物中的有效扩散、生物扰动、沉降迁移、有机物降解和吸附动力学的线性及非线性过程，并用美国切萨皮克湾的监测数据对模型进行了检验，得到了与野外调查较一致的效果（Wang et al.，2003a，2003b）。

1.4.2 有机污染物的风险评估

环境有机污染物的生态风险评价方法有以下两种。

1）风险熵值法

熵值法是判定某一浓度化学污染物是否具有潜在有害影响的半定量生态风险评价方法，根据已有文献和数据，设定对受体环境中有潜在危害有机污染物的标准浓度值，再根据污染物在受体环境中的实测浓度，将两者进行比较得到风险熵——熵值（Sun et al.，2009）。熵值的确定可以判断该有机污染物对受体环境有无风险。如果无风险，则表明污染物浓度在可接受的范围内；如果有风险，则表明需要对该污染物进行进一步研究处理。

2）暴露－反应法

暴露－反应法是依据受体在不同剂量化学污染物的暴露条件下产生的反应。建立暴露－反应曲线或模型，再根据暴露－反应曲线或模型估计受体处于某种暴露浓度下产生的效应，这些效应可能是物种的死亡率变化、产量变化、再生潜力变化等其中的一种或数种（张思锋和刘晗梦，2010）。

1.4.3 重金属的环境风险评估

随着水体重金属污染的日益加剧，水体重金属的环境风险评价显得尤为重要。水体重金属环境风险评价可以分为水质环境风险评价和沉积物环境风险评价。

常用的水质评价方法主要包括单因子指数法、内梅罗综合污染指数法、分级评价法、概率统计法、模糊数学法等，它们主要是根据国内外相应的水质标准值对水质进行质量评价。因为沉积物是水体中重金属重要的"汇"，因此对沉积物中重金属的环境风险评价是水体环境风险评价的重要组成部分。常用的有单因子指数法、内梅罗综合污染指数法、地累积指数法、沉积物富集系数法、潜在生态风险指数法、污染因子法和考虑沉积物重金属形态的风险评估代码法等，它们主要是根据不同标准如重金属的标准值、背景含量、生态风险、形态、综合风险等对沉积物进行风险评价。水体重金属环境风险评价方法众多，每种方法都具有一定的合理性和局限性。对评价方法的选择，需要考虑评价目标和评价方法的特点，以得到更加准确、科学和全面的评价结果。

参 考 文 献

范成新，王春霞. 2007. 长江中下游湖泊环境地球化学与富营养化. 北京：科学出版社.

胡国成，许木启，许振成，等. 2011. 府河 - 白洋淀沉积物中重金属污染特征及潜在风险评价. 农业环境科学学报，30(1):146-153.

金相灿. 1992. 沉积物污染化学. 北京：中国环境科学出版社.

金相灿. 2001. 湖泊富营养化控制和管理技术. 北京：化学工业出版社.

雷阳，王沛芳，王超，等. 2015. 不同水动力扰动下沉水植物对沉积物重金属释放的影响. 水动力学研究与进展，30(3):245-250.

李必才，何连生，杨敏，等. 2012. 白洋淀底泥重金属形态及竖向分布. 环境科学，33(7):2376-2383.

林志芬，王连生，钟萍，等. 2006. 海洋中有毒有机污染物的监测方法研究进展. 海洋环境科学，25(1):88-93.

汪芳. 2008. 青藏铁路沿线湿地生态风险评价研究. 成都：西南交通大学硕士学位论文.

王圣瑞. 2016. 湖泊沉积物 - 水界面过程氮磷生物地球化学. 北京：科学出版社.

杨振东，聂玉伦，胡春. 2012. 北运河沉积物 / 水界面上重金属迁移转化规律. 环境工程学报，6(10):3455-3459.

杨卓，王殿武，李贵宝，等. 2005. 白洋淀底泥重金属污染现状调查及评价研究. 河北农业大学学报，28(5):20-26.

余刚，黄俊，张彭义. 2001. 持久性有机污染物：倍受关注的全球性环境问题. 环境保护，(4):37-39.

俞慎，历红波. 2010. 沉积物再悬浮—重金属释放机制研究进展. 生态环境学报，19(7):1724-1731.

张思锋，刘晗梦. 2010. 生态风险评价方法述评. 生态学报，30(10):2735-2744.

郑顺安，郑向群，李晓辰，等. 2013. 外源 Cr(Ⅲ) 在我国 22 种典型土壤中的老化特征及关键影响因子研究. 环境科学，34(2):698-704.

Albarran N, Missana T, García-Gutiérrez M, et al. 2011. Strontium migration in a crystalline medium: Effects of the presence of bentonite colloids. Journal of Contaminant Hydrology 122:76-85.

Boers P C M, Hese O V. 1988. Phosphorus release from the peaty sediments of the Loosdrecht Lakes (The Netherlands). Water Research, 22 (3): 355-363.

Boers P C M, Van R W, Van M D. 1998.Phosphorus retention in sediments. Water Science and Technology, 37(3): 31-39.

Boström B, Andersen J M, Fleischer S, et al. 1988.Exchange of phosphorus across the sediment-water interface. Hydrobiologia, 170:229-244.

Brorasmussen F. 1996. Contamination by persistent chemicals in food chain and human health. Science of the

Total Environment, 1(1):S45-S60.

Cheng D, Liu X, Wang L, et al. 2014. Seasonal variation and sediment-water exchange of antibiotics in a shallower large lake in North China. Science of the Total Environment, 476:266-275.

Dai G, Liu X, Liang G, et al. 2013. Evaluating the sediment-water exchange of hexachlorocyclohexanes(HCHs)in a major lake in North China. Environmental Science-Processes &Impacts, 15(2):423-432.

Gong H, Li X H. 2011. Y-type, C-rich DNA probe for electrochemical detection of silver ion and cysteine. Analyst, 136(11):2242-2246.

Gong W, Liu X, Gao D, et al. 2015. The kinetics and QSAR of abiotic reduction of mononitro aromatic compounds catalyzed by activated carbon. Chemosphere, 119:835-840.

Gothwal R, Shashidhar T. 2015. Antibiotic pollution in the environment:A review. CLEAN-Soil, Air, Water, 43(4):479-489.

Gwendy E. 1996. Application of a sequential extraction scheme to ten geological certified reference materials for the determination of 20 elements. Journal of Analytical Atomic Spectrometry, 11(9):787-796.

Huang B, Li Z, Huang J, et al. 2015. Aging effect on the leaching behavior of heavy metals(Cu, Zn, and Cd)in red paddy soil. Environmental Science and Pollution Research, 22:11467-11477.

Imboden D. 1974.Phosphorus model of lake eutrophication. Limnology and oceanography. 19(2):297-304.

Ishikawa M, Nishimura H. 1989.Mathematical model of phosphate release rate from sediments considering the effect of dissolved oxygen in overlying water. Water Research, 23 (3): 351-359.

Jensen H S, Kristensen P, Jeppesen E, et al. 1992b. Phosphorus ratio in surface sediment as an indicator of phosphate release from aerobic sediments in shallow lakes. Hydrobiologia, 235-236(1): 731-743.

Jogensen S E, Kamp-Nielsen L, et al. 1982.Comparison of a simple and a complex sediment phosphorus model. Ecological Modelling, 16 (2-4): 99-124.

Kamp-Nielsen L. 1975.A kinetic approach to the aerobic sediment-water exchange of phosphorus in Lake Esrom. Ecological Modelling, 1 (2): 153-160.

Kanti Sen T, Khilar K C. 2006. Review on subsurface colloids and colloid-associated contaminant transport in saturated porous media. Advances in Colloid and Interface Science ,119:71-96.

Kerman K, Meric B, Ozkan D, et al. 2001. Electrochemical DNA biosensor for the determination of benzo [a] pyrene-DNA adducts. Anal Chim Acta, 450(1-2): 45-52.

Kim L H, Choi E, Stenstrom M K. 2003. Sediment characteristics, phosphorus types and phosphorus release rates between river and lake sediments. Chemosphere, 50(1): 53-61.

Kopáček J, Borovec J, Hejzlar J, et al. 2005.Aluminum control of phosphorus sorption in lake sediments. Environmental Science & Technology, 39:8784-8789.

Kümmerer K. 2009a. Antibiotics in the aquatic environment-A review-Part I . Chemosphere, 75(4):417-434.

Kümmerer K. 2009b. Antibiotics in the aquatic environment-A review-Part II . Chemosphere, 75(4):435-441.

Li W, Shi Y, Gao L, et al. 2012. Occurrence of antibiotics in water, sediments, aquatic plants, and animals from Baiyangdian Lake in North China. Chemosphere, 89(11):1307-1315.

Li Z, Zhou L. 2010. Cadmium transport mediated by soil colloid and dissolved organic matter: A field study.

Journal of Environmental Sciences ,22:106-115.

Liang G, Li T, Li X H. 2013. Electrochemical detection of the amino-substituted naphthalene compounds based on intercalative interaction with hairpin DNA by electrochemical impedance spectroscopy. Biosens Bioelectron, 48(15):238-243.

Liang G, Liu X H. 2015. G-quadruplex based impedimetric 2-hydroxyfluorene biosensor using hemin as a peroxidase enzyme mimic. Microchim Acta, 182(13):2233-2240.

Lijklema L, Koelmans A A, Portielje R. 1993. Water quality impacts of sediment pollution and the role of early diagenesis. Water Science & Technology, 28:1-12.

Liu J, Lu Y. 2007. A DNA zyme catalytic beacon sensor for paramagnetic Cu^{2+} ions in aqueous solution with high sensitivity and selectivity. J Am Chem Soc, 129(32):9838-9839.

Ma Y, Lombi E, Nolan A L, et al. 2006. Short-term natural attenuation of copper in soils:Effects of time, temperature, and soil characteristics. Environmental Toxicology and Chemistry, 25:652-658.

Miller W P, Mc Fee W W. 1983. Distribution of cadmium, zinc, copper, and lead in soils of industrial northwestern Indiana. Journal of Environmental Quality, 12:29-33.

Ostoich M, Critto A, Marcomini A, et al. 2009. Implementation of directive 2000/60/EC:Risk-based monitoring for the control of dangerous and priority substances. Chemistry & Ecology, 25(4):257-275.

Rauret G, López-Sánchez J F, Sahuquillo A, et al. 1999. Improvement of the bcr three step sequential extraction procedure prior to the certification of new sediment and soil reference materials. Journal of Environmental Monitoring, (1):57-61.

Ribeiro D C, Martins G, Nogueira R, et al. 2008.Phosphorus fractionation in Volcanic Lake sediments (Azores-Portugal). Chemosphere, 70:1256-1263.

Ruban V, Demare D. 1998.Sediment phosphorus and internal phosphate flux in the hydroelectric reservoir of Bort-les-Orgues, France. Hydrobiologia, 3373/3374: 349-359.

Shi L, Liang G, Li X H, et al. 2012. Impedimetric DNA sensor for detection of Hg^{2+} and Pb^{2+}. Anal Methods, 4(4):1036-1040.

Smits J G C, van Der M D T. 1993.Application of SWITCH, a model for sediment-water exchange of nutrients, to Lake Veluwe in The Netherlands. Hydrobiologia, 253(2): 281-300.

Sun H, Yang G, Su W, et al. 2009. Research progress on ecological risk assessment. Chinese Journal of Ecology, 28(2):335-341.

Søndergaard M, Jensen P J, Jeppesen E. 2001. Retention and internal loading of phosphorus in shallow, eutrophic lakes. Scientific World Journal, (1): 427-442.

Søndergaard M, Jensen P J, Jeppesen E. 2003.Role of sediment and internal loading of phosphorus in shallow lakes. Hydrobiologia, 506-509: 135-145.

Tessier A, Campbell P G C, Bisson M. 1979. Sequential extraction procedure for the speciation of particulate trace metals. Analytical Chemistry, 51:844-851.

Um W U, Papelis C P. 2002. Geochemical effects on colloid-facilitated metal transport through zeolitized tuffs from the nevada test site. Environmental Geology, 43:209-218.

Xu H, Zhan S, Zhang D, et al. 2015. A label-free fluorescent sensor for the detection of Pb^{2+} and Hg^{2+}. Anal Methods, 7(15):6260-6265.

Yin X, Gao B, Ma L Q, et al. 2010. Colloid-facilitated Pb transport in two shooting-range soils in florida. Journal of Hazardous Materials, 177:620-625.

Zeien H, Brümmer G W. 1989. Chemische extraktion zur bestimmung von schwermetall bindungsformen in böden. Metteilungen der Deutschen Bodenkundlichen Gesellschaft, 39:505-510.

Zhang Q, Hassanizadeh S M, Raoof A, , et al. 2012. Modeling virus transport and remobilization during transient partially saturated flow. Vadose Zone Journal ,11:1539-1663.

Zhou L J, Ying G G, Liu S, et al. 2013. Occurrence and fate of eleven classes of antibiotics in two typical wastewater treatment plants in South China. Science of the Total Environment, 452-453(5):365.

Zhu G W, Wang F, Gao G, et al. 2008.Variability of phosphorus concentration in large, shallow and eutrophic Lake Taihu, China. Water Environment Research, 80(9): 832-839.

第 2 章 | 白洋淀水体磷的赋存、迁移及风险评估

在水生生态系统中，通常存在一种起限制作用的营养盐，河口海岸生态系统的限制性营养元素是氮，而大多数淡水生态系统的限制性营养元素是磷。浅水湖泊沉积物中磷的释放是引起湖泊富营养化及水质恶化的重要因素（Søndergaard et al.，2003）。在外源磷负荷日益削减和控制的条件下，研究沉积物内源磷的释放规律和机制，进而估算整个湖体的内源负荷与贡献，并预测内源污染引起的水质变化，对于生态补水及生态配水方案等水资源管理决策具有重要意义。

2.1 白洋淀水体磷的赋存特征及分布规律

磷的生物可利用性一直被认为是决定湖泊水质的重要因素。过高的水体磷浓度会导致水体光合生物的大量生长、水体浑浊和无法预知的生物变化（Søndergaard et al.，2003；Zhu et al.，2008）。水体磷来源于外源输入和内源沉积物的释放，长期以来人们更多关注外源磷的输入，而对沉积物磷的释放作用并未引起重视。湖泊沉积物既可作为水体磷的"汇"，也可在一定条件下作为磷的"源"释放到水体，随着外源磷输入的逐渐控制和减少以及富营养化水体水质改善和恢复的需要，沉积物中磷的释放对富营养化的贡献显得越来越重要（Kim et al.，2003；Ribeiro et al.，2008）。由于浅水湖泊比深水湖泊有更大的沉积物面积与水体体积比，沉积物磷的释放对浅水湖泊的影响更大（Søndergaard et al.，2001）。

2.1.1 白洋淀水环境特征

白洋淀作为华北地区最大的淡水湖泊，被誉为"华北之肾"，它拥有独特的水陆交错、相对封闭的特点，具有重要的生态服务功能和价值。近些年来，该地区降雨偏少和人为因素导致入淀水量减少，使该湿地系统长时间处于干淀水位以下，每年必须通过调水才能保证基本生态水位要求。同时，水量不足又导致该湿地系统自净能力及水环境容量下降，难

以承担正常的污染负荷，尽管已采取多种措施控制湖泊外源水污染输入，但由于其水陆交错而形成的独特淀内污染特点，以及至今不明的沉积物污染释放，经常在春季发生部分水域水质恶化的大面积死鱼事件。根据《中国环境状况公报》（2007 年，2008 年，2009 年）（表 2.1），白洋淀为劣 V 类水质，处于轻中重度富营养状态。

表 2.1 白洋淀水质状况

湖库名称	营养状态指数	营养状态	水质类别		主要污染指标
白洋淀	—	—	2007 年	劣 V 类	氨氮、总磷、总氮
	65.3	中度富营养	2008 年	劣 V 类	氨氮、总磷、总氮
	59.5	轻度富营养	2009 年	劣 V 类	氨氮、总磷、总氮

2.1.1.1 采样点布设

2009 年 4 月（春季）课题组对白洋淀水体 24 个典型样点进行了现场观测与采样，采样点位置根据网状布点及白洋淀淀泊分布预先初步设定，现场采样用 GPS 定位，具体采样点坐标及位置见表 2.2。

表 2.2 白洋淀采样点 GPS 坐标

序号	采样点	GPS 坐标	
S1	烧车淀	38° 56′ 33″ N	115° 59′ 55″ E
S2	郭里口	38° 56′ 00″ N	116° 00′ 48″ E
S3	小张庄	38° 55′ 18″ N	115° 57′ 48″ E
S4	王家寨	38° 55′ 56″ N	116° 00′ 49″ E
S5	刘庄子	38° 55′ 21″ N	116° 01′ 24″ E
S6	何庄子	38° 54′ 39″ N	116° 03′ 17″ E
S7	枣林庄	38° 54′ 22″ N	116° 04′ 36″ E
S8	赵王新渠闸口	38° 53′ 21″ N	116° 05′ 29″ E
S9	南刘庄	38° 54′ 10″ N	115° 56′ 06″ E
S10	寨南	38° 54′ 02″ N	115° 59′ 34″ E
S11	光淀张庄	38° 53′ 42″ N	116° 01′ 47″ E
S12	池鱼淀	38° 52′ 00″ N	116° 02′ 07″ E
S13	涝王淀	38° 52′ 38″ N	116° 00′ 17″ E
S14	圈头	38° 52′ 10″ N	116° 01′ 35″ E
S15	端村	38° 51′ 04″ N	115° 57′ 06″ E
S16	鲋鮢淀－大田庄	58° 50′ 25″ N	115° 59′ 11″ E
S17	张家套湾子	38° 50′ 24″ N	116° 01′ 18″ E
S18	关城	38° 50′ 29″ N	115° 56′ 02″ E

续表

序号	采样点	GPS 坐标	
S19	西李庄	38°49′58″ N	115°58′05″E
S20	前塘	38°49′21″ N	115°59′15″ E
S21	泛鱼淀	38°49′27″ N	116°01′38″ E
S22	采蒲台	38°50′01″ N	115°59′58″ E
S23	弯篓淀－梁庄	38°48′43″ N	115°59′22″ E
S24	聚龙淀	38°49′07″ N	116°01′09″ E

24 个采样点在白洋淀的具体位置如图 2.1 所示，其中 6 个重点采样点中，端村（DC）位于白洋淀中最大的淀泊——"白洋淀"；采蒲台（CPT）位于白洋淀东南后塘的大片水域；圈头（QT）位于白洋淀中部的池鱼淀；烧车淀（SCD）位于白洋淀北部的自然保护核心区烧车淀内；王家寨（WJZ）是上游府河污水入淀后，往东南流动时的主流水域；枣林庄（ZLZ）位于白洋淀外排出水口附近。

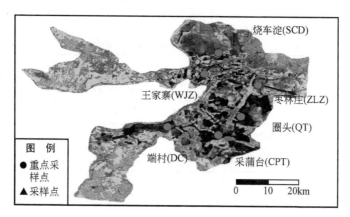

图 2.1　白洋淀沉积物调查 24 个样点位置示意图

2.1.1.2　白洋淀水体特征

采集水面以下 10～15 cm 的表水，在不对底层沉积物扰动的情况下采集沉积物以上 10～15 cm 的底层上覆水，4℃冷藏保存。沉积物孔隙水使用水分取样器（SK20 型，德国）获得。采集水样的同时，使用便携式电极（sensION 156，Hach，美国）现场测定水体水温、氧化还原电位（Eh）、pH、溶解氧（DO）及电导率，使用超声测深仪测定采样处水深，并记录 GPS 坐标。2010 年 5 月采用多参数水质测定仪（6600V2-S，YSI Incorporated，美国）对采样区域的分层水样进行了测定。

白洋淀在西北部府河入淀的南刘庄、王家寨区域，中部寨南、南部端村靠近村庄附近水质较差，北部及东部区域水质相对较好，采样区域未见藻华发生。表水、上覆水及孔隙水在 2008～2009 年各个采样期的水体理化性质见表 2.3。

表 2.3 采样区域水体不同季节理化性质

水体	季节	pH	温度/℃	溶解氧/(mg/L)	Eh/mV	电导率/(μS/cm)	浊度/NTU	COD/(mg/L)	TN/(mg/L)	NO_3^--N/(mg/L)	TP/(mg/L)	PO_4^{3-}/(mg/L)
表水	春	7.4~8.9	15.7~18.4	8.6~13.5	75~133	912~1008	1.7~9.9	24~44	—	0.1~1.6	0.24~0.69	0.02~0.27
	夏	8.4~9.5	23.5~26.8	3.8~7.5	101~180	—	2.3~14.7	52~130	—	0.2~0.5	0.4~3.6	0.3~2.6
	秋	7.2~7.9	17.9~19.3	4.4~9.8	-123.5~9.1	814~868	—	24~41	—	—	0.16~1.47	0.05~1.16
	冬	7.4~8.7	2.4~5	11.8~15.8	166~250	668~1092	2~11	12~62	1~3.8	—	0.20~0.73	0.07~0.40
上覆水	春	7.6~9	19.1~23	5.7~6.9	109.5~145.5	916~999	—	—	—	—	—	—
	夏	7.7~8.1	26.7~30.4	1.1~5.8	-246.7~102.7	—	—	—	—	—	0.23~2.26	0.11~1.83
	秋	7.5~8.4	23.8~27	1.0~7.8	-224.9~24.1	—	—	22~39	—	—	0.36~0.8	0.03~1.11
	冬	8.1~8.5	3~5.6	11.2~13.8	160~245	—	—	27~155	1.7~3.0	—	0.46~1.39	0.18~0.88
孔隙水	春	7~7.3	21.5~26.8	3.2~4.6	-49.2~119.5	—	—	—	—	—	—	—
	夏	7.7~7.9	26.7~29.3	3.6~5.8	-24.2~112.7	—	—	—	—	—	0.39~10.15	0.31~4.3
	秋	7.6~8.4	23.2~29	3.3~7.8	-67.5~28.3	—	—	133~512	—	—	0.79~0.84	0.1~0.19
	冬	7.2~8.3	2.4~7.4	7.0~10.3	93~198	—	—	106~780	2.5~13.4	—	0.26~2.66	0.22~2.36

　　白洋淀的所有采样区域水体在一年中都呈有氧状态，夏季水体溶解氧明显低于其他季节。夏季水体 pH 明显高于其他季节，水体浊度也略高。这主要是由于夏季水体温度较高（23.5～26.8℃），水中生物及藻类光合作用增强，水体初级生产力增大，水体 pH 升高；同时温度升高加速了微生物对有机质的好氧降解，消耗了大量溶解氧使自然复氧速率赶不上水体耗氧速率，水体溶解氧降低。但由于白洋淀大多数地区仅为 1～4m 的浅水区，水体及沉积物/水界面基本都呈有氧状态。尽管春季水体溶解氧值要大于夏季，但氧化还原电位（Eh）却比夏季略低。白洋淀的电导率基本变化不大，总溶解性固体（TDS）在440～495 mg/L，盐度则为 0.4‰～0.5‰（表 2.3）。

2.1.1.3 白洋淀沉积物特征

　　在水深 1～2 m 处采集不小于 10 cm 的柱状沉积物。采集的表层沉积物为柱状样前端

2～3 cm泥样,取出放在密封塑料袋中暗处冷藏保存至实验室,并用环刀取2个平行表泥样。2008 年 9 月采集的柱状沉积物在现场分割为 2～3 cm 间隔的分样,分别装入洁净的密封袋中。进行室内模拟的柱状样,则用推杆将泥从下端整体推入特制的与采样管内径一致的聚乙烯样品管中,两端橡胶塞密封,并底朝下直立保存在暗处冷藏,运回实验室处理。

根据 Ditoro (2001) 的沉积物分级方法,白洋淀沉积物粉砂 (silt) 占 43.31%～87.33%,砂 (sand) 占 12.06%～56.67%,属于粉砂壤土类型。北部的粉砂含量要多于南部,而砂含量则低于南部。在沉积物金属含量方面,南部的 Ca、Al、Fe、Mn 含量都大于北部,但草酸铵提取的活性 Fe、Al 含量却明显小于北部区域 (表 2.4)。白洋淀大多数沉积物中存在钙长石、石英、钛铈钙矿、块磷铝矿、变水铁矾、海泡石、方解石、斜铁辉石 (表 2.5)。扫描电镜 (SEM) 结合电子能谱分析表明,白洋淀沉积物为不规则的多面体结构 (图 2.2),其表面 Ca、Fe、Al 的平均质量百分含量分别达到 5.49%、4.99% 和 4.88%。

表 2.4　白洋淀沉积物的理化性质

项目	范围	平均值
pH	7.43～8.14	7.70
$LOI_{105℃}$ / %	78～81	79
$LOI_{550℃}$ / % dw	4.47～16.98	8.56
$LOI_{950℃}$ / % dw	1.82～17.17	5.38
TOC/ % dw	0.79～5.09	2.09
TN/ (mg/kg dw)	390～4 257	1 795
TOC/TN	8～20	12
Ca/ (mg/kg dw)	7 532～83 691	27 419
Fe/ (mg/kg dw)	10 980～20 318	15 324
Al/ (mg/kg dw)	17 222～36 311	28 243
Mn/ (mg/kg dw)	184～897	334
Fe_{ox}/ (mg/kg dw)	973～6 267	3 123
Al_{ox}/ (mg/kg dw)	272～1 110	764
Mn_{ox}/ (mg/kg dw)	38～578	166
黏土 /%	0.02～1	0.52
粉砂 /%	43.31～87.33	66.85
砂 /%	12.06～56.67	32.63
BET 比表面 / (m^2/g)	10.74～17.58	14.21

表 2.5 沉积物 X 射线衍射分析结果

矿物名称	化学式	S1	S2	S3	S4	S5	S6	S7	S8	S9	S10	S11	S12	S13	S14	S15	S16	S17	S18	S19	S20	S21	S22	S23	S24
钙长石	$CaAl_2Si_2O_8 \cdot 4H_2O$		+	+	+	+	+	+	+	+	+	+	+	+	+	+	+	+	+	+	+	+	+	+	+
石英	SiO_2	+	+	+	+	+	+	+	+	+	+	+	+	+	+	+	+	+	+	+	+	+	+	+	+
钛铈钙矿	$CaTi_{21}O_{38}$		+	+		+		+	+			+	+			+	+	+		+		+			+
块磷铝矿	$AlPO_4$	+	+	+			+	+			+	+	+	+	+	+	+		+	+		+	+	+	+
变水铁矾	$Fe_2(SO_4)_2(OH)_2 \cdot 3H_2O$														+			+							+
钙长石	$(Ca,Na)(Al,Si)_2Si_2O_8$			+	+	+	+	+		+		+									+				
海泡石	$Mg_4Si_6O_{15}(OH)_2 \cdot 6H_2O$			+	+	+		+						+	+					+		+			
方解石	$CaCO_3$	+							+	+			+		+			+	+		+		+		+
斜铁辉石	$FeSiO_3$	+																							

"+" 表示存在该矿物。

图 2.2　白洋淀沉积物 SEM 图像

　　有机质总量及其组分是沉积物理化性质中的重要指标，它对沉积物磷的释放和吸附有很大影响。有机质中的腐殖质可以形成胶膜粘覆在黏土矿物、铁铝氧化物以及碳酸钙等无机物内外表面，形成无机有机复合体，成为水–沉积物界面影响磷迁移转化的重要自然胶体（吴丰昌等，1996）。研究结果表明有机质 $LOI_{550℃}$ 的含量在 4.47%～16.98%，平均值为 8.56%，高于长江中下游有机质含量（0.25%～7.38%）（孟凡德等，2004），这可能与白洋淀属于草型浅水湖泊有关，大量的水生植物腐败后沉积在底泥中导致有机质升高，同时淀内大量居民污染的排入也会导致有机质升高。C/N 经常被用来评价有机碳的来源。白洋淀陆源 C/N（by weight）为 14～20，而内源有机质如湖泊中水生植物 C/N 则为 7～9（Ruban and Demare，1998）；只有一个样点的 C/N 在 7～9，而 1/6 沉积物的为 14～20，C/N 平均值为 12，说明白洋淀外源和内源对沉积物有机质具有同样重要的贡献。

2.1.1.4　白洋淀水体温度、pH 和 DO 在不同水深下的变化

　　白洋淀区域水陆交错，各采样点水深差异较大，2010 年 5 月运用 YSI6000 对采样点地区不同深度的温度、pH 和 DO 进行了测定（图 2.3～图 2.5）。可以看出，温度、pH、DO 都随水深不断降低，温度大概每米降低 2～5℃；pH 和 DO 则随着水深的增加降低的速率加大，水底的 pH 一般在 7.99～8.76，呈弱碱性；DO 在 0.15～8.4，基本呈有氧状态。

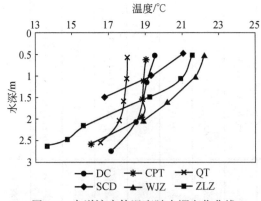

图 2.3　白洋淀水体温度随水深变化曲线

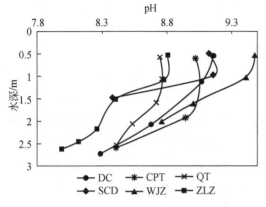

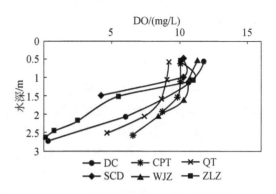

图 2.4　白洋淀水体 pH 随水深变化曲线　　　　图 2.5　白洋淀水体 DO 随水深变化曲线

2.1.2　白洋淀沉积物中磷的空间赋存及分布规律

沉积物磷的释放依赖于沉积物中磷的含量及磷的形态，其易释放性及生物可利用性差异较大，一些形态的磷会永久存留在沉积物中，另一些则可能在适宜条件下释放出来成为水体磷的一部分（Boström，1984）。一部分无机磷会以磷酸盐的形式存在于沉积物矿物或沉淀的磷酸盐中，如 $CaO(PO_4)_3(OH)$、$FePO_4$、$AlPO_4$ 和 $Ca_3(PO_4)_2$（Reynolds and Davies，2001），而更多的磷酸盐阴离子则会吸附在金属氧化物或水和氧化物（特别是 Fe、Mn 和 Al）的表面或内部成为沉积物颗粒，磷也有可能被沉积的有机质所吸附或以有机磷脂的形态存在，但通常认为含量较低（Fytianos and Kotzakioti，2005；Christophoridis and Fytianos，2006）。

磷进入湖泊后，颗粒态可能直接沉淀进入沉积物，溶解态可能被湖泊初级生产者所利用，最终以有机态形式沉淀进入沉积物（图 2.6）。Søndergaard（2001）认为水体中存在以下两个过程：①由于持续外源输入水体或在水体中产生（藻类、残骸等）颗粒沉积所引起的磷沉积；②由于有机质降解驱动和存在于沉积物、孔隙水和水体之间的磷浓度梯度而引起的磷释放。它们之间的差值即为湖泊磷的净滞留。

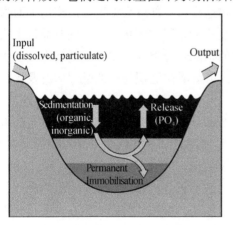

- 溶解态: PO_4^{3-}, 有机磷
- 颗粒态:
  Iron: Fe(Ⅲ)水和物, Fe(OOH)吸附
  　　　粉红磷铁矿(strengite), $FePO_4$
  　　　蓝铁矿(vivianite), $Fe_3(PO_4)\cdot 8H_2O$
  Alum: $Al(OH)_3$吸附, 磷铝石(variscite), $AlPO_4$
  Calcium: 磷灰石(hydroxyapatite), $Ca_{10}(PO_4)_6(OH)_2$
  　　　　三斜磷钙石(monetite), $CaHPO_4$
  　　　　方解石吸附
  黏土: 吸附
  有机磷: 稳定态和易变态

图 2.6　磷进入湖泊中的路径图和沉积物中主要磷形态（Søndergaard，2001）

　　稳定状态下进入湖泊的一部分磷会滞留在沉积物中，水力停留时间会影响磷滞留的百分比（图2.6），并在此基础上建立了一些经验模型，如$P_{lake}=P_{in}/(1+t_w^{0.5})$，$P_{lake}$为湖泊中的磷滞留，$P_{in}$为进入湖泊的磷量，$t_w$为水力停留时间。此外沉积物性质，如含水率、有机质含量、Fe、Al、Mn、Ca、黏土和其他元素的含量也会影响沉积物对磷的滞留和水－沉积物界面的反应过程（Søndergaard et al.，2003）。通过对沉积物粒径的分级并结合磷形态分析，可以发现越小粒径的底泥对磷的滞留越强，Fe/Al-P和exch-P与小于63μm的粒径比例呈显著正相关，而且小粒径所吸附磷的生物有效性及磷交换能力也高。pH升高时（如较高的初级生产力），Fe和Al的混合物对P的吸附能力下降，这主要是由于OH^-通过配位体交换取代了活性磷酸盐离子（Christophoridis and Fytianos，2006）。Fe（OOH）对磷的吸附受到水体pH及Ca^{2+}浓度的影响，Goltman（2004）得到了调整后的Freundlich模型：

$$P_{ads}=23\,600\times(10^{-0.416pH})(2.77-1.77e^{-Ca})\times\sqrt[3]{P_o} \tag{2.1}$$

其中，P_{ads}为Fe（OOH）的吸附量（μg/mg Fe^{3+}）；Ca为Ca^{2+}浓度（μg/L）；P_o为水体活性磷浓度（μg/L）。沉积物中不存在$CaCO_3$时，pH升高会降低Fe（OOH）对水体活性磷的吸附；而当沉积物中存在$CaCO_3$时，pH升高会导致Fe（OOH）-P向$CaCO_3$-P的转化，pH降低则相反。水体pH和氧化还原条件的变化会影响Fe（OOH）和FeS的转换平衡，从而影响磷的吸附和滞留。通常好氧条件会增加Fe（OOH）含量并增大对磷的吸附，增加沉积物对磷的滞留；厌氧条件则相反。尽管Al（OH）$_3$的磷结合能力没有Fe（OOH）强，但由于Al（OH）$_3$不受氧化还原条件的影响，因此当Al（OH）$_3$量足够大时，也能吸附更多的磷并永久滞留在沉积物中（Reitzel et al.，2005）。

　　湖泊中磷的质量平衡计算表明湖泊中磷的滞留表现出很强的季节特征。一些富营养化湖泊中夏季水体磷浓度超出冬季水体的200%～300%。夏季温度升高会降低P在沉积物颗粒上的吸附，同时春末夏初的原生动物生物量的增加和对原生植物的捕食导致的水的透明度增加也会减少P的滞留（Christophoridis and Fytianos，2006）。Søndergaard和Jensen（1999）还发现在冬季无论哪种营养状态的湖泊都呈现磷的滞留状态；而在其他季节，富营养化湖泊呈现的磷滞留时间明显短于含磷浓度较低的湖泊。

　　进入湖泊中的磷会经过一系列的化学和生物过程，一部分会滞留在沉积物中而永远沉积下来，另一部分则会通过各种机制以溶解态经孔隙水释放到水体中。同时通过主成分等多元解释分析方法还可以深入辨析沉积物中磷的来源及分类，为水环境的管理提供决策依据（Katsaounos et al.，2007a，2007b）。因此，了解磷在沉积物中的赋存形态及含量是控制和管理湖泊内源沉积物磷释放的基础。

　　化学提取法目前被广泛应用于沉积物磷形态的分级，其原理都是基于在特定提取剂中磷形态的活性。目前主要是两种类型方法：一种是使用HCl、H_2SO_4和NaOH的强酸碱提取；另一种是如EDTA的螯合提取法。这些提取方法主要针对沉积物中无机磷形态，一般分为：①通过离子交换而松散吸附的易变态可交换磷，这个组分最容易释放并为生物利用；②与Al、Fe和Mn的氧化物或水合物结合的磷组分，磷通过配位体交换吸附在这些化合物上，FeOOH的量是控制沉积物中P释放的重要因素之一；③Ca结合态磷。$CaCO_3$吸附的P是沉积物中 Ca 结合态磷的形成机制之一（Danen-louwerse et al.，1995）；但与形成 Fe-P 的机制不同，Ca 结合态磷也包括沉淀形成的磷灰石。有机磷则是最复杂的一种磷形态，至今不能被完全熟知，Golterman 也仅是证明有机磷由部分肌醇六磷酸（phytate）组成。表 2.6 为目前应用于沉积物磷分级提取的主要方法及优缺点。

Ruban 等（1999a）对比了 SMT 法和 G 法研究法国博尔莱索格水库沉积物中磷的来源及潜在的迁移性，认为 SMT 法比 G 法更令人满意。同时认为 Fe/Al-P 和 OP 为生物可利用磷，易释放并扩散到水体，增加水体富营养化风险。Ruban 和 Demare（1998）、Ruban 等（1999a，1999b）通过欧洲多个实验室的综合测试，认为 SMT 法简单适用，重现性好，适宜作为湖泊管理及恢复的有效手段。目前国内对太湖等长江中下游湖泊沉积物磷的提取也主要为这种方法。而 Lai 和 Lam（2008）则运用 G 法对香港的米浦湿地沉积物进行了分级提取。目前，P 法及其改进方案是研究者到湖泊、河口及水库沉积物磷分级提取中采用最多的一种方法，应用到了如瑞典的埃尔肯湖（Rydin，2000）、希腊的沃尔维湖和科罗尼亚湖（Kaiserli et al.，2002）、德国北部的比措湖（Selig et al.，2005）等。

几十年来研究者主要侧重于无机磷的丰度和动力学研究，而对有机磷的研究较少。而在一些水体和沉积物中，有机磷的含量并不比无机磷少。有机磷主要包括了核酸（nucleic acids）、磷脂（phospholipies）、肌醇磷酸（inositol phosphates）、磷酰胺（phosphoamides）、磷蛋白（phosphoproteins）、磷酸糖类（sugar phosphates）、氨基磷酸（amino phosphoric acids）和其他有机磷类（Worsfold et al.，2008）。已有证据表明，一些生物可以通过酶水解和微生物作用直接利用有机磷，同时非生物水解和光水解也会将有机磷矿化为无机磷酸盐，但有机磷作为生物可利用磷库还没有受到足够的重视。

Zhang 等（2008）运用土壤有机磷的提取方法对中国长江中下游及西南高原不同营养状态的有机磷进行了分级提取，将有机磷分级为活性有机磷、中等活性有机磷和非活性有机磷，认为有机磷应在湖泊富营养调查中得到更多重视。Reitzel 等（2006）则运用 ^{31}P NMR 对瑞典 Erken 湖的浮游植物和沉积物中一些含 P 有机官能团进行了调查，研究了这些有机磷形态的降解速率。Ahlgren 等（2005）认为 ^{31}P NMR 对于评价某些有机磷混合物的生物有效性非常有效，若结合传统提取方法，将可量化有机磷混合物中的活性有机磷。

不同的分级提取方法对提取的沉积物磷形态通常以操作方法来定义，所确定的各自磷形态目前一直存在争议，也没有统一。但通常认为松散吸附的有机磷及无机磷组分被认为是非稳定态磷，包括铁结合态磷及对氧化还原敏感的吸附磷。Petticrew 和 Arocena（2001）发现沉积物磷的释放速率与沉积物中的铁结合态磷有紧密关系，并且占到了释放磷的大部分。尽管磷分级可以提供沉积物磷吸附的整体和长期影响的信息，但仍不能建立内源沉积物磷负载的强度和持续时间与磷形态的通用关系，有关内源负载机制和沉积物特性的知识还不够充足。

2.1.2.1　沉积物中磷形态分析的 SMT 法

白洋淀沉积物中磷形态分析采用 Ruban 和 Demare（1998）在欧洲标准测试委员会框

表 2.6　沉积物磷分级提取方法汇总

方法	步骤 1	步骤 2	步骤 3	步骤 4	步骤 5	优点	缺点	应用实例
W/SMT 法（Williams）	1mol/L NaOH Iron-bound P 生物可利用	1+3.5 mol/L HCl Ca-bound P 生物不可用	3.5 mol/L HCl +calcination 总磷	1 mol/L HCl +calcination 有机磷部分生物可利用	—	简单、实用	NaOH 提取磷会再吸附到 $CaCO_3$ 上	Ruban et al., 1999a, 1999b, 2001; Jin et al., 2006a, 2006b; Wang et al., 2005, 2008
P 法 [Psenner（Hufer 修订）]	1mol/L NH₄Cl 不稳定磷 生物可利用	0.11mol/L Na₂S₂O₄/NaHCO₃ 还原性可溶态 P 生物可利用	1mol/L NaOH at 40℃ Fe 和 Al 的氧化结合 P 生物不可用	0.5 mol/L HCl Ca-bound P 生物不可用	1mol/L NaOH 85℃稳定态有机 P 生物不可用	步骤 2 能将易受还原影响的 Fe（OOH）-P 提取来	步骤 3 中也会提取出一部分有机磷；溶液制备复杂	Rydin, 2000; Kaiserli et al., 2002; Lake et al., 2007; Hupfer et al., 2007
G 法（Golterman）	H₂O 不稳定磷 生物可利用	0.05mol/L Ca-EDTA/连二亚硫酸盐铁磷 生物可利用	0.1mol/L Na₂-EDTA 钙磷生物不可用	0.25mol/L H₂SO₄ 酸溶态有机磷 生物可利用	2mol/L NaOH 还原态有机磷生物不可用	能提取特定混合物，允许提取有机磷组分；提供了生物可利用的组分信息	不实用，NTA 和 EDTA 干扰 P 的测定；制备复杂	Golterman, 2004; Lai and Lam, 2008
H-L 法（Hieltjes-Lijklema）	1mol/L NH₄Cl 不稳定磷 生物可利用	0.1~2mol/L NaOH I 铁磷 生物可利用	0.5 mol/L HCl 钙磷 生物不可用	—	—	简单、实用	少量 Fe/Al-P 会被 NaOH 溶解；有机磷会水解，未和生物利用性结合	Hieltjes and Lijklema, 1980
R 法（Ruttenberg）	1mol/L MgCl₂ 松散吸附磷 生物可利用	0.3mol/L 柠檬酸三钠 +1 mol/L NaHCO₃ 铁磷生物可利用	1mol/L 乙酸钠 自生态磷灰石 生物态磷灰石 生物不可用	1mol/L HCl 岩屑磷灰石 生物不可用	1mol/L HC+ calcinations 有机磷部分 生物可利用	区分不同磷酸盐形态；提取过程对残余 P 提取无干扰	提取时间长，不实用	Ruttenberg, 1992

注：括号中为创始人。

架下发展的 SMT 分离方法。主要步骤为称取 200 mg 沉积物样品，加入 1 mol/L 的 NaOH 20 ml，振荡 16 h 后离心；取 10 ml 上清液加入 3.5 mol/L 的 HCl 4 ml，静置 16 h 后离心，将上清液过 0.45 μm 滤膜，钼酸铵分光光度法测定溶解态活性磷（SRP），得到铁、铝结合态磷（Fe/Al-P）；提取后的残渣用 12 ml NaCl 洗涤 2 次后，加入 1 mol/L 的 HCl 20 ml，振荡 16 h 后离心分离，上清液过 0.45 μm 滤膜后测定 SRP，得到钙结合态磷（Ca-P）；称取 200 mg 沉积物样品，加入 1 mol/L 的 HCl 20 ml，振荡 16 h 后离心，上清液过 0.45 μm 滤膜后测定 SRP 得无机磷（IP）；残渣用 12ml 去离子水洗涤 2 次，冷冻干燥，接着超声浴 30 s，在 450 ℃灰化 3 h，加入 1 mol/L 的 HCl 20 ml，振荡 16 h 后离心，上清液过 0.45 μm 滤膜后测定 SRP 得到有机磷（OP）；称取 200 mg 沉积物样品，在 450 ℃的条件下灰化 3 h，冷却后加入 3.5 mol/L HCl 20 ml，振荡 16 h 后离心，上清液过 0.45 μm 滤膜后测定 SRP，得到总磷（TP）。具体步骤如图 2.7 所示。

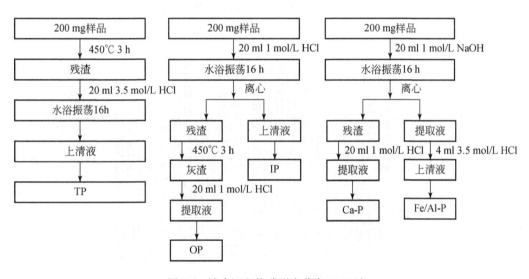

图 2.7　淡水沉积物磷形态分离 SMT 法

2.1.2.2　白洋淀表层沉积物中磷的赋存及分布规律

白洋淀 24 个样点沉积物磷形态的研究结果表明（图 2.8 ～图 2.10），总磷 TP 的含量在 S9、S13、S18 较高，这可能与府河及附近生活污水排入有关。而从空间分布上看，淀北的底泥 TP 含量较淀南、淀中低，这可能是由于淀北是自然保护核心区，而且人口密度及相应带来的污染没有淀南和淀中那么大。分析可知 TP 以 IP 为主，占 TP 的 36.47% ～ 87.67%。

OP 被认为是部分生物可利用磷，一定条件下可水解或矿化为生物可利用磷，具有潜在的生物可利用性，与湖泊富营养化的关系密切（黄清辉等，2003）。OP 主要来自动植物残体，并与人类的活动有密切的联系。白洋淀 OP 含量最大值和最小值相差两三倍，相对于 IP 含量较少，占 TP 的 21.33% ～ 32.67%，但比长江中下游浅水湖泊所占 TP 比例稍大（朱广伟等，2004）。

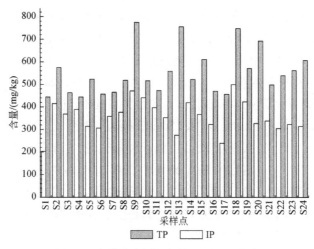

图 2.8　白洋淀表层沉积物 TP 和 IP 分布

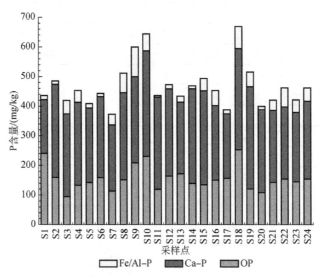

图 2.9　白洋淀表层沉积物 OP、Ca-P 和 Fe/Al-P 分布

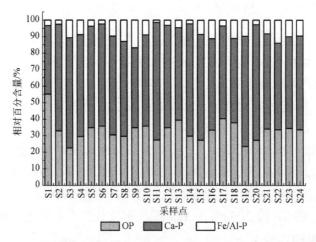

图 2.10　白洋淀表层沉积物 OP、Ca-P 和 Fe/Al-P 相对百分含量

Fe/Al-P 是被 Fe、Al、Mn 的氧化物或者氢氧化物包裹的磷，在一定的条件下可以转化为生物活性磷，被认为是生物可利用磷。Fe/Al-P 是沉积物磷中较容易变化的部分，很容易受到氧化还原电位和 pH 的影响（Ruban et al., 2001）。所研究的沉积物中，Fe/Al-P 含量比较低，仅占 TP 的 1.34% ～ 12.95%。与太湖等南方湖泊比较（朱广伟等，2004），白洋淀 Fe/Al-P 含量较低，这可能主要是由于白洋淀水体 pH 为 7.5 ～ 8.5，且水体 Ca^{2+} 是长江中下游水体的 20 ～ 30 倍。Golterman（2004）认为 Fe（OOH）对磷的吸附受到水体 pH 及 Ca^{2+} 浓度的影响，从式（2.1）可以看出，pH 和 Ca^{2+} 浓度的升高均会降低 Fe（OOH）对磷的吸附从而降低了沉积物中 Fe-P 的含量。尽管白洋淀 Fe/Al-P 占 TP 的比例较小，但其释放也会对水体富营养产生影响。

提取的 Ca-P 为酸可溶态磷，通常被认为生物不可利用。Ca-P 包括碎屑磷灰石和与 $CaCO_3$ 结合的自生和生物磷灰石，在弱碱性水环境中其活性很低，仅在 pH 骤降时才会溶解出一部分（Ruban et al., 1999a，1999b）。白洋淀 Ca-P 含量最大值和最小值相差 2 倍左右，Ca-P 含量比长江中下游大（朱广伟等，2004），这可能是因为白洋淀沉积物中钙元素含量高。Ca-P 占 TP 比例的 40.77% ～ 45.95%，其变化较小，基本反映了当地沉积物中 Ca-P 的背景值。

2.1.2.3 沉积物磷形态与沉积物性质之间关系

沉积物磷形态与沉积物理化性质之间的相关性表明（表 2.7），IP 与 Ca-P、Fe/Al-P 分别呈极显著和显著相关，说明 Ca-P 比 Fe/Al-P 对 IP 的增长贡献更大，同时 IP 也与活性 Fe、活性 Fe/Al/Mn 的总量以及碳酸盐（$LOI_{950℃}$）含量显著相关。OP 与有机质相关的 $LOI_{550℃}$、TOC 和 TN 显著相关，沉积物中有机质含量的增加将会导致有机磷含量的增加。此外，OP 还与 $LOI_{950℃}$ 和 Ca 含量呈显著相关，说明沉积物中的矿化过程与 OP 密切相关。活性 Fe 和活性 Fe/Al/Mn 的总量还与 TP 和 Ca-P 显著相关。Ca-P 和 $LOI_{950℃}$ 的碳酸盐含量显著相关，说明碳酸钙吸附态磷可能是 Ca-P 的主体。但 Fe/Al-P 含量并不和任何参数相关，这可能是白洋淀水体 Ca^{2+} 较高，使沉积物中 Fe/Al-P 较少的原因。

表 2.7　沉积物各种磷形态与其他理化属性之间的相关性

形态	IP	OP	TP	Ca-P	Fe/Al-P
IP					
OP	0.12				
TP	0.36	0.32			
Ca-P	0.85**	0.06	0.30		
Fe/Al-P	0.51*	0.34	0.38	0.26	
Al	0.26	0.31	0.43*	0.35	0.32
Fe	0.19	0.04	0.51*	0.23	0.09
Mn	−0.15	−0.01	0.09	−0.13	−0.05
Ca	−0.38	0.46*	−0.04	−0.31	−0.04
Al_{ox}	0.12	0.39	0.35	−0.03	0.09

续表

形态	IP	OP	TP	Ca-P	Fe/Al-P
Fe_{ox}	0.50*	0.31	0.58**	0.48*	0.16
Mn_{ox}	−0.15	0.15	0.16	−0.08	0.08
$Al_{ox}+Fe_{ox}+Mn_{ox}$	0.46*	0.34	0.59**	0.43*	0.16
$LOI_{550℃}$	0.14	0.53**	0.29	0.11	0.28
$LOI_{950℃}$	−0.44*	0.60**	−0.16	−0.43*	−0.06
TN	0.00	0.47*	0.15	−0.08	0.26
TOC	0.09	0.54**	0.25	0.01	0.30

**$p<0.01$；*$p<0.05$。

2.1.3 白洋淀沉积物中磷的垂向赋存及分布规律

2008 年 9 月选择了白洋淀中 6 个采样点进行柱状沉积物样品采集（图 2.1）。其中，端村（S1）位于白洋淀中最大的淀泊——"白洋淀"；采蒲台（S2）位于白洋淀东南后塘的大片水域；圈头（S3）位于白洋淀中部的池鱼淀；烧车淀（S4）位于白洋淀北部的自然保护核心区烧车淀内；王家寨（S5）是上游府河污水入淀后，往东南流动时的主流水域；枣林庄（S6）位于白洋淀外排出水口附近。使用自制手动旋转式柱状沉积物采样器（ZL200810126080.X）采集长度为 18 ～ 20 cm 柱状沉积物，现场分割为 2 ～ 3 cm 间隔的分样，分别装入洁净的密封袋，带回实验室风干后剔除植物及生物残体后研磨，先过 2000 μm 筛后，将样品过 63 μm 不锈钢筛分为砂土（sand fraction，63 ～ 2000 μm）与粉砂 / 黏土（silt/clay fraction，< 63 μm），密封冷冻保存。

2.1.3.1 柱状沉积物磷的空间分布特征

白洋淀 6 个采样点的柱状沉积物不同形态磷含量及相对百分比如图 2.11 和图 2.12 所示。不同湖区柱状沉积物中 TP 平均含量为 531 ～ 1223 mg/kg dw，由高到低的分布为 S1>S5>S2> S3>S4>S6。IP 平均含量为 305 ～ 886 mg/kg dw，除 S2 的沉积物 IP 含量为 TP 的 42% 外，其他 5 个采样点的 IP 含量均是沉积物中磷的主要成分，占 TP 含量的 72% ～ 83%。OP 含量为 98 ～ 417 mg/kg dw，占总磷含量的 17% ～ 58%。Ca-P 是 IP 的主要成分，其含量为 230 ～ 655 mg/kg dw，占 IP 含量的 74% ～ 93%；除 S2 外，其他采样点的 Ca-P 含量也是沉积物磷的主要成分，占 TP 含量的 53% ～ 77%。Fe/Al-P 为 29 ～ 230 mg/kg dw，仅占 IP 含量的 7% ～ 26%，占 TP 含量的 5% ～ 18%。

沉积物中磷的三种形态（Fe/Al-P、Ca-P 和 OP）在不同湖区的分布有差异。在处于富营养化的 S1 及 S5 湖区，Fe/Al-P 的含量达到 230 和 116 mg/kg dw，是处于自然保护核心区 S4（33 mg/kg dw）及人为干扰较少的 S6（29 mg/kg dw）湖区的 3 ～ 7 倍，也是处于相对洁净的 S2（74 mg/kg dw）和 S3（69 mg/kg dw）湖区的 1.5 ～ 3 倍。Ca-P

的含量在 S1（655 mg/kg dw）略高，而在 S2（230 mg/kg dw）略低，其他湖区则都在 382～480 mg/kg dw，分布差异不大。OP 的空间分布差异性较大，S2（417 mg/kg dw）和 S1（337 mg/kg dw）要远大于其他湖区的 OP 含量（98～187 mg/kg dw）。

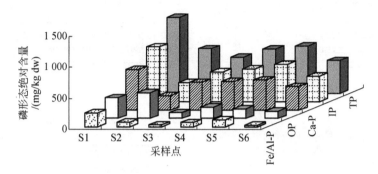

图 2.11　白洋淀沉积物中不同形态磷的空间分布

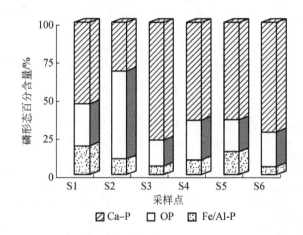

图 2.12　白洋淀沉积物中不同形态磷的相对百分含量

2.1.3.2　沉积物中不同形态磷的垂向分布特征

沉积物中磷的三种形态（Fe/Al-P、Ca-P 和 OP）在不同湖区的垂向分布如图 2.13 所示。从三种形态磷的总量来看，不同湖区的柱状沉积物在垂向分布的变化上不一致。S1 呈现先增大后减小的趋势，在 7～9 cm 处达到最大值 1500mg/kg dw，而在 15～18 cm 处仅为 895 mg/kg dw；其他样点则变化趋势不明显，最大值和最小值差别在 160 mg/kg dw～86 mg/kg dw。

在 Fe/Al-P 的垂向分布上，S1 呈现先增大后减小的趋势，在 5～7 cm 处达到最大值 312mg/kg dw，而在 15～8 cm 处仅为 144 mg/kg dw；S5 则呈现逐渐增大的趋势，从 87mg/kg dw 到 151 mg/kg dw；其他样点湖区的 Fe/Al-P 的垂向分布及变化差异不是很大，S2 和 S4 在 60～90 mg/kg dw，S3 和 S6 则介于 23～47 mg/kg dw。

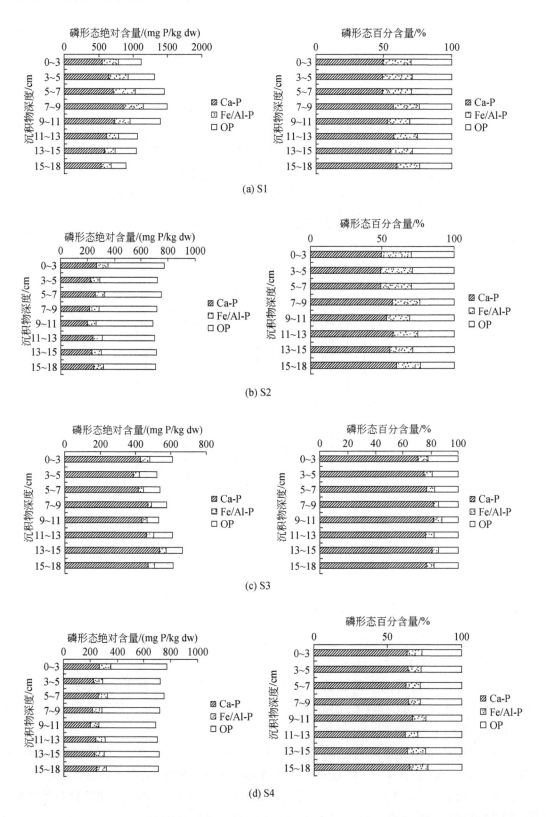

(a) S1

(b) S2

(c) S3

(d) S4

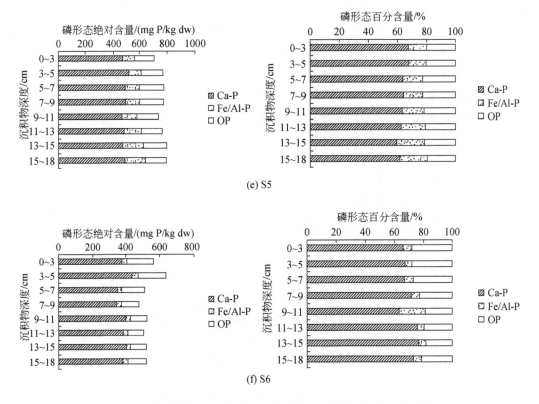

图 2.13　白洋淀沉积物中不同形态磷的垂向分布及相对百分含量

在 Ca-P 的垂向分布上，S1 与 S5 呈现先增大后减小的趋势，S1 在 7 ～ 9 cm 处达到最大值 856 mg/kg dw，而在 15 ～ 18 cm 处仅为 538 mg/kg dw；其他样点湖区的 Ca-P 垂向分布及变化差异基本呈逐渐增大趋势，S3（385 ～ 535 mg/kg dw）、S2（192 ～ 263 mg/kg dw）和 S4（418 ～ 494 mg/kg dw）先减小后增大，S6 先增大后减小再增大（344 ～ 437 mg/kg dw）。

在 OP 的垂向分布上，S1（212 ～ 428 mg/kg dw）、S2（390 ～ 431 mg/kg dw）、S5（140 ～ 176mg/kg dw）和 S6（92 ～ 172 mg/kg dw）都呈先增大后减小的趋势，分别在 5 ～ 7 cm、7 ～ 9 cm、5 ～ 7 cm 和 3 ～ 5 cm 达到最大值；S4（164 ～ 207 mg/kg dw）基本呈减小的趋势，S3 则先减小后增大（65 ～ 134 mg/kg dw）。

在沉积物中三种磷形态的相对百分含量上，Ca-P 相对于沉积物中总磷含量，在垂向分布上基本呈现逐渐增大的趋势；Fe/Al-P 在五个样点湖区垂向分布基本呈逐渐减小趋势（除 S5 逐渐增大）；OP 在 S1、S3、S4 和 S6 呈逐渐减小趋势，而在 S2 和 S5 都呈先增大后减小的趋势。

2.1.3.3　不同颗粒沉积物中不同形态磷的分布特征

白洋淀 6 个不同湖区的柱状沉积物两种粒径分级的磷形态平均含量及相对百分含量如

图 2.14 和图 2.15 所示。从三种形态的磷总量来看，S1、S4 和 S6 的砂土（63～2000 μm）中总磷含量要大于粉砂/黏土（<63 μm），而 S2、S3 和 S5 则相反。从三种形态磷的分布来看，Ca-P 在 S1、S2 和 S6 柱状沉积物砂土中的含量要大于粉砂/黏土中的含量，其他三个样点湖区则相反；Fe/Al-P 在 S1、S4 和 S6 砂土中的含量要大于粉砂/黏土中的含量，S2 和 S3 则基本相当，S5 砂土中含量略小于粉砂/黏土中的含量；OP 在 S1、S4 和 S6 砂土中的含量要大于粉砂/黏土中的含量，其余则相反。

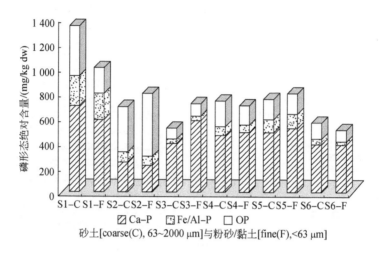

图 2.14　白洋淀不同颗粒沉积物中不同形态磷的分布

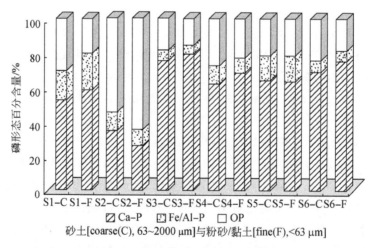

图 2.15　白洋淀不同颗粒沉积物中不同形态磷的相对百分含量

从相对百分含量来看，Ca-P 在总磷中相对百分含量除 S1 和 S2 外，其他湖区粉砂/黏土的 Ca-P 相对百分比均大于砂土；Fe/Al-P 则是除 S1 外，其他 5 个湖区砂土的 Fe/Al-P 相对百分比均大于粉砂/黏土；OP 则是除 S2 外，其他 5 个湖区砂土的 OP 相对百分比均大于粉砂/黏土。

2.1.3.4 各种形态磷的赋存及分布规律

1）铁铝结合态磷（Fe/Al-P）

Fe/Al-P 主要是指通过物理和化学作用吸附在铁、铝氧化物和氢氧化物胶体表面上的磷，是沉积物中主要活性磷组分，对沉积物 - 水界面磷的循环起到主要作用。Fe/Al-P 在白洋淀不同湖区的分布差异可能与湖区的污染及富营养化程度有关。在受到人为污染较重的 S1 及 S5，Fe/Al-P 含量分别为 230mg/kg dw 和 116 mg/kg dw，TP 相对百分含量分别为 18% 和 15%，明显高于其他湖区。S1 处于最大的白洋淀内，周围村庄密布，附近端村镇的生活污水几乎都流入该淀泊，水体中除部分航道及浅滩外几乎都被圈养鱼；而 S5 处于上游府河入淀的消减控制点位，其中府河承接着上游保定市及沿途乡镇的大量生活污水。这两点的水体污染及富营养化都较严重。而 S2 和 S3 离集中污染源较远，主要受到淀内水村生活污水排放及养鱼的影响，且水深一般都在 2 m 以上，属于白洋淀深水区，水体相对较洁净，其 Fe/Al-P 含量及百分含量都较低。处于自然保护核心区的 S4 及位于白洋淀出水口的 S6，由于人为干扰主要来自旅游和过往船只，其水体也最为洁净，Fe/Al-P 含量及相对百分含量都非常低。

与研究较多的太湖相比，白洋淀的 Fe/Al-P 无论在平均含量还是在沉积物 TP 或 IP 的相对百分含量上都较低。例如，太湖不同富营养化湖区沉积物 Fe/Al-P 总体含量都在 151.7 mg/kg dw 以上，其在 TP 中相对百分含量也都大于 23%，基本都是 IP 的主要成分。这可能因为白洋淀是浅水草型湖泊，大部分湖区根生植物茂盛，水草丰茂。水生植物的生长对水体和沉积物中磷的需求很大，使得沉积物中有效磷被植物大量吸收，导致沉积物中的 Fe/Al-P 含量都偏低。这说明水草对沉积物磷的活性有很好的控制作用，在水草茂盛的湖区，即使有大的风浪，也很难引起沉积物中磷的爆发性释放。

白洋淀不同湖区沉积物中 Fe/Al-P 含量的垂向分布呈现不同规律，受污染较重的 S1 和 S5 垂向分布及变化差异较大，而其他相对洁净的湖区则差异不大。尽管有文献报道 Fe/Al-P 含量在垂直剖面上表现出下降的趋势，是由于铁的氧化物和氢氧化物与磷的结合能力逐渐降低，以及沉积物还原能力大大增强，但沉积环境及历史沉积仍然对 Fe/Al-P 的垂向分布有重要影响。Fe/Al-P 含量在不同颗粒中分布也无明显规律，但 5 个样点湖区砂土的 Fe/Al-P 占 TP 相对百分比均大于粉砂 / 黏土。

2）钙结合态磷（Ca-P）

Ca-P 是沉积物中较惰性的磷组分，通常被认为是生物难利用性磷。但在微生物矿化而导致 pH 降低引起碳酸钙溶解时，新生成的 Ca-P 易溶解而被生物所利用。形成自生磷灰石必须具备很高的磷酸盐浓度，促使磷灰石晶核形成和晶体沉淀。因此，在人为磷输入量较高的湖区，沉积物中的 Ca-P 含量应该较高。

Ca-P 在白洋淀不同湖区的差异依然存在，较高的含量可能与湖区人为磷输入量相关。在 S1 湖区，人为含磷污染直接输入水体，导致 Ca-P 含量（655 mg/kg dw）较高；而在 S5，水体污染主要来自上游府河污染，府河水体中磷经过沿途水体沉积物吸附及水生植物的吸收已经大大降低，因此其 HCl-P 含量（487 mg/kg dw）只是略高于其他湖区。但 Kaiserli 等（2002）发现在不同富营养化湖泊沉积物中，Ca-P 占 TP 相对百分比为 59%～74%，与富营养化水体的关系并不密切，说明 Ca-P 的释放的相对惰性。

与太湖相比，白洋淀的 Ca-P 无论在平均含量还是在沉积物 TP 或 IP 的相对百分含量上都高。例如，太湖沉积物 Ca-P 总体含量都在 200～300 mg/kg，其在 TP 中相对百分含量也都介于 17%～35%，基本都不是 IP 的主要成分。这主要是因为处于华北地区的白洋淀水体及沉积物中钙含量很高，且钙含量远远大于铁含量，这与长江中下游的太湖截然不同，其必然导致 Ca-P 含量及相对百分比都大于 Fe/Al-P。

Ca-P 含量在不同样点湖区沉积物垂向分布的变化差异较大，受人为污染较重的 S1 和 S5 都呈先增大后减小的趋势，在 7～9 cm 处达到最大值。而其他样点湖区则基本呈逐渐增大趋势。相对于沉积物中总磷含量，Ca-P 在垂向分布上基本呈现逐渐增大趋势，这可能是由于人为输入磷量差异及 Ca-P 沉积影响导致的。Ca-P 含量在不同颗粒中分布无明显规律，但 4 个样点湖区粉砂 / 黏土中 Ca-P 的相对百分比均大于砂土。

3）有机磷（OP）

OP 是部分活性的磷，与人类活动有关，主要来源于农业面源。在瑞典埃尔肯湖沉积物形态研究中，Rydin 发现大约 50% 的 OP 可以被降解成生物可利用的磷，同时发现厌氧条件有助于这种形态磷的转换。OP 含量在白洋淀不同湖区沉积物中分布有差异，含量较高的 S1 其沉积物中 OP 可能来源于人为污染排放及养鱼饲料的投放沉积，而 S2 样点湖区的高 OP 值及百分含量可能来源于样品中存在的植物残体等有机质。白洋淀的 OP 含量和占 TP 百分含量分别为 98～417 mg/kg dw 和 17%～58%，与太湖（188～345 mg/kg dw，20%～43%）相当。

OP 含量的垂向变化在白洋淀的 S1、S2、S5 和 S6 四个湖区呈现先增大后降低趋势，在 3～9 cm 达到最大值；而占 TP 的百分含量基本呈减小趋势，OP 的这种垂向变化规律可能与沉积环境及微生物作用有关。OP 含量在不同颗粒中分布无明显规律，但 5 个样点湖区砂土的 OP 相对百分比均大于粉砂 / 黏土，这可能是由于 OP 更多是以与砂土的黏结方式存在。

4）总磷（TP）和无机磷（IP）

TP 在白洋淀不同湖区的分布差异与 Fe/Al-P 一致，其原因也主要与湖区的污染及富营养化程度有关。S1 由于受到的污染最严重，其 TP 含量也要明显高于其他样点。TP 在不同湖区柱状沉积物的垂向分布变化上并不一致，这可能是由于沉积环境差异及历史污染所致。两种沉积物颗粒的 TP 含量在不同样点湖区的差异也说明粒径差别对沉积物磷含量的影响较小。IP 与 Ca-P 的分布差异基本一致，这主要是由于白洋淀大多湖区 Ca-P 是 IP 的主体，IP 的分布差异主要是由于 Ca-P 的空间及垂向分布差异造成的。白洋淀的 TP 含量与太湖基本相当，IP 也都是 TP 的主体，只是构成 IP 的主体存在差异。

5）各种形态磷之间的相关性分析

分析沉积物中各形态磷之间的关系，有利于认识各形态磷的分布特征，从而更好地为湖泊治理及管理服务。运用 Pearson（2-tailed）对 6 个样点湖区的柱状沉积物中各种形态磷的平均含量进行相关性分析得出，湖泊柱状沉积物中 TP 平均含量与 Ca-P 呈极显著性相关（$p<0.01$，0.988），这与长江中下游湖泊沉积物 TP 和 Fe/Al-P 的较好相关性存在很大差别；TP 平均含量与 IP 含量呈显著相关性（$p<0.05$，0.854）；TP 平均含量与 OP 和 Fe/Al-P 的相关性相对较差，表明沉积物中 TP 含量的增加，主要来自 Ca-P，其次是 OP 和 Fe/Al-P。在各形态磷中，OP 与 IP 呈极显著正相关关系（$p<0.01$，0.966）；TP 平均含量与 Ca-P 一般相关，而与 Fe/Al-P 相关性较差，表明 OP 含量对 IP 的含量有影响。而 IP 与 Ca-P 呈显著相关（$p<0.05$，0.875），表明沉积物中 IP 含量的增加，主要来自 Ca-P；而 Ca-P 与 Fe/Al-P 的相关性很小，表明两者的含量相对独立，可能是因为二者来源不同。

对 6 个样点湖区各种形态磷含量垂向分布的相关性分析可以看出，Ca-P 在除 S5 外的 5 个样点湖区与 IP 的垂向分布上都呈极显著相关（$p<0.01$），与 TP 也呈极显著相关或显著相关（$p<0.05$），而与 Fe/Al-P 在 S1 和 S4 呈显著相关，与 OP 相关性很小；Fe/Al-P 在 S1、S2、S4 和 S5 与 IP 及 TP 呈显著或极显著相关，在 S1、S3 和 S6 与 OP 呈显著相关；OP 仅在 S1 和 S6 与 IP、TP 呈显著相关；IP 则在所有样点湖区垂向分布上与 TP 极显著相关。说明 TP 在白洋淀沉积物垂向分布的变化主要来自 IP，而 IP 的变化则主要来自 Ca-P。

对白洋淀柱状沉积物两种粒径的各种形态磷平均含量进行相关性分析得出，在砂土粒级中，TP 与 IP 和 Fe/Al-P 呈极显著相关，与 Ca-P 显著相关；IP 与 Ca-P 和 Fe/Al-P 都极显著相关；Ca-P 和 Fe/Al-P 显著相关。在粉砂 / 黏土粒级中，TP 仅与 Fe/Al-P 显著相关，IP 与 Ca-P 极显著相关。

2.1.4　白洋淀沉积物中磷的季节赋存及分布规律

季节引起的温度变化影响着湖泊中的生物进程，也自然影响与温度和生物活性有关的湖泊沉积物磷的滞留和释放。温度升高增大了沉积物上磷酸盐的解吸，同时，伴随着季节性的浮游植物生物量增大而引起的有机质沉积，温度升高刺激了有机质的矿化过程（Gomez et al.，1998）。此外，由于在春季温度升高时增大了有机质的沉积和矿化速率，氧气和硝酸盐在沉积物中穿透深度大大下降，沉积物的好氧层厚度降低，因此会导致对氧化 – 还原条件敏感的铁磷释放（Gonsiorczyk et al.，2001）。Jenson 和 Andersen（1992）发现季节水温变化可以解释约 70% 湖泊沉积物磷释放。

2.1.4.1　沉积物中磷形态分析的 P 法

运用 Psenner（Hufer et al.，1995）的方法对样品进行五步连续分级提取，5000 r/min 离心 10 min，上清液过 0.45 μm 滤膜后，以钼酸铵分光光度法测定磷酸盐含量，确定沉积物中的磷形态。①弱吸附态磷（NH_4Cl-P）：称取 1 g 沉积物样品，加入 25 ml 1.0 mol/L NH_4Cl 溶液，在 25℃振荡 1 h。②可还原态磷（BD-P）：残渣中加 25 ml 0.1 mol/L $Na_2S_2O_4$/$NaHCO_3$ 混合溶液，在 40℃振荡 0.5 h，而这一步通常也会提取一些沉积物有机质结合态磷（Turner et al.，2003）。③金属氧化物结合态磷（NaOH-P）：残渣中加入 25 ml 0.1 mol/L NaOH 溶液，于 25℃振荡 8 h。④钙结合态磷（HCl-P）：残渣中加入 25 ml 0.5 mol/L HCl 溶液，于 25℃振荡 16 h。⑤有机难溶态磷（Res-P）：残渣中加入 25 ml 0.1 mol/L NaOH 溶液，于 85℃振荡 24 h。详细步骤如图 2.16 所示。

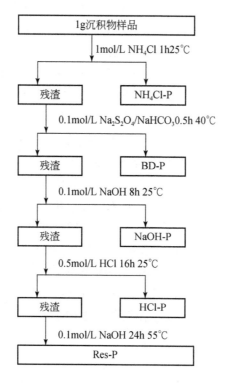

图 2.16　沉积物的 P 法提取程序

2.1.4.2　白洋淀沉积物不同形态磷的季节分布特征

在所有采样点，总提取活性磷（TP_s）为 13～28 μmol/g（图 2.17）。DC 的 TP_s（27 μmol/g）要远高于其他采样点（18～21 μmol/g）。所有采样点的磷形态顺序均为 HCl-P > $NaOH_{85}$-P > $NaOH_{25}$-P > BD-P > NH_4Cl-P。最大比例的可提取磷为 HCl 提取磷，占到了 TP_s 的 43.6%～69.1%，而 $NaOH_{25}$ 与 $NaOH_{85}$ 提取磷分别是 5.68%～21.86% 和 7.05%～48.2%。由于水体较高的 pH（8.05～8.31）和 Ca^{2+} 浓度（67～80 mg/L），酸溶性的 HCl-P 是主要磷形态，$NaOH_{25}$、HCl 和 $NaOH_{85}$ 提取的磷形态占到了可提取总磷形态的 90%。而剩余的 NH_4Cl 和 BD 对表层沉积物 TP_s 的贡献仅为 0.31%～9.67%，所有样点 9 月和 3 月的 BD-P 都要高于 7 月和 11 月，而其他形态磷则随采样季节变化不大。

2.1.4.3　沉积物铁形态季节特征

总提取 Fe 含量为 81～181 μmol/g（图 2.18），BD 和 HCl 提取的 Fe 含量占大部分，分别达 0.12%～33.6% 和 63.35%～98.8%。Fe 形态含量顺序：HCl-Fe>BD-Fe> 其他形态；只有与 P 释放相关的 BD-Fe 存在明显的季节分布特征，在 7～9 月、11～3 月，分别从 0.11～1.52 μmol/g 增加到了 12～48 μmol/g，且与 BD-P 在时间变化上基本一致。

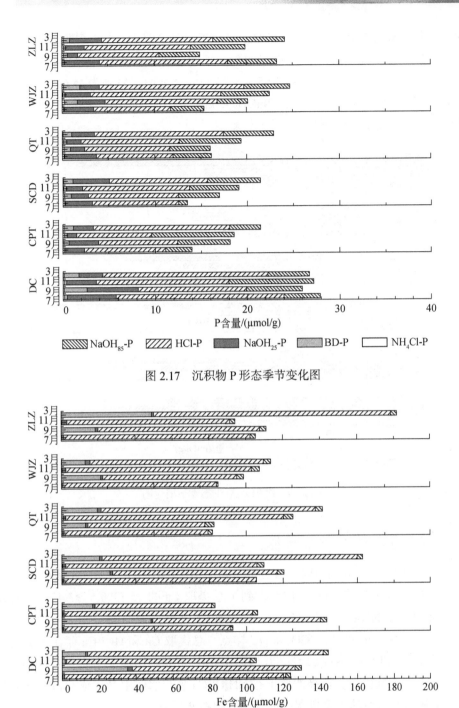

图 2.17 沉积物 P 形态季节变化图

图 2.18 沉积物 Fe 形态季节变化图

2.1.4.4 沉积物铝形态季节特征

沉积物可提取 Al 总量为 154 ~ 465 μmol/g（图 2.19），主要的可提取 Al 来自于后 3

步的分级提取，Al 形态含量顺序：$NaOH_{85}$-Al > HCl-Al > $NaOH_{25}$-Al > 其他形态；与 P 释放相关的 $NaOH_{25}$-Al 随时间无明显变化（$NaOH_{25}$-Al 能抑制 P 释放）。$NaOH_{25}$-Al 占到了总提取 Al 的 7.66% ～ 15.48%，HCl-Al 为 31.55% ～ 75.13%，$NaOH_{85}$-Al 则为 45.68% ～ 57.22%（除 7 月的 SCD 仅为 8.98%）。在 SCD 的 $NaOH_{85}$-Al 的降低可能是由于采样时的空间异质性。而在其他采样点可提取 Al 的时间差别并不大。

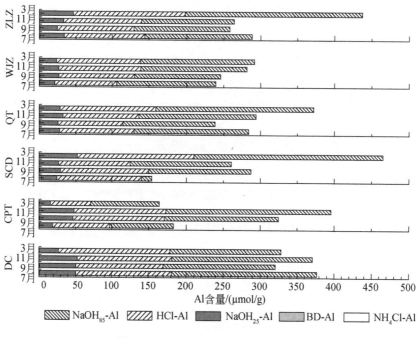

图 2.19 沉积物 Al 形态季节变化图

2.1.4.5 沉积物钙形态季节特征

沉积物可提取 Ca 总量为 384 ～ 1337 μmol/g（图 2.20），主要的可提取 Al 来自于第一步和第三步的分级提取，NH_4Cl-Ca 占到了总提取 Ca 的 12.53% ～ 43.47%，HCl-Ca 占 50.78% ～ 85.45%，NH_4Cl-Ca（134 ～ 218 μmol/g）在样点及时间分布上差别不大。由于采样的空间异质性，在 ZLZ、SCD 和 DC 样点，总提取 Ca 和 HCl-Ca 存在一定差异。Ca 形态含量顺序：HCl-Ca > NH_4Cl-Ca > 其他形态 Ca；沉积物中离子态含量及酸溶态钙含量都很高，属于钙质沉积物；较高的离子态 NH_4Cl-Ca 易与水体中 P 形成 $Ca_3PO_4 \cdot 10H_2O$ 共沉淀，是沉积物 P 滞留的主要机制，抑制了沉积物 P 释放。

2.1.4.6 沉积物 P 形态与 Fe、Al、Ca 形态的相关分析

对 6 个样点 4 个季节的分步提取 P、Fe、Al 和 Ca 进行了相关性分析（$n=24$）。BD-P 和 BD-Fe、$NaOH_{25}$-P 和 $NaOH_{25}$-Al 之间存在显著正相关（0.549 和 0.519，$p<0.01$，$n=24$），说明该提取方法所提取磷形态的主要机制及影响因子。$NaOH_{85}$-P 和 $NaOH_{85}$-Al 之间也存在显著正相关（0.744，$p<0.01$，$n=24$）。尽管 HCl-P 占到了沉积物中可提取 P

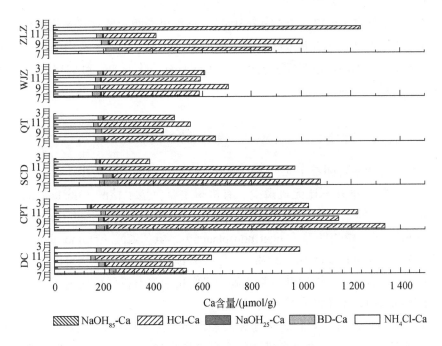

图 2.20　沉积物 Ca 形态季节变化图

的大部分，但与 HCl-Fe、HCl-Al、HCl-Ca 之间并无相关性，说明 HCl-P 的来源复杂。HCl-Fe 和 HCl-Al 存在正相关（0.801，$p < 0.01$，$n = 24$），说明 HCl-Fe 和 HCl-Al 可能来源于同一类矿物。NH_4Cl-Ca 和 HCl-Ca 与相同步骤提取的 P 形态含量并不相关，说明 Ca 可能并不直接影响沉积物 P 的滞留。此外，沉积物中总提取 P 与 $LOI_{550℃}$，TOC，TN 和粉砂含量显著相关（$P < 0.05$，$n = 6$），说明有机质和粒径分布影响沉积物内源 P 的负载。

从沉积物中分级提取的 P、Fe、Al 和 Ca 的形态来看，大多数没有明显的季节分布差异。一些样点的 $NaOH_{85}$-Al 和 HCl-Ca 的差别可能来源于样品的空间异质性。然而 $NaOH_{85}$-Al 和 HCl-Ca 属于稳定态磷，并不影响沉积物磷的释放。但 BD-P 和 BD-Fe 表现出一致的季节变化，其浓度均在初春和仲秋高于仲夏和初冬，而 HCl-Fe 的浓度变化正好相反。该结果表明可能存在 Fe（OOH）-P 颗粒与其他含 Fe^{3+} 矿物［$Fe_3（PO_4）_2 8H_2O$ 和（Ca_x，Fe_{1-x}）CO_3］形态的季节转换（Gächter and Muller，2003）。

所有样点在不同季节提取 P、Fe、Al 和 Ca 的平均浓度均表现出从仲夏到第二年初春逐渐增大的趋势。提取 P 和 Al 之间存在显著相关，说明沉积物中可提取 Fe、Al 的浓度增加时，沉积物中磷的浓度也增大。在初春时沉积物中的可提取磷浓度最大。

尽管水体及沉积物第一步和第四步提取中均有较高的 Ca 浓度，但其余沉积物中的磷形态并不存在相关性。然而，在高 pH 水体中，Ca^{2+} 可以影响 Fe（OOH）颗粒对 P 的吸附并可能与水体磷酸盐产生共沉淀（Golterman，2004）。该研究表明需要改进沉积物磷形态提取方法，对沉积物中钙结合态磷形态进行有针对性的提取。

沉积物磷形态在空间分布上也有较大差异。DC 的平均 TP_s（26.96 μmol/g）和 BD-P（1.16 μmol/g）最大，其他样点的 TP_s 基本相当，但 WJZ 样点的 BD-P（0.87 μmol/g）要明显高于其他 4 个样点（0.37～0.54μmol/g）。该结果表明水体富营养化越严重的区域，其水体潜在生物可利用的 BD-P 浓度越高。根据 Nürnberg（1988）提出的模型，沉积物磷的释放与沉积物 P 和 BD-P 存在显著正相关，说明富营养化的 DC 和 WJZ 比其他样点具有更大的沉积物磷释放风险。

2.1.5　白洋淀沉积物中有机磷的赋存及分布规律

多年以来研究者主要侧重于无机磷的研究，对有机磷的研究较少。而在一些水体和沉积物中，有机磷的含量并不比无机磷少。有机磷主要包括了核酸（nucleic acids）、磷脂（phospholipies）、肌醇磷酸（inositol phosphates）、磷酰胺（phosphoamides）、磷蛋白（phosphoproteins）、磷酸糖类（sugar phosphates）、氨基磷酸（amino phosphoric acids）和其他有机磷类（Worsfold et al., 2008）。已经有证据表明一些生物可以通过酶水解和微生物作用直接利用有机磷，同时非生物水解和光解也会将有机磷矿化为无机磷酸盐，但有机磷作为生物可利用磷库还没有受到足够的重视。

由于大多数溶解性有机磷化合物与钼酸盐没有反应，因此普遍使用的测定磷酸盐的钼酸盐分光光度法很难直接测定有机磷的含量，通常使用总溶解磷和溶解性活性磷的差值作为溶解性有机磷的值。随着新技术的发展，^{31}P 核磁共振（Reitzel et al., 2006）、软射线荧光光谱显微技术（Townsend-Small et al., 2007）、高效液相色谱（Nanny et al., 1995）、酶解（Wang and Pant, 2010）方法逐渐用于沉积物 OP 形态的分析，为沉积物 OP 的研究提供了技术基础。

有机磷是沉积物中的重要磷形态，多数水环境中沉积物有机磷的埋藏构成了相当重要的汇，作为最复杂的磷形态，其生物可利用性一直是研究的热点。对沉积物中有机磷，尤其是可释放的生物可利用磷的研究将有利于预测沉积物磷释放风险并揭示沉积物磷的释放机制。

2.1.5.1　沉积物有机磷形态的分析方法

1）沉积物有机磷形态分级提取的 Ivanoff 法

对沉积物中有机磷形态的提取采用 Ivanoff 等（1998）的提取方法，该方法将有机磷分为如下几种。

活性有机磷（LOP）：取沉积物加入 50 ml 0.5 mol/L NaHCO$_3$（pH=8.5），振荡 16 h，6000 r/min 的速度离心 15 min 获得提取液，过滤后用钼酸铵分光光度法测定 IP 与 TP，差值即为 LOP。

中等活性有机磷（MLOP）：用 NaHCO$_3$ 提取后残渣中加入 50 ml 1.0 mol/L HCl，振荡 16 h，6000 r/min 的速度离心 10 min，上清液中 IP 与 TP 的差值为盐酸提取有机磷；在 HCl 提取后的残渣先用去离子水涮洗一遍倒掉，再加入 50 ml 0.5mol/L NaOH 振荡 16 h，6000 r/min 的速度离心 15 min 获得提取液，用浓 HCl 调节 pH 至 0.2 并离心，上清液与沉淀中 IP 与 TP 的差值分别为富里酸结合态 OP（Fulvic-OP）和腐殖酸结合态 OP（Humic-OP），富里酸结合态 OP 与盐酸提取 OP 之和为 MLOP。

非活性有机磷（NLOP）：NaOH 溶液提取后的残渣先用去离子水涮洗一遍倒掉，再于 550℃灼烧 1 h，加入 50ml 1mol/L H₂SO₄，振荡 24h 后 6000 r/min 速度离心 15 min，上清液中 TP 为残渣态 OP。残渣态 OP 与腐殖酸结合态 OP 之和为 NLOP。具体步骤如图 2.21 所示。

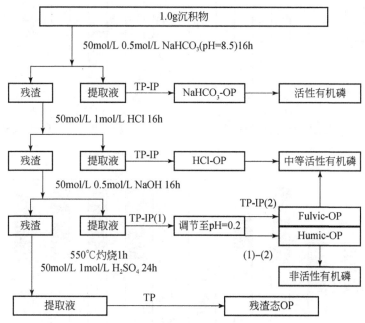

图 2.21 Ivanoff 法有机磷分级提取流程图

2）沉积物磷形态的 ³¹P NMR（核磁共振）法

为进一步分析沉积物中的磷形态，采用 ³¹P NMR（核磁共振）法进行了沉积物磷形态分析（Branbandere et al., 2008），用 5g 沉积物干样（过 200 目）+30 ml 氢氧化钠和 EDTA 的混合提取液（0.25 mol/L NaOH+0.05 mol/L EDTA），于 25℃振荡 16 h 后离心，取上清液冷冻干燥。每个样取约 400 mg 冷冻干燥的粉末装于小离心管中，加 0.5 ml 重水，加 0.1 ml 10 mol/L 的 NaOH（重水配制）。用 vertex 涡旋振荡器混匀 2 min，25℃下放置 2 h（每隔几分钟振荡一次）。10 000 r/min 速度离心 5 min，上清液转移到核磁管中，尽快测定。核磁实验条件为 acquisition time 0.549 s；扫描次数为 4096，5 mm 直径的探头；扫描频率为 202.465 MHz for ³¹P，使用仪器为北京师范大学分析测试中心的核磁共振谱仪 [Avance 500，瑞士布鲁克公司（Bruker A.G.）]。

2.1.5.2 沉积物中的有机磷分布

运用 SMT 法首先对白洋淀主要 6 个采样点沉积物中的 Fe/Al-P、Ca-P 及 OP 形态进行了分析（图 2.22），在此基础上，运用 Ivanoff 法对沉积物的有机磷形态进一步分析，将有机磷分为活性有机磷（liable-OP，LOP）、中等活性有机磷（moderately liable-OP，MLOP）和非活性有机磷（nonliable-OP，NLOP）（图 2.23）。

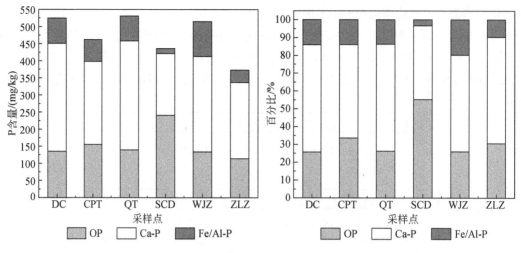

图 2.22　沉积物 P 形态含量及百分含量图

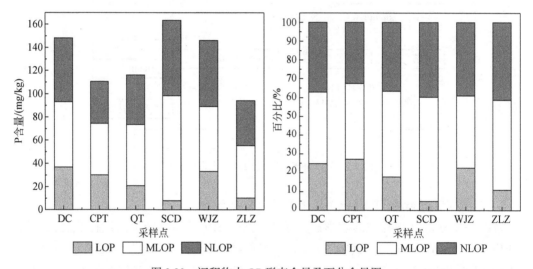

图 2.23　沉积物中 OP 形态含量及百分含量图

沉积物中 OP 的含量为 113 ~ 240 mg/kg，占沉积物总磷（Fe/Al-P+Ca-P+OP）的 26% ~ 55%，是沉积物仅次于 Ca-P 的重要 P 形态。Ivanoff 法提取的有机 P 总和与 SMT 法提取的 OP 含量基本相当，其提取的 OP 形态中，LOP 为 7.95 ~ 36.72 mg/kg，占总提取有机 P 的 5% ~ 27%；MLOP 为 44.46 ~ 90.57 mg/kg，占总提取有机 P 的 38% ~ 55%；NLOP 为 35.96 ~ 64.81 mg/kg，占总提取有机 P 的 33% ~ 41%。其中 NLOP 和 MLOP 占到了可提取有机磷的绝大部分。

若 LOP 可释放到水体，表层沉积物 LOP 的平均浓度为 23.13 mg/kg，它在沉积物中的含量为

$$M_{\text{LOP}} = 23.13 \text{ mg/kg} \times 10^{-6} \times 2\,033\,816 \text{ t} = 47.04 \text{ t} \tag{2.2}$$

估算表层沉积物中 LOP 约 47.04 t，白洋淀存在较大的沉积物磷释放潜力。

2.1.5.3 沉积物中磷形态的 ^{31}P NMR 分析

由于 ^{31}P 是自然界中唯一丰度为 100% 的磷同位素，因此可用核磁共振技术分析其含磷化合物的结构。在实际研究中，由于不同官能团的原子核会因屏蔽效应不同而出现不同的化学位移值，因此通过分析 ^{31}P NMR 波谱图上的化学位移值就可鉴别具有不同空间结构的有机或无机磷化合物（钱轶超等，2010）。CadeMenund 和 Preston（1996）认为环境样品的 ^{31}P NMR 信号带处于 $-25 \sim 25$ ppm（10^{-6}），包括正磷酸盐（orthophosphate，ortho-P）$5 \sim 7$ ppm、焦磷酸盐（pyrophosphate，pyro-P）$-5 \sim -4$ ppm、多聚磷酸盐（polyphosphate，poly-P）-20 ppm、磷酸单酯（phosphate monoesters，mono-P）$3 \sim 6$ ppm、磷酸二酯（orthophosphate diesters）$2.5 \sim 1$ ppm 以及膦酸酯（phosphonates）20 ppm。

为进一步深入了解沉积物中有机磷形态和微生物磷状态，运用 ^{31}P NMR 对沉积物经 NaOH+EDTA 提取的溶液进行了分析，其中磷的形态主要包括正磷酸盐（ortho-P）、磷酸单酯（mono-P）、DNA-P 和焦磷酸磷（pyro-P）（Brabandere et al.，2008），其特征谱图如图 2.24 所示，其含量分布如图 2.25 所示。

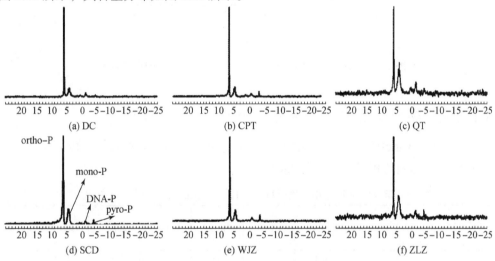

图 2.24 沉积物提取磷形态的 ^{31}P NMR 谱图

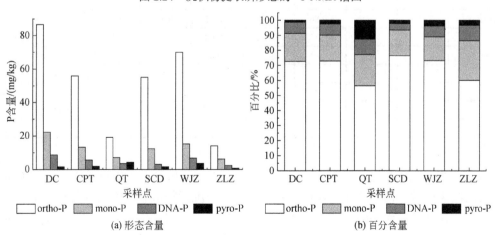

图 2.25 沉积物中 ^{31}P NMR 形态含量及百分含量

由谱图中可以清晰看出 4 种 P 形态，其中的 ortho-P 形态占大部分，结合图 2.25 可以看出，ortho-P 为 14 ～ 84.64 mg/kg，占总提取 P 形态的 56% ～ 76%；mono-P 为 6.16 ～ 22.2 mg/kg，占总提取 P 形态的 15.91% ～ 26.42%；DNA-P 为 2.40 ～ 8.69 mg/kg，占总提取 P 形态的 4.23% ～ 10.30%；pyro-P 为 0.75 ～ 4.27 mg/kg，占总提取 P 形态的 1.35% ～ 12.56%。DNA-P 作为微生物磷的主体，其在沉积物中 P 形态的所占的比重并不大（图 2.26），分别仅占 LOP 的 16.81% ～ 38.30%、OP 的 1.26% ～ 6.45% 和 TP 的 0.64% ～ 1.66%。

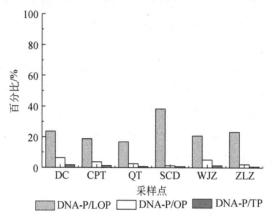

图 2.26　沉积物中 DNA-P 形态占 LOP、OP、TP 的百分含量

2.1.5.4　沉积物中磷形态的相关性分析

对 SMT 法、Ivanoff 法和 ^{31}P NMR 法分析的各种沉积物中 P 形态进行相关性分析，可以得出各种 P 形态间的相互关系（表 2.8）。

表 2.8　沉积物 P 形态相关性分析（SMT 法、Ivanoff 法和 ^{31}P NMR 法）

相对系数 ＼ 形态 ＼ 形态	Ca-P	Fe/Al-P	LOP	MLOP	NLOP	ortho-P	mono-P	DNA-P	pyro-P
OP	-0.63	-0.62	-0.45	0.91*	0.61	0.19	0.07	-0.27	-0.14
Ca-P		0.80	0.72	-0.49	-0.17	0.19	0.32	0.59	0.61
Fe/Al-P			0.86*	-0.53	-0.11	0.37	0.37	0.69	0.66
LOP				-0.44	-0.04	0.69	0.73	0.94**	0.32
MLOP					0.85*	0.26	0.15	-0.19	-0.07
NLOP						0.58	0.49	0.24	0.05
ortho-P							0.97**	0.87*	-0.06
mono-P								0.92**	-0.11
DNA-P									0.12

** $p < 0.01$；* $p < 0.05$。

MLOP 与 OP 显著相关（表 2.8），说明中等活性有机磷是 OP 的主体，这和 Ivanoff 法分析的结果一致；LOP 和 Fe/Al-P 显著相关，说明沉积物形态中的活性无机磷和活性有机磷之间存在联系。而 DNA-P 和 LOP 呈极显著相关，说明微生物 P 是活性有机 P 的重要成分，同时根据数据拟合，得到 DNA-P 和 LOP 存在指数增长关系（图 2.27）。因此，可以在提取 LOP 的基础上预测沉积物的微生物 P 的含量及微生物生物量，为分析沉积物中微生物的研究提供了一种简便的方法。

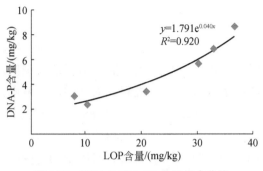

图 2.27 DNA-P 和 LOP 含量拟合曲线

将各种 P 形态与沉积物性质进行相关性分析（表 2.9），可以看出 MLOP 与沉积物中有机质指标呈显著相关性，而 LOP 和 pyro-P 则与沉积物中的活性 Al 和 Al 含量呈显著相关。

表 2.9 各种 OP 形态与沉积物性质相关性分析

沉积物性质 \ 相对系数 \ 形态	OP	LOP	MLOP	pyro-P
Al_{ox}				-0.818^*
Al		0.927^{**}		
Ca	0.983^{**}		0.843^*	
Fe			-0.870^*	
$LOI_{550℃}$	0.940^{**}		0.897^*	
$LOI_{950℃}$	0.989^{**}		0.872^*	
TN	0.940^{**}		0.897^*	
TOC	0.907^*			

$**p<0.01$；$*p<0.05$。

2.2 白洋淀水体磷的迁移特征及机制

多年来，人们在湖泊污染和富营养化等环境问题的研究上较多地关注外部污染源的发生、向湖内转移过程和机制等，相对忽视湖泊内部的物质（尤其是生源要素氮、磷等）的迁移转化和循环的影响（范成新和王春霞，2007）。在湖泊、水库这些相对静止的水体中，沉积物作为其重要组成部分，是湖泊乃至整个流域中重要的物质归宿，对上覆水体的生源要素具有重要的"源 / 汇"效应（金相灿，1992，2001），污染物可以通过沉积物 - 水界面交换作用重新进入水体。在点源、非点源污染得到有效控制后，这一过程对于湖泊等水体的功能恢复显得尤为突出，越来越受到国内外研究者的重视（Kim et al.，2003；Ribeiro et al.，2008）。

2.2.1　湖泊沉积物中磷的释放途径及影响因素

2.2.1.1　湖泊沉积物中磷的释放途径

湖泊沉积物的磷释放是一个非常复杂的现象，包含了一系列物理、化学和生物过程，如解吸、配位体交换、沉淀溶解、矿化过程、活细胞释放和细胞水解，其中解吸和配位体交换被认为是湖泊沉积物磷释放的主要机制。浓度梯度扩散则是沉积物释放后的磷进入上覆水体最主要的转移过程（Boström et al.，1988）。通常，浅水湖泊由于比深水湖泊有更大的沉积物面积与水体比值，因此沉积物磷的释放对浅水水体的磷浓度影响更大（Søndergaard et al.，2001）。同时，浅水湖泊表层沉积物易受扰动作用影响，极易将孔隙水中溶解态磷扩散进入上覆水体。沉积物磷释放主要有如下途径。

1）铁磷的解吸

经典沉积物磷释放模型主要指当湖泊下层滞水或表层沉积物缺氧时，$Fe(OH)_3(s)$ 还原性溶解而导致的磷释放（Hupfer and Lewandowski，2008；Ellen and Joselito，2001）。如图 2.28 所示，$Fe(OH)_3(s)$ 在水体及好氧沉积物中对无机磷有很强的结合能力。根据这个模型，当 $Fe(III)$ 还原为 $Fe(II)$ 时，$Fe(II)$ 及吸附的磷就会被释放到水体中从而增加了水体中磷的生物可利用性。沉积物中的 $Fe(III)$ 还原细菌催化了这个过程。此外，如果上覆水体磷酸盐浓度保持在较低的水平，磷酸盐也可能从无定形的铁/铝水合物表面解吸出来。沉积物中的铁/铝水合物吸附溶解磷酸盐的过程对孔隙水中的磷酸盐起着缓冲作用，并能限制溶解态磷酸盐向上覆水体的扩散。

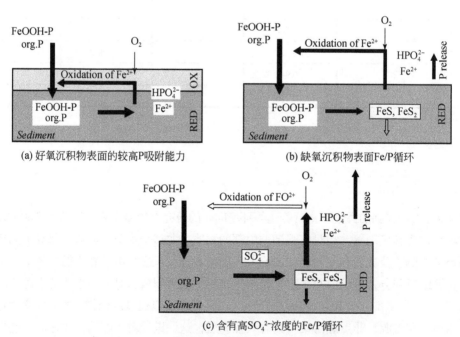

(a) 好氧沉积物表面的较高P吸附能力　　(b) 缺氧沉积物表面Fe/P循环

(c) 含有高 SO_4^{2-} 浓度的Fe/P循环

图 2.28　沉积物 - 水界面 Fe-P 循环经典模型

2）微生物磷的释放

微生物通过分解多磷酸盐（polyphosphate）分子也会引起磷的释放。在好氧且磷充足的条件下，细菌可以以多磷酸盐的形式储存过多的磷；而在厌氧压力下，细菌则会水解多磷酸盐从而为沉积物提供释放磷源（Hupfer and Rube，2004）。Hupfer和Rube（2004）使用核磁共振光谱 ^{31}P NMR 认为多磷酸盐在其研究湖泊中贡献了 1.5% ~ 11.4% 的表层沉积物总磷。因此，微生物结合态的磷也许是厌氧沉积物的一个磷释放源。

3）有机磷的矿化

矿化作用影响着有机磷在湖泊表层沉积物的磷动力机制。有机磷被认为主要是磷脂（phospholipids）、单酯（mono-ester）和多酯（di-ester）的混合物（Hupfer and Rube，2004；Ahlgren et al.，2005），但至今仍不清楚这些分子的真正结构和化学行为。运用植酸酶（phytase）从沉积物中提取的肌醇六磷酸（phytase）（一种通常在植物中发现的单酯混合物）中分离出活性磷，暗示了有机磷可能是厌氧沉积物的一个磷释放源（Golterman，2004）。也有研究表明好厌氧条件下的降解过程都有利于有机磷的矿化，好氧条件的矿化速率更大。Ahlgren 等（2005）运用连续分级提取和 ^{31}P NMR 分析了湖泊沉积物柱芯的磷形态，发现至少需要 10 年才能检测到有机磷混合物浓度随沉积物深度而降低，因此认为大多数沉积物有机磷是生物不可利用的。但 Hupfer 等（1995）的研究柱状沉积物时发现有机磷随深度连续降低，同时发现在早期的沉积物矿化过程中，不同的有机磷表现出不同的降解速率。

2.2.1.2 湖泊沉积物磷释放的影响因素

沉积物磷的释放机制较为复杂，物理、化学和生物作用都会影响沉积物磷的释放，不同湖泊其沉积物磷释放的主要机制也有差异。

1）再悬浮

在浅水湖泊，风浪引起的再悬浮常常导致湖水中悬浮固体颗粒浓度的增加，而那些最终沉积的含颗粒态磷的沉积物可能多次再悬浮（Ekholm et al.，1997），或多或少地增加了沉积物与水的接触。在这种动态条件下沉积物磷的释放是静态释放的 5 ~ 10 倍（Søndergaard et al.，1992）。再悬浮作用增大了水体浊度，但并不一定增加沉积物磷的释放。这是由于整个过程依赖于沉积物和水之间的动态平衡以及浮游植物对水体磷的吸收利用（Søndergaard et al.，1992；Ekholm et al.，1997；Horppilaand Nurminen，2001；Søndergaard et al.，2003）。Horppila 和 Nurminen（2001）发现夏初水体悬浮颗粒物浓度和活性磷浓度呈显著正相关，而在夏末则没有这种现象。

2）温度

温度影响着湖泊中的生物进程，也自然影响与温度和生物活性有关的湖泊沉积物磷的滞留和释放。温度升高促进了沉积物上磷酸盐的解吸，同时，伴随着季节性的浮游植物生物量增大而引起的有机质沉积，温度升高刺激了有机质的矿化过程（Gomez et al.，1998）。此外，由于在春季温度升高时增大了有机质的沉积和矿化速率，氧气和硝酸盐在沉积物中穿透深度大大下降，导致沉积物的好氧层厚度降低，因此会导致对氧化 - 还原条件敏感的铁磷释放（Gonsiorczyk et al., 2001）。Jenson（1992）发现季节水温变化可以解释约 70% 湖泊沉积物磷的释放。

3）氧化－还原环境

经典的沉积物铁磷释放模型已经在图 2.28 中详尽阐述，其主要机理即在还原环境中，当 Fe（Ⅲ）还原为 Fe（Ⅱ）时，Fe（Ⅱ）及其吸附的磷就会被释放到水体中从而增加了水体中磷的生物可利用性。氧气、硝酸盐和硫酸盐都会对沉积物的氧化还原环境产生影响，从而影响沉积物磷的释放。同时、春季和夏季温度升高增大了有机物沉积和矿化速率、降低了水－沉积物表面的氧化还原电位，促进了磷的释放。

4）pH

pH 对于那些以铁滞留磷的湖泊而言特别重要，因为好氧沉积物表面磷的吸附能力会随着 pH 升高而降低，这主要是由于 OH⁻ 会与磷酸盐阴离子产生竞争（Montigny and Prairie, 1993; Ross et al., 2008）。夏季富营养化水体中藻类大量繁殖，光合作用升高了水体 pH 使松散吸附的铁磷更容易释放。

5）生物作用

众多研究表明，水－沉积物界面存在生物相。该生物相包括底栖动物（主要包括水生寡毛类、软体动物和水生昆虫幼虫等）、着生生物（主要包括固着藻类等）和微生物（主要包括细菌、真菌和放线菌等）等及分布着水生维管束植物的根系和一些由死亡生物组成的有机碎屑（图 2.29）（金相灿等，2004）。水－沉积物界面存在的生物层能通过新陈代谢过程，使界面的 pH、氧化还原电位和各种化学组成等形成显著梯度变化，影响整个水体和沉积物之间的营养物质平衡（吴丰昌等，1996）。

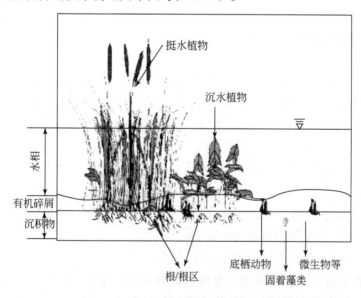

图 2.29　水－沉积物界面微生态结构

底栖动物可以通过生物扰动影响沉积物磷的释放，沉积物中的微生物则对有机质矿化过程产生影响，其作用过程产生的甲烷气泡也会增大对表层沉积物的扰动（Breukelaar et al.，1994）。沉水和挺水植物则对湖泊中磷循环产生正反两种作用，既可以吸收磷并供应氧气促进磷吸收，也会在腐烂时造成厌氧环境促进磷释放（Stephen et al.，1997；Blindow et al.，2000；Jiang et al.，2008）。在浅水富营养化湖泊中，沉积物持续接纳大量未能降解的有机质，因此，微生物细菌在沉积物磷的吸收、储存和释放过程中扮演着重要角色，同时其矿化分解过程所导致的微环境条件变化也会对沉积物磷的释放产生重要影响。微生物好氧吸收磷，并以多磷酸盐储存起来，厌氧时则以这些磷为能量进行新陈代谢作用并释放磷（Khoshmanesh et al.，2002；Wu et al.，2008）。沉积物表层的固着藻类会抑制沉积物与水的交换，导致界面厌氧环境，促进磷的释放（Gainswin et al.，2006）。但水体中藻类的大量繁殖，则会在大量吸收水体磷的同时增大水体 pH，促进沉积物中磷向水体的释放。

总的说来，湖泊沉积物磷的释放是沉积物组成、外源输入、湖泊水力条件及形貌、生物地球化学反应等一系列因素相互作用的结果。

2.2.2　白洋淀沉积物中磷的迁移释放

沉积物磷的释放模拟通常采用表层沉积物瓶样振荡或原位柱状沉积物进行（Jin et al.，2006a；Lai and Lam，2008；Sun et al.，2009）。一些环境因子也在模拟沉积物磷释放的过程中被广泛研究，Jensen 等（1992a）发现在三个浅水富营养化湖泊中，温度可以释放近 70% 的沉积物磷释放变化，同时还发现 NO_3^- 在冬季和初夏会降低沉积物磷释放，而在夏末则会增加磷释放。Christophoridis 和 Fytianos（2006）揭示了还原条件和较高 pH 都会增加表层沉积物的磷释放。湖泊水环境的差异也会导致实际释放过程存在差异。本节旨在探讨主要环境因子对沉积物磷释放过程的影响，试图发现控制沉积物磷的释放机制及内在关系，为湖泊富营养化管理提供服务。

白洋淀柱状沉积物样本采回实验室后，立刻用虹吸管将 500ml 沉积物上覆水（底水）过 $0.45\mu m$ 乙酸纤维滤膜后移入样品管，并根据释放所需模拟条件，调节温度、pH 及好／厌氧、微生物抑制条件等，放入生化培养箱内恒温暗处实验。每隔 1～3 天测定水体 pH、DO 及 PO_4^{3-} 及其他指标，取样前先小心加入去离子水补充蒸发水量，用注射器从沉积物上部 3～5cm 处取水样，然后再补充入原采样点过 $0.45\mu m$ 的底水到 500ml。

2.2.2.1　模拟不同季节温度下柱状沉积物磷的释放

温度影响着湖泊中的生物进程、也影响与温度和生物活性有关的湖泊沉积物磷的滞留和释放。白洋淀不同季节上覆水（沉积物 - 水界面）的温度见表 2.10。

表 2.10　白洋淀不同季节上覆水温度表

季节	冬	春秋	夏
上覆水温度（沉积物 - 水界面）/℃	2.4～7.4	13.6～18.8	23.5～26.8

取 500ml 过 $0.45\mu m$ 滤膜的上覆水通过虹吸转入柱状沉积物（2009 年 11 月初冬采集）释放柱中，水体高度为 15～20cm，研究样品在 7℃→17℃→25℃→17℃→7℃黑暗处

条件下各培养 4 天后的水体及沉积物磷形态的变化，模拟沉积物经过四季的变化情况。每天曝气 2h，曝气前测定水体 pH 的变化，并测定每个温度周期内的 DO 值，补充去离子水至原刻度后，在沉积物上部 3 ~ 4 cm 处取 50 ml 水样，过 0.45 μm 滤膜，用 ICP-AES 测定 TP、Fe、Al，虹吸补充上覆水至柱样原刻度，并曝气 2h。

1）DO 和 pH 的变化

由溶解氧变化曲线（图 2.30）可见，在整个释放过程的 3 个不同温度，4 个过程中，水体 DO 基本都在 4mg/L 以上，说明整个释放过程都在好氧状态下；DO 的整个变化过程呈 "U" 形，随着温度升高，水体 DO 降低；温度降低，水体 DO 又升高。由 pH 变化曲线（图 2.31）可见，在释放过程的 7℃→17℃→25℃ 条件下，各温度条件下 pH 平均值基本呈下降趋势，而在 25℃→17℃→7℃ 过程中，pH 平均值又略有回升。

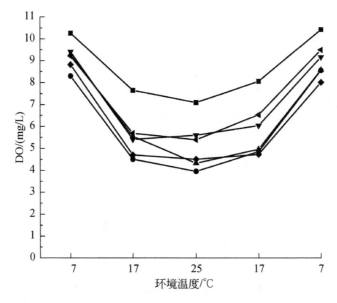

图 2.30　柱状沉积物释放过程中 DO 变化

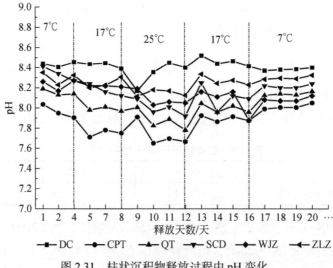

图 2.31　柱状沉积物释放过程中 pH 变化

2）TP 释放速率的变化

从图 2.32 的柱状沉积物模拟不同季节温度下 TP 释放速率可得，释放速率总体呈现先增大后降低的趋势，在模拟冬季向春季和夏季的 7℃→17℃→25℃ 条件下，沉积物呈 7℃（滞留）→17℃（滞留减小 / 释放）→25℃（释放）状态。而在模拟夏季向秋冬季的 25℃→17℃→7℃ 过程中，沉积物呈 25℃（释放）→17℃（释放减小或滞留）→7℃（平衡或滞留）状态。在夏季的 25℃下，基本呈现释放状态；而在冬季的 7℃下，基本呈现滞留状态。

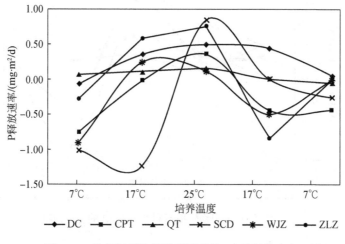

图 2.32　柱状沉积物模拟不同季节 TP 的释放速率

3）Fe 释放速率的变化

通过测定水体中 Fe 释放速率的变化可以看出（图 2.33），在模拟不同季节变化的条件下，沉积物中 Fe 的释放速率也呈现 7℃（滞留）→17℃（滞留减小 / 释放）→25℃（释放）→17℃（释放减小或滞留）→7℃（平衡或滞留）。在夏季的 25℃下，基本呈现释放状态；而在秋季和冬季的 17℃和 7℃下，基本呈滞留状态。

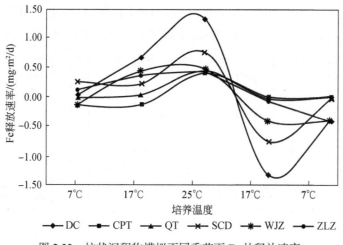

图 2.33　柱状沉积物模拟不同季节下 Fe 的释放速率

4）Al 释放速率的变化

通过测定水体中 Al 释放速率的变化可以看出（图 2.34），在模拟不同季节变化的条件下，沉积物中 Al 的释放速率也呈现 7℃（滞留）→ 17℃（滞留减小/释放）→ 25℃（释放）→ 17℃（释放减小或滞留）→ 7℃（平衡或滞留）状态。在夏季的 25℃下，基本呈现释放状态；而在秋季和冬季的 17℃和 7℃下，基本呈滞留状态，其变化与 Fe 变化趋势基本一致。

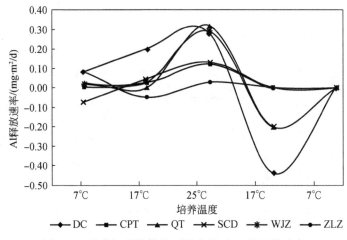

图 2.34　柱状沉积物模拟不同季节下 Al 的释放速率

5）释放前后沉积物磷分级变化

通过对柱状沉积物模拟不同季节温度下表面释放前后磷分级的对比（图 2.35）可以看出，与释放前原样相比，OP 呈现 7℃（基本不变）→ 17℃（大大降低）→ 25℃（维持很低）→ 17℃（逐渐增大）→ 7℃（继续增大）状态；Fe/Al-P 呈现 7℃（基本不变）→ 17℃（大大降低）→ 25℃（维持很低）→ 17℃（逐渐增大）→ 7℃（继续增大）状态，与 OP 的变化一致，说明沉积物中的可释放磷（OP+Fe/Al-P）在春季时已释放；CaP 呈现 7℃（基本不变）→ 17℃（大大增加）→ 25℃（维持很高）→ 17℃（逐渐减小）→ 7℃（继续减小）状态，与 OP 和 Fe/Al-P 的变化趋势正好相反，说明其释放到水体中的磷被 $CaCO_3$ 吸附或与水体中其他金属离子形成酸溶性沉淀成为 Ca-P。

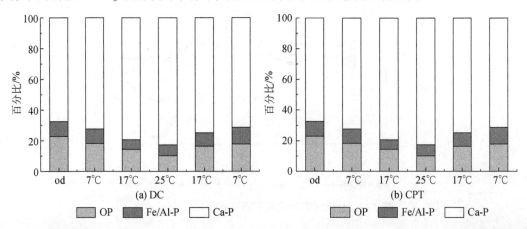

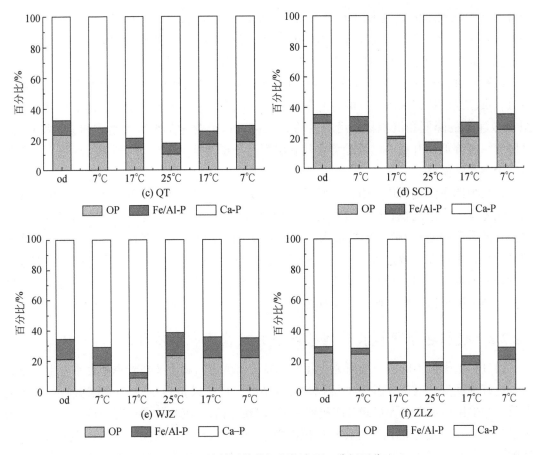

图 2.35　释放前后柱状沉积物表面 P 分级百分比

综合模拟不同季节温度下沉积物释放过程的水体及沉积物磷形态变化，我们可以发现在模拟冬季的 7℃环境下，由于温度较低而保持较高的水体 DO 水平，同时较低的温度也抑制了生物活性及有机质的矿化过程使 pH 的变化不大。在这种低温条件下，沉积物表面的好氧层较厚，增大了水中 Fe（OOH）颗粒对水体磷的吸附并抑制了沉积物中 Fe/Al-P 的释放；低温还增加了沉积物颗粒对水体磷的吸附能力、增大了水体中有机质的沉积并抑制了有机质的矿化。这些综合作用表现为冬季基本呈现水体磷的滞留现象，主要影响无机磷滞留的水体 Fe、Al 释放速率呈现负值，沉积物中反映 Fe 和 Al 吸附的 Fe/Al-P 百分含量也增大。同时，有机质沉积和生物活性降低导致了沉积物中 OP 含量的增大。

模拟春季的 17℃环境下，温度升高提高了生物活性及有机质矿化速率并降低了水体氧的溶解度，使水体 DO 和 pH 降低、沉积物好氧层变薄，沉积物厌氧层中 Fe/Al-P 就容易释放并扩散到水体中，表现出 P、Fe 和 Al 释放速率的增大趋势、沉积物中整体 Fe/Al-P 的含量降低，沉积物 OP 则在温度升高引起的生物降解过程中含量降低，而稳定 Ca-P 的百分含量自然就会增大。

模拟夏季的 25℃环境下，较高的环境温度使生物活性及有机质矿化速率达到顶峰，水体 DO 和 pH 降低到最低值，沉积物好氧层进一步变薄，沉积物厌氧层中 Fe/Al-P 进一步释放并扩散到水体,表现出水体 Fe 和 Al 含量仍呈增大趋势、但部分沉积物中 Fe/Al-P 的百分含量反而增大。这是由于在夏季环境下,沉积物 OP 生物降解过程加快导致 OP 含量降低,而含量较低的 Fe/Al-P 和稳定 Ca-P 的百分含量自然就会增大。

沉积物在经历了春夏的释放之后,在模拟秋季的 17℃环境下,沉积物中可释放磷的百分含量已经较低且水体较高的磷浓度会影响沉积物的吸附解吸平衡,从而引起 P、Fe 和 Al 释放速率的降低和沉积物中可释放的 Fe/Al-P 和 OP 含量的增大,水体的 DO 和 pH 也会随着温度降低而升高。这种趋势会随着温度进一步降低到冬季 7℃环境持续下去,直到再一个春季的循环。

在模拟四季温度的释放中,我们可以看出春夏是沉积物磷释放的主要季节,但释放机制存在差别。春季沉积物磷释放主要以沉积物 Fe/Al-P 为主,而夏季较高的温度所导致生物活性的升高则使 OP 降解释放成为沉积物磷释放的主体。由于各样点沉积物磷形态含量差异较大,表现在释放过程及机制上也有差异。含 Fe/Al-P 较多沉积物样点则会在春季时达到释放的峰值,而含 OP 较多沉积物样点则基本在夏季达到释放顶峰,这种机制对于区别控制湖泊沉积物磷释放具有重要意义。

2.2.2.2 模拟春季环境长时间条件下的柱状沉积物磷释放

通过以上模拟不同季节的研究,我们可以看出沉积物磷主要在春季和夏季发生释放,为了更好地研究长时间条件下的沉积物释放情况,我们模拟春季柱状沉积物连续 25 天的释放,并采用更细致的无机磷分级提取方法对释放前后的沉积物磷形态进行分析。我们采集了 2009 年 4 月春季的白洋淀柱状沉积物样品,向释放柱中虹吸加入 500mL 的过 0.45 μm 滤膜原位湖水,释放时间为 25 天,水温在 15℃左右(样品采集时底水温度)。在释放期间,柱状沉积物中的水会有所蒸发,故应定期加入蒸馏水进行补给。每隔 1～3 天取样测定 SRP,并向柱状样里加入相同体积的原水。待释放实验结束后,从柱状沉积物中分割出表层 2～3cm 的样品,与释放前样品进行五步连续分级提取测定磷形态。释放期间定期测定了 pH、DO 值和水温。测定结果表明,释放过程中各样点水 pH 介于 7.4～8.4。DO 值起初均在 3.7 左右,后有所降低,最后大都在 2.8 左右。

由图 2.36 可见,25 天的培养过程中柱状沉积物的释放在 -1.31～1.21mg/(m²·d)。DC、CPT、QT 和 WJZ 表现为 P 释放,而 SCD 和 ZLZ 表现为 P 滞留。高度富营养化的 WJZ [1.21 mg/(m²·d)] 和 DC [0.81 mg/(m²·d)] 采样点的 P 释放量要远大于中度富营养化的 CPT [0.20 mg/(m²·d)] 和 QT [0.09 mg/(m²·d)] 两个采样点。这些结果表明了样点富营养化程度越高,其沉积物 P 释放的风险也越大。结合释放前后的沉积物 P 形态分析 P 释放的来源及形态转化(图 2.37)可知,易释放的(BD-P +NH$_4$Cl-P)都大大减少,而稳定的 HCl-P 大多显著增加(除 ZLZ 外);对于整体处在释放状态的 4 个样点沉积物,释放到水体的一部分 SRP 又转化为沉积物中的 HCl-P 和 NaOH$_{25}$-P,所以 NaOH$_{25}$-P 呈增加状态;而对于整体呈 P 滞留状态,且受人为污染较小,且 BD-P 较少的 SCD 和 ZLZ 样点,则 NaOH$_{25}$-P 中的一部分不稳定有机磷也释放到水体中,使其这部分 P 形态降低,但 HCl-P 增加很大。这说明受人为污染较少的水域,沉积物 OP 可能是主要 P 释放源。

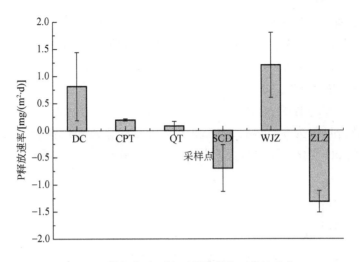

图 2.36 模拟春季环境下的沉积物 P 释放速率

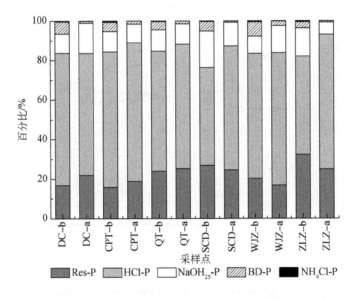

图 2.37 柱状沉积物释放前后 P 形态百分含量对比

注：b 为释放前；a 为释放后。

2.2.2.3 沉积物模拟释放过程的微生物变化

通过以上对柱状沉积物模拟释放的研究发现，沉积物 OP 的降解和转化是水体 P 的重要来源。为了更好地探讨微生物在沉积物磷释放过程的重要作用，我们选择了白洋淀中的两个典型样点 WJZ 和 ZLZ，于 2010 年 5 月采集了其表层沉积物样品。WJZ 采样点位于白洋淀西部，接纳府河的入口，前期研究中有较大沉积物 P 释放、水体超富营养化；ZLZ 位于白洋淀东部，是白洋淀的出水口，前期研究表现出最大沉积物 P 滞留、水体清洁。取 200g 冷藏保存的新鲜底泥于 1000ml 锥形瓶中，分别加入 200ml 去离子水、模拟白洋淀盐度的 0.5% NaCl 盐水和原位过 0.45μm 滤膜的湖水，用无菌透气的封口膜封住瓶口避免空气中细菌污染，置于（25±1）℃的恒温振荡气浴中培养 15 天。每隔 1～3 天测定瓶样中 pH 和 SRP 值，分别于 0 天、3h、4 天、8 天和 15 天取泥样进行沉积物磷形态、微生物的 PLFA 和 Biolog 分析。所有操作均在无菌条件下进行，分别进行了 2 个平行样测定。

1）沉积物 P 释放过程的水体及沉积物 P 形态变化

通过对释放模拟过程的 pH 跟踪发现（图 2.38），去离子水和 0.5% 的 NaCl 盐水配制的模拟湖水原始 pH 仅为 6.87，而 WJZ 和 ZLZ 湖水的原始 pH 分别为 8.39 和 8.16，但在整个释放过程的 pH 变化并不是很大，基本维持在 7.6～7.9，说明沉积物具有较好的 pH 缓冲能力。

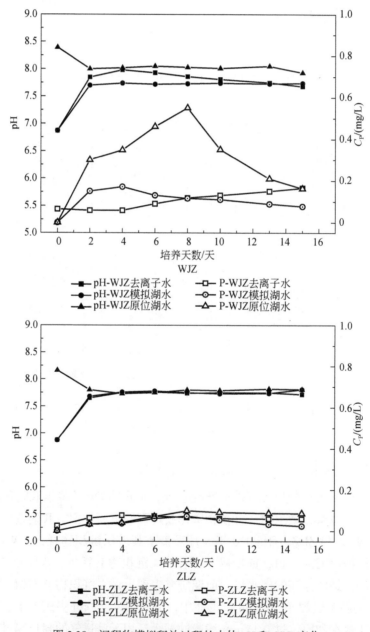

图 2.38　沉积物模拟释放过程的水体 pH 和 SRP 变化

而水体 SRP 的变化则呈现不一样的变化趋势。对于 WJZ 样点配制的去离子水和模拟湖水环境，水体的 SRP 含量呈现先增大后减小的趋势，在 4～8 天达到峰值后下降；而真实的湖水环境水体 SRP 浓度则呈平缓增长的趋势，甚至在一开始时还略有降低，说明湖水的 SRP 浓度要高于沉积物的吸附平衡浓度而呈吸附状态导致浓度降低，而随后随着沉积物中磷形态的转化并释放到水体，从而增大了水体 SRP 的浓度。ZLZ 样点 SRP 也同样呈逐渐增大趋势，但也存在开始缓慢增大，在 4～8 天达到峰值后略有降低。说明这两个样点的释放过程存在一些差异，这主要与水体及沉积物原始环境有关，和沉积物中可释放的 P 形态有关。

结合释放过程沉积物 IP 和 OP 的含量分析可以看出（图 2.39），样点沉积物中主要以 IP 为主，IP 含量是 OP 含量的 5～7 倍。OP 含量在整个释放过程呈现一个逐渐减小的趋势，而 IP 呈现一个增大趋势，说明释放过程中一部分 OP 被溶解或分解释放到水体中成为 SRP，而水体中的 SRP 又由于沉积物的吸附等作用成为 IP 的一部分，尤其是白洋淀沉积物中 Ca 含量较高，振荡培养所形成的好氧环境也有利于 $Fe(OOH)$ 对水体中 SRP 的吸附。

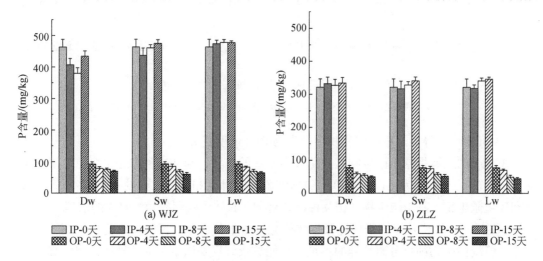

图 2.39　沉积物模拟释放过程的沉积物 IP 和 OP 含量变化

注：Dw 为去离子水；Sw 为模拟湖水；Lw 为原始湖水。

2）沉积物 P 释放过程的沉积物中微生物 PLFA 的变化分析

磷脂脂肪酸分析方法（PLFA）（White et al.，1998）主要步骤为：脂类提取、分离脂类（分离出中性脂、极性酯、甘油酯）、甲基化（对极性酯进行甲基化）、质谱分析（PLFA 比对）。

通过分析测定代表细菌和好氧细菌生物量的特征脂肪酸含量，并根据每个细菌细胞包含 1.7×10^{-17} mol PLFA（Rajendran et al.，1992），估算相应的细菌生物量。如图 2.40 所示，两种细菌生物量在进行释放 3h 后都与原始沉积物的细菌生物量有较大降低，这主要是由于沉积物中加入水样后的稀释作用导致。而在之后 3h～15 天的释放过程中，沉积物中的细菌和好氧细菌生物量都呈逐渐增大的趋势，说明沉积物中含有的营养物质通过释放后可以充分供应细菌生长所需的营养。而在不同的释放培养环境下，原始环境湖水的细菌和好氧细菌生物量较高，说明沉积物中细菌微生物对原始环境的适应能力较强。而去离子水和NaCl模拟湖水条件下，当沉积物中细菌微生物适应环境后也可以快速增长。同时，研究结果还表明由于释放在振荡好氧条件下进行，所以好氧细菌与细菌生物量的比值呈增大趋势，释放培养4天后都能达到40%～70%，说明好氧细菌逐渐成为细菌群落的主体。

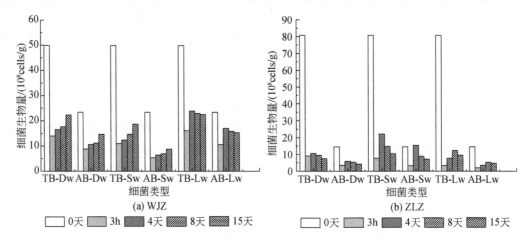

图 2.40　样点沉积物释放过程的细菌生物量变化

注：TB 为细菌；AB 为好氧细菌；Dw 为去离子水；Sw 为模拟湖水；Lw 为原始湖水。

3）沉积物 P 释放过程的沉积物中微生物 Biolog 变化分析

Biolog 的发展是基于微生物对碳源代谢方式的差异，起初这种方法主要应用于细菌的鉴别，目前已发展成为可以快速鉴别包括细菌、酵母菌和真菌在内的 2000 多种病原微生物和环境微生物。基于微生物结构及种群越复杂、其碳源代谢差异性越大的前提，Garland和 Mill 在 1991 年将其应用于环境微生物研究，由于其简单、灵敏、重复性好，效率高，克服了传统微生物纯化分离培养的不足，且能够较好反映微生物的差异性，因此其在环境中与其他微生物分析手段结合被大量采用（席劲瑛，2003；Gamo and Shoji，1999）。

目前，应用于环境微生物研究的主要是生态板（eco plates），其碳源倾向于利用更多的与生态有关的结构多样化的化合物，具有带 3 个重复的 31 种培养基，其组成主要为：氨基酸（6 种）、糖类（10 种）和羧酸（7 种），其中 6 种在革兰阴性板（GN）中没有，至少有 9 种是根系分泌液组分，较适合于土壤微生物群落功能多样性研究（张燕燕等，2009），但也不断被应用到沉积物研究中。

通过对沉积物释放过程中沉积物微生物 Biolog 碳源代谢活性的分析（图 2.41），可以看出在 ECO 平板培养 120h 后的 AWCD 值变化，说明微生物的碳源代谢活性在释放过程都呈逐渐增大的趋势，在释放 4 天后沉积物中的细菌微生物即可达到碳源代谢的峰值。在 3h 的降低也是沉积物中加入水样后，细菌微生物的适应过程导致其代谢活性的降低，但随后即稳定增长，这与细菌的生长曲线也基本一致。ZLZ 的细菌代谢活性要低于WJZ，而原始湖水的代谢活性也要低于去离子水和模拟湖水环境。

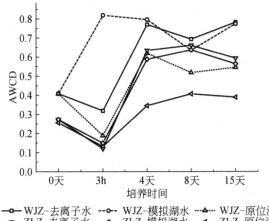

图 2.41　不同释放时间下沉积物 Biolog-ECO 的 120h 的 AWCD 值变化

通过对沉积物释放过程的微生物代谢活性进行 PCA 分析可以看出（图 2.42），0 天时的样品非常接近，0 天和 3h 的样品都在 PC2 轴的右方，代谢方式相对比较接近。而在 PC2 轴左方的 4 天、8 天和 15 天代谢活性则随着时间的推移相距越来越远、差别越来越大，说明不同水体环境下造成了碳源代谢活性的差异。而去离子水和模拟湖水的相对比较接近，与原始湖水差异较大。同时从代谢过程的相似性来看，4 天时的代谢活性最为接近，说明这时微生物处于一个生长稳定阶段，此后随着逐渐进入衰亡期，细菌代谢的差异性也越来越明显。

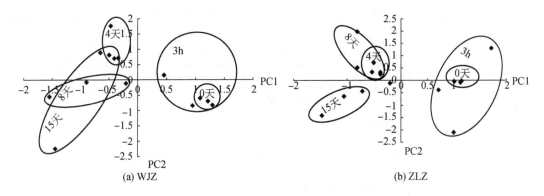

图 2.42　沉积物释放过程的微生物 Biolog 的 PCA 分析

从碳源代谢的种类来看（表 2.11 和表 2.12），单糖、脂肪酸和脂类以及氨基酸是其主要利用的碳源，对 PC1 轴的贡献最大。而 PC2 轴主要代表部分糖类、脂肪酸和脂类、代谢中间产物的信息。结合碳源物质在自然界中包含的生态信息可以看出，沉积物中细菌微生物在利用植物、根系分泌物方面表现出较强的利用能力，这与微生物存在的自然环境中水生植物繁茂有关；同时，沉积物中细菌微生物在利用工业原料及非自然存在的物质方面也存在较强能力，说明沉积物环境中可能存在的工业污染对细菌微生物在这方面碳源利用的适应有关。

表 2.11 **WJZ 沉积物释放过程 Biolog 测定的 PCA 分析因子贡献表**（大于 | 0.5 | ）

碳源分类	碳源物质	PC1	PC2
单糖类底物及其衍生物	D- 半乳糖酸 γ 内脂（半乳糖氧化产物）	−0.642	
	D- 木糖（植物）	0.736	
	i- 赤藓糖醇（植物）	0.546	
	D- 甘露醇（针叶材）	−0.624	
	N- 乙酰 -D 葡萄糖氨（细胞壁成分）		0.516
	D- 葡糖胺酸（葡萄糖胺的氧化产物）	0.516	
二糖、多糖底物	α- 环式糊精（淀粉水解）		0.665
	α-D- 乳糖（动物）	0.523	
氨基酸底物及其衍生物	L- 精氨酸（植物根系分泌物）	−0.53	
	L- 天门冬酰胺（植物根系分泌物）	−0.534	
	L- 丝氨酸（植物根系分泌物）	−0.53	
脂肪酸和脂类	吐温 40（工业原料）	−0.61	
	吐温 80（工业原料）	−0.806	
	γ- 羟丁酸（迷幻药）	0.649	
	衣康酸（自然界少，化工原料）	0.752	
代谢中间产物和次生代谢物	D, L-α- 磷酸甘油（甘油分解中间产物）	0.508	
	D- 苹果酸（根系分泌物）		−0.706

表 2.12 **ZLZ 沉积物释放过程 Biolog 测定的 PCA 分析因子贡献表**（大于 | 0.5 | ）

碳源分类	碳源物质	PC1	PC2
单糖类底物及其衍生物	β- 甲基 -D- 葡萄糖苷（植物）		0.501
	D- 半乳糖酸 γ 内脂（半乳糖氧化产物）	−0.867	
	D- 半乳糖醛酸（植物黏液，细菌）		0.878
	i- 赤藓糖醇（植物）	0.567	
	N- 乙酰 -D 葡萄糖氨（细胞壁成分）	0.656	
	D- 葡糖胺酸（葡萄糖胺的氧化产物）	0.960	
二糖、多糖底物	α- 环式糊精（淀粉水解）	0.515	
	D- 纤维二糖（植物）		0.587
氨基酸底物及其衍生物	L- 精氨酸（植物根系分泌物）	−0.799	
	L- 天门冬酰胺（植物根系分泌物）	−1.125	
	L- 苏氨酸	−0.542	
	甘氨酰 -L- 谷氨酸	0.668	
脂肪酸和脂类	丙酮酸甲酯（医药、农药、电子应用）	−0.535	−0.638
	吐温 40（工业原料）	−0.864	−0.815
	吐温 80（工业原料）	−1.183	

碳源分类	碳源物质	PC1	PC2
脂肪酸和脂类	γ-羟丁酸（迷幻药）	0.568	
	衣康酸（自然界少，化工原料）	0.584	−0.531
代谢中间产物和次生代谢物	D, L-α-磷酸甘油（甘油分解中间产物）	0.926	
	腐胺（对环境有危害，原核及真核生物体内）	0.511	

通过对白洋淀两个典型样点表层沉积物瓶样振荡释放过程的水体及沉积物跟踪分析可以发现，沉积物及其中微生物对不同 pH、盐度和水中营养成分的水体环境具有较强的适应能力。不同水体环境对沉积物磷的释放没有显著影响，沉积物中微生物经过短暂的不同水体环境适应期后都可以稳定增长，但在碳源代谢活性上随着时间推移差异越来越大。

2.2.2.4　好/厌氧条件对沉积物 P 释放的影响

好/厌氧环境所造成的氧化还原电位变化一直被认为是引起沉积物磷释放的主要原因，因此，在好/厌氧条件下的沉积物 P 模拟释放也被大多数研究者所采用。本书以 2008 年 7 月采集的柱状沉积物样品进行模拟释放，虹吸移入 500ml 原样过膜表水，一部分通入空气使保持好氧状态，另一部分则通入 N_2 使 DO 小于 0.5mg/L 呈厌氧状态。每隔 1～7 天采集沉积物上方 3～5cm 处 20ml 水样测定 SRP，取前加入去离子水补充蒸发量，取后加入原样表水补充至原刻度，柱样在 25℃条件下培养 15 天，最后通过释放量回归计算沉积物 P 释放速率，释放样均进行了一个平行样测定，结果如图 2.43 所示。

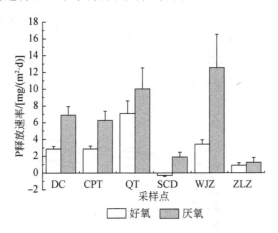

图 2.43　好厌氧条件下沉积物 P 释放速率

由图 2.43 可见，好/厌氧条件对沉积物 P 释放影响显著，在 P 释放状态下，厌氧的 P 释放速率平均是好氧状态的 2～3 倍。同时，厌氧条件还使一些原本处于 P 滞留状态的沉积物转为 P 释放状态。从空间分布来看，受人为干扰相对较小的 SCD 和 ZLZ 样点的释放量较小，而处于受上游府河污水影响的 WJZ 样点的释放量较大，尤其在厌氧条件下，要远远大于好氧状态，结合沉积物 P 分级结果，可见此处主要为人类污染源的 Fe/Al-P 含量较大，其对厌氧条件十分敏感，因此在厌氧条件下大量释放。

2.2.3 白洋淀水体中磷的迁移机制

沉积物 - 水界面的吸附过程严重地影响沉积物 P 释放，其被认为是影响湖泊内源 P 库的主要机制之一。磷的吸附现象对于水生系统的藻类生长所需要的磷源起着重要作用，因此其受到了广泛研究（Gale and Reddy，1994；Reddy et al.，1995；Pant and Reddy，2001；Zhou et al.，2005；Lai and Lam，2008）。当磷被吸附在颗粒物表面时，通常用 Langmuir 吸附等温模型来表示吸附过程（Wang et al.，2005）。湖泊沉积物磷的吸附能力与沉积物组成有关，包括活性 Fe/Al 与 TOC 的含量（Pant and Reddy，2001；Wang et al.，2005）。因而，不同性质的沉积物类型具有不同的磷吸附能力。本章旨在探讨沉积物内源 P 的吸附特性，试图发现控制沉积物 P 的释放机制及内在关系，为湖泊富营养管理提供服务。

2.2.3.1 沉积物对磷的吸附动力学

将表层沉积物样品（2008 年 7 月）风干并过 100 目筛，取 1g 放于 8 个 250ml 锥形瓶中，加入 100ml 含初始 P 约 2.35mg-P/L 的 0.01mol/L $CaCl_2$ 溶液，加入两滴氯仿抑制微生物活性，在 $25 \pm 1℃$ 下振荡培养 48h，分别在 0.1h、0.2h、0.6h、1h、2h、4h、24h、48h 取一个样品在 4000r/min 下离心 10min，取上清液分析 PO_4^{3-}-P 含量，通过与初始浓度的差值计算吸附量。

由图 2.44 及表 2.13 可知，吸附动力学模型符合 power function model（$Q=a \times t^b$）和 simple elovich model（$Q=a+b\ln t$）。由吸附量及吸附速率可得，吸附进行 2h 内的吸附量最大（这与很多文献报道的 5 ～ 6h 不一致），此后进入慢速吸附，且前 0.2h 的吸附速率及吸附量最大，占 16h 总吸附量的一半以上。

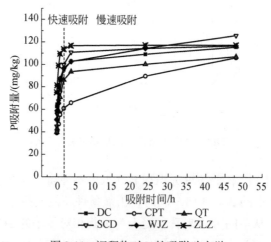

图 2.44　沉积物对 P 的吸附动力学

表 2.13　P 吸附动力学模型参数

样点	simple Elovich model（$Q=a+b\ln t$）			power function model（$Q=a \times t^b$）		
	a	b	R^2	a	b	R^2
DC	27.51	258.00	0.96	252.20	0.10	0.93
CPT	33.05	174.20	0.95	165.80	0.16	0.99
QT	35.48	209.10	0.93	196.40	0.17	0.89
SCD	40.86	242.00	0.93	228.00	0.16	0.90
WJZ	34.75	245.10	0.93	234.70	0.14	0.89
ZLZ	21.07	305.70	0.77	301.10	0.07	0.74

2.2.3.2　沉积物对磷的等温吸附解吸

1）沉积物对磷的等温吸附

将沉积物样品冷冻干燥并过 200 目筛，称取 8 份 0.2g 样品放到 50 ml 离心管中，然后分别向每个离心管中加入适量的体积 20 mg/L 的 KH_2PO_4 溶液，得到 25 ml 初始磷浓度为 0 mg/L、0.2 mg/L、0.5 mg/L、1 mg/L、3 mg/L、5 mg/L、8 mg/L、10 mg/L 的系列溶液。每个离心管中分别加入 1 ml 0.2 mol/L 的 NaCl 溶液以使背景盐度与白洋淀天然水体的盐度相当（0.04%）。为了抑制细菌的活动，每个离心管中加入 0.1% 的氯仿 1 滴。最后用去离子水将离心管中的溶液稀释到 25 ml。用浓度为 0.01 mol/L 的 NaOH 和 0.01 mol/L 的 HCl 溶液调节溶液 pH，使溶液初始 pH 维持在 7.7 ± 0.02（白洋淀沉积物 pH 背景值）。实验中所用的溶液的磷浓度比实际天然水体高是为了尽快使沉积物达到吸附平衡，从而有利于计算吸附容量。将离心管放到恒温振荡器中，25℃下振荡 48 h，使之达到吸附平衡。经过 48 h 振荡，离心管在 5000 r/min 下离心 15 min，将上清液过 0.45 μm 滤膜，用钼酸铵分光光度法测定磷平衡时的浓度。沉积物样品中磷的等温吸附如图 2.45 所示。

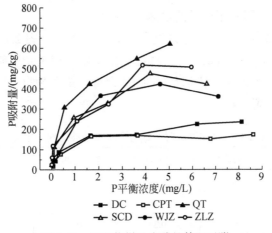

图 2.45　沉积物样品中磷的等温吸附

运用修正的 Modified Langmuir 等温吸附模型（Zhou et al., 2005）对实验结果进行拟合，并对沉积物 P 的吸附能力及参数进行计算，其模型如下：

$$Q = \frac{Q_{max}kC}{1+kC} - Q_0 \tag{2.3}$$

式中，Q_0 为沉积物的可交换 P（mg/kg）；C 为溶液中的 P 平衡浓度（mg/L）；Q_{max} 为 P 饱和条件下的最大 P 吸附量（mg/kg）；K 为吸附能常数（L/mg）；同时，根据 Zhou 等（2005），分配系数（K_p）计算如下：

$$K_p = \frac{Q_0}{C_{eq}^0} \tag{2.4}$$

式中，C_{eq}^0 为零吸附平衡浓度（mg/L），即 P 吸附和解吸达到平衡时的浓度（$Q=0$）。具体参数见表 2.14。

表 2.14　沉积物 P 等温吸附特性

样点	R^2	$Q_{max}/$（mg/kg）	$C_{eq}^0/$（mg/L）	$k/$（L/mg）	$Q_0/$（mg/kg）	$k_p/$（L/kg）
DC	0.91	141.86	0.129	6.03	2.97	23.03
CPT	0.94	263.43	0.244	1.04	49.92	204.65
QT	0.95	377.37	0.024	3.07	2.90	122.03
SCD	0.93	219.56	0.022	9.96	0.49	22.00
WJZ	0.96	283.98	0.216	4.44	13.16	61.03
ZLZ	0.95	226.00	0.068	35.54	0.43	6.35

方程（2.3）可以很好地拟合实验数据，相关系数在 0.91～0.96。最大可吸附量 Q_{max} 在 141.86～377.37 mg/kg。从表 2.14 可见，沉积物中的 C_{eq}^0、Q_0、k 和 K_p 的空间差异性很大，C_{eq}^0 是最重要的参数，可以帮助弄清吸附解吸的方向。有 4 个样点的 C_{eq}^0 值均大于各自水体的活性磷浓度，说明在这些样点存在着 P 的沉积物释放。而且即使在外源 P 输入被控制的情况下，沉积物 P 的吸附解吸平衡仍能使水体浓度保持在富营养化的 0.02 mg/L（Sallade and Sims，1997）以上，阻止了白洋淀水体水质的好转。

沉积物的吸附参数与沉积物特性之间并无显著相关性（表 2.15）。吸附能常数（k）和分配系数（K_p）与 Fe_{ox} 和（$Fe_{ox}+Al_{ox}+Mn_{ox}$）存在显著相关，说明沉积物的吸附能力受活性 Fe、Al、Mn 的影响很大，特别是活性 Fe 含量。沉积物自身可吸附 P 含量（Q_0）与沉积物中黏土的含量显著负相关。

表 2.15　沉积物吸附参数与沉积物性质之间的相关性

项目	$Q_{max}/$（mg/kg）	$C_{eq}/$（mg/L）	$k/$（L/mg）	$Q_0/$（mg/L）	$k_p/$（L/kg）
TP	−0.02	0.28	−0.40	0.11	0.26
IP	0.40	0.16	−0.03	−0.12	0.10
OP	−0.12	−0.34	−0.26	−0.05	−0.07
Ca-P	0.24	0.16	−0.43	−0.06	0.20
Fe/Al-P	0.29	0.63	−0.51	0.26	0.33

项目	$Q_{max}/(mg/kg)$	$C_{eq}/(mg/L)$	$k/(L/mg)$	$Q_0/(mg/L)$	$k_p/(L/kg)$
LOI_{550}	0.04	−0.59	−0.04	−0.27	−0.19
LOI_{950}	−0.18	−0.33	−0.29	−0.01	−0.02
TN	−0.06	−0.56	0.06	−0.26	−0.25
TOC	0.02	−0.34	−0.02	0.09	0.07
Clay（$<2\mu m$）	−0.29	−0.45	0.30	−0.87*	−0.79
Silt（$2\sim60\mu m$）	−0.07	−0.19	0.04	−0.68	−0.54
Sand（$60\sim1000\mu m$）	0.08	0.20	−0.05	0.69	0.55
Al_{ox}	−0.69	−0.22	0.78	−0.41	−0.77
Fe_{ox}	−0.61	−0.54	0.84*	−0.65	−0.83*
Mn	−0.52	0.26	−0.05	−0.03	−0.12
Al_{tota}	0.12	0.55	−0.67	0.41	0.52
Ca_{total}	−0.19	−0.27	−0.30	0.06	0.03
Fe_{total}	0.10	0.57	−0.24	0.63	0.65
Mn_{total}	−0.02	0.59	−0.41	0.94**	0.81
$Fe_{ox}+Al_{ox}+Mn_{ox}$	−0.67	−0.44	0.84*	−0.59	−0.83*

$*p<0.05$；$**p<0.01$。

2）沉积物对 P 的等温解吸

对上述进行等温吸附的样品，离心移去上清液后，加入 25 ml 去离子水，在 25℃条件下振荡 48 h，使之达到解吸平衡。然后离心管在 5000 r/min 下离心 15 min，抽取上清液，过 $0.45\mu m$ 滤膜，用钼酸铵分光光度法测定磷平衡时的浓度，计算 P 解吸量。不同 P 吸附实验初始浓度下的 P 解吸量如图 2.46 所示，各采样点的平均 P 解吸比见表 2.16。可以看出，被吸附 P 的沉积物 P 解吸量随着 P 初始浓度的增大逐渐增大，也说明在水体浓度较高时沉积物所吸附的 P 当水体 P 含量较低时更容易释放。同时由表 2.16 可见，被吸附的 P 有 11%～30%会被轻易解吸到水体中，磷吸附平衡浓度 C_{eq}^0 较大的沉积物其吸附磷解吸的比率越大。

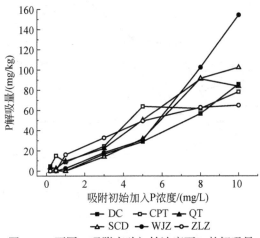

图 2.46 不同 P 吸附实验初始浓度下 P 的解吸量

表 2.16　各采样点的平均 P 解吸比

采样点	平均解吸比（P 解吸量 /P 吸附量）	$C_{eq}^0/$（mg/L）
DC	0.22	0.129
CPT	0.30	0.244
QT	0.12	0.024
SCD	0.15	0.022
WJZ	0.17	0.216
ZLZ	0.11	0.068

　　由于沉积物磷的等温解吸实验是在远大于实际水体磷浓度时沉积物所吸附的磷，在水体磷浓度为 0 时所进行的解吸释放，其 48 h 内振荡好氧释放的主要还是松散吸附的磷，与实际水体的沉积物磷释放还是存在差别；但仍可以一定程度上反映出水体浓度和沉积物吸附特性对沉积物磷释放的影响和规律。

2.2.3.3　Ca^{2+} 对沉积物 P 等温吸附的影响

　　选择 ZLZ 和 WJZ 采样点沉积物，在等温吸附同等实验条件下，分别将水体初始 Ca^{2+} 浓度调到 0 mg/L、20 mg/L、40 mg/L、60 mg/L、80 mg/L，根据方程（2.3）的 Langmuir 等温吸附模型计算吸附相关参数，最大可吸附量 Q_{max} 与吸附平衡浓度 C_{eq}^0 随水体初始 Ca^{2+} 浓度的变化如图 2.47 所示。不同水体 Ca^{2+} 浓度下沉积物 P 等温吸附实验仍能较好拟合 Langmuir 模型。随着水体 Ca^{2+} 浓度的增加沉积物的显著增加，最大可吸附量 Q_{max} 比 Ca^{2+} 浓度为 0 时要大 2.1 ～ 2.7 倍，吸附平衡浓度 C_{eq}^0 也显著降低，远远低于水体 P 浓度，说明水体 Ca^{2+} 的增加可以沉积物吸附 P 量，并抑制了可能的沉积物 P 释放，但水体 Ca^{2+} 浓度增加在水体低 P 浓度下作用不明显。说明高 Ca^{2+} 浓度对于抑制水体过高 P 含量具有重要作用，其影响机制在高 P 浓度下主要是沉淀和吸附作用，而在水体低 P 浓度下主要是影响沉积物活性 Fe/Al 的吸附能力。

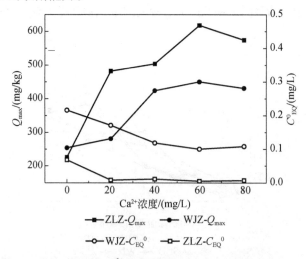

图 2.47　不同水体初始 Ca^{2+} 浓度下沉积物 P 最大吸附量及平衡浓度

钙和磷形成沉淀的过程符合热力学规律，但形成过程比较复杂，在这个过程中有多种形式前期物质形成，如磷酸氢钙（DCPA，$CaHPO_4$）、磷酸八钙［OCP，$Ca_4H(PO_4)_3 \cdot 2.5H_2O$］、无定形磷酸钙［ACP，$Ca_3(PO_4)_2$］和磷酸钙（TCP）等，最终形成热力学最稳定的多羟基磷灰石［HAP，$Ca_5(PO_4)_3OH$］，其溶度积常数 K_{sp}（25℃）也从 DCPA 的 $10^{-6.90}$ 降低到 HAP 的 $10^{-58.33}$。沉淀过程主要有两步，先生成 ACP，然后结晶生成 HAP（Montastruc et al.，2003）：

$$3Ca^{2+}+2PO_4^{3-}+xH_2O \approx Ca_3(PO_4)_2 \cdot xH_2O$$
$$Ca_3(PO_4)_2 \cdot xH_2O+2Ca^{2+}+PO_4^{3-}+OH^- \approx Ca_5(PO_4)_3OH+xH_2O$$

水体中钙离子的浓度受到水体中碳酸根和 pH 的影响，从而间接影响水体中磷的浓度。在水体中这几种离子处于动态平衡（Murphy et al.，2001），当水体中 pH 降低时 HAP 会有一部分溶解到水体中，并且会阻碍碳酸钙晶体形成，减少晶体表面的吸附作用。

2.3　白洋淀水体中磷的风险评估

由于沉积物磷释放对水体富营养化和水资源管理的影响，因此沉积物磷释放的风险预测成为初期沉积物释放研究的热点。同时，由于内源磷素的释放对水体恶化及生态恢复的影响，因此研究磷多长时间、多大量及如何从沉积物释放到上覆水中就成为了重要的科学问题和水资源管理的关键。数学模型作为一个有效的工具，可以整合现有生物地球化学机制及其相互作用的相关知识，并可预测湖泊生态系统的磷行为。

2.3.1　湖泊沉积物中磷释放的风险评估

2.3.1.1　沉积物磷释放的风险预测

基于沉积物 - 水界面的铁磷循环，Jenson 等（1992）提出了在浅水湖泊好氧沉积物表面的磷释放风险预测，他们认为，如果表层沉积物的 Fe：P 大于 15（质量比），则沉积物释放的 P 都会被沉积物表面的铁水合物吸附而束缚，不会释放到上层水体中。Ruban 和 Demare（1998）应用此模型预测了法国博尔莱索格水库的磷释放风险，与实际情况并不相符。基于总磷中主要是 Fe-P 为不稳定 P，因此也有用 Fe：Fe-P 作为风险预测。通常总铁中只有 5%～10% 为有很强吸附能力的 Fe 水合物，因此也有将草酸铵提取的活性 Fe：Fe-P 作为沉积物磷释放的风险预测。

尽管传统的沉积物 Fe/P 释放模型认为在厌氧条件下一定会增大沉积物磷的释放量，但实际情况并非如此。这主要是因为 $Al(OH)_3(s)$ 颗粒对沉积物释放 P 的吸附与扣留，由于 $Al(OH)_3(s)$ 对氧化还原环境并不敏感，因此吸附在其表面的 P 通常认为是永久沉积。尽管 $Fe(OH)_3(s)$ 比 $Al(OH)_3(s)$ 有更强的 P 吸附能力，但两者之间的竞争并不仅是热力学稳定性，还要有可吸附 P 的大量吸附位。因此，大量增加的 $Al(OH)_3(s)$ 表层吸附位会增加沉积物对 P 的吸附能力。Kopáček 等（2005）研究了北美和欧洲 43 个湖泊，并确定

了沉积物中发生磷释放及滞留的 P、Fe 和 Al 的比值。他们发现在物质的量比（mol/mol）
$[H_2O\text{-}Al+BD\text{-}Al+ NaOH_{25}\text{-}Al]$：$[H_2O\text{-}Fe +BD\text{-}Fe + NaOH_{25}\text{-}Fe]>3$ 且 $NaOH_{25}\text{-}Al$：
$[H_2O\text{-}P+BD\text{-}P]>25$ 时，沉积物中 P 不会释放到水体中。

2.3.1.2　沉积物磷释放模型

早期对沉积物内源磷的释放是基于水体中磷的质量平衡，通过建立两箱的输入输出
模型来估计内源磷负荷（Imboden，1974）。近几十年来，研究者通过沉积物中的质量迁
移及平衡来研究磷的分布和释放（Jogensen et al.，1982；Boers et al.，1988；Ishikawa and
Nishimura，1989）。同时，还考虑到了沉积物中有机物降解所再生的磷素等细节。Kamp-
Nielsen 将沉积物看成混合均匀的整体，并通过室内模拟建立了释放通量和可溶性磷或可
交换磷的经验模型，可以用来描述好氧和缺氧沉积物下的磷素释放情况，且仅将温度和磷
浓度作为模型参数，在应用于希斯伦湖时有较好的结果（Kamp-Nielsen，1975）。

随着对沉积物中磷素行为的研究深入，目前普遍认为上覆水和沉积物的相互作用只发
生在上层最多 10 cm 的活性沉积物层。关于磷模型的研究也越来越多地集中于沉积物 - 水
界面，且对模型中的机制研究越来越细。Smits 和 van Der（1993）就运用了 SWITCH 模
型描述了荷兰费吕沃湖的营养盐释放，其根据沉积物垂向理化性质的差异将沉积物分成了
两个氧化层和两个还原层，尽管这种方法改善了模型，但其中很多参数不易通过实验获得，
因此增加了该模型的不确定性。

Wang 等（2003a，2003b）将沉积物分为好氧和厌氧层，对可溶性磷、可交换磷及有
机磷在不同沉积物层的释放机制分别进行了模型建立（图 2.48），充分考虑了磷在沉积物
中的有效扩散、生物扰动、沉降迁移、有机物降解和吸附动力学的线性及非线性过程，并
用切萨皮克湾（美国）的监测数据对模型进行了检验，得到了与野外调查较一致的效果。

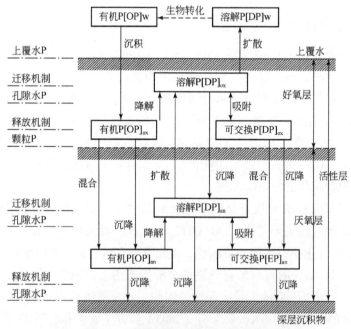

图 2.48　沉积物磷迁移机制的概念模型

2.3.1.3 沉积物磷释放的控制研究

富营养化湖泊的生态恢复过程应在控制外源污染输入的同时，也要进行内源磷的释放控制。由于沉积物吸附磷的解吸是内源磷释放的主要机制，沉积物磷的吸附平衡浓度随着沉积物磷的富集程度而增大（Richardon，1985），因此通过挖掘并取走表层富磷沉积物从而降低磷平衡浓度，使沉积物在低磷负载下进行更多磷的吸附和滞留，从而控制内源磷的释放。但这种挖掘措施的效果也受到了很多研究者的质疑。

此外，湖泊内源磷释放还可以采取投放硝酸钙、石灰石、铁盐（Perkins and Arocena，2001）或铝盐等人工削减与控制措施。由于 NO_3^- 比 Fe（Ⅲ）更容易被厌氧细菌还原，所以投加硝酸钙可以减少 Fe-P 的溶解和释放（Søndergaard et al.，2000）。磷与方解石的共沉淀被认为是富营养的硬水湖泊重要的自净机理之一，对沉积物磷的永久埋藏也起贡献作用。但是，利用原生方解石人工再悬浮有时并不能有效地控制富营养的湖泊。

铝盐的投放是常见的措施。Rydin 和 Welch（1998）对瑞典的两个浅水湖泊研究发现，将表层沉积物中的铁结合态磷转化为铝结合态磷，可以彻底地削减由湖底缺氧引起的内源磷负荷。使用最多的是 $[Al_2(SO_4)_3 \cdot 14H_2O]$，由于其对氧化还原条件的变化不敏感，已经被证明能有效固定水体中的磷。铝盐通过两种方式控制或削减磷，一是通过铝盐与磷共沉淀形成稳定化合物，二是在接近中性条件下铝的水合物吸附磷形成难溶的铝水合物聚集体而沉积（Rydin and Welch，1998；Rydin et al.，2000a）。但对于特定湖泊，试剂的选择及适宜投加量都需要进行深入研究。Kopáček 等（2005）所确定的沉积物中发生磷释放及滞留的 P、Fe 和 Al 的比值不仅可以用来预测湖泊沉积物磷释放的风险，也可用来确定投加铝盐的试剂量。

2.3.2 白洋淀沉积物中微生物的空间分布特征

沉积物中的微生物在湖泊物质循环及有机质矿化过程中起着重要作用，直接影响着湖泊沉积物中磷的释放，进而给湖泊带来富营养化的风险。但传统的微生物培养分离方法很难对复杂的环境微生物种类进行有效鉴别，环境中可培养的微生物不到微生物总量的1%。因此，近些年来分子生物学技术被广泛应用到环境微生物研究，如末端限制性片段长度多态性（terminalrestriction fragment length polymorphisms，T-RFLP）、变性梯度凝胶电泳（denaturing gradient gel electrophoresis，DGGE）等。磷脂（phospholipids）被发现仅存在细胞膜中，且在细胞死亡后可快速分解（White et al.，1998）。同时，磷脂脂肪酸分析可以反映微生物的营养状态和生理压力，并能提供生物量及群落结构信息，因此已被大量应用于环境土壤微生物、沉积物微生物，以及其受重金属、石油污染等微生物变化的研究（Rajendran et al.，1992；Rajendran and Nagatomo，1999；Smoot et al.，2001；Syakti et al，2006）。

2.3.2.1 沉积物中微生物 PLFA 的分布及结构分析

通过对白洋淀 6 个典型样点沉积物中 PLFA 的结构分析，共发现从 C16 到 C20 约 20

种脂肪酸类型,按照文献(Rajendran and Nagatomo,1999)将其分为直链饱和脂肪酸(SSFA)、支链饱和脂肪酸(BSFA)、单键不饱和脂肪酸(MUFA)、环丙烷脂肪酸(CFA)、羟基脂肪酸(OHFA)和多键不饱和脂肪酸(PUFA)6种。

从图2.49中各采样点沉积物PLFA类型的百分比来看,BSFA占所有PLFA的57%～78%,而SSFA、BSFA与MUFA三种类型脂肪酸占所有PLFA的85%以上,是沉积物中PLFA的主要类型,其他三种类型脂肪酸则在类型及所占百分比上都很少。

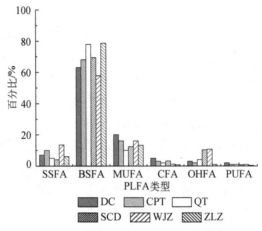

图2.49 不同样点沉积物脂肪酸类型含量

2.3.2.2 沉积物中微生物细菌生物量分析

通过对不同特征脂肪酸的含量的计算,可以得到沉积物中代表细菌、好氧细菌、革兰阳性菌、革兰阴性菌的特征脂肪酸含量,同时进行如下转换来计算沉积物中的细菌生物量:1 g(干重)大肠杆菌细菌含 $100\,\mu mol$ PLFA,1g细菌等于 5.9×10^{12} 个细胞,则每个细菌细胞包含 1.7×10^{-17} mol PLFA(Rajendran et al.,1992),从而估算相应的细菌生物量。

由图2.50中可以看出,沉积物中细菌总量(total bacteria)为 $9.43\times10^{8}\sim123.65\times10^{8}$ cell/g干重,好氧细菌(aerobic bacteria)为 $0.98\times10^{8}\sim47.44\times10^{8}$ cell/g,革兰阳性菌(G^{+}bacteria)为 $7.36\times10^{8}\sim78.3\times10^{8}$ cell/g,革兰阴性菌(G^{-}bacteria)为 $1.17\times10^{8}\sim59.98\times10^{8}$ cell/g,在细菌分布特征上,革兰阳性菌要多于革兰阴性菌。白洋淀沉积物中的细菌生物量比 Rajendran 等(1992)研究的广岛湾海湾大2～3个数量级,说明浅水湖泊中细菌生物量较大;且在空间分布上,各样点细菌生物量差异较大。

2.3.2.3 沉积物中微生物 PLFA 的群落结构分析(PCA)

通过对沉积物中不同PLFA含量进行PCA分析可以看出(图2.51),提取出的PC1和PC2的累积贡献率达到了53%和86%。微生物的群落结构表现出较强的区域特征,处于白洋淀北部的WJZ和SCD其群落结构最为相似,而南部的DC和CPT也较为接近,以上四点的差异主要表现在PC2轴上。而QT和ZLZ处于白洋淀的中部和东部出水口,其沉积物微生物群落结构与其他4点的差异较大,表现在PC1轴上相差较远。

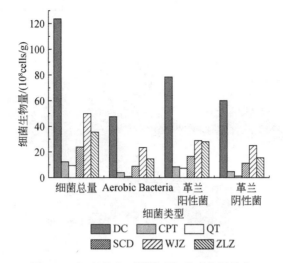

图 2.50　沉积物中不同类型细菌生物量分布

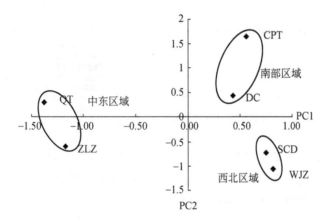

图 2.51　沉积物 PLFA 的 PCA 分析图

2.3.3　白洋淀沉积物中磷的释放潜力及风险预测

2.3.3.1　沉积物磷的释放潜力及空间分布

根据 2.1.2 节沉积物中可释放 P（Fe/Al-P 和 OP）的浓度，运用插值法，绘制白洋淀的可释放 P 浓度空间分布图（图 2.52），由图可见，可释放 P 浓度变化趋势是基本沿水流方向从西向东逐渐降低。

根据 24 个样点沉积物可释放 P（Fe/Al-P 和 OP）的平均值估算白洋淀沉积物中可释放 P 的潜力。在最小生态水位（7.8m）下，白洋淀水面面积约 176.088 km^2，水量为 1.925×10^8 m^3。假设 P 释放主要发生在沉积物表层 5 cm（Ruban et al.，1999a，1999b），则表层 5 cm 沉积物的体积应为

$$176.088 \text{ km}^2 \times 5 \text{ cm} = 8\ 804\ 400 \text{ m}^3$$

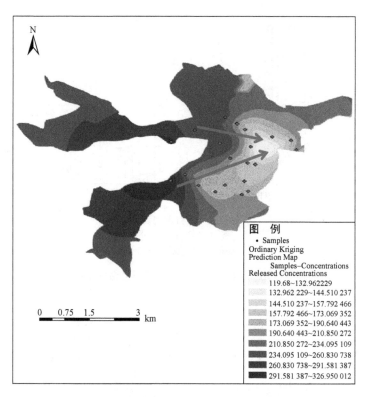

图 2.52 白洋淀可释放磷浓度空间分布图

表层沉积物的平均含水率约为 79%（表 2.4），则干沉积物体积为

$$8\ 804\ 400\ \mathrm{m}^3 \times (1{-}79\%)=1\ 848\ 924\ \mathrm{m}^3$$

沉积物密度约为 1100kg m^{-3}，则沉积物质量为

$$1100\mathrm{kg\ m}^{-3} \times 1\ 848\ 924\ \mathrm{m}^3 = 2\ 033\ 816\ \mathrm{t}$$

24 个样点表层沉积物 Fe/Al-P 和 OP 的平均浓度分别为 38.56 mg/kg 和 152.2 mg/kg，则它们分别在沉积物中的含量为

$$m_{\mathrm{Fe/Al\text{-}P}}=38.56\ \mathrm{mg/kg} \times 10^{-6} \times 2\ 033\ 816\ \mathrm{t} = 78.42\ \mathrm{t}$$

$$m_{\mathrm{OP}}=152.2\ \mathrm{mg/kg} \times 10^{-6} \times 2\ 033\ 816\ \mathrm{t} = 309.55\ \mathrm{t}$$

估算表层沉积物中可释放磷约 387.97 t，白洋淀存在较大的沉积物 P 释放潜力。

2.3.3.2 沉积物磷释放风险的区域预测及分布

由于浅水湖泊的沉积物／水界面往往保持好氧状态，因此好氧状态下的 FeOOH 颗粒具有很好的 P 吸附性能，同时活性 Al 和 Mn 无论在好厌氧状态下都对磷酸盐有较强的吸附性能。结合 Fe∶P 模型（Jensen et al.，1992）对分布于白洋淀的 24 个样点进行磷释放风险的预测（表 2.17），活性 Fe、Al、Mn 总量与可释放磷（Fe/Al-P 和 OP）之比在 15 以下的认为存在重大释放风险，白洋淀平均比值为 22，因此将采样点分为 3 种不同释放风险级别（表 2.18）。

表 2.17　白洋淀沉积物 Fe：P

采样点	$(Fe_{ox}+Al_{ox}+Mn_{ox})/(Fe/Al\text{-}P+OP)$
南刘庄	16.61
涝王淀	34.91
关城	23.39
前唐	34.28
端村	30.30
聚龙淀	18.85
郭里口	29.45
西李庄	7.50
湾篓淀（梁庄）	13.61
池鱼淀	19.61
采蒲台	13.51
刘庄子	27.28
圈头	35.83
赵王新渠闸口	26.73
寨南	15.59
泛鱼淀	18.10
光淀张庄	32.31
鲌鯄淀（大田庄）	12.70
枣林庄	24.18
小张庄	21.98
何庄子	27.21
张家套湾子	13.05
烧车淀	8.47
王家寨	22.18

表 2.18　白洋淀沉积物 P 释放风险划分标准

$(Fe_{ox}+Al_{ox}+Mn_{ox})/(FeP+OP)$	风险级别	占总样点比例 /%
<15	重大释放风险	25
≥15；≤22	较大释放风险	29.2
>22	一般释放风险	45.8

由表 2.17 看出，北部烧车淀和东南部区域存在重大释放风险，尽管这些区域的可释放磷总量并不是最多，但这些区域沉积物中所含活性 Fe、Al、Mn 含量较少。而可释放磷总量较多的南刘庄、寨南、关城区域由于活性 Fe、Al、Mn 含量多，因此沉积物磷释放后极易被活性 Fe、Al、Mn 吸附而滞留，不会显著增加水体活性磷浓度。

当白洋淀存在一般内源沉积物 P 释放污染时，白洋淀北部的烧车淀和南部的大田庄、西李庄一带，会不同程度地遭受内源污染的威胁，因此将其定为白洋淀水污染的一级风险区；当白洋淀存在较大内源沉积物 P 释放污染时，白洋淀北部南刘庄、小张庄、王家寨和寨南一带及泛鱼淀，会不同程度地遭受内源污染的威胁，故将该区域作为白洋淀水污染的二级风险区；当白洋淀存在重大内源沉积物 P 释放污染时，白洋淀南部和东部水域光淀张庄、圈头、枣林庄、端村、关城等水域，也会遭受内源污染的威胁，故将该区域作为白洋淀水污染的三级风险区。根据以上风险区级别划分标准，利用地理信息系统（geographic information system，GIS）做出白洋淀湿地区域水污染风险分布图（图 2.53）。

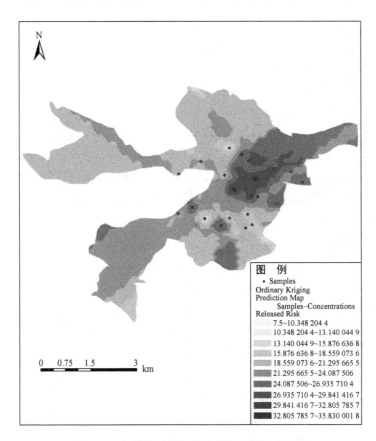

图 2.53　白洋淀区域沉积物磷释放风险分布图

2.3.4　白洋淀沉积物中磷的生态风险评估

Kopáček 等（2005）研究了北美和欧洲 43 个湖泊，并确定了沉积物中发生磷释放及滞留的 P、Fe 和 Al 的比值。在物质的量比（mol/mol）[H_2O-Al+BD-Al+ $NaOH_{25}$-Al]：[H_2O-Fe +BD-Fe + $NaOH_{25}$-Fe] >3 且 $NaOH_{25}$-Al：[H_2O-P+BD-P] >25 时，不会发生沉积物 P 释放到水体中。迄今，该模型的有效性已经在美国的一些湖泊中进行了验证（Lake et al.，2007；Wilsonet al.，2008；Norton et al.，2008）。而在高钙浅水湖泊中，由于水体 pH 通常较高，Fe(OOH)-P 常常与水体中的 OH^- 产生交换而将 PO_4^{3-} 置换并释放

到水体中。水中的 PO_4^{3-} 又会和水体的 Ca^{2+} 形成沉淀，若 pH 降低，这种沉淀的磷又会转化为 $Fe(OOH)-P$（Golterman，2004）。Søndergaard 等（1996）认为是水体的 Ca^{2+} 浓度而不是沉积物中的 $CaCO_3$ 控制着水体中溶解性磷酸盐的浓度。

2.3.4.1 沉积物磷生态风险的 Al：Fe 预测模型

沉积物物质的量比（mol/mol）$[NaOH_{25}-Al]$：$[NH_4Cl-Fe+BD-Fe+NaOH_{25}-Fe]$（Al：Fe）-$[NH_4Cl-P+BD-P]$ 如图 2.54 所示。与 Kopáček 等（2005）的模型不同，NH_4Cl 和 BD 提取的 Al 由于相对 $NaOH_{25}-Al$ 量较少而忽略，包含 NH_4Cl-Al 和 BD-Al 并未改变 Al：Fe 和 $[NH_4Cl-P+BD-P]$ 的关系。所有样点在 9 月和 3 月 Al：Fe < 3 且有更多 $[NH_4Cl-P+BD-P]$，而 7 月和 11 月的 Al：Fe > 3 且 $[NH_4Cl-P+BD-P]$ 含量较少。沉积物 $[NaOH_{25}-Al]$：$[NH_4Cl-P+BD-P]$ 的物质的量比（mol/mol）也进行了分别计算，7 月和 11 月的所有样点都 >25，而 DC、WJZ 在 9 月和 3 月，CPT 和 QT 在 3 月小于 25。因此，依据 Kopáček 等（2005）的 Fe/Al 模型，说明春季比秋季存在更多的沉积物 P 释放风险区域，夏季和冬季则没有；在沉积物 P 释放风险的空间分布上，存在较多易释放 P 的区域风险更大。

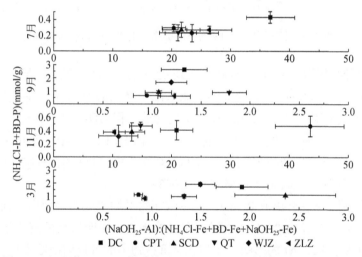

图 2.54　沉积物 Al：Fe 物质的量比（mol/mol）对表层沉积物可释放磷

2.3.4.2 沉积物磷生态风险的 Ca：Fe 预测分析

在钙质湖中的水体和沉积物通常都有较高的 Ca^{2+} 浓度，由于沉积物中的 $CaCO_3$ 会和 FeOOH 颗粒会竞争吸附 P，同时水体的 P 也会和水体 Ca^{2+} 产生沉淀成为非活性成分。因此，研究了 Ca：Fe 以分析之间可能的与沉积物 P 释放之间的关系。沉积物物质的量比（mol/mol）$[NH_4Cl-Ca]$：$[NH_4Cl-Fe+BD-Fe+NaOH_{25}-Fe]$（Ca：Fe）与 $[NH_4Cl-P+BD-P]$ 的关系如图 2.55 所示。BD 和 $NaOH_{25}$ 提取的 Ca 由于相对于 NH_4Cl-Ca 较低的浓度而被忽略。由图可以看出，所有的样点在秋季和春季的 Ca：Fe 都小于 15 但有更多的 $[NH_4Cl-P+BD-P]$，而夏季和冬季的 Ca：Fe 都大于 50 且 $[NH_4Cl-P+BD-P]$ 更少。对于沉积物的 $[NH_4Cl-Ca]$：$[NH_4Cl-P+BD-P]$（Ca：P），所有样点在夏季和冬季的比值都大于 300，但春秋季的

DC 和 WJZ，以及春季的 CPT、SCD 和 QT 比值都小于 200。由于 NH_4Cl-Ca 可以很容易的与水体 P 产生沉淀，因此高比值的 Ca∶Fe 和 Ca∶P 至少预示较低的沉积物 P 释放风险。

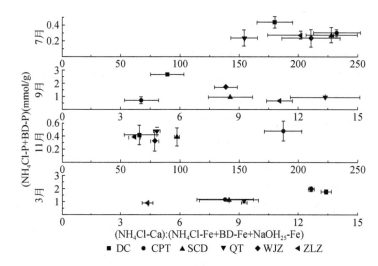

图 2.55　沉积物 Ca∶Fe 物质的量比对表层沉积物可释放磷

从沉积物中分级提取的 P、Fe、Al 和 Ca 的形态来看，大多数没有明显的季节分布差异。一些样点的 $NaOH_{85}-Al$ 和 HCl-Ca 的差别可能来源于样品的空间异质性。然而 $NaOH_{85}-Al$ 和 HCl-Ca 属于稳定态磷，并不影响沉积物磷的释放。但 BD-P 和 BD-Fe 表现出一致的季节变化，其浓度均在初春和仲秋高于仲夏和初冬，而 HCl-Fe 的浓度变化正好相反。该结果表明可能存在 Fe(OOH)-P 颗粒与其他含 Fe^{3+} 矿物 $[Fe_3(PO_4)_2 \cdot 8H_2O$ 和 $(Ca_x, Fe_{1-x})CO_3]$ 形态的季节转换（Gächter and Muller，2003）。

所有样点在不同季节总提取 P、Fe、Al 和 Ca 的平均浓度均表现出从仲夏到第二年初春逐渐增大的趋势。总提取 P 和 Al 之间存在显著相关，说明增大的沉积物磷浓度受到沉积物中增加的可提取 Fe、Al 的影响。在初春时沉积物中的可提取磷浓度最大。

尽管水体及沉积物第一和第四步提取中均有较高的 Ca 浓度，但其余沉积物中的磷形态并不存在相关性。然而，在高 pH 水体中，Ca^{2+} 可以影响 Fe(OOH)颗粒对 P 的吸附并可能与水体磷酸盐产生共沉淀（Golterman，2004）。该研究表明需要改进沉积物磷形态提取方法，对沉积物中钙结合态磷形态进行有针对性的提取。

沉积物磷形态在空间分布上也有较大差异。DC 的平均 TP_S（26.96μmol/g）和 BD-P（1.16μmol/g）最大，其他样点的 TP_S 基本相当，但 WJZ 样点的 BD-P（0.87μmol/g）要明显高于其他 4 个样点（0.37～0.54μmol/g）。该结果表明水体富营养化越严重的区域，其水体潜在生物可利用的 BD-P 浓度越高。根据 Nürnberg（1988）提出的模型，沉积物磷的释放与沉积物 P 和 BD-P 存在显著正相关，说明富营养化的 DC 和 WJZ 存在比其他样点更大的沉积物磷释放风险。

根据 Kopáček 的模型，我们可以根据 Al∶Fe 和 $[NaOH_{25}-Al]∶[NH_4Cl-P+BD-P]$

对白洋淀的释放风险进行预测。在早春时，DC、CPT、QT 和 WJZ 的沉积物 Al：Fe［物质的量比（mol/mol）］<3 且［NaOH$_{25}$-Al］：［NH$_4$Cl-P+BD-P］<25，DC 和 WJZ 在仲秋时也是如此。而早春时的 SCD 和 ZLZ 尽管 Al：Fe［物质的量比（mol/mol）］< 3，但［NaOH$_{25}$-Al］：［NH$_4$Cl-P+BD-P］分别为 47 和 53，远远高于 25。因此认为，DC、CPT、QT 和 WJZ 在早春时有释放风险，且 DC 和 WJZ 在仲秋时也有释放风险，这也说明了 DC 和 WJZ 是整年中最容易释放沉积物磷的样点。这和 Nürnberg 的模型预测结果是一致的。而对于所有样点来说，仲夏和初冬的释放风险较小。结果表明了一些样点一年可能在两个季节产生沉积物磷释放。

本章分析探讨了北方浅水湖泊白洋淀沉积物中磷的形态及磷释放规律，揭示了北方浅水湖泊沉积物磷的释放机制，并结合模型预测了磷释放风险，初步探讨了微生物对沉积物磷释放的影响及其变化规律。

SMT 法、Ivanoff 法和 ^{31}P NMR 法对沉积物各种磷形态尤其是有机磷形态的研究结果表明 Ca-P 是白洋淀沉积物磷形态的主体，中等活性有机磷（MLOP）是有机磷的主要成分，代表微生物的 DNA-P 仅占 OP 和 TP 的不到 7% 和 2%。数据分析拟合表明 DNA-P 和 LOP 存在指数增长关系（$y=1.791e^{0.04x}$，$R^2=0.92$），沉积物磷酸脂肪酸（PLFA）分析得出沉积物微生物的群落结构表现出较强的区域特征。将可释放 P 定义为（Fe/Al-P 和 LOP），得出在白洋淀最小生态水位（7.8m）下，可释放 P 约为 125.46t，存在较大 P 释放潜力。运用 Fe：P 模型预测白洋淀北部和东南部区域存在重大释放风险。运用 P 法对白洋淀四季沉积物进行分级提取并测定影响 P 形态的 Fe、Al 和 Ca 含量，结果表明影响沉积物磷释放的 BD-P 和 BD-Fe 表现出一致的季节变化，其浓度均在初春和仲秋高于仲夏和初冬。结合 Fe：Al 模型预测白洋淀四季磷释放风险，说明春季和秋季存在更大释放风险，春季释放风险最大。在沉积物 P 释放风险的空间分布上，存在易释放 P 多的区域风险更大。而高钙的白洋淀水体及沉积物表明较高的 Ca：Fe 和 Ca：P 预示可能较低的沉积物 P 释放风险。研究结果对于通过沉积物提取分析来预测和控制北方湖泊富营养化风险具有指导意义。

沉积物 P 等温吸附实验和室内模拟释放结果表明，Langmuir 吸附平衡浓度揭示大多采样区域处于沉积物磷解吸状态，存在释放风险。同时，水体 Ca^{2+} 浓度的增大可显著增加沉积物最大可吸附量 Q_{max} 并降低吸附平衡浓度 C_{eq}^0，抑制了可能的沉积物 P 释放。模拟不同季节温度下的沉积物 P、Fe、Al 释放研究表明，沉积物中的磷从冬季向夏季逐渐由滞留转为释放，而在夏季向冬季过程则相反，这和磷形态分析的预测结果一致。春季沉积物磷释放主要以沉积物 Fe/Al-P 为主，而夏季较高的温度所导致生物活性的升高则使 OP 降解释放成为沉积物磷释放的主体。由于各样点沉积物磷形态含量差异较大，表现出含 Fe/Al-P 较多沉积物样点则会在春季时达到释放的峰值，而含 OP 较多沉积物样点则基本在夏季达到释放顶峰。表层沉积物模拟释放过程的微生物跟踪分析表明，沉积物细菌和好氧细菌生物量及碳源代谢活性在释放过程都呈逐渐增大的趋势，说明沉积物中含有的营养物质通过释放后可以充分供应细菌生长所需的营养，增大了沉积物磷的释放风险。

参 考 文 献

常洪利，张兵武，沈梦力．1995.总量控制在保护白洋淀水域环境中的应用．环境科学，(S1): 47-49.

董黎明．2011.利用磷脂脂肪酸表征白洋淀沉积物微生物特征．中国环境科学，31(11): 1875-1881.

董黎明，刘冠男．2011.白洋淀柱状沉积物磷形态及其分布特征研究．农业环境科学学报，30(4): 711-719.

范成新，王春霞．2007.长江中下游湖泊环境地球化学与富营养化．北京：科学出版社．

韩美清，王路光，王靖飞，等．2007.基于 GIS 的白洋淀流域生态环境评价．中国生态农业学报，(03): 169-171.

黄清辉，王东红，王春霞，等．2003.沉积物中磷形态与湖泊富营养化的关系．中国环境科学，23(6): 583-586.

金相灿．1992.沉积物污染化学．北京：中国环境科学出版社．

金相灿．2001.湖泊富营养化控制和管理技术．北京：化学工业出版社．

金相灿，王圣瑞，姜霞．2004.湖泊水－沉积物界面三相结构模式的初步研究．环境科学研究，(S1): 1-5, 10.

刘冠男，董黎明．2011.水体中 Ca^{2+} 对湖泊沉积物磷吸附特征的影响．环境科学与技术，34(2): 36.

刘冠男，董黎明，王小辉．2011.湖泊沉积物中三种磷提取方法比较．岩矿测试，30(3): 276-280.

马大明．1995.白洋淀生态系统设计初步研究．环境科学，(S1): 44-46.

孟凡德，姜霞，金相灿．2004.长江中下游湖泊沉积物理化性质研究．环境科学研究，17(增刊): 24-29.

钱轶超，陈英旭，楼莉萍，等．2010.核磁共振技术在沉积物磷素组分及迁移转化规律研究中的应用．应用生态学报，21(7): 1892-1898.

王增耀．1995.浅谈恢复白洋淀生态环境的对策．环境科学，(S1): 55-57.

文丽青．1995.白洋淀水生态环境的变迁及影响因素．环境科学，(S1): 50-53.

吴丰昌，万国江，蔡玉蓉．1996.沉积物－水界面的生物地球化学作用．地球科学进展，(2): 191-197.

席劲瑛，胡洪营，钱易．2003.Biolog 方法在环境微生物群落研究中的应用．微生物学报，43(1): 138-141

杨志峰，刘新会，董黎明，等．2010.手动旋转式柱状沉积物采样器：中国：ZL200810126080. X.

张燕燕，曲来叶，陈利顶．2009.Biolog ECO PLATE™ 实验信息提取方法改进．微生物学通报，36(7): 1083-1091.

赵翔，崔保山，杨志峰．2005.白洋淀最低生态水位研究．生态学报，(5): 1033-1040.

赵英魁，张秀清，马大明，等．1995.白洋淀功能区划分原则．环境科学，(S1): 40-42.

衷平，杨志峰，崔保山，等．2005.白洋淀湿地生态环境需水量研究．环境科学学报，(8): 1119-1126.

朱广伟，秦伯强，高光，等．2004.长江中下游浅水湖泊沉积物中磷的形态及其与水相磷的关系．环境科学学报，24(3): 381-388.

Ahlgren J, Tranvik L, Gogoll A, et al. 2005. Sediment depth attenuation of biogenic phosphorus compounds measured by P-31 NMR. Environmental Science & Technology, 39(3): 867-872.

Blindow I, Hargeby A, WagnerBálint M A, et al. 2000. How important is the crustacean plankton for the maintenance of water clarity in shallow lakes with abundant submerged vegetation. Freshwater Biology, 44(2): 485-497.

Boers P C M, Hese O V. 1988. Phosphorus release from the peaty sediments of the Loosdrecht Lakes(The Netherlands). Water Research, 22(3): 355-363.

Boers P C M, Raaphonst W V, Molen D T V D. 1998. Phosphorus retention in sediments. Water Science and Technology, 37(3): 31-39.

Boström B. 1984. Potential mobility of phosphorus in different types of lake sediment. Internationale Revue der Gesamten Hydrobiologie, 69: 457-474.

Boström B, Andersen J M, Fleischer S, et al. 1988. Exchange of phosphorus across the sediment-water interface. Hydrobiologia, 170: 229-244.

Brabandere H D, Danielsson R, Sjoberg P J R, et al. 2008. Sediment extraction and clean-up for organic phosphorus analysis byelectrospray ionization tandem mass spectrometry. Talanta, 74: 1175-1183.

Breukelaar A N, Lammens E D, Breteler J A, et al. 1994. Effects of benthivorous bream(Abramis brama)and carp(Cyprinus carpio)on sediment resuspension and concentrations of nutrients and chlorophylla. Freshwater Biology, 32(1): 113-121.

CadeMenun B J, Preston C M. 1996. A comparison of soil extraction procedures for ^{31}P NMR spectroscopy. Soil Science, 161: 770-785.

Christensen K K, Andersen F, Jensen H S. 1997. Comparison of iron, manganese, and phosphorus retention in freshwater littoral sediment with growth of Littorella uniflora and benthic microalgae. Biogeochemistry, 38: 149-171.

Christophoridis C, Fytianos K. 2006. Conditions affecting the release of phosphorus from surface lake sediments. Journal of Environmental Quality, 35(4): 1181-1192.

Danen-Louwerse H J, Lijklema L, Coenraats M. 1995. Coprecipitation of phosphate with calcium carbonate in Lake Veluwe. Water Research, 29(7): 1781-1785.

Ditoro D M. 2001. Sediment Flux Modeling. New York: Wiley.

Dong L M, Yang Z F, Liu X H. 2011a. Factors affecting the internal loading of phosphorus from calcareous sediments of Baiyangdian Lake in North China. Environmental Earth Sciences, 64(6): 1617-1624.

Dong L M, Yang Z F, Liu X H. 2011b. Phosphorus fractions, sorption characteristics and its release in the sediments of Baiyangdian Lake, China. Environmental Monitoring and Assessment, 179(1-4): 335-345.

Dong L M, Yang Z F, Liu X H, et al. 2012. Investigation into organic phosphorus species in sediments of Baiyangdian Lake in China measured by fractionation and ^{31}P NMR. Environmental Monitoring and Assessment, 184: 5829-5839.

Dong L M, Yang Z F, Liu X H, et al. 2013. Vertical distribution of sediment organic phosphorus species and simulated phosphorus release from lake sediments. Hydraulic Engineering-Proceedings of the 2012 SREE Conference on Hydraulic Engineering, CHE 2012 and 2nd SREE Workshop on Environment and Safety Engineering, WESE 2012: 225-229.

Dong L M, Zhao Y, Zhang M. 2013. Fraction distribution and risk assessment of heavy metals and trace elements in sediments of Baiyangdian Lake, China. Advances in Earth & Environmental Sciences, 189: 805-810.

Eaton A D, Clesceri L S, Greenberg A E. 1995. Standard Methods for the Examination of Water and Wastewater, 19th ed. Washington DC: American Public Health Association.

Ekholm P, Malve O, Kirkkala T. 1997. Internal and external loading as regulators of nutrient concentrations in the agriculturally loaded Lake Pyhajarvi(southwest Finland). Hydrobiologia, 345: 3-14.

Ellen L P, Joselito M A. 2001. Evaluation of iron-phosphate as a source of internal lake phosphorus loadings. The Science of the Total Environment, 266(1-3): 87-93.

Fytianos K, Kotzakioti A. 2005. Sequential fractionation of phosphorus in lake sediments of Northern Greece. Environmental Monitoring and Assessment, 100(1-3): 191-200.

Gächter R, Muller B. 2003. Why the phosphorus retention of lakes does not necessarily depend on the oxygen supply to their sediment surface. Limnology and Oceanography, 48: 929-933.

Gainswin B E, House W A, Leadbeater B S, et al. 2006. The effects of sediment size fraction and associated algal biofilms on the kinetics of phosphorus release. Science of the Total Environment, 360(1-3): 142-157.

Gale P M, Reddy K R. 1994. Phosphorus retention by wetland soils used for treated wastewater disposal. Journal of Environmental Quality, 23: 370-377.

Gamo M, Shoji T. 1999. A method of profiling microbial communities based on a most-probable-number assay that uses BIOLOG plates and multiple sole carbon sources. Applied and Environmental Microbiology, 65(10): 4419-4424.

Golterman H L. 2004. The Chemistry of Phosphate and Nitrogen Compounds in Sediments. Dordrecht: Kluwer Academic Publishers.

Gomez E, Fillit M, Ximenes M C, et al. 1998. Phosphate mobility at the sediment-water interface of a Mediterranean lagoon(etang du Méjean), seasonal phosphate variation. Hydrobiologia, (373-374): 203-216.

Gonsiorczyk T, Casper P, Koschel R. 2001. Mechanisms of phosphorus release from the bottom sediment of the oligotrophic LakeStechlin: Importance of the permanently oxic sediment surface. Archiv Hydrobiologie, 151: 203-219.

Hieltjes A H M, Lijklema L. 1980. Fractionation of inorganic phosphates in calcareous sediments. Journal of Environmental Quality, 9(3): 405-407.

Horppila J, Nurminen L. 2001. The effect of an emergent macrophyte(Typha angustifolia)on sediment resuspension in a shallow north temperate lake. Freshwater Biology, 46: 1447-1455.

Hupfer M, Gächter R, Giovanoli R. 1995. Transformation of phosphorus species in settling seston during early sediment diagenesis. Aquatic Sciences, 57: 305-324.

Hupfer M, Lewandowski J. 2008. Oxygen controls the phosphorus release from lake sediments-a long-lasting paradigm in limnology. International Review of Hydrobiology, 93(4-5): 415-432.

Hupfer M, Rube B. 2004. Origin and diagenesis of polyphosphate in lake sediments: A ^{31}P-NMR study. Limnology and Oceanography, 49(1): 1-10.

Imboden D. 1974. Phosphorus model of lake eutrophication. Limnology and Oceanography, 19(2): 297-304.

Ishikawa M, Nishimura H. 1989. Mathematical model of phosphate release rate from sediments considering the effect of dissolved oxygen in overlying water. Water Research, 23(3): 351-359.

Ivanoff D B, Reddy K R, Robinson S. 1998. Chemical fractionation of organic phosphorus in selected histosols. Soil Science, 163(1): 36-45.

Jensen H S, Andersen F. 1992a. Importance of temperature, nitrate, and pH for phosphate release from aerobic sediments of four shallow, eutrophic lakes. Limnology and Oceanography, 37(3): 577-589.

Jensen H S, Kristensen P, Jeppesen E, et al. 1992b. Iron: Phosphorus ratio in surface sediment as an indicator of phosphate release from aerobic sediments in shallow lakes. Hydrobiologia, 235-236(1): 731-743.

Jiang X, Jin X, Yao Y, et al. 2008. Effects of biological activity, light, temperature and oxygen on phosphorus release processes at the sediment and water interface of Taihu Lake, China. Water Research, 42(8-9): 2251-2259.

Jin X C, Wang S R, Bu Q Y, et al. 2006a. Laboratory experiments on phosphorous release from the sediments of 9 lakes in the middle and lower reaches of Yangtze river region, China. Water, Air, and Soil Pollution, 176(1-4): 233-251.

Jin X C, Wang S R, Pang Y, et al. 2006b. Phosphorus fractions and the effect of pH on the phosphorus release of the sediments from different trophic areas in Taihu Lake, China. Environmental Pollution, 139(2): 288-295.

Jørgensen S E, Kamp-Nielsen L, Mejer H F, et al. 1982. Comparison of a simple and a complex sediment phosphorus model. Ecological Modelling, 16(2-4): 99-124.

Kaiserli A, Voutsa D, Samara C. 2002. Phosphorus fractionation in lake sediments-lakes Volvi and Koronia, N. Greece. Chemosphere, 46: 1147-1155.

Kamp-Nielsen L. 1975. A kinetic approach to the aerobic sediment-water exchange of phosphorus in Lake Esrom. Ecological Modelling, 1(2): 153-160.

Katsaounos C Z, Giokas D L, Leonardos I D, et al. 2007a. Speciation of phosphorus fractionation in river sediments by explanatory data analysis. Water Research, 41(2): 406-418.

Katsaounos C Z, Giokas D L, Vlessidis A G, et al. 2007b. Identification of longitudinal and temporal patterns of phosphorus fractionation in river sediments by non-parametric statistics and pattern recognition techniques. Desalination, 213(1-3): 311-333.

Khoshmanesh A, Hart B T, Duncan A, et al. 2002. Luxury uptake of phosphorus by sediment bacteria. Water Research, 36(3): 774-778.

Kim L H, Choi E, Stenstrom M K. 2003. Sediment characteristics, phosphorus types and phosphorus release rates between river and lake sediments. Chemosphere, 50(1): 53-61.

Kopáček J, Hejzlar J, Borovec J, et al. 2000. Natural inactivation of phosphorus by aluminum in atmospherically acidified water bodies. Limnology and Oceanography, 45: 212-225.

Kopáček J, Ulrich K, Hejzlar J, 2001. Phosphorus inactivation by aluminum in the water column and sediments: Lowering of in-lake phosphorus availability in an acidified watershed-lake system. Water Research, 35: 3783-3790.

Kopáček J, Borovec J, Hejzlar J, et al. 2005. Aluminum control of phosphorus sorption by lake sediments. Environmental Science & Technology, 39: 8784-8789.

Lai D Y, Lam K C. 2008. Phosphorus retention and release by sediments in the eutrophic Mai Po Marshes, Hong Kong. Marine Pollution Bulletin, 57(6-12): 349-356.

Lake B A, Coolidge K M, Norton S A, et al. 2007. Factors contributing to the internal loading of phosphorus from anoxic sediments in six Maine, USA, lakes. The Science of the Total Environment, 373: 534-541.

Molen D T V D, Los F J, Ballegooijen L V, et al. 1994. Mathematical modelling as a tool for management in eutrophication control of shallow lakes. Hydrobiologia, 275-276(1): 479-492.

Montastruc L, Azzaro-Pantel C, Biscans B, et al. 2003. A thermochemical approach for calcium phosphate precipitation modeling in a pellet reactor. Chemical Engineering Journal, 94(1): 41-50.

Montigny C, Prairie Y T. 1993. The relative importance of biological and chemical processes in the release of phosphorus from a highly organic sediment. Hydrobiologia, 253: 141-150.

Murphy T, Lawson A, Kunagai M, et al. 2001. Release of phosphorus from sediments in Lake Biwa. Limnology, (2): 119-128.

Nanny M A, Kim S, Minear R A. 1995. Aquatic soluble unreactive phosphorus: HPLC studies on concentrated water samples. Water Research, 29(9): 2138-2148.

Norton S A, Coolidge K, Amirbahman A, et al. 2008. Speciation of Al, Fe, and P in recent sediment from three lakes in Maine, USA. The Science of the Total Environment, 404: 276-283.

Nürnberg G. 1988. Prediction of phosphorus release rates from total and reductant soluble phosphorus in anoxic lake sediments. Canadian Journal of Fisheries and Aquatic Sciences, 45: 453-462.

Pant H K, Reddy K R. 2001. Phosphorus sorption characteristics of estuarine sediments under different redox conditions. Journal of Environmental Quality, 30: 1474-1480.

Perkins R G, Underwood G J. 2001. The potential for phosphorus release across the sediment-water interface in an eutrophic reservoir dosed with ferric sulphate. Water Research, 35(6): 1399-1406.

Petticrew E L, Arocena J M. 2001. Evaluation of iron-phosphate as a source of internal lake phosphorus loadings. The Science of the Total Environment, 266(1-3): 87-93.

Rajendran N, Matsuda O, Imamura N, et al. 1992. Variation in microbial biomass and community structure in sediments of eutrophic bays as determined by phospholipid ester-linked fatty acids. Applied and Environmental Microbiology, 58(2): 562-571.

Rajendran N, Nagatomo Y. 1999. Seasonal changes in sedimentary microbial communities of two eutrophic bays as estimated by biomarkers. Hydrobiologia, 393: 117-125.

Reddy K R, Diaz O A, Scinto L J, et al. 1995. Phosphorus dynamics in selected wetlands and streams of the Lake Okeechobee Basin. Ecological Engineering, 5(2-3): 183-207.

Reitzel K, Ahlgren J, Gogoll J, et al. 2006. Characterization of phosphorus in sequential extracts from lake sediments using ^{31}P nuclear magnetic resonance spectroscopy. Canadian Journal of Fisheries and Aquatic Sciences, 63: 1686-1699.

Reitzel K, Hansen J, Andersen F, et al. 2005. Lake restoration by dosing aluminum relative to mobile phosphorus in the sediment. Environmental Science & Technology, 39: 4134-4140.

Reynolds C S, Davies P S. 2001. Sources and bioavailability of phosphorus fractions in freshwaters: A British perspective. Biological Reviews of the Cambridge Philosophical Society, 76: 27-64.

Ribeiro D C, Martins G, Nogueira R, et al. 2008. Phosphorus fractionation in Volcanic Lake sediments(Azores-Portugal). Chemosphere, 70: 1256-1263.

Richardson C J. 1985. Mechanisms controlling phosphorus retention capacity in freshwater wetlands. Science,

228(4706): 1424-1427.

Ross G, Haghseresht F, Cloete T E. 2008. The effect of pH and anoxia on the performance of Phoslocko a phosphorus binding clay. Harmful Algae, 7(4): 545-550.

Ruban V, Brigault S, Demare D, et al. 1999a. Selection and evaluation of sequential extraction procedures for the determination of phosphorus forms in lake sediment. Journal of Environmental Monitoring, (1): 51-56.

Ruban V, Brigault S, Demare D, et al. 1999b. An investigation of the origin and mobility of phosphorus in freshwater sediments from Bort-Les-Orgues Reservoir, France. Journal of Environmental Monitoring, (1): 403-407.

Ruban V, Demare D. 1998. Sediment phosphorus and internal phosphate flux in the hydroelectric reservoir of Bort-les-Orgues, France. Hydrobiologia, 3373/3374: 349-359.

Ruban V, Lopezsanchez J F. Papdo P, et al. 2001. Development of a harmonised phosphorus extraction procedure and certification of a sediment reference material. Journal of Environmental Monitoring, (3): 121-125.

Ruttenberg K C. 1992. Development of a sequential extraction method for different forms of phosphorus in marine sediments. Limnology and Oceanography, 37(7): 1460-1482.

Rydin E. 2000. Potentially mobile phosphorus in Lake Erken sediment. Water Research, 34(7): 2037-2042.

Rydin E, Welch E B. 1998. Aluminum dose required to inactivate phosphate in lake sediments. Water Research, 32(10): 2969-2976.

Rydin E, Huser B, Welch E B. 2000. Amount of phosphorus inactivated by alum treatments in WashingtonLakes. Limnology and Oceanography, 45(1): 226-230.

Sallade Y E, Sims J T. 1997. Phosphorus transformations in the sediments of delaware's agricultural drainageways: I Phosphorus forms and sorption. Journal of Environmental Quality, 26, 1571-1579.

Selig U, Berghoff S, Schlungbaum G, et al. 2005. Variation of sediment phosphate along an estuarine salinity gradient on the Baltic Sea. Phosophates In Sediments, Proceedings: 185-194.

SEPA(State Environmental Protection Administration of China). 2002. Monitor and analysis method of water and wastewater. Beijing: Chinese Environmental Science Publishing House.

Smits J G C, van Der M D T. 1993. Application of SWITCH, a model for sediment-water exchange of nutrients, to LakeVeluwe in the Netherlands. Hydrobiologia, 253(2): 281-300.

Smoot J C, Findlay R H. 2001. Spatial and seasonal variation in a reservoir sedimentary microbial community as determined by phospholipid analysis. Microbial Ecology, 42: 350-358.

Søndergaard M, Jensen J P. 1999. Internal phosphorus loading in shallow Danish lakes. Hydrobiologia, 408-409: 145-152.

Søndergaard M, Jensen P J, Jeppesen E. 2001. Retention and internal loading of phosphorus in shallow, eutrophic lakes. Scientific World Journal, (1): 427-442.

Søndergaard M, Jensen P J, Jeppesen E. 2003. Role of sediment and internal loading of phosphorus in shallow lakes. Hydrobiologia, 506-509: 135-145.

Søndergaard M, Kristensen P, Jeppesen E. 1992. Phosphorus release from resuspended sediment in the shallow and wind-exposed Lake Arreso, Denmark. Hydrobiologia, 228: 91-99.

Søndergaard M, Windolf J, Jeppesen E. 1996. Phosphorus fractions and profiles in the sediment of shallow Danish lakes as related to phosphorus load, sediment composition and lake chemistry. Water Research, 30: 992-1002.

Søndergaard M, Jeppesen E, Jensen J P, et al. 2000. Lake restoration in Denmark. Lakes & Reservoirs: Research & Management, 5(3): 153-159.

Stephen D, Moss B, Phillips G. 1997. Do rooted macrophytes increase sediment phosphorus release. Hydrobiologia, 342-343: 27-34.

Sun S J, Huang S L, Sun X M, et al. 2009. Phosphorus fractions and its release in the sediments of Haihe River, China. Journal of Environmental Sciences-China, 21(3), 291-295.

Syakti A D, Mazzella N, Nerini D, et al. 2006. Phospholipid fatty acids of a marine sedimentary microbial community in a laboratory microcosm: Responses to petroleum hydrocarbon contamination. Organic Geochemistry, 37: 1617-1628.

Townsend-Small A, Noguera J L, McClain M E, et al. 2007. Radiocarbon and stable isotope geochemistry of organic matter in the Amazon headwaters, Peruvian Andes. Global Biogeochemical Cycles, 21(2): 20-29.

Turner B L, Mahieu N, Condron L M. 2003. Phosphorus-31 nuclear magnetic resonance spectral assignments of phosphorus compounds in soil NaOH-EDTA extracts. Soil Science Society of America Journal, 67: 497-510.

Wang H, Appan A, Gulliver J S. 2003a. Modeling of phosphorus dynamics in aquatic sediments: I-model development. Water Research, 37(16): 3928-3938.

Wang H, Appan A, Gulliver J S. 2003b. Modeling of phosphorus dynamics in aquatic sediments: II-examination of model performance. Water Research, 37(16): 3939-3953.

Wang J, Pant H K. 2010. Enzymatic hydrolysis of organic phosphorus in river bed sediments. Ecological Engineering, 36(7): 963-968.

Wang S, Jin X, Bu Q, et al. 2008. Effects of dissolved oxygen supply level on phosphorus release from lake sediments. Colloids and Surfaces A: Physicochemical and Engineering Aspects, 316(1-3): 245-252.

Wang S R, Jin X C, Pang Y, et al. 2005. Phosphorus fractions and phosphate sorption characteristics in relation to the sediment compositions of shallow lakes in the middle and lower reaches of Yangtze River region, China. Journal of Colloid and Interface Science, 289(2): 339-346.

White D C, Flemming C A, Leung K Y, et al. 1998. In sity microbial ecology for quantitative assessment, monitoring and risk assessment of pollution remediation in soils, the subsurface, the rhizosphere and in biofilms. Journal of Microbiological Methods, 32: 93-105.

Wilson T A, Norton S A, Lake B, et al. 2008. Sediment geochemistry of Al, Fe, and P for two oligotrophic Maine lakes during a period of acidification and recovery. The Science of the Total Environment, 404: 269-327.

Worsfold P J, Monbet P, Tappin A D, et al. 2008. Characterisation and quantification of organic phosphorus and organic nitrogen components in aquatic systems: A review. Analytica Chimica Acta, 624(1): 37-58.

Wu Q, Zhang R, Huang S, et al. 2008. Effects of bacteria on nitrogen and phosphorus release from river sediment. Journal of Environmental Sciences, 20(4): 404-412.

Zhang R, Wu F C, Liu C Q, et al. 2008. Characteristics of organic phosphorus fractions in different trophic sediments of lakes from the middle and lower reaches of Yangtze River region and Southwestern Plateau, China. Environmental Pollution, 152(2): 366-372.

Zhou A M, Tang H X, Wang D S. 2005. Phosphorus adsorption on natural sediments: modeling and effects of pH and sediment composition. Water Research, 39(7): 1245-1254.

Zhu G W, Wang F, Gao G, et al. 2008. Variability of phosphorus concentration in large, shallow and eutrophic Lake Taihu, China. Water Environment Research, 80(9): 832-839.

第 3 章 | 白洋淀水体中典型有机污染物的赋存、迁移及风险评估

　　随着世界经济的迅速发展，人类物质财富与日俱增。然而人类在享受物质财富的同时也面临着越来越多的环境问题，其中一个突出表现就是水环境污染加剧给水生生态系统和人类健康造成的严重威胁。水环境污染物中，典型有机污染物，如有机氯农药（OCP）、多环芳烃（PAH）和多氯联苯（PCB）是一个重要的污染源。白洋淀地处华北平原中部，是我国华北地区最大且资源丰富的典型浅水型湖泊（面积为 360 km²，平均水深为 2 m），素有"华北明珠"之美誉。白洋淀位于北京、天津和保定三角地带，对维持华北地区的生态环境起着举足轻重的作用。作为华北地区重要的水产养殖基地，白洋淀为近 700 万人提供各类水产品。然而自 20 世纪 70 年代以后，随着周边以及上游地区工农业发展和人口的增加，白洋淀水域污染越来越严重，严重影响了淀区的生态环境。本章以中国北方典型浅水湖泊——白洋淀为研究对象，研究了典型有机污染物在白洋淀表水和沉积物等环境介质中的赋存特征，在此基础上选取有机氯农药为代表重点研究了其在沉积物－水界面的时空迁移规律，并探讨了沉积物－水界面有机氯农药迁移多因素耦合作用机制。

3.1　白洋淀水体中典型有机污染物的赋存特征

　　由于典型有机污染物具有持久性、生物蓄积性、半挥发性和毒性，并能在环境体系中进行长距离传播，因此对人类健康和环境具有严重危害。近年来，典型有机污染物的水体污染已成为学术界的研究重点。本节选择三类广泛存在水体环境中的典型有机污染物，有机氯农药（HCH 和 DDT）、多环芳烃（PAH）和多氯联苯（PCB）作为研究对象，研究它们在白洋淀表水和沉积物等环境介质中的赋存特征，进而探索其来源，为白洋淀水体环境中有机污染物的有效治理提供科学依据。

3.1.1　白洋淀水环境中有机氯农药的赋存特征

　　白洋淀作为中国北方典型的浅水湖泊其淀区功能分区明显，既有人为活动频繁的村

落，又有家禽、渔业养殖点，还有人为干扰较小的自然保护区。本节以不同功能区为依据，以实测的白洋淀水质、水文／水动力条件、沉积物性质等数据为参考，在白洋淀选择6个最具代表性采样点，即府河排污河入白洋淀的通道上，北刘庄（BLZ，S2）、王家寨（WJZ，S3）；人为活动频繁、养殖业发达的村落附近，端村（DC，S5）、采蒲台（CPT，S6）；人为活动干扰少的区域，烧车淀（SCD，S1）、枣林庄（ZLZ，S4）。采样点位置具体如图 3.1 所示。2009 年 3 月 22 日春季冰雪融化后，对白洋淀进行了第一次采样，以后每月一次，直到 11 月 23 日结束。为研究冰封期有机氯农药在沉积物－水界面的迁移特征，在 2010 年 1 月采样一次，采样时间共 10 个月。采集的样品包括表水，上覆水，孔隙水和表层沉积物。各采样点水体和沉积物的基本理化性质见表 3.1。选择了 4 种 HCH 的异构体（α-HCH，β-HCH，γ-HCH 和 δ-HCH）和 6 种 DDT 的异构体（o, p'-DDE，p, p'-DDE，o, p'-DDD，p, p'-DDD，o, p'-DDT，p, p'-DDT）作为目标物质，替代物为 4，4′- 二氯联苯，内标物为五氯硝基苯（PCNB）。

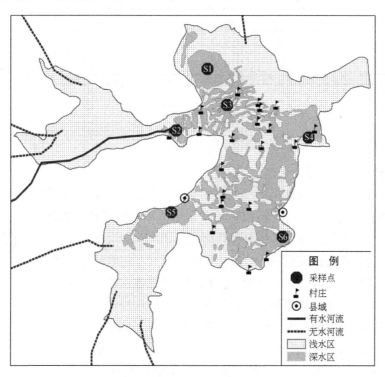

图 3.1　白洋淀采样点位置分布示意图

表 3.1　白洋淀水体沉积物理化性质

采样点		1	2	3	4	5	6
pH	W	7.98	8.81	8.74	8.21	8.48	8.52
	OW	7.88	8.31	8.56	7.94	8.29	8.48
	PW	7.11	7.55	7.61	7.48	7.59	7.65

采样点		1	2	3	4	5	6
溶解氧/（mg/L）	W	7.62	9.24	11.51	9.40	7.55	7.49
	OW	4.77	5.01	7.84	6.05	6.15	6.07
	PW	4.99	5.03	4.16	4.80	3.48	4.09
溶解有机碳/（mg/L）	W	9.79	9.67	9.68	11.61	11.10	11.22
	OW	10.77	11.38	10.83	13.96	12.35	13.06
	PW	11.28	12.76	11.56	13.94	14.08	15.87
氧化还原电位/mV	W	37.91	112.35	97.46	131.49	102.12	108.54
	OW	−27.60	86.64	96.77	115.77	126.47	113.93
	PW	−16.56	20.83	19.00	36.11	49.80	29.07
含水量*/%		67.19	74.88	69.59	65.58	60.21	60.69
孔隙率*/%		39.97	49.17	46.33	35.57	38.91	38.27
烧失重*/%		4.32	6.25	4.74	3.73	2.38	3.19
总有机碳*/%		1.58	2.46	1.77	1.31	0.69	1.06

注：W-表水；OW-上覆水；PW-孔隙水；1-烧车淀（SCD），2-北刘庄（BLZ），3-王家寨（WJZ），4-枣林庄（ZLZ），5-端村（DC），6-采蒲台（CPT）。*为沉积物。

3.1.1.1 水体中有机氯农药的检测

1）水体样品的采集及前处理

表水和上覆水的采集均使用抗扰动分层水采样器，表水采集自水面下 0.5 m 处，上覆水采自沉积物表层上 0.5 m 处。沉积物孔隙水使用水分取样器（SK20 型，产自德国）进行原位采集。孔隙水取样过程是将取样管插入沉积物中，取样管头部的取样头为特殊陶瓷制成，这种陶瓷分布有恒定数量的有较小化学活性和一定吸收能力的小孔，当给取样器提供一定程度的负压后，经过一段时间，沉积物中的孔隙水就可以被渗透到取样管中。水样采集后直接用聚乙烯塑料桶盛装，塑料桶在使用以前用洗涤剂洗去油污，用自来水冲净，然后用采样点的表水冲洗几次。采集后的水样现场测定水温、pH、氧化还原电位（Eh）、溶解氧（DO）等指标，然后加入一定量叠氮化钠防止目标物质被微生物降解。水样运回实验室后 4℃冷藏保存至分析。水体 DOC 用总有机碳分析仪测得。

水样前处理主要参考文献 Zhou 等（2000）的方法，即采用固相萃取技术对过滤后的水样进行目标物质的富集和浓缩处理。水样前处理的实验流程如图 3.2 所示。水样首先经过 0.45 μm 的玻璃纤维滤膜过滤，然后加入替代物 4，4′-二氯联苯以控制整个过程回收率。过滤后的水样用 C-18 固相萃取小柱（5 mg/600cc）对水样中目标物质进行富集浓缩。固相萃取过程分为三个步骤：①固相小柱活化，具体的活化步骤以 6 ml/min 的速度先后使用 5 ml 乙酸乙酯，5 ml 甲醇和 10 ml 去离子水依次通过固相萃取小柱，小柱在活化过程中要始终处于湿润状态，小柱活化后立即使用。②富集过程，将加替代物后的水样（表水和上覆水为 1 L，孔隙水为 500 ml）过固相萃取柱，控制流速在 6 ml/min，操作过程中保持小柱湿润。③脱附过程，先用高纯氮气将固相小柱吹干，以免影响脱附效果，后用 10 ml（依次加入 3ml、3ml、4 ml）乙酸乙酯对小柱进行洗脱，收集洗脱液转移至旋转蒸发瓶中。然后旋转蒸发至 1～2 ml 后转移至 5 ml 离心管中，再用柔和高纯氮气吹至近干。加入 10 μl 一定浓度的内标物质后转移至色谱瓶中，并定容至 200 μl，待上机分析。

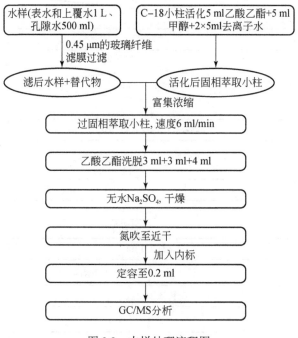

图 3.2　水样处理流程图

2）水体沉积物样品的采集及前处理

使用手动旋转式柱状沉积物采样器进行采集。表层沉积物为柱状样前端 1～3 cm 泥样，取出放在密封塑料袋中暗处冷藏保存至实验室，−20℃冷藏保存至分析。同时用环刀取 3 个平行表泥样，测沉积物含水量、孔隙率、烧失重和有机碳（TOC）含量。

沉积物样品前处理的实验流程如图 3.3 所示。沉积物样品冷冻干燥后，研磨过 80 目筛。用快速溶剂萃取仪进行萃取。ASE 萃取步骤：将 20 g 过筛后的沉积物样品与硅藻土、铜片混合均匀后装入 22 ml 萃取池中，并加入回收率替代物以控制整个过程的回收率。把萃取池放入萃取仪按照设定条件进行萃取。ASE 萃取设定条件：温度 100 ℃；系统压力 10 MPa（1500psi）；加热时间 5 min；静态时间 5 min；冲洗体积 60%（萃取池体积）；氮气吹扫时间 100 s；静态循环次数 2 次；试剂为丙酮和正己烷（1：1/V：V）。萃取液收集后用旋转蒸发仪浓缩至 2～3 ml。浓缩液过硅胶 / 氧化铝（2：1，12 cm 硅胶，6cm 氧化铝）层析柱净化，首先用 15 ml 正己烷淋洗，淋洗液弃去，随后用 70 ml 的二氯甲烷和正己烷（V：V=3：7）混合液淋洗，此部分淋洗液经旋转蒸发浓缩至 1～2 ml，加入 5 ml 正己烷进行溶剂替代，继续浓缩至 1～2 ml。浓缩液转移至刻度离心管中，并用正己烷冲洗 3 次旋转蒸发瓶均移入刻度离心管中，然后在柔和的高纯氮气下浓缩至近干，加入 10 μl 一定浓度的内标物质后转移至色谱瓶中，并定容为 200 μl，待上机分析。

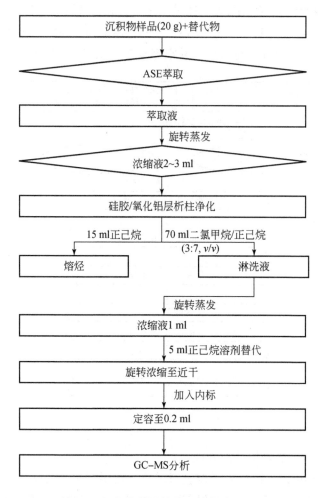

图 3.3 沉积物样品前处理的实验流程图

3）有机氯农药检测气相色谱－质谱联用技术

样品中有机氯农药分析采用气相色谱－质谱联用仪。有机氯农药定性先以全扫方式测定高浓度（1 mg/L）有机氯农药混标的色谱图，确定目标物质的出峰时间和出峰顺序。10 种有机氯农药以及替代物和内标物的出峰顺序为：α-HCH、β-HCH、γ-HCH、IS（内标PCNB）、S（替代物 4，4'-二氯联苯）、δ-HCH、o，p'-DDE、p，p'-DDE、o，p'-DDD、p，p'-DDD、o，p'-DDT 和 p，p'-DDT。然后按照保留时间将这 12 种物质的色谱峰进行分段，并在每一段中找出所有化合物的特征离子。最后在质谱上设定扫描程序，用选择离子扫描。对每个分析样品（包括样品、方法空白、基质加标、加标空白），都添加替代物标样，以控制整个分析流程的回收率。每分析 15 个样品，增加以下控制样品实验：方法空白、基质加标、基质加标平行样、样品平行样。水样以蒸馏水为加标基质，沉积物以萃取多次的沉积物为加标基质。方法检测限（LOD）按 3 倍信噪比（S/N）计算。方法空白没有目标检出，回收率和检测限见表 3.2。

表 3.2 有机氯农药的回收率和方法检测限

物质名称	水样 (n=6)			沉积物 (n=6)		
	检测限 /(ng/L)	回收率 /%	RSD/%	检测限 /(ng/g)	回收率 /%	RSD/%
α-HCH	0.12	100.15	8.55	0.10	96.45	6.22
β-HCH	0.14	92.16	9.21	0.12	91.24	8.24
γ-HCH	0.10	94.14	8.44	0.08	90.22	7.46
δ-HCH	0.12	95.59	9.35	0.10	88.44	7.41
o, p′-DDE	0.22	72.12	12.36	0.20	77.76	10.35
p, p′-DDE	0.10	69.83	13.22	0.18	83.63	9.87
o, p′-DDD	0.20	77.12	11.23	0.16	72.34	16.55
p, p′-DDD	0.16	76.83	10.64	0.24	69.45	14.32
o, p′-DDT	0.22	68.32	12.35	0.16	70.32	10.35
p, p′-DDT	0.10	72.31	10.37	0.22	74.34	12.35

3.1.1.2 HCH 在白洋淀水环境中的赋存

1）白洋淀多介质中 HCH 时空分布特征

白洋淀表水、上覆水、孔隙水和沉积物中 4 种 HCH 的异构体的定量分析结果见表 3.3。由表可见，白洋淀水体环境中，4 种 HCH 异构体（α-HCH、β-HCH、γ-HCH 和 δ-HCH）均有检出。在层水中，$\sum$ HCHs 含量在 5.30 ~ 53.90 ng/L 变化，平均值为 23.75 ng/L。上覆水中 $\sum$ HCHs 含量在 15.52 ~ 148.48 ng/L 变化，平均值为 86.00 ng/L。孔隙水中 $\sum$ HCHs 含量在 247.93 ~ 459.07 ng/L 变化，平均值为 360.34 ng/L。就不同层次水体而言，孔隙水 > 上覆水 > 表水，与大多数研究者的结论一致。比较各层水体中 $\sum$ HCHs 的浓度均值发现，孔隙水浓度是上覆水的 4 倍，比表水高一个数量级。沉积物中 $\sum$ HCHs 含量在 3.60 ~ 12.50 ng/g 变化，均值为 8.10 ng/g。沉积物中 $\sum$ HCHs 的浓度是约为水体中 $\sum$ HCHs 浓度的 20 ~ 300 倍，是因为进入水体的疏水性有机污染物如有机氯农药具有较高的亲脂性，易吸附在悬浮颗粒物上，而后在重力沉降等作用下积聚在沉积物中所致。

表 3.3 白洋淀表水、上覆水、孔隙水（ng/L）及沉积物（ng/g）中 $\sum$ HCHs 的含量

化合物		3 月	4 月	5 月	6 月	7 月	8 月	9 月	10 月	11 月	1 月
α-HCH	W	12.17	4.20	12.32	14.00	1.66	7.18	16.81	9.82	2.11	20.80
	OW	21.02	12.30	43.52	68.56	41.37	42.63	41.95	70.07	9.38	37.36
	PW	272.70	319.00	192.54	233.13	140.25	231.99	164.20	223.53	118.83	205.53
	S	1.72	7.70	5.14	2.59	5.10	3.62	2.82	2.57	2.85	4.63

续表

化合物		3月	4月	5月	6月	7月	8月	9月	10月	11月	1月
β-HCH	W	1.38	1.13	1.97	1.73	0.76	6.58	8.89	2.89	1.35	4.83
	OW	8.59	3.05	12.06	9.52	9.85	6.75	7.36	6.06	1.46	7.01
	PW	18.97	19.27	32.49	21.22	21.11	18.56	27.28	8.86	18.23	34.74
	S	0.29	0.98	0.82	0.57	2.46	0.52	0.53	0.29	0.34	0.51
γ-HCH	W	3.76	3.15	8.93	9.19	1.58	2.02	4.50	6.60	1.70	14.75
	OW	16.21	6.71	27.23	40.83	32.16	26.34	34.10	29.77	3.63	18.41
	PW	135.23	83.51	97.96	123.94	68.44	72.70	71.06	77.85	67.56	72.88
	S	0.56	2.13	3.06	1.68	1.62	2.39	1.83	1.03	0.97	1.62
δ-HCH	W	2.29	1.31	5.77	6.71	1.30	5.74	9.09	5.39	0.88	13.52
	OW	11.67	4.15	21.71	29.57	19.77	20.17	22.03	17.93	2.13	16.72
	PW	32.18	21.95	51.30	46.52	32.87	44.66	43.33	50.39	43.31	46.52
	S	1.02	1.69	2.65	2.78	1.69	3.37	1.71	1.08	0.97	1.05
$\sum$ HCHs	W	18.51	7.60	29.00	31.63	5.30	21.52	39.29	24.70	6.03	53.90
	OW	57.48	26.21	104.52	148.48	103.15	95.88	105.44	123.82	15.52	79.49
	PW	459.07	440.51	374.29	424.81	262.67	367.91	305.87	360.63	247.93	359.66
	S	3.60	12.50	11.68	7.61	10.87	9.90	6.89	4.97	5.13	7.81

注：W 代表表水；OW 代表上覆水；PW 代表孔隙水；S 代表沉积物。

为全面了解白洋淀水体环境中 $\sum$ HCHs 的污染水平，将白洋淀水体中 $\sum$ HCHs 的变化范围与国内其他水域中 $\sum$ HCHs 的浓度变化范围进行比较。从表 3.4 可以看出，白洋淀表水中 $\sum$ HCHs 的含量低于闽江口（52.09～515.0 ng/L）、九龙江（nd～352 ng/L）、北京通惠河（70.12～992.6 ng/L）和官厅水库（11.8～165.3 ng/L），而与大辽河（3.43～23.77 ng/L）处于同一污染水平；孔隙水中 $\sum$ HCHs 的污染水平与表水中 $\sum$ HCHs 具有相似的变化特征，其浓度范围亦低于闽江口、九龙江和官厅水库，与大辽河处于同一污染水平；而沉积物中 $\sum$ HCHs 含量除了与闽江口（2.99～16.21 ng/g）处于同一水平外，均大于其他水域。由于缺乏上覆水中 $\sum$ HCHs 的研究数据，所以无法将其与其他水域进行对比研究。

表 3.4　国内部分水域表水（ng/L）、孔隙水（ng/L）和沉积物（ng/g）中 $\sum$ HCHs 和 $\sum$ DDTs 浓度水平

水环境	采样地点	$\sum$ HCHs*	$\sum$ DDTs**	采样时间
表水	白洋淀	5.30～53.90	1.01～17.00	2009 年
	闽江口	52.09～515.0	40.61～233.5	1999 年
	九龙江	nd～352	nd～63.2	1999 年
	北京通惠河	70.12～992.6	18.79～663.3	2002 年
	北京官厅水库	11.8～165.3	nd～528.8	2003～2004 年
	大辽河	3.43～23.77	0.02～5.24	2007 年

水环境	采样地点	∑ HCHs*	∑ DDTs**	采样时间
孔隙水	白洋淀	247.93 ～ 459.07	1.87 ～ 33.13	2009 年
	闽江口	1 330 ～ 5 323	466.7 ～ 1 794	1999 年
	北京官厅水库	175.36 ～ 1 448.72	5.01 ～ 174.35	2003 ～ 2004 年
	九龙江	31.6 ～ 17 400	0.9 ～ 193	1999 年
	大辽河	66.75 ～ 310.83	1.95 ～ 427.36	2007 年
沉积物	白洋淀	3.60 ～ 12.50	2.77 ～ 7.74	2009 年
	闽江口	2.99 ～ 16.21	1.57 ～ 13.06	1999 年
	北京通惠河	0.06 ～ 0.38	0.11 ～ 3.78	2002 年
	北京官厅水库	0.48 ～ 10.78	2.77 ～ 17.22	2003 ～ 2004 年
	九龙江	0.48 ～ 9.00	0.01 ～ 0.43	1999 年
	大辽河	0.79 ～ 8.46	0.31 ～ 12.62	2007 年

注：nd- 低于检测限。

* $\sum$ HCHs= $\sum$ （α-HCH+β-HCH+γ-HCH+δ-HCH）；

** $\sum$ DDTs= $\sum$ （o, p'-DDT+p, p'-DDT+o, p'-DDE+p, p'-DDE+o, p'-DDD+p, p'-DDD）。

不同采样点的表水、上覆水、孔隙水和沉积物中$\sum$ HCHs 的含量均呈现出明显的时间变化，且对同一介质而言，不同采样点时间变化趋势也不同。烧车淀（SCD）表水、上覆水、孔隙水和沉积物中$\sum$ HCHs 浓度的最高值分别出现在冰封期的 1 月、9 月、3 月和 5 月，其对应的浓度值分别为 57.28 ng/L、199.89 ng/L、649.48 ng/L 和 10.20 ng/g；表水、孔隙水和沉积物中$\sum$ HCHs 浓度的最低值均出现在 4 月，其对应的浓度值分别为 3.36 ng/L、106.78 ng/L 和 1.24 ng/g，上覆水中浓度最低值则出现在 11 月，其对应的浓度值为 7.70 ng/L。北刘庄（BLZ）表水、上覆水和孔隙水中$\sum$ HCHs 的最高值分别出现在冰封期的 1 月、10 月和 4 月，其对应的浓度值分别为 76.77 ng/L、318.82 ng/L 和 510.37 ng/L；表水、上覆水和孔隙水中$\sum$ HCHs 浓度的最低值分别出现在 4 月、11 月和 5 月，其对应的浓度值分别为 0.42 ng/L、12.44 ng/L 和 167.65 ng/L；而沉积物中$\sum$ HCHs 的最高值和最低值分别出现在 7 月和 3 月，对应的浓度值分别为 41.23 ng/g 和 5.78 ng/g。具体各采样点，表水、上覆水、孔隙水和沉积物中$\sum$ HCHs 含量的时间变化如图 3.4 所示。

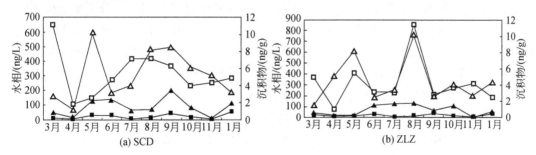

(a) SCD   (b) ZLZ

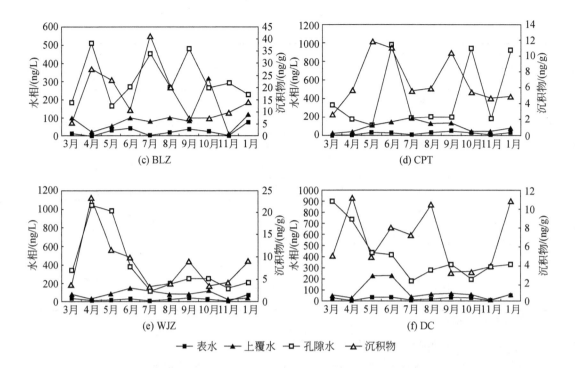

图 3.4 六个采样点表水、上覆水、孔隙水和沉积物中 $\sum$ HCHs 随时间的变化

王家寨（WJZ）表水、上覆水和孔隙水中 $\sum$ HCHs 的较高值分别出现在冰封期的 1 月、6 月和 4 月，其对应的浓度值分别为 75.91 ng/L、153.12 ng/L 和 1041.26 ng/L；表水、上覆水和孔隙水中 $\sum$ HCHs 浓度的最低值分别出现在 7 月、11 月和 7 月，其对应的浓度值分别为 3.52 ng/L、9.44 ng/L 和 106.74 ng/L；与孔隙水中具有相似的变化趋势，沉积物中 $\sum$ HCHs 的最高值和最低值亦分别出现在 4 月和 7 月，对应的浓度值分别为 23.42 ng/g 和 3.45 ng/g。枣林庄（ZLZ）表水中 $\sum$ HCHs 的最高值出现在 9 月（40.36 ng/L）。上覆水、孔隙水和沉积物中 $\sum$ HCHs 的最高值均出现在 8 月，对应的浓度值分别为 132.96 ng/L、855.76 ng/L 和 10.20 ng/g；表水、上覆水、孔隙水和沉积物中 $\sum$ HCHs 浓度的最低值分别出现在 7 月（7.11 ng/L）、11 月（7.80 ng/L）、4 月（77.69 ng/L）和 3 月（1.59 ng/g）。采蒲台（CPT）表水、上覆水、孔隙水和沉积物中 $\sum$ HCHs 浓度的最高值分别出现在冰封期的 1 月、7 月、6 月和 5 月，对应的浓度值分别为 48.03 ng/L、185.56 ng/L、981.76 ng/L 和 11.91 ng/g；表水、上覆水、孔隙水、沉积物中 $\sum$ HCHs 浓度的最低值分别出现在 7 月、3 月、5 月和 3 月，对应的浓度值分别为 5.15 ng/L、23.07 ng/L、107.28 ng/L 和 2.63 ng/g。端村（DC）表水、上覆水、孔隙水和沉积物中 $\sum$ HCHs 浓度的最高值分别出现在冰封期的 1 月（52.92 ng/L）、6 月（233.97 ng/L）、3 月（893.92 ng/L）和 4 月（11.25 ng/g），而浓度的最低值分别出现在 4 月、7 月、9 月和 11 月。

对 6 个采样点同一介质中 $\sum$ HCHs 含量取均值，不同介质中 $\sum$ HCHs 含量随时间变化不同，但亦存在相似之处。表水中，$\sum$ HCHs 浓度的最高值出现在 2010 年 1 月的冰封期，其次浓度较高的是 2009 年 5 月、6 月和 9 月，浓度均值都达到 30 ng/L。浓度较低的有 4 月、

7月和11月，浓度平均值小于 8 ng/L，其中 7 月最低（图 3.5）。与表水中浓度时间变化趋势相似，上覆水中 $\sum$ HCHs 浓度最高值出现在 6 月，浓度较高的月份还有 5、9 和 10 月，浓度值均大于 100 ng/L，且月份之间浓度差异不大，在 104.52 ~ 123.82 ng/L 变化。浓度较低的月份是 4 月和 11 月（图 3.5）。孔隙水中 $\sum$ HCHs 浓度各月份之间差异不显著（$p > 0.05$）。与表水和上覆水不同的是孔隙水中 $\sum$ HCHs 浓度的最高值出现在 3 月、4 月、5 月、6 月、8 月、10 月，冰封期的 1 月浓度也较高，其浓度均值均大于 360 ng/L。浓度较低的月份是 7 月、9 月和 11 月，浓度平均值小于 300 ng/L，以 11 月最低（图 3.5）。沉积物中 $\sum$ HCHs 浓度最高值在 4 月，此外，5 月、6 月、7 月和冰封期的 1 月也具有较高的浓度值，浓度较低的月份是 3 月、10 月和 11 月（图 3.5）。

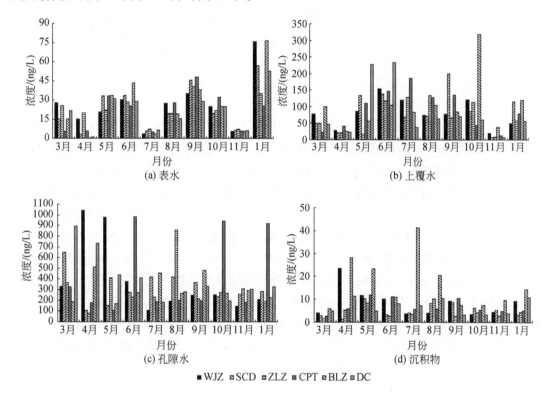

图 3.5　白洋淀表水、上覆水、孔隙水和沉积物中 $\sum$ HCHs 含量的时空变化特征

注：WJZ 为王家寨；SCD 为烧车淀；ZLZ 为枣林庄；CPT 为采蒲台；BLZ 为北刘庄；DC 为端村。

综上所述，白洋淀多介质中 $\sum$ HCHs 含量总体上呈现出 5 ~ 6 月和冰封期的 1 月浓度较高，7 月和 11 月浓度较低。可能是因为白洋淀 5 月和 6 月蒸发量大，降雨量少，导致 $\sum$ HCHs 浓度升高。此外，5 ~ 6 月人为扰动强度大，导致沉积物发生再悬浮从而使沉积物中 $\sum$ HCHs 向水体中释放量增加也是一个重要原因。冰封期过低的水温减缓了水中微生物对污染物的生化降解作用，同时冰层阻碍了水相中污染物向大气挥发，导致冰封期 1 月含量较高。7 月、11 月浓度出现低值，可能与 2009 年 6 月下旬后和 11 月初分别对白洋淀进行了两次生态补水有关，而采样时间正好处在生态补水后的几天内，大量来水对淀内污染物浓度起到稀释作用。

∑HCHs 含量的空间变化趋势如图 3.5 所示，表水中，各采样点之间∑HCHs 在 21.35 ～ 26.68 ng/L 变化，各点之间差异不明显（$p>0.05$），较高的点是北刘庄和王家寨，而枣林庄浓度最低。与表水中变化趋势相似，上覆水中∑HCHs 浓度较高的点是北刘庄和采蒲台，最低值点也在枣林庄。孔隙水中含量各采样点之间变化不大，其中以采蒲台和端村含量较高，而烧车淀、北刘庄和枣林庄浓度较低（图 3.5）。沉积物中各采样点∑HCHs 在 4.50 ～ 16.87 ng/g 变化，浓度最高的点是北刘庄，其次是王家寨，浓度最低点是枣林庄。其余各采样点之间浓度差异不大（图 3.5）。综上所述，各采样点表水、上覆水、孔隙水和沉积物中∑HCHs 的浓度有相似的空间变化趋势，均是以府河排污河入淀通道上的北刘庄为高，而人为活动较弱的枣林庄为低。但是不同环境介质之间具体的空间变化又各不相同，各有其特点。北刘庄作为府河入淀的第一站，长年来承载了大量的污染物，最终沉降到沉积物中，导致其沉积物中∑HCHs 含量较高。Hu 等（2010）研究表明府河∑HCHs 含量远高于白洋淀内，这一研究结果也证明了本书结论。枣林庄受人为活动干扰最少，可能是导致其∑HCHs 含量低的重要原因。

2）白洋淀多介质中 HCH 组成及来源

白洋淀表水、上覆水、孔隙水和沉积物中 HCH 各异构体的组成如图 3.6 所示。HCH 各异构体在表水中含量从高到低依次为：α-HCH（10.21 ng/L）$>\gamma$-HCH（5.79 ng/L）$>\delta$-HCH（5.38 ng/L）$>\beta$-HCH（3.23 ng/L）。α-HCH 和 γ-HCH 两种异构体占了表水中∑HCHs 总含量的 65%。而 β-HCH 浓度最低，仅占表水中∑HCHs 总含量的 13%。上覆水和孔隙水中 HCH 异构体的组成均与表水中一致，浓度由高到低均呈下列顺序：α-HCH $>\gamma$-HCH $>\delta$-HCH $>\beta$-HCH。α-HCH 分别占上覆水和孔隙水中∑HCHs 总含量的 45% 和 58%，γ-HCH 分别占上覆水和孔隙水中∑HCHs 总含量的 27% 和 24%，β-HCH 仅占上覆水和孔隙水总 HCHs 含量的 8% 和 6%。沉积物中 HCH 4 种异构体的浓度从高到低呈现下列顺序：α-HCH（3.87 ng/g）$>\delta$-HCH（1.80 ng/g）$>\gamma$-HCH（1.69 ng/g）$>\beta$-HCH（0.73 ng/g），分别占沉积物中总∑HCHs 含量的 48%、22%、21% 和 9%。由此可见，白洋淀水体环境中的 HCH 污染，以 α-HCH 和 γ-HCH 为主。这一研究结论与 Hu 等（2010）在 2007 ～ 2008 年对白洋淀水体和沉积物中 HCH 污染调研结果一致。

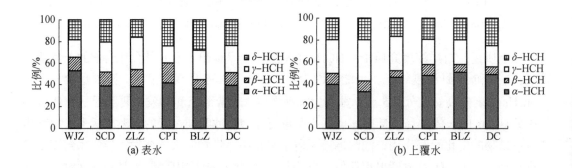

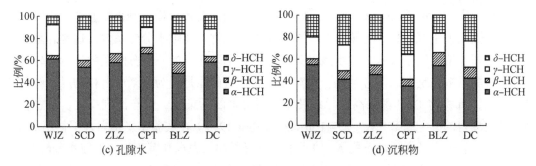

图 3.6　表水、上覆水、孔隙水和沉积物中 $\sum$ HCHs 组成特征

α-HCH 和 γ-HCH 之间的比值可以用来判断 HCH 来源。工业 HCH 中 α-HCH、β-HCH、γ-HCH、δ-HCH 的含量分别为：60%～70%、5%～12%、10%～15% 和 6%～10%，而林丹含有 99% 的 γ-HCH（Iwata et al.，1993）。所以工业 HCH 和林丹中 α-HCH /γ-HCH 的比值分别为 4～7 和 0。而本书中 α-HCH /γ-HCH 比值在表水、上覆水、孔隙水和沉积物中分别变化在 1.05～3.75、1.23～2.58、1.76～3.82 和 1.51～3.62（图 3.7），由此判断白洋淀 HCH 源于工业 HCH 和林丹的混合使用。

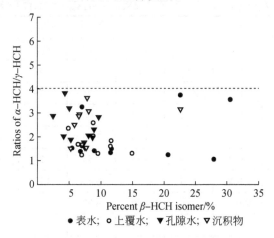

图 3.7　白洋淀不同介质中 HCH 异构体的组成

3）白洋淀沉积物－水相间 HCH 分配特征

为了揭示白洋淀沉积物－水相之间 HCH 的分配特征，本书采用了分配系数计算分析和逸度比值计算分析两种手段以共同判断白洋淀沉积物－水相之间 HCH 的分配特征。

有机氯农药在沉积物－水相间的分配系数（K_p）可以通过式（3.1）计算出，然后根据式（3.2）将 K_p 值进行有机碳归一化处理即得 K_{oc} 值。本书为了揭示有机氯农药在白洋淀水体环境中的分配行为和归宿，利用下面两个方程计算了原位沉积物－水分配系数（K'_{oc}）：

$$K'_p = C_s / C_{aq} \tag{3.1}$$

$$K'_{oc} = K'_p / f_{oc} \tag{3.2}$$

式中，C_s 为沉积物中浓度；C_{aq} 为水相中浓度；f_{oc} 为沉积物中有机碳质量分数。

HCH 在沉积物－表水、沉积物－上覆水和沉积物－孔隙水之间的分配系数见表 3.5。

由表 3.5 可看出以下三个规律：第一，4 种 HCH 异构体在各采样点测得的原位沉积物－表水分配系数均大于沉积物－上覆水分配系数大于沉积物－孔隙水分配系数，这是孔隙水浓度大于上覆水浓度大于表水浓度所致；第二，将 6 个采样点的三类分配系数进行比较，发现三类分配系数均是以北刘庄最高，烧车淀最低，这可能是因为北刘庄沉积物以细沙粒和黏粒为主，沉积物 TOC 含量高，导致其能吸附更多的污染物，烧车淀则反之；第三，本书中原位测得的分配系数（K'_{oc}）与 Karickhoff 等（1979）在实验室平衡条件下得出 K_{oc} 值存在差异，表现为平衡条件下的 K_{oc} 值小于原位沉积物－表水和沉积物－上覆水分配系数，但大于沉积物－孔隙水分配系数（K'_{oc}）。将可能原因归为以下三点：第一，计算平衡条件下 K_{oc} 值的线性模型是由各种疏水性有机污染物数据得出的，并非针对 HCHs 得出的；第二，可能是天然水体中存在大量的胶体（粒径在 $10^{-7} \sim 10^{-9}$），胶体有很强的增容效应，使得含有胶体的水相中污染物的浓度要远远大于其在真溶解态条件下的浓度（Gschwend and Wu, 1985），沉积物孔隙水中含有大量胶体，本书中并没有去除胶体，可能是导致沉积物－孔隙水的 K'_{oc} 远小于 K_{oc} 的原因；第三，可能是自然环境中 HCH 在沉积物－水相之间的分配尚未达到平衡。

表 3.5　辛醇－水分配系数值（$\log K_{ow}$），平衡分配系数（$\log K_{oc}$）和原位测得的分配系数（$\log K'_{oc}$）

HCH	$\log K_{ow}$	$\log K_{oc}$		$\log K'_{oc}$						
				SCD	BLZ	WJZ	ZLZ	DC	CPT	Mean
α-HCH	3.9	3.69	S-W	4.06	4.84	4.31	4.32	4.42	4.28	4.37
			S-OW	3.56	4.14	3.95	3.75	3.77	3.59	3.79
			S-PW	2.81	3.68	3.08	3.00	3.01	2.79	3.06
β-HCH	3.9	3.69	S-W	3.82	4.80	3.96	3.96	4.32	3.85	4.12
			S-OW	3.39	4.35	3.58	3.88	3.98	3.50	3.78
			S-PW	3.04	3.71	3.42	3.12	3.42	3.09	3.30
γ-HCH	4.1	3.89	S-W	3.96	4.49	4.37	4.16	4.37	4.51	4.31
			S-OW	3.26	4.02	3.62	3.64	3.92	3.71	3.70
			S-PW	2.85	3.47	2.98	3.16	3.12	3.16	3.12
δ-HCH	3.9	3.69	S-W	4.15	4.44	4.33	4.36	4.39	4.52	4.36
			S-OW	3.61	4.03	3.81	3.86	3.79	3.99	3.85
			S-PW	3.28	3.65	3.54	3.32	3.45	3.60	3.47

注：$\log K_{ow}$ 来自文献：UNEP Chemicals, 2002；$\log K_{oc}$ 通过下列关系式计算：$\log K_{oc}=1.00\log K_{ow}-0.21$（Karickhoff et al., 1979）；S-W 为沉积物－表水；S-OW 为沉积物－上覆水；S-PW 为沉积物－孔隙水。

假定沉积物－水相间分配未达到平衡，那么若原位测得的分配系数 K'_{oc} 大于平衡条件下的 K_{oc}，则污染物有从沉积物向水相中迁移的趋势，反之，若原位测得的 K'_{oc} 小于平衡条件下的 K_{oc}，则污染物将具有从水相向沉积物中迁移的趋势。据此可以判断 HCH 具有从沉积物向上覆水和表水中迁移的趋势。

逸度（fugacity, f）是一种热力学量，它表示物质脱离某一相的倾向性的大小，其单位为压力单位（Pa）。它是判断不同环境相之间化学品净传输方向的一种最简便的方法（Mackay，2001，；Rowe et al.，2007）。当系统处于相间平衡时，各相的逸度相等。在低浓度时，逸度与浓度存在线性关系，可以通过逸度容量（Z）来确定。逸度即质量浓度（C）与逸度容量之比（Mackay，2001）：

$$f=C/Z \tag{3.3}$$

逸度容量 Z 可通过下列关系式获得（Mackay，2001）：

$$Z_w（water，水）=1/H \tag{3.4}$$

$$Z_s（sediment，沉积物）=(OC)0.41K_{ow}\rho_s/H \tag{3.5}$$

则沉积物与水相之间的逸度比可以通过式（3.6）获得：

$$f_s/f_w=C_s/C_w \times \left[0.41（OC）K_{ow}\rho_s\right] \tag{3.6}$$

式中，f_s 和 f_w 分别为沉积物和水相中的逸度（Pa）；C_w 和 C_s 分别为水相（ng/L）和沉积物（ng/g）中的浓度；H 为亨利常数（Pa·m³/mol）；OC 为沉积物中有机碳分数（范围 0～1）；K_{ow} 为辛醇-水分配系数；ρ_s 为沉积物的密度，取值 2.0 kg/L。

如果 $f_s/f_w>1$，则污染物从沉积物向水相中迁移；如果 $f_s/f_w<1$ 则是从水相向沉积物中迁移；如果 $f_s/f_w=1$，那么系统是平衡的。

图 3.8 显示了白洋淀沉积物-表水、沉积物-上覆水和沉积物-孔隙水之间 HCH 的 4 种异构体的逸度比（f_s/f_w）随时间的变化情况。由图 3.8 可看出，沉积物-表水逸度比变化在 1.23～59.66，均值为 11.67，其中 α-HCH、β-HCH、γ-HCH 和 δ-HCH 分别变化在 3.43～59.66、1.23～28.95、3.88～22.75 和 2.02～20.20，SPSS 单样本 T 检验表明，沉积物与表水的逸度比（f_s/f_w）与 1 的差值具有统计学意义（$p<0.01$），故而可以判定 HCH 的 4 种异构体均存在由沉积物向表水中迁移的趋势。与沉积物-表水逸度比变化相似，沉积物-上覆水逸度比变化在 0.7～11.47，均值为 2.92，其中 α-HCH、β-HCH、γ-HCH 和 δ-HCH 的均值分别为 3.44、2.83、2.68 和 2.73。SPSS 单样本 T 检验结果表明，沉积物与上覆水的逸度比（f_s/f_w）与 1 的差值具有统计学意义（$p<0.05$），据此判断 HCH 的 4 种异构体均存在由沉积物向上覆水中迁移的趋势。沉积物-孔隙水逸度比与 1 的差值不具有统计学意义（$p<0.05$），故而 HCH 在沉积物-孔隙水之间分配达到平衡状态。

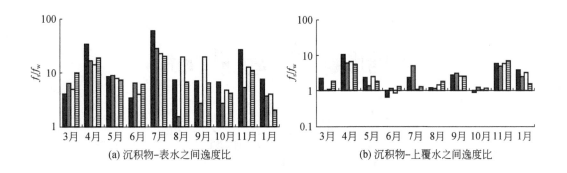

(a) 沉积物-表水之间逸度比　　　　　　　(b) 沉积物-上覆水之间逸度比

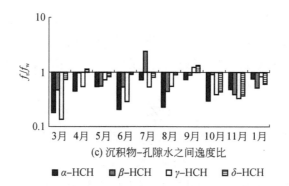

图 3.8　沉积物－表水之间逸度比、沉积物－上覆水之间逸度比、沉积物－孔隙水之间逸度比随时间变化

　　总体来看，4月、7月和11月HCH从沉积物向表水和上覆水的迁移能力较强。由前面可知，这三个月白洋淀表水和上覆水浓度比较低，故迁移能力强可能与表水和上覆水与沉积物之间的浓度差比较大有关。此外，4月白洋淀植物、底栖生物大量繁殖，对沉积物扰动加速了沉积物中HCH的释放。7月白洋淀蒸发量大，表水和上覆水中HCH不断挥发进入大气中，加强了沉积物向水相中的迁移。

　　图3.9显示了4种HCH异构体在沉积物－表水、沉积物－上覆水和沉积物－孔隙水之间的逸度比随空间变化情况。空间变化总体而言，以北刘庄、王家寨和端村迁移能力最强，可能与这三点人为扰动强度大，故而沉积物易于发生再悬浮，悬浮颗粒物中HCH不断进入水体有关。

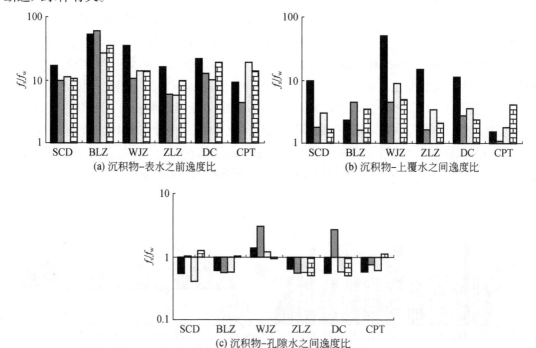

图 3.9　白洋淀HCH在沉积物－表水之间逸度比、沉积物－上覆水之间逸度比、沉积物－
孔隙水之间逸度比随空间变化

3.1.1.3 ∑DDTs 在白洋淀水体的赋存和分布特征

1）白洋淀多介质中∑DDTs 时空分布特征

在白洋淀水体环境中，DDT 及其代谢产物 DDE 和 DDD 共 6 种化合物均有检出（表3.6）。在表水中，∑DDTs 含量变化在 1.01～17.00 ng/L，平均值为 6.10 ng/L。上覆水中∑DDTs 含量在 0.60～19.93 ng/L 变化，平均值为 9.43 ng/L。孔隙水中∑DDTs 含量变化在 1.87～33.13 ng/L，平均值为 14.74 ng/L。与∑HCHs 浓度变化趋势一致，∑DDTs 也是孔隙水浓度大于上覆水大于表水，但是三者之间的差异没有像∑HCHs 之间差异如此之大，这与部分研究者的结论一致（Hu et al.，2010；Mai et al.，2002）。比较各层水体中∑DDTs 的浓度均值发现，孔隙水浓度是上覆水和表水中浓度的约 2 倍，上覆水与表水中浓度在同一水平，两者相差不大。沉积物中∑DDTs 含量在 2.77～7.74 ng/g 变化，均值为 5.30 ng/g。沉积物中∑DDTs 的浓度比水体中∑DDTs 浓度高出 2 个数量级。

表 3.6　白洋淀表水、上覆水、孔隙水（ng/L）及沉积物（ng/g）中∑DDTs 的含量

化合物		3 月	4 月	5 月	6 月	7 月	8 月	9 月	10 月	11 月	1 月
o,p'-DDE	W	0.04	0.10	0.05	0.25	0.29	nd	0.31	0.15	nd	0.34
	OW	0.18	nd	0.51	0.37	0.79	nd	0.35	nd	0.05	0.21
	PW	0.20	0.38	0.13	0.65	0.20	nd	0.18	0.50	nd	0.52
	S	0.05	0.05	0.08	0.06	0.15	0.02	0.07	0.04	0.09	0.03
o,p'-DDE	W	0.08	0.03	0.02	0.16	0.34	nd	0.29	0.02	0.09	0.51
	OW	0.21	nd	0.17	0.23	0.37	0.09	1.71	2.79	0.46	7.56
	PW	0.41	1.05	1.32	1.95	1.03	0.84	1.56	0.37	nd	11.86
	S	0.14	0.02	0.41	0.11	0.24	0.12	0.40	0.16	0.18	0.22
o,p'-DDD	W	0.11	nd	0.06	0.74	0.71	nd	1.09	0.06	nd	nd
	OW	0.63	nd	0.43	1.20	1.07	0.02	0.17	0.33	nd	nd
	PW	0.25	1.94	0.27	1.87	0.10	nd	0.27	1.43	0.47	1.90
	S	0.04	0.03	0.01	0.02	0.13	0.01	0.02	0.03	0.03	0.03
p,p'-DDD	W	0.94	0.35	2.26	0.63	7.53	0.12	5.29	0.21	0.13	0.22
	OW	2.48	0.08	1.22	2.58	0.62	0.05	1.32	0.18	0.03	2.66
	PW	0.94	0.58	1.91	3.38	1.01	0.20	1.55	2.38	1.28	2.82
	S	0.24	0.16	0.37	0.46	0.26	0.13	0.33	0.19	0.36	0.23
o,p'-DDT	W	1.71	2.05	1.77	3.17	8.55	0.05	6.27	0.35	0.39	2.04
	OW	3.68	0.06	4.60	4.72	1.51	nd	0.27	2.38	0.04	1.17
	PW	4.87	1.44	2.56	11.91	4.25	nd	2.56	4.07	nd	2.54
	S	0.05	0.49	0.52	0.80	0.21	0.29	0.49	0.16	0.18	0.38
p,p'-DDT	W	1.21	0.60	2.47	3.77	4.93	2.22	4.93	0.77	0.75	2.14
	OW	3.53	0.58	9.82	7.91	3.06	0.80	9.41	16.18	0.41	3.81
	PW	6.07	7.43	6.59	13.92	3.25	1.21	6.59	25.57	8.91	8.50
	S	5.09	7.14	4.44	5.75	4.03	4.69	2.01	2.23	4.82	4.45

化合物		3月	4月	5月	6月	7月	8月	9月	10月	11月	1月
$\sum$ DDTs	W	3.88	1.15	5.22	8.02	16.44	2.29	17.00	1.09	1.01	4.89
	OW	8.82	0.60	14.53	16.71	4.76	0.84	11.76	19.93	0.84	15.48
	PW	10.90	9.45	9.20	31.42	6.67	1.87	9.26	33.13	9.49	26.03
	S	5.54	7.74	5.78	7.07	4.83	5.25	3.27	2.77	5.49	5.21

注：W- 表水；OW- 上覆水；PW- 孔隙水；S- 沉积物；nd- 低于检测限。

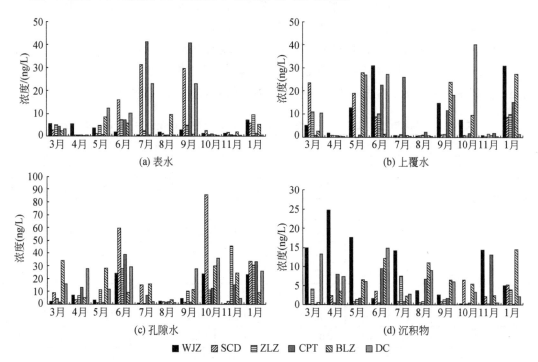

图 3.10　表水、上覆水、孔隙水和沉积物中$\sum$ DDTs 含量的时空变化特征

注：WJZ- 王家寨；SCD- 烧车淀；ZLZ- 枣林庄；CPT- 采蒲台；BLZ- 北刘庄；DC- 端村。

将白洋淀表水、孔隙水和沉积物中 DDTs 总含量与国内其他水域中$\sum$ DDTs 的浓度进行比较，结果见表3.4。可以看出，白洋淀表水中$\sum$DDTs 的含量低于闽江口（40.61～233.5ng/L）、北京通惠河（18.79～663.3 ng/L）和北京官厅水库（nd～528.8ng/L），而与九龙江（<0.1～63.2 ng/L）和大辽河（0.02～5.24 ng/L）中浓度相当；孔隙水中$\sum$ DDTs 的含量远低于闽江口，九龙江和官厅水库和大辽河；而沉积物中$\sum$ DDTs 的含量除了与闽江口（2.99～16.21 ng/g）和九龙江（0.01～0.43 ng/g）处于同一污染水平外，均低于其他水域。由于缺乏上覆水中$\sum$ HCHs 的研究数据，所以无法将其与其他水域进行对比研究。

图 3.10 显示了$\sum$ DDTs 总量随时间的变化，可以看出，在表水、上覆水和孔隙水及沉积物中$\sum$ DDTs 的浓度随时间变化既有不同之处，又存在相似的变化趋势。在表水中，$\sum$ DDTs 浓度的最高值出现在 9 月，6 月和 7 月浓度也较高，浓度值均大于 8ng/L。浓度较低的月份是 4 月、10 月和 11 月，浓度值均小于 1.5ng/L［图 3.10（a）］。6 月、7 月、

9月浓度较高，可能主要因为夏秋季节，白洋淀处于旅游旺季，白洋淀特有的湿地景观，各种名贵荷花争奇斗艳吸引大量游客前来旅游观光，致使大量旅游船舶频繁行使在白洋淀内，从而导致DDT从船舶的涂料中大量释放进入水体中。有文献研究表明，在中国，有大量DDT作为防污涂料应用在船舶涂料中（Guo et al.，2007）。此外，大量船舶的频繁扰动，还可能导致沉积物发生再悬浮，使得吸附在沉积物中的污染物随悬浮颗粒物大量释放进入水体中。上覆水中$\sum$DDTs浓度的最高值出现在10月，浓度较高的月份还有5月、6月和冰封期的1月，浓度值均达到15 ng/L。浓度较低的月份是4月、8月和11月［图3.10（b）］。孔隙水中$\sum$DDTs浓度的最高值出现在10月，其次6月和冰封期的1月的浓度也较高，其浓度均值达到30 ng/L，浓度最低值出现在8月［图3.10（c）］，这与表水和上覆水中浓度的时间变化趋势基本一致。沉积物各月份之间浓度差异不显著（$p>0.05$），沉积物中$\sum$DDTs浓度的较高值出现在4月和6月，浓度较低值出现9月和10月［图3.10（d）］。综上所述，尽管表水、上覆水和孔隙水及沉积物之间各月份的变化有所不同，有其各自的特点，但整体而言总的变化趋势又存在相似之处，即在夏秋季节的5月、6月、7月和9月$\sum$DDTs含量较高，生态补水期11月含量较低。

表水、上覆水、孔隙水和沉积物中$\sum$DDTs的空间变化如图3.11所示，利用SPSS对不同介质中各采样点内$\sum$DDTs含量进行均值比较，结果表明，不同介质中各采样点内$\sum$DDTs含量均不存在显著性差异（$p>0.05$）。在表水中，各采样点之间$\sum$DDTs含量在3.02～9.82 ng/L变化，浓度较高的点是烧车淀、采蒲台和端村（图3.11），浓度较低的点是王家寨、枣林庄和北刘庄。采蒲台和端村是两个靠近白洋淀内较大的村落，大量未经处理生活污水直接排入淀内；另外端村水产养殖业发达。这些可能是导致这两点污染物浓度较高的重要因素。烧车淀位于白洋淀湿地自然保护区内，而此点$\sum$DDTs浓度较高，从图也可以看出，7月贡献最大，其次是9月。7～9月正值农忙，可能有三氯杀螨醇的使用，使得水体中有新的DDT物质输入。

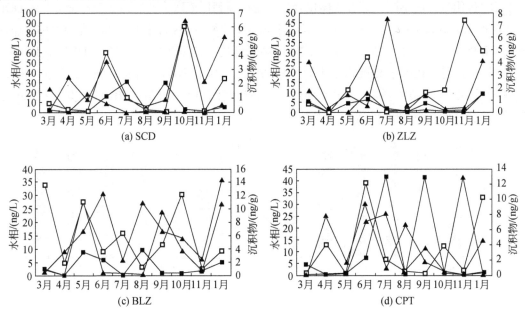

(a) SCD

(b) ZLZ

(c) BLZ

(d) CPT

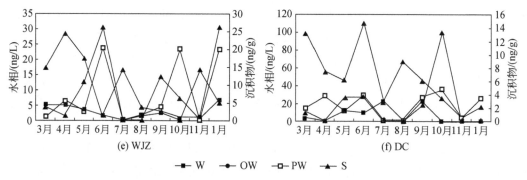

图 3.11　六个采样点表水、上覆水、孔隙水和沉积物中∑DDTs 随时间的变化

上覆水中各采样点∑DDTs 的含量变化在 3.70 ～ 18.44 ng/L，浓度的最高值点是端村，其次是王家寨和北刘庄，最低值点在枣林庄。孔隙水中烧车淀、端村和北刘庄∑DDTs 的含量较高，其中最高点是烧车淀，其值为 21.28 ng/L，浓度最低点是王家寨，其值为 8.90 ng/L。沉积物中各采样点∑DDTs 的含量变化在 2.09 ～ 9.95 ng/g。浓度最高的点是王家寨，其次是北刘庄和端村，浓度较低的点是烧车淀和枣林庄。总体而言，白洋淀水体环境中∑DDTs 的空间变化总体趋势是相似的，均以毗邻农田、受人为活动干扰强烈及水产养殖业发达的端村最高，而人为活动较弱的枣林庄为低。但是表水、上覆水、孔隙水和沉积物各介质中∑DDTs 的空间变化又不尽相同，各有其特点。

2）白洋淀多介质中∑DDTs 组成及来源

白洋淀表水、上覆水、孔隙水和沉积物中 DDT（o，p'-DDT+p，p'-DDT）及其代谢产物 DDD（o，p'-DDD+p，p'-DDD）和 DDE（o，p'-DDE+p，p'-DDE）的组成如图 3.12 所示。DDTs 各单体化合物在表水中含量从高到低依次为：DDT（5.89 ng/L）> DDD（2.46 ng/L）> DDE（0.37 ng/L），DDT 占表水中总∑DDTs 含量的 68%。上覆水与表水中∑DDTs 组成有所不同，其各单体化合物含量从高到低依次为：DDT（8.09 ng/L）> DDE（2.44 ng/L）> DDD（1.91 ng/L），DDT 占表水中总∑DDTs 含量的 65%。孔隙水和沉积物中∑DDTs 的组成与上覆水中一致。浓度由高到低均呈以下顺序：DDT > DDE > DDD。DDT 含量分别占孔隙水和沉积物中总∑DDTs 的 70% 和 90%。由此可见，白洋淀水体环境中的∑DDTs 污染主要是 DDT 所导致。这一研究结果与 Hu 等（2010）2007 ～ 2008 年对白洋淀∑DDTs 污染调研结果一致。

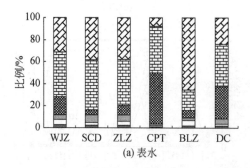

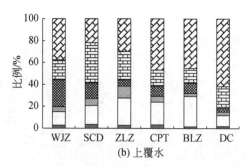

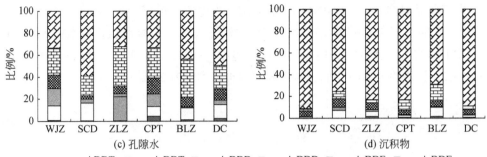

图 3.12　表水、上覆水、孔隙水和沉积物中 $\sum$ DDTs 组成特征

（DDE+DDD）/ $\sum$ DDTs 的值可以用来判断环境中 $\sum$ DDTs 的来源。商用 $\sum$ DDTs 中 p, p'-DDT、o, p'-DDT、p, p'-DDE、o, p'-DDE、p, p'-DDD、o, p'-DDD 的组成分别为 75%、15%、5%、<0.5%、<0.5%、<0.5%，还含有 <0.5% 的其他未确定物质（Hitch and Day，1992）。当（DDE+DDD）/ $\sum$ DDTs 比值大于 0.5，表明 DDT 已经过长期的生物代谢，DDT 已转化为 DDD 和 DDE。反之，当（DDE+DDD）/ $\sum$ DDTs 比值小于 0.5，表明近期有新的 DDT 输入（Hitch and Day，1992）。本书中白洋淀水体环境中（DDE+DDD）/ $\sum$ DDTs 的值变化在 0.07 ~ 0.5，平均值为 0.27<0.5。由此判断白洋淀内 DDT 类农药除了来自早期残留外，近期可能有新的 DDT 的输入。在上面分析中可知，含有 DDT 油漆是白洋淀水体环境中一个可能的来源。

o, p'-DDT/p, p'-DDT 的比值已经成功用于区分环境中 DDT 的两种源，即工业 DDT 和三氯杀螨醇（Ding et al.，2009；Liu et al.，2009；Qiu et al.；2005）。一般三氯杀螨醇中 o, p'-DDT/p, p'-DDT 的比值（7.5）比工业 DDT 中的比值（0.2）高（Qiu et al.，2005）。图 3.13 显示了白洋淀不同介质中 o, p'-DDT/p, p'-DDT 的值，表水、上覆水和孔隙水中 o, p'-DDT/p, p'-DDT 的值分别变化在 0.28 ~ 5.40、0.30 ~ 1.68 和 0.31 ~ 1.12，均值分别为 1.81、0.66 和 0.70 均大于三氯杀螨醇中的比值 0.2，而小于工业 DDT 中的比值 7.5。由于自然环境中 o, p'-DDT 比 p, p'-DDT 更易于代谢（Martijn et al.，1993；Qiu et al.，2005），所以如果仅有工业 DDT 的使用不可能导致 o, p'-DDT/p, p'-DDT 的值大于 0.2。这说明白洋淀水体环境有三氯杀螨醇的输入。在中国，自从工业 DDT 禁止使用后，三氯杀螨醇作为替代性杀虫剂广泛生产和使用，主要用于防治棉花、蔬菜和果树等的虫害。Qiu 等（2005）研究表明 2002 年因三氯杀螨醇使用而输入到河北省的 o, p'-DDT 约为 150 g/km^2，这一研究结果证实了白洋淀水体环境有三氯杀螨醇的输入。

为了明晰白洋淀水体环境中工业 DDT 和三氯杀螨醇对 DDT 污染的贡献，本书用式（3.7）和式（3.8）计算了两者的贡献率（Liu et al.，2009）。

$$R_{(a/b)} = R_{s1\,(a/b)} X + R_{s2\,(a/b)} * Y \tag{3.7}$$

$$X + Y = 1 \tag{3.8}$$

式中，a/b 为 o, p'-DDT/p, p'-DDT 的比值；$R_{(a/b)}$ 为白洋淀不同介质中 o, p'-DDT/p, p'-DDT 的比值；$R_{s1\,(a/b)}$ 为工业 DDT 中 o, p'-DDT/p, p'-DDT 的比值，本书中取值 0.2；

$R_{s2(\alpha/b)}$ 为三氯杀螨醇中 o, p'-DDT/p, p'-DDT 的比值，本书中取值 7.5；X 为工业 DDT 的贡献率；Y 为三氯杀螨醇的贡献率。依据白洋淀表水，上覆水和孔隙水中 o, p'-DDT/p, p'-DDT 的均值，计算得到白洋淀水体环境中 $\sum$ DDTs 污染工业 DDT 的贡献率变化在 77.9 ~ 93.7，均值约为 80%，而三氯杀螨醇的贡献率仅为 20%。

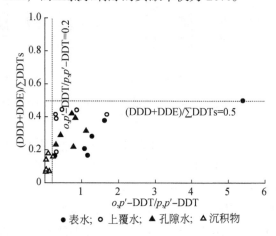

图 3.13 白洋淀多介质中（DDE+DDD）/ $\sum$ DDTs 和 o, p'-DDT/p, p'-DDT 的比值

3）白洋淀沉积物 – 水相间 $\sum$ DDTs 分配特征

由式（3.1）和式（3.2）计算出的 DDT 及其代谢产物在沉积物 – 表水相之间的分配系数 $\log K'_{oc}$ 在 3.18 ~ 6.12 变化，均值为 4.14。沉积物 – 上覆水之间 $\log K'_{oc}$ 在 3.00 ~ 5.97 变化，沉积物 – 孔隙水之间的 $\log K'_{oc}$ 在 2.80 ~ 5.34 变化，与 HCH 在多介质中的分配行为相似，亦表现出沉积物 – 孔隙水的分配系数大于沉积物 – 上覆水大于沉积物 – 表水分配系数。

将这三种分配系数对辛醇 – 水分配系数 $\log K_{ow}$ 作图，发现他们之间均存在显著的正相关关系（图 3.14），这与大部分的研究结论是一致的。另外，由图 3.14 可以看出，本书得出的 $\log K'_{oc}$ 与 $\log K_{ow}$ 之间的定量关系与 Karickhoff 等（1979）在实验室用加标实验方法得出的定量关系（$\log K_{oc} = \log K_{ow} - 0.21$）是不同的。尤其对沉积物 – 孔隙水之间的分配而言，原位测得的 K'_{oc} 与实验室得出的 K_{oc} 相差更大。可能原因包括三个方面，一是实验室平衡条件下的线性模型并非针对 DDT 得出的；二是水相中胶体的"增容效应"；三是系统未达到平衡。3.1.1.2 分析 HCH 的分配行为时对这三方面的原因已有详细说明，这里不再赘述。

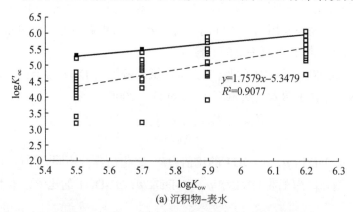

(a) 沉积物-表水

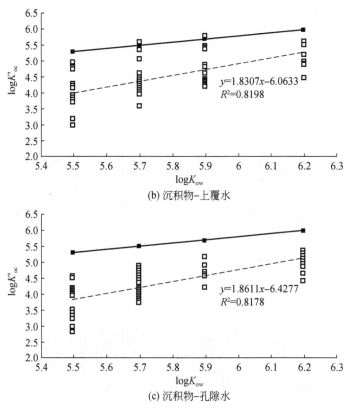

(b) 沉积物–上覆水

(c) 沉积物–孔隙水

图 3.14　∑ DDTs 在沉积物–表水、沉积物–上覆水和沉积物–孔隙水之间分配系数

注：虚线为实测 $\log K'_{oc}$ 与 $\log K_{ow}$ 之间的相关关系，实线为 Karickhoff 等（1979）得出的定量关系。

　　如果假定 DDT 在沉积物–水相间分配未达到平衡，由原位测得的 K'_{oc} 小于平衡条件下的 K_{oc} 可知，DDT 将由水相向沉积物中迁移。

　　为了进一步确定 DDT 在白洋淀沉积物–水相间的迁移行为，利用式（3.3）～式（3.6）计算了沉积物–水相之间的逸度比。由于仅能获得 p，p'-DDE、p，p'-DDD、o，p'-DDT 和 p，p'-DDT 辛醇–水分配系数，故本书仅探讨了这 4 种 DDT 异构体的迁移趋势。从图可知，p，p'-DDE、p，p'-DDD、o，p'-DDT 和 p，p'-DDT 在沉积物–表水之间的逸度比分别变化在 $0.07 \sim 2.46$（均值，0.54）、$0.01 \sim 0.52$（0.16）、$0.002 \sim 0.32$（0.05）和 $0.03 \sim 0.41$（0.14）。SPSS 单样本 T 检验表明，p，p'-DDE、p，p'-DDD、o，p'-DDT 和 p，p'-DDT 在沉积物–表水间的逸度比（f_s/f_w）与 1 的差值具有统计学意义（$p<0.01$），即它们的逸度比均显著性小于 1，据此可以判定有这 4 种 DDT 异构体有从水相向沉积物迁移的趋势。DDT 在沉积物–上覆水间的逸度比变化在 $0.001 \sim 2.27$，均值为 0.18。SPSS 单样本 T 检验表明，DDT 的 4 种异构体的逸度比与 1 的差值具有统计学意义（$p<0.05$）。DDT 的 4 种异构体在沉积物–孔隙水之间的逸度比在 $0.001 \sim 0.11$ 变化，均值为 0.03，显著性小于 1（$p<0.001$）。通过以上分析可以看出，p，p'-DDE、p，p'-DDD、o，p'-DDT 和 p，p'-DDT 均存在由水相向沉积物迁移的趋势，白洋淀沉积物是 $\sum$ DDTs 的"汇"。

　　就时间变化而言，沉积物–水相间 $\sum$ DDTs 的迁移能力表现出夏秋季节稍大于春冬季节，但是各月份之间并不存在显著性差异（$p>0.05$）（图 3.15）。夏秋季节，是白洋淀的旅游旺季，大量船只频繁穿梭于白洋淀内，使得船身油漆中$\sum$DDTs不断进入水体中；另外，夏秋白洋淀区域也正值农忙，白洋淀周边农作物上 dicofol 的使用量增加，也可能导致了白洋淀水体中$\sum$DDTs含量增加。以上两个因素导致$\sum$DDTs的水相与沉积物间浓度差增加，从而导致迁移能力增加。

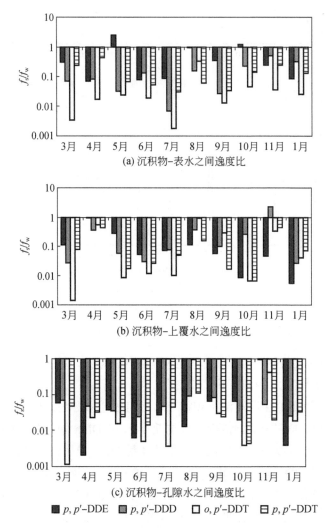

图 3.15　白洋淀$\sum$DDTs在沉积物－表水之间逸度比、沉积物－上覆水之间逸度比和沉积物－孔隙水之间逸度比随时间变化

　　沉积物－水相间$\sum$DDTs逸度比的空间变化如图 3.16 所示。烧车淀沉积物－水相之间的逸度比与 1 的差异稍大，而北刘庄沉积物－水相之间的逸度比与 1 的差异较小。SPSS独立样本 T 检验表明，各采样点之间的逸度比值之间没有显著性差异（$p>0.05$），即$\sum$DDTs从水相向沉积物中的迁移能力空间差异很小，且不同异构体之间亦不存在显著性差异。

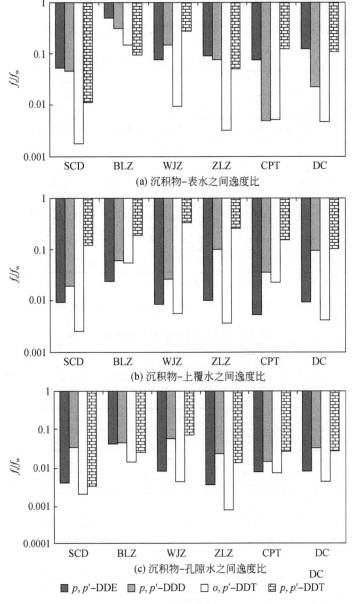

图 3.16　白洋淀∑DDTs 在沉积物 – 表水之间逸度比、沉积物 – 上覆水之间逸度比

和沉积物 – 孔隙水之间逸度比随空间变化

3.1.2　白洋淀水环境中多环芳烃的赋存特征

白洋淀研究区域和采样点设置，以及水样和沉积物样品采集和前处理方法详见 3.1.1 节。

3.1.2.1　水环境中多环芳烃的检测

水样和沉积物中多环芳烃的提取方法同有机氯农药提取方法，具体步骤详见 3.1.1 节。

多环芳烃的气相色谱 – 质谱联用检测具体定性定量分析参数见表 3.7。分析过程中严格进行质量保证和质量控制，多环芳烃的回收率和方法检测限见表 3.8。

表 3.7　多环芳烃定性定量分析参数

时间窗口	∑ PAHs	保留时间 / min	定量离子	扫描方式
1	Na	7.27	128	MS/MS
2	IS/Ace/Ace-d10/Ac	9.95/9.96/10.23/10.28	147/152/162/152	MRM
3	Fluor	11.12	166	MS/MS
4	Phe-d10/Phe/Ant	12.60/12.72/15.00	188/178/178	MRM
5	Flu/Py	15.59/19.50	202/202	MRM
6	BaA/Chry-d12/Chry	19.53/19.53/19.64	228/240/228	MRM
7	BbF/BkF/BaP	23.55/23.61/24.68	252/252/252	MRM
8	InP/DaA/BgP	28.50/28.68/29.37	276/278/276	MRM

注: Na 萘, Ace 苊, Ac 二氢苊, Fluor 芴, Phe 菲, Ant 蒽, Flu 荧蒽, Py 芘, BaA 苯并蒽, Chry 屈, BbF 苯并［b］荧蒽, BkF 苯并［k］荧蒽, BaP 苯并芘, InP 茚并［1，2，3-cd］芘, DaA 二苯并蒽, BgP 苯并菲。

表 3.8　多环芳烃的回收率和方法检测限

物质名称	水样 (n=6)			沉积物 (n=6)		
	检测限 /(ng/L)	回收率 / %	RSD/%	检测限 / (μg/kg)	回收率 /%	RSD/%
Na	2.06	70.94	10.21	0.77	76.79	16.14
Ace	1.06	79.69	13.16	0.36	73.16	14.01
Ac	1.12	77.50	10.43	0.65	70.13	16.21
Fluor	0.99	89.26	13.47	0.52	76.57	9.47
Phe	0.97	82.76	12.69	0.77	83.54	10.94
Ant	2.13	90.37	9.87	0.66	87.12	9.64
Flu	1.46	91.21	10.43	0.86	81.67	7.79
Py	1.03	86.32	7.64	0.25	79.12	11.13
BaA	3.11	94.31	6.12	1.12	69.04	7.98
Chry	1.47	81.39	8.98	0.96	71.56	9.46
BbF	3.01	79.96	12.36	1.16	90.48	14.96
BkF	2.11	81.49	13.64	0.44	89.37	15.13
BaP	5.39	82.55	13.10	0.64	90.10	16.13
InP	6.64	78.19	7.96	0.70	73.86	20.13
DaA	7.49	79.39	6.97	0.84	86.93	10.36
BgP	6.21	83.21	4.86	0.61	119.21	9.96

3.1.2.2　白洋淀水体多环芳烃赋存特征

1）多环芳烃赋存特征

在白洋淀水体中，16 种 PAH 污染物均有检出。沉积物中，∑ PAHs 含量变化在

229.86～1750.06 μg/kg，平均值为643.39 μg/kg，其中浅水区沉积物中∑PAHs平均含量（648.22 μg/kg）较深水区沉积物中∑PAHs平均含量（602.57 μg/kg）高出81.65 μg/kg；水体中∑PAHs含量在145.10～1311.59 ng/L变动，平均值为502.64 ng/L。沉积物中总多环芳烃含量在北刘庄站点的含量最高，分析其原因可能为该站点位于排污河府河的入淀口，而府河流经保定市，容纳了大量生活污水与工业废水，水流中富含多环芳烃的颗粒物进入白洋淀后沉积于北刘庄站点。纵观整个白洋淀多环芳烃的分布趋势，未发现有明显的分布特征，这有可能是淀区内高度复杂的人为活动干扰所致。对多环芳烃单体而言，萘、菲、蒽是含量最高的三种多环芳烃。将三者的浓度与另外15种多环芳烃的浓度总和进行线性回归后发现，水体中萘、菲、蒽浓度与另外15种多环芳烃的浓度总和有很好的相关性；菲和蒽在沉积物中与其他15种多环芳烃的浓度总和也有较好的相关性。因菲、蒽在水与沉积物中与其他15种多环芳烃的浓度总和均存在较好的相关性，可以将两者作为白洋淀区域水体中多环芳烃污染水平的指示性物质。

$$[\sum 16PAHs\text{-}Na]_s = 7.63Na+185.10 \quad R^2=0.77$$

$$[\sum 16PAHs\text{-}Phe]_s = 5.61Phe+369.85 \quad R^2=0.67$$

$$[\sum 16PAHs\text{-}Ant]_s = 7.61Ant+395.92 \quad R^2=0.72$$

$$[\sum 16PAHs\text{-}Na]_w = 2.46Na-25.44 \quad R^2=0.27$$

$$[\sum 16PAHs\text{-}Phe]_w = 4.46Phe+125.21 \quad R^2=0.94$$

$$[\sum 16PAHs\text{-}Ant]_w = 5.62Ant+184.20 \quad R^2=0.87$$

为进一步了解白洋淀水体多环芳烃污染水平，将其与国内外主要湖泊和河流中多环芳烃污染水平进行了比较。表3.9列出了国内外部分水体中多环芳烃的污染状况。整体而言，白洋淀水体中多环芳烃污染处于中等偏低污染水平。

表3.9 国内外相关区域水体中∑16PAHs含量

环境介质	研究区域	∑16PAHs	
		浓度范围	平均值
水样／（ng/L）	高坪河	10～9 400	430
	闽江河口	9 900～47 000	72 400
	黄河－河南段	144.3～2 360	662
	天津河流	46～1 272	174
	白洋淀	145.10～1 311.59	502.64
沉积物／（μg/kg）	高坪河	8～356	81
	闽江河口	112～877	433
	黄河－河南段	16.4～1 358	182
	天津河流	787～1 943 000	10 980
	太湖梅梁湾	1207～4 754	2 563
	美国伊利湖	224～5 304	1 957
	白洋淀	229.85～1 750.04	643.39

注：ng/L为水样浓度；μg/kg为沉积物浓度。

2）多环芳烃来源解析

本书利用主成分分析对白洋淀水体中多环芳烃来源进行综合分析。应用主成分分析法对白洋淀表层沉积物的多环芳烃源贡献率进行分析可知（表 3.10），前三个主成分 85.64% 的累计贡献率基本可以反映数据主要信息。第一主成分贡献率为 39.48%，以煤和焦炭燃烧排放的低环芳烃物质为主；第二主成分贡献率为 27.71%，以柴油燃烧时产生的苯并［b，k］荧蒽高环芳烃为主；第三主成分贡献率为 18.45%，主要以车辆尾气排放过程中易产生的苯并苊、二氢苊和苯并苊为主。

以多环芳烃总量标准化分数（Y）作为因变量，以各主成分得分为自变量（F_1、F_2、F_3），利用 SPSS 统计软件进行多元线性回归可得到式（3.9），其中 F_1、F_2、F_3 分别代表焦炭 / 煤燃烧源、柴油燃烧源和车辆排放源。

$$Y=0.924F_1+0.301F_2+0.215F_3 \quad (R^2=0.99) \tag{3.9}$$

将上述式（3.9）中 $F_1 \sim F_3$ 的系数 B_i 带入 $\dfrac{B_i}{\sum\limits_{i=1}^{3} B_i} \times 100$ 可以计算不同污染源 i 的平均贡献率（%），从计算结果（表 3.10）可知焦炭 / 煤燃烧源 64%、柴油燃烧源 21%、车辆排放源 15%。由此可见，焦炭 / 煤燃烧是造成白洋淀多环芳烃污染的主要因素，因此控制白洋淀多环芳烃污染可以从提高燃煤效率，采用新型清洁燃料方面着手。

表 3.10   多环芳烃各组分在不同主成分上的负荷值及各主成分的贡献率

∑ PAHs	PC1	PC2	PC3
Na	0.81	0.14	0.30
Ace	0.41	-0.28	0.81
Ac	0.60	0.36	0.59
Fluor	0.97	0.10	0.04
Phe	0.97	-0.03	-0.06
Ant	0.89	-0.07	0.30
Flu	0.69	0.53	0.24
Py	0.77	0.43	-0.12
BaA	0.66	0.45	0.29
Chry	0.75	0.59	0.06
BbF	0.41	0.81	-0.12
BkF	0.09	0.87	0.34
BaP	0.46	0.52	0.61
InP	0.03	0.81	0.40
DaA	0.03	0.89	-0.27
BgP	-0.17	0.16	0.93
因子贡献率 /%	39.48	27.71	18.45
估计来源	焦炭 / 煤燃烧	柴油燃烧	车辆排放

3.1.3 白洋淀水环境中多氯联苯的赋存特征

白洋淀研究区域和采样点设置，以及水样和沉积物样品采集和前处理方法详见3.1.1 节。

3.1.3.1 水环境中多氯联苯的检测

水样和沉积物中多氯联苯的提取方法同有机氯农药提取方法，具体步骤详见3.1.1 节。多氯联苯的气相色谱－质谱联用检测具体定性定量分析参数见表3.11。分析过程中严格进行质量保证和质量控制，多氯联苯的回收率和方法检测限见表3.12。

表 3.11　多氯联苯定性定量分析参数

时间窗口	$\sum$ PCBs	保留时间 /min	定量离子	确认离子	扫描方式
1	TCmX/IS/18/17	15.23/17.78/18.32/18.40	207/237/256/256	244/186/186	SIM
2	28，31/33	19.95/20.21	256/256	186/186	SIM
3	52/49	21.06/21.18	292/292	222/222	SIM
4	44/74/95/70	21.67/22.85/23.03/23.04	292/292/326/292	222/222/256/222	SIM
5	101/99	23.78/23.92	326/326	256/256	SIM
6	87/110/82，151/149/118	24.60/24.87/25.20 25.56/25.71	326/326/326，360/360/326	256/256/256 290/290/256	SIM
7	132/153/105	26.34/26.40/26.47	360/360/360	190/290/290	SIM
8	138，158/187/183/128	27.20/27.58/27.73/27.94	360/394/394/360	290/326/326/290	SIM
9	177/171/156	28.42/28.57/28.68	394/394/360	326/326/290	SIM
10	180/191	29.13/29.26	394/394	326/326	SIM
11	169/170/199	29.78/29.93/30.13	360/394/430	290/326/360	SIM
12	208/195	31.07/31.15	464/430	394/360	SIM
13	194/205	31.75/31.85	430/430	360/360	SIM
14	206	32.73	464	394	SIM
15	209	33.54	498	428	SIM

表 3.12　多氯联苯的回收率和方法检测限

物质名称	水样			沉积物		
	检测限 /（ng/L）	回收率 /%	RSD/%	检测限 /（ng/g）	回收率 /%	RSD/%
17/18	0.12	88.74	11.06	0.08	86.26	7.74
28/31	0.20	102.36	12.32	0.12	98.41	6.89
33	0.19	87.32	10.98	0.14	101.23	10.24
44	0.16	78.29	8.86	0.13	78.29	11.56
49	0.10	88.21	12.35	0.10	87.01	12.36

续表

物质名称	水样			沉积物		
	检测限/（ng/L）	回收率/%	RSD/%	检测限/（ng/g）	回收率/%	RSD/%
52	0.08	80.14	14.36	0.08	81.23	9.87
70	0.17	90.31	13.28	0.08	80.12	14.21
74	0.24	84.32	10.63	0.10	79.64	16.87
87	0.11	75.52	9.87	0.09	71.23	10.45
99	0.07	88.25	8.86	0.11	69.32	15.41
101	0.10	84.13	7.43	0.14	68.33	18.32
105	0.22	90.13	10.34	0.12	83.21	19.21
110	0.13	84.13	9.98	0.15	90.31	14.31
118	0.10	77.26	8.86	0.10	77.64	9.86
128	0.17	74.31	10.26	0.11	91.23	11.23
132	0.11	69.32	11.34	0.13	88.74	10.69
138/158	0.09	70.12	8.87	0.13	90.21	8.46
149	0.20	86.21	14.36	0.07	76.31	9.14
151	0.09	88.21	15.24	0.13	103.12	10.31
153	0.11	89.13	11.33	0.12	74.13	12.41
156	0.09	74.51	9.98	0.12	73.66	9.87
169	0.28	76.23	10.23	0.06	83.39	14.31
170	0.18	81.21	12.36	0.08	70.11	15.62
171	0.10	77.21	8.86	0.06	69.69	14.12
177	0.11	68.69	7.46	0.12	72.13	10.87
180	0.10	86.23	10.32	0.06	70.12	9.98
183	0.22	72.23	9.98	0.08	76.31	10.62
187	0.12	77.46	11.36	0.05	77.21	11.54
191	0.28	80.21	12.45	0.10	80.16	8.87
194	0.18	83.16	9.88	0.09	91.23	9.16
195	0.11	69.36	8.86	0.10	88.06	10.33
199	0.10	76.23	12.37	0.11	89.13	12.24
205	0.10	78.58	13.55	0.09	76.32	13.56
206	0.13	84.13	9.99	0.13	74.52	14.82
208	0.08	68.74	10.24	0.11	75.71	13.21
209	0.11	70.12	11.36	0.10	83.39	10.74

3.1.3.2 白洋淀水体多氯联苯赋存特征

1）多氯联苯赋存特征

白洋淀水和沉积物样品中均可以检出多氯联苯（PCB），其中水体中浓度（19.46～131.62 ng/L）远小于沉积物中浓度（5.96～29.61 ng/g）。将白洋淀区域表水和沉积物中$\sum$PCBs浓度与国内其他水体比较（表3.13），可以发现白洋淀区域$\sum$PCBs浓度均处于中低等污染水平。

表 3.13 国内外部分水体中$\sum$PCBs 的浓度

	Location	年份	$\sum$PCBs	参考文献
水体 /（ng/L）	Baiyangdian Lake	2009	19.46~131.62	本书
	Baikal Lake，Russia	1992	0.018~0.59	Iwata et al.，1995
	Qiantang River，China	2005	NA	Zhou et al.，2006
	Minjiang River，China	1999	203.9~2473	Zhang et al.，2003
	Xiamen Harbor，China	1998	0.1~1.7	Zhou et al.，2000
沉积物 /（ng/L）	Baiyangdian Lake	2009	5.96~29.61	本书
	Baikal Lake，Russia	1992	0.08~6.1	Iwata et al.，1995
	Taihu Lake，China	2006	NA	Zhao et al.，2009
	Hanoi area，Vietnam	2006	1.3~384	Hoai et al.，2010
	Xiamen Harbor，China	1998	<0.01~0.32	Zhou et al.，2000
	Minjiang River，China	1999	15.14~57.93	Zhang et al.，2003
	Pearl River Delta，China	1997	10.2~486	Mai et al.，2002

已有的研究显示，沉积物中有机碳含量是控制疏水性有机物分布的重要因素，为研究影响目标化合物分布的环境因素，将沉积物中有机碳含量与$\sum$PCBs含量进行相关性分析，结果显示相关性不显著，其原因有可能是该区域复杂的人为干扰活动所致，或者环境有机碳的高度异质性所致。

与有机氯农药的时间分布类似，几乎所有站点$\sum$PCBs的浓度均在枯水期时高于丰水期，导致该现象的原因有可能是：白洋淀水体中$\sum$PCBs的污染主要源于沉积物中$\sum$PCBs的二次释放，在枯水季节，船舶经过淀区时对沉积物造成强烈扰动，导致$\sum$PCBs的二次释放幅度较大；而在丰水季节，船舶经过淀区时，对底泥所造成的扰动较之枯水季节小，从而导致$\sum$PCBs的二次释放幅度较小。

2）多氯联苯来源解析

由图3.17可知，多数样品中$\sum$PCBs的组成以三氯和五氯类低氯代水平PCB为主。对于工业生产PCB，我国自1965年开始生产，其生产的PCB以三氯和五氯水平的PCB为主，其中三氯水平的PCB主要用做电力电容器的浸渍剂，五氯代水平PCB主要用于变压器中及用作油漆添加剂。而无意产生的PCB（UP-PCBs），造纸及垃圾焚烧过程中都有可能产生，且这些过程中产生的PCB以低氯代PCB为主。因此，白洋淀沉积物中PCB有可能主要来自变压器油、电容器浸渍挤泄露及造纸和垃圾焚烧等过程或者高氯PCB的降解产物。

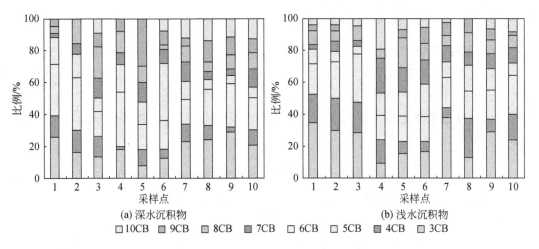

图 3.17 沉积物中不同氯代水平∑PCBs含量百分比

3.2 白洋淀水体中有机氯农药的迁移行为

随着工业废水、生活污水、农田沥水以及大气干湿沉降进入水环境中的持久性有机污染物（POPs），除一小部分溶解在水体外，大部分吸附在悬浮颗粒物上，在重力沉降等的物理化学作用下最终富集到沉积物中，沉积物中的POPs一般比上面的水体高出1～2个以上的数量级（Mackay and Paterson，1991）。POPs性质稳定，对生物降解、光解、化学分解作用有较强的抵抗能力，因而可以在水体和沉积物等环境中存留数年之久。随着外界污染源的消失，作为POPs主要蓄积库的沉积物，当与上覆水体中POPs的浓度达到一定差值时，即使在静态条件下，吸附在沉积物中的污染物也会重新释放到水体中，造成水体的二次污染。而在水动力条件（潮汐、风浪、航运、拖网等）以及生物扰动作用（摄食、灌溉、筑穴等）下，则可以导致沉积物发生再悬浮，吸附在再悬浮沉积物上的污染物由无氧环境进入有氧环境中使释放大大加强（Tengberg et al.，2003）。作为底栖生物的栖息场所和水生生态系统的重要组成部分，沉积物－水界面是地球化学循环和生态系统耦合的重要发生区域，沉积物－水界面及其附近发生的物质吸附/解吸、迁移/转化、扩散/掩埋以及生物作用等一系列物理的和化学的变化控制着水相与沉积相之间物质的输送与交换（Lick，2006；Schneider et al.，2007；刘敏等，2007）。通过沉积物－水界面污染物迁移行为的研究，可以估算沉积物中污染物的释放速率和迁移通量、预测沉积物污染自然恢复时间，从而为进一步制定保护措施和可能的环境修复方案提供依据。因此，本章选取有机氯农药作为典型持久性有机污染物，有机氯农药是一类具有难降解、高毒性、生物累积和远距离传输等特性而广泛存在于水体环境中的有机微污染物（Tanabe et al.，1994）。虽然我国自1983年以来就已经禁用有机氯农药，但由于其难降解性，至今仍然普遍存在于江河、湖泊和海岸等水环境中（Mai et al.，2002；Zhang et al.，2003；Zhou et al.，2000）。研究有机氯农药类POPs在沉积物－水界面的迁移特征具有重要的理论价值，而且对预测有机污染物在水环境中的归宿、评估污染沉积物对人类及环境的危险性，在实际工作中为控制这类污染物提供科学的依据。

3.2.1 水动力扰动下沉积物 – 水界面有机氯农药的迁移行为

随着环境管理的不断完善，外源输入逐渐得到有效控制，内源释放的影响就显得尤为突出。当沉积物与上覆水体中污染物的浓度达到一定差值时，即使在静态条件下，吸附在沉积物中的污染物也会重新释放到水体中，造成水体的二次污染。而在水动力条件（潮汐、风浪、航运、拖网等）下，则可以导致沉积物发生再悬浮。沉积物再悬浮过程中，上覆水体有机结合态污染物浓度呈量级增加，如 Achman 等（1996）研究得出在哈得孙河，PCB 的再悬浮释放量是废水、大气等 PCB 总输入量的 2～100 倍。水动力条件下的再悬浮引起的环境效应已成为国内外关注的研究领域，并取得了一定进展，但多针对河流和海洋沉积物中 PAH、PCB、重金属或 N、P 的释放行为（Feng et al.，2007；Granberg et al.，2008；Hedman et al.，2009），鲜见关于浅水湖泊沉积物中有机氯农药迁移行为研究。白洋淀是中国北方典型浅水湖泊，淀内有 39 个淀中村（人口 24.3 万），船只为淀中村的主要交通工具，当旅游旺季大量机动船更是频繁穿梭于淀内，加之白洋淀水体较浅，行船易于导致沉积物发生再悬浮。大量研究表明行船速率和行船密度对于沉积物的再悬浮都有着巨大的影响（Garrad and Hey，1987；Nedohin and Elefsiniotis，1997）。Nedohin 和 Elefsiniotis（1997）测量了机动船扰动下沉积物中污染物的释放，发现行船扰动条件下水体中的磷元素显著增加，并造成水体富营养化。在佛罗里达州的 3 个湖泊中的机动船作用下的研究显示，水体的浊度、磷浓度、有毒氯化物浓度等都有显著地增加（Yousef et al.，1980）。另外，从第 2 章对白洋淀水体和沉积物中有机氯农药分配特征研究看，白洋淀沉积物中有机氯农药的释放成为白洋淀水体中有机氯农药的重要污染来源之一。上述因素使得白洋淀成为研究浅水湖泊沉积物–水界面疏水性有机污染物迁移行为的理想区域，且该研究具有重要的理论和现实意义。鉴于此，本章以典型浅水湖泊——白洋淀作为研究对象，采用原柱状沉积物，室内实验模拟了沉积物再悬浮对沉积物–水界面有机氯农药迁移行为的影响，以真实反映自然状态下沉积物再悬浮对浅水湖泊疏水性有机污染物迁移行为的影响。

3.2.1.1 沉积物再悬浮模拟实验

1) 沉积物样品的采集和再悬浮装置设计

模拟所用原柱状沉积物于 2009 年 10 月在白洋淀内采集。采样器为经过修改的手动旋转式柱状沉积物采样器，为了与模拟装置相符合，将采样器采样管内径修改为 12.7 cm。沉积物柱样采集后用推杆将泥从下端整体推入特制的内径 12.7 cm、长 30 cm 的有机玻璃管中，沉积物保留上层 10 cm，多余部分弃去。有机玻璃管底端用与之配套的底盖密封后，在沉积物上部小心加入湖水后将上端用配套的盖子拧紧，垂直放置，运回实验室。模拟用水采用除氯后的自来水。

　　再悬浮实验装置采用由 Tsai 和 Lick（1986）所设计的便携式沉积物再悬浮模拟装置（particle entrainment simulator，PES），该装置主要由一个内径为 12.7 cm 的有机玻璃管和一个直径为 11.0 cm 的穿孔有机玻璃板构成（穿孔板的厚度为 0.635 cm、孔径为 1.2 cm、孔间距为 1.5 cm）。穿孔板通过连接杆与变速电机相连，在电机的带动下穿孔板在装有沉积物和水样的有机玻璃管中上下摆动，在沉积物 - 水界面产生剪应力，夹带沉积物颗粒进入水体，产生再悬浮。剪应力的大小与穿孔板的摆动幅度、摆动频率及穿孔板距离沉积物的高度有关。当穿孔板的摆动幅度及其距离沉积物的高度一定时，剪应力的大小仅与穿孔板的摆动频率有关，由变速电机转速控制。Tsai 和 Lick（1986）通过与环流实验的对比对模拟装置进行了校正，当穿孔板在距离沉积物 - 水界面 5 ～ 7.5 cm 摆动时，产生 0.2 N /m²、0.3 N /m²、0.4 N /m²、0.5 N /m² 剪应力所需的电机转速分别为 375 r/min、500 r/min、600 r/min、750 r/min。该装置已经被证实实验过程重现性好，可进行不同强度的沉积物再悬浮模拟以及不同性质沉积物再悬浮过程的比较（Cantwell and Burgess，2004）。本书根据实验需要对装置进行适当修改，具体如图 3.18 所示。再悬浮模拟装置照片如图 3.19 所示。

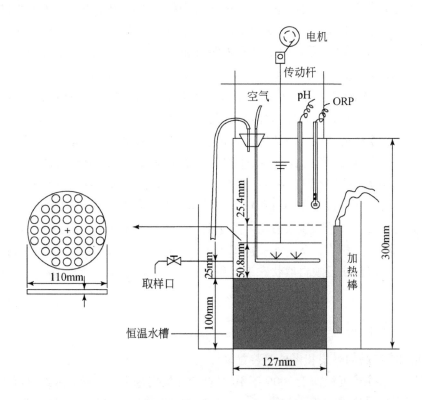

图 3.18　水动力再悬浮模拟装置示意图

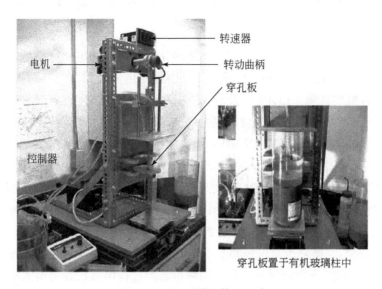

图 3.19　再悬浮模拟装置照片

2）加标沉积物的制备和实验模型

首先将采集后的原柱状沉积物样上层湖水虹吸去除，再沿管壁小心加 1 L 除氯自来水（防止引起沉积物的悬浮），然后加入 5 ml 的 1000 mg/L 的 6 种有机氯农药单标（α-HCH、β-HCH、γ-HCH 和 p, p'-DDT、p, p'-DDE、p, p'-DDD）的混合溶液。加标后的沉积物柱样密封保存 6 个月，以保证水和沉积物中加标有机氯农药分配达到平衡。同时，通过密闭保存可以杀死沉积物中 95% 的底栖生物（Schaffner et al.，1997），消除了沉积物柱样中原有底栖生物的影响，为生物扰动模拟实验作准备。每周对加标后的沉积物手动摇动一次，以保证水和沉积物中有机氯农药分配达到平衡。

再悬浮实验开始前，首先将有机玻璃管内加标老化时所用上覆水虹吸法去除，然后沿管壁小心注入除氯后自来水 1.4 L，在有机玻璃管中的高度为 12.7 cm。将有机玻璃管置于沉积物再悬浮模拟装置中，开动电机，开始沉积物水动力扰动的再悬浮实验。再悬浮模拟剪应力选择水体环境典型剪应力范围（Bokuniewicz et al.，1991）：0.2 N/m^2、0.3 N/m^2、0.4N/m^2 和 0.5 N/m^2，其对应电机转速分别为：375 r/min、500 r/min、600 r/min 和 750 r/min。在沉积物再悬浮过程达到稳定时（0.5 h）取样。取样点位置在距沉积物－水界面 2.5 cm 处。取样量为 150 ml。取样后重新注入 150 ml 除氯自来水样以维持水样体积不变。取样后，立即用孔径为 1 μm 的微孔玻璃纤维滤膜（GF/C，Whatman，英国）过滤，分别收集再悬浮颗粒物和水样。测定再悬浮颗粒物含量、悬浮颗粒物总有机碳（TOC）含量和水样可溶有机碳（DOC）含量，以及悬浮颗粒物和水样中有机氯农药含量。模拟实验开始前和实验结束后，从沉积物模拟柱中取少量沉积物，2 个平行样每个取约 2.5 g，充分混匀，测其含水率、孔隙率、烧失重以及 TOC 和黑炭（BC）含量等。水样及悬浮颗粒物样品预处理方法和测定分析方法见 3.1.1 节。

3.2.1.2　水动力扰动下有机氯农药在悬浮颗粒物–水相间迁移趋势

1）沉积物性质

对模拟实验开始前和实验结束后沉积物的理化性质进行测定，结果见表3.14。再悬浮模拟实验前和实验后，沉积物的理化性质发生的明显变化。总体而言，沉积物有机碳（TOC）、黑炭（BC）和有机质含量（LOI）以及沉积物的含水量和孔隙度再悬浮实验后均比实验前降低。模拟实验开始前，沉积物的含水量为（69.59±1.53）%，而再悬浮模拟实验后，含水量变为（59.98±2.12）%，降低了近10%；沉积物孔隙率再悬浮实验前为（46.33±2.84）%，而实验结束后，孔隙率降低了约6%，其均值为（40.34±2.24）%。沉积物再悬浮实验前TOC含量均值为（2.31±0.16）%，而实验结束后是（1.75±0.19）%，比实验前降低了0.56%；黑炭（BC）含量则比实验前降低了0.02%，实验后均值为（0.16±0.02）%；有机质含量以烧失重表示，再悬浮实验前均值为（5.26±0.13），实验结束后为（4.70±0.25）%，比实验前降低了0.66%。再悬浮对沉积物具有压实作用，故而导致其孔隙率和含水量降低。而沉积物有机碳和有机质含量降低，是沉积物再悬浮过程中沉积物表层大粒径高有机质含量的颗粒物进入上覆水体所致（Feng et al., 2007）。

表 3.14　沉积物理化性质

项目	含水量	孔隙率	TOC	BC	LOI
实验开始前	69.59±1.53	46.33±2.84	2.31±0.16	0.18±0.03	5.36±0.13
实验结束后	59.98±2.12	40.34±2.24	1.75±0.19	0.16±0.02	4.70±0.25

2）总悬浮颗粒物

不同剪应力条件下沉积物再悬浮过程中总悬浮颗粒物（TSS）浓度如图3.20所示。不同剪应力条件下，总悬浮颗粒物浓度相差很大。对剪应力与总悬浮颗粒物浓度进行拟合，发现总悬浮颗粒物浓度随剪应力增加呈指数形式增加。当剪应力从 0 N/m² 增加到 0.5 N/m² 时，上覆水中总悬浮颗粒物浓度由 35.0±20.1 mg/L 增加到 1803.2±568.3 mg/L，增加了 50 多倍。总悬浮颗粒物浓度随剪应力增加而增加，这与部分研究者的结论是一致的（Alkhatib and Castor, 2000; Alkhatib and Weigand, 2002; Feng et al., 2007）。Alkhatib 和 Weigand（2002）在研究胡萨托尼克河沉积物再悬浮过程时，发现当剪应力从 0.2 N/m² 增加到 0.6N/m² 时，总悬浮颗粒物浓度从 74 mg/L 增加到 12318 mg/L，增加了 160 多倍。Feng 等（2007）在研究沉积物再悬浮过程时发现，当剪应力从 0.2 N/m² 增加到 0.5 N/m² 时，总悬浮颗粒物浓度从 120 mg/L 增加到 2332 mg/L，增加了近 20 倍。

对不同剪应力条件下总悬浮颗粒物的理化性质进行测定，结果见表3.15。总悬浮颗粒物中有机碳含量（TOC）随剪应力的增加而降低，当剪应力由 0.2 N/m² 增加到 0.5 N/m² 时，TOC含量则由4.62%降低到0.76%，下降了3.86%。这与大部分研究结论一致。Feng 等（2007）研究发现，当剪应力从 0.2 N/m² 增加到 0.5 N/m² 时，总悬浮颗粒物中 TOC 含量从 6.26%降低到 2.34%，并将其归因于高剪应力条件下大粒径，低 TOC 含量颗粒物夹带所致。本书也证实了这一结论。随着剪应力的增加，总悬浮颗粒物中大粒径颗粒物比例逐渐增加，而小粒径颗粒物比例逐渐减小，中值粒径逐渐变化。当剪应力从 0.2 N/m² 增加到 0.5 N/m² 时，中值粒径从 2.998 μm 增加到 5.322 μm。

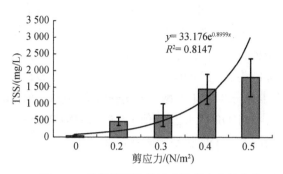

图 3.20　总悬浮颗粒物浓度随剪应力的变化

表 3.15　不同剪应力条件下总悬浮颗粒物的理化性质

剪应力 / (N/m²)	TOC/%	Silt-clay /%	d_{50} / μm
0.2	4.62	36.3/63.7	2.998
0.3	3.25	40.8/59.2	3.351
0.4	1.71	48.7/51.3	4.255
0.5	0.76	58.5/41.5	5.322

3）上覆水中 $\sum$ HCHs 和 $\sum$ DDTs 浓度

不同剪应力条件下上覆水中 $\sum$ HCHs 的浓度如图 3.21 所示。上覆水中 $\sum$ HCHs 的浓度有两个明显的变化趋势。一是 α-HCH、β-HCH 和 γ-HCH 3 种 HCH 异构体的浓度均呈现出随剪应力的增加而升高的趋势，但各异构体之间具体的变化则不尽相同。就 γ-HCH 而言，当剪应力从 0.2 N/m² 增加到 0.3 N/m²，其浓度由 49.22 ng/L 升高到 114 ng/L，升高了 2 倍多。而当剪应力从 0.3 N/m² 增加到 0.4 N/m²，其浓度略有降低，为 102.43 ng/L，当剪应力增加到 0.5 N/m² 时，其浓度又有升高，为 135.44 ng/L。而 α-HCH 和 β-HCH 的浓度随剪应力则呈逐渐升高的趋势，当剪应力从 0.2N/m² 增加到 0.5 N/m² 时，其浓度分别由 68.27 ng/L 和 59.01 ng/L 升高到 155.97 ng/L 和 141.11 ng/L，均升高了 2 倍多。二是上覆水中 α-HCH、β-HCH 和 γ-HCH 3 种 HCH 异构体浓度呈 α-HCH >β-HCH >γ-HCH 的趋势，其浓度均值分别为 124.53 ng/L、105.25 ng/L 和 100.46 ng/L。导致此现象的原因可能有以下两点：一是由于 γ-HCH 的辛醇－水分配系数（$\log K_{ow}$，4.1）大于 α-HCH 和 β-HCH 的辛醇－水分配系数（3.9）（UNEP Chemical，2002），使得 γ-HCH 上覆水中浓度较低；而 α-HCH 相比较β-HCH 来说，其水溶解度更大，故而上覆水中 α-HCH 的浓度大于 β-HCH。二是由于自然环境中 γ-HCH 比 α-HCH 和 β-HCH 更易于降解（Walker，1999），且 γ-HCH 能转化为 α-HCH，所以沉积物中 γ-HCH 含量比其他两种异构体低，导致其进入上覆水的量也相应比较低。

图 3.22 显示了不同剪应力条件下上覆水中 DDT 各异构体的浓度。与上覆水中 $\sum$ HCHs 浓度变化趋势相似，$\sum$ DDTs 浓度亦呈现出随剪应力增加而升高的趋势。当剪应力从 0.2 N/m² 增加到 0.5N/m² 时，p, p'-DDD、p, p'-DDE 和 p, p'-DDT 的浓度分别由 18.90 ng/L、13.86 ng/L 和 13.79 ng/L 升高至 63.32 ng/L、65.39 ng/L 和 49.09 ng/L，分别升

高了约 3 倍、5 倍和 4 倍。另外，有图 3.22 还可以看出，在 DDT 的 3 种异构体中，以 p，p'-DDD 的释放量最大，其次 p，p'-DDT 释放量最小。导致此现象的可能原因有以下两点：一是自然环境中 p，p'-DDT 易于降解，在厌氧条件下的主要降解产物是 p，p'-DDD（Hitch and Day，1992）。研究中模拟所用沉积物在加标老化过程中处于厌氧状态，可能导致沉积物中 p，p'-DDT 部分降解为 p，p'-DDD，使沉积物 p，p'-DDT 含量降低，从而向上覆水释放量也较低。二是由于 p，p'-DDT 辛醇-水分配系数 $\log K_{ow}$ 值（6.2）大于 p，p'-DDE 的 $\log K_{ow}$ 值（5.7）大于 p，p'-DDD 的 $\log K_{ow}$ 值（5.5）（UNEP Chemical，2002），导致 p，p'-DDT 和 p，p'-DDE 比 p，p'-DDD 更易吸附在沉积物中。

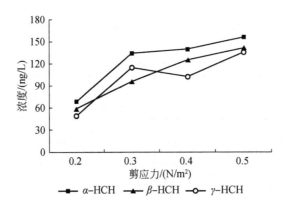

图 3.21　水相中 HCH 异构体浓度随剪应力的变化

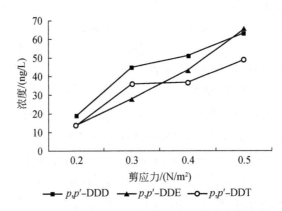

图 3.22　水相中 DDT 异构体浓度随剪应力的变化

将不同剪应力条件下上覆水中 HCH 和 DDT 各异构体浓度进行比较，结果如图 3.23 所示。不同剪应力条件下上覆水中 p，p'-DDD、p，p'-DDE 和 p，p'-DDT 的浓度均小于 α-HCH、β-HCH 和 γ-HCH 的浓度。利用 SPSS 独立样本 T 检验对 $\sum$ HCHs 和 $\sum$ DDTs 的总浓度进行均值比较，发现二者之间存在显著性差异（$p<0.01$）。主要原因可能是 $\sum$ HCHs 在水中的溶解度要远远大于 $\sum$ DDTs（大约 40 倍），而 $\sum$ DDTs 在沉积物上的吸附系数要远远大于 $\sum$ HCHs（大约 10^3 倍），因此 $\sum$ DDTs 比 $\sum$ HCHs 更易于吸附在沉积物上，而不易向水中释放。因此，对于疏水性有机污染物来说，水溶性高的污染物更易于迁移，对水生生物的危害更大。

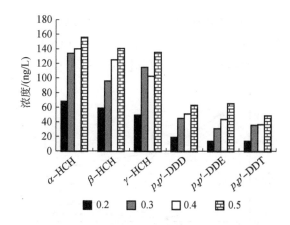

图 3.23 不同剪应力条件下上覆水中 HCH 和 DDT 浓度的变化

有机氯农药从沉积物向上覆水中迁移扩散主要分为三步，如图 3.24 所示。首先，污染物从沉积物颗粒上解吸进入孔隙水，然后污染物通过孔隙水向沉积物 – 水界面的迁移，最后，污染物穿过边界层进入上覆水中。当沉积物受到扰动大于其临界剪应力后，沉积物发生再悬浮，致使大量的悬浮颗粒物携带污染物进入上覆水体。故而上覆水中有机氯农药来源于两个过程，一是表层沉积物孔隙水中有机氯农药的扩散；二是再悬浮颗粒物中有机氯农药的解吸。

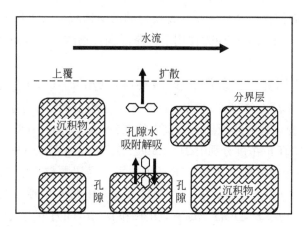

图 3.24 有机氯农药从沉积物向上覆水迁移过程示意图

4）悬浮颗粒物中$\sum$ HCHs 和$\sum$ DDTs 的质量浓度

不同剪应力条件下悬浮颗粒物中$\sum$ HCHs 的质量浓度如图 3.25 所示。悬浮颗粒物中 3 种 HCH 异构体的质量浓度呈 β-HCH > γ-HCH > α-HCH 的趋势。例如，当剪应力为 0.2 N/m² 时，β-HCH 的浓度为 10.04 μg/g，而 γ-HCH 和 α-HCH 分别为 6.71 μg/g 和 1.65 μg/g，β-HCH 的浓度分别比 γ-HCH 和 α-HCH 的浓度高出 3.33 μg/g 和 8.39 μg/g。当剪应力增加到 0.4N/m² 和 0.5 N/m² 时，β-HCH 的浓度分别比 γ-HCH 和 α-HCH 平均增加了约 4.5 和 5.5 倍。悬浮颗粒物中 3 种 HCH 异构体的质量浓度均随剪应力的增加而降低，这与上覆水

中变化趋势正好相反。γ-HCH 降低幅度最大，当剪应力从 0.2N/m² 增加到 0.5N/m²，其浓度由 6.71 μg/g 降低到 1.51 μg/g，降低了 5.20 μg/g。α-HCH 的浓度降低幅度最小，当剪应力从 0.2 N/m² 增加到 0.5N/m²，其浓度仅降低了 0.93 μg/g。

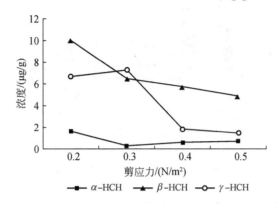

图 3.25　悬浮颗粒物中 HCH 异构体浓度随剪应力的变化

　　水动力扰动下沉积物再悬浮过程中，悬浮颗粒物中有机污染物的质量浓度随剪应力的增加而降低，这与大部分研究结论是一致的（Alkhatib and Weigand，2002；Feng et al.，2007；Latimer 等 1999）。Latimer 等（1999）研究发现悬浮颗粒物中$\sum$ PCBs 和$\sum$ PAHs 的质量浓度均随剪应力增加而降低，并将其归因于随剪应力增加，大粒径、低污染物含量的颗粒物被悬起，从而使得单位质量颗粒物所含的污染物减少。Alkhatib 和 Weigand（2002）认为除了这一原因外，还与高剪应力作用下，悬浮颗粒物浓度升高致使颗粒物上污染物的吸附点位减少有关。

　　图 3.26 显示了不同剪应力条件下悬浮颗粒物中 p, p'-DDD、p, p'-DDE 和 p, p'-DDT 的质量浓度。$\sum$ DDTs 浓度亦表现出随剪应力增加而降低的趋势，这与悬浮颗粒物中 $\sum$ HCHs 的质量浓度变化趋势相似。当剪应力从 0.2 N/m² 增加到 0.5N/m² 时，p, p'-DDD、p, p'-DDE 和 p, p'-DDT 的浓度分别由 21.02 μg/g、22.92 μg/g 和 35.14 μg/g 降低至 6.77 μg/g、9.55 μg/g 和 14.91 μg/g。另外，从图 3.26 还可看出，悬浮颗粒物中 3 种 DDT 异构体的质量浓度呈 p, p'-DDD>p, p'-DDE >p, p'-DDT，这与上覆水中变化趋势一致。例如，当剪应力为 0.2 N/m² 时，p, p'-DDD、p, p'-DDE 和 p, p'-DDT 的浓度分别为 35.14 μg/g、22.92 μg/g 和 21.02 μg/g，p, p'-DDD 的浓度分别比 p, p'-DDE 和 p, p'-DDT 高出 12.22 和 14.12 μg/g。p, p'-DDT 的辛醇 - 水分配系数 logK_{ow} 值大于 p, p'-DDE 和 p, p'-DDD，p, p'-DDT 应该更易于吸附在沉积物颗粒物中，但是悬浮颗粒物中 p, p'-DDT 的浓度却比较低，主要是因为沉积物在加标老化过程中大部分厌氧降解为 p, p'-DDD，故而使得悬浮颗粒物携带的 p, p'-DDT 量最低，而 p, p'-DDD 最高。

　　对不同剪应力条件下悬浮颗粒物中 α-HCH、β-HCH 和 γ-HCH 以及 p,p'-DDD、p,p'-DDE 和 p, p'-DDT 的浓度进行比较，结果如图 3.27 所示。DDT 各异构体的浓度大于 HCH 各异构体的浓度。利用 SPSS 独立样本 T 检验对$\sum$ HCH 和$\sum$ DDT 的总浓度进行均值比较，发现二者之间存在显著性差异（$p<0.01$）。造成悬浮颗粒物中$\sum$ DDTs 浓度大于$\sum$ HCHs 浓

度的主要原因是 HCH 在水中的溶解度要远远大于 DDT，而 DDT 在沉积物上的吸附系数要远远大于 HCH，因此 DDT 比 HCH 更易于吸附在颗粒物上。

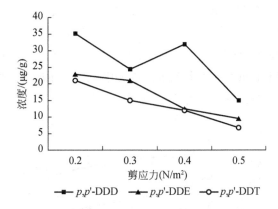

图 3.26　悬浮颗粒物中 DDTs 异构体浓度随剪应力的变化

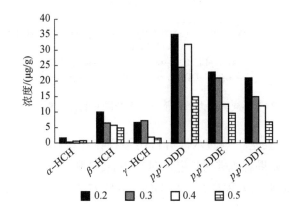

图 3.27　不同剪应力条件下悬浮颗粒物中 $\sum$ HCHs 和 $\sum$ DDTs 浓度的变化

5）水动力扰动下 HCH 和 DDT 在悬浮颗粒物－水相间迁移趋势

通过分析悬浮颗粒物－水之间 HCH 和 DDT 的分配系数和逸度比值研究。

（1）悬浮颗粒物－水相间 HCH 和 DDT 的分配系数：有机氯农药在悬浮颗粒物－水之间的分配行为通常采用分配系数（K_p）描述：

$$K_p = 10^6 \frac{C_p}{C_d} \tag{3.10}$$

式中，K_p 为分配系数；C_p 为悬浮颗粒物中污染物浓度（μg/g）；C_d 为水相中污染物浓度（ng/L）。本节对不同剪应力条件下沉积物再悬浮过程中 α-HCH、β-HCH、γ-HCH 以及 p，p'-DDD、p，p'-DDE 和 p，p'-DDT 在悬浮颗粒物－水之间的分配系数进行了计算，其结果如图 3.28 所示。α-HCH、β-HCH 和 γ-HCH 的分配系数（logK_p）变化在 3.67～5.23，p，p'-DDD、p，p'-DDE 和 p，p'-DDT 的分配系数（logK_p）变化在 5.14～6.27，其对应的平均值分别为 4.38±0.60 和 5.69±0.39，可见 DDTs 的 logK_p 值大于 HCHs 的 logK_p 值。将不同剪应力下 α-HCH、β-HCH、γ-HCH 及 p，p'-DDD、p，p'-DDE 和 p，p'-DDT 在

悬浮颗粒物－水相之间的分配系数对总悬浮颗粒物浓度作图，如图 3.28 所示。$\log K_p$ 随总悬浮颗粒物浓度增加而减小。当总悬浮颗粒物浓度从 200 mg/L 增加至 700 mg/L 时，K_p 值快速减小，当总悬浮颗粒物浓度继续增加，K_p 值减小缓慢，并趋于稳定。这一趋势与 Alkhatib 和 Weigand（2002）在研究再悬浮过程中 PCB 的分配行为时得出的结论是相似的。Alkhatib 和 Weigand（2002）认为随着剪应力的增加，水相中总悬浮颗粒物增加，同时携带大量胶体（粒径小于 1 μm）进入上覆水，水相中胶体含量增加，胶体的"增溶效应"使得水相中污染物浓度增加，从而使得 K_p 值减小。

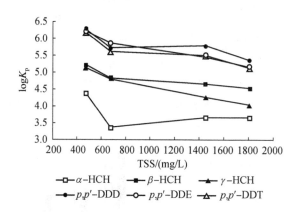

图 3.28　不同剪应力条件下分配系数随总悬浮颗粒物的变化

有研究表明，有机碳是影响疏水性有机污染物在颗粒物－水之间分配的最重要因素（Latimer et al.，1999）。如果有机碳对再悬浮过程中 HCH 和 DDT 分配行为起着控制作用（平衡条件下），那么依据下面方程计算出的 HCH 和 DDT 分配系数预测值 K'_p 必然与实测值 K_p 能较好地吻合。

$$K'_p = f_{oc} K_{oc} \tag{3.11}$$

式中，f_{oc} 为悬浮颗粒物中有机碳分数；K_{oc} 为有机碳标化分配系数；K_{oc} 通过线性关系 $\log K_{oc} = \log K_{ow} - 0.21$（Karickhoff et al.，1979）获得。将实测 K_p 值与预测 K'_p 值进行比较，结果如图 3.29 所示。随着 $\log K_{ow}$ 值增加，实测分配系数 K_p 值小于利用式（3.11）计算出的预测值，即对 DDT（$\log K_{ow}$ 值为 5.5～6.2）来说，大部分实测 K_p 值小于预测值；对于 HCH（$\log K_{ow}$ 值为 3.9～4.1）而言，大部分实测 K_p 值大于预测值。Latimer 等（1999）在研究 PAH 在悬浮颗粒物－水之间的分配行为时也发现这一现象，并将其归因于大分子量的化合物（如 DDT）从颗粒物上解吸和吸附都相对比较难，因此实验过程中可能未达到平衡状态。而对于低分子量的化合物（如 HCH）而言，其在悬浮颗粒物上吸附的量比通过 f_{oc} 和 K_{oc} 预测的量大许多，可能是因为除了有机碳以外，还存在其他吸附剂对其在再悬浮过程中的分配行为中起着重要作用，如矿物表面可有效提高疏水性污染物的 K_p 值。

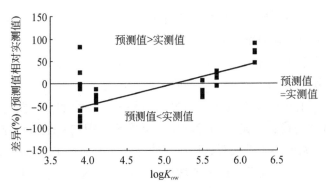

图 3.29　有机氯农药分配系数预测值与实测值比较

（2）悬浮颗粒物－水相间 HCH 和 DDT 的逸度比：利用式（3.3）～式（3.6）计算了水动力扰动条件下悬浮颗粒物－水相之间 HCH 和 DDT 的逸度比，结果如图 3.30 所示。α-HCH、β-HCH、γ-HCH 以及 p, p'-DDD、p, p'-DDE 和 p, p'-DDT 的逸度比均显著大于 1（$p<0.01$），据此可以推断 6 种有机氯农药具有从悬浮颗粒物中向水相迁移的趋势。另外，由图 3.30 可知，DDT 中 p, p'-DDD 的迁移能力（f_p/f_w=92.3）大于 p, p'-DDE（f_p/f_w=44.4）大于 p, p'-DDT（f_p/f_w=12.3），而 HCH 中 β-HCH（f_p/f_w=837.3）的迁移能力大于 γ-HCH（f_p/f_w=745.2）大于 α-HCH（f_p/f_w=89.1），但不剪应力下具体的变化趋势不同，并未表现出一致的规律性，可能受不同化合物的理化性质影响。

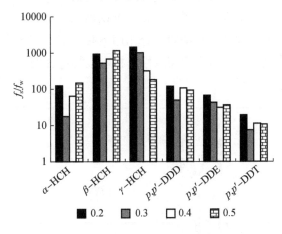

图 3.30　水动力扰动条件下悬浮颗粒物－水相之间有机氯农药逸度比

3.2.2　生物扰动与水动力耦合作用下有机氯农药的迁移行为

目前，国内外学者在沉积物－水界面物质迁移行为研究领域已经取得了一定进展，但这些研究多基于沉积物－水界面"二相结构"这一基础开展的，对生物在这两相间的存在与作用考虑较少。众多研究表明，沉积物－水界面存在生物相。该相包括底栖生物（主要是水生寡毛类、软体动物和水生昆虫幼虫等）、微生物（细菌和藻类等），并分布着水生维管束植物的根系和一些死亡生物组成的有机碎屑（图 3.31）。生物相的存在对界面过程具有非常重要的影响，其中尤为突出的是生物扰动作用。生物扰动包括微生物、底栖生物、穴居鱼类等多种生物干扰因素。但意义最大、影响最广的还是底栖动物（金相灿等，2004）。底栖生物扰动是由于底栖动物摄食、爬行、建管、避敌、筑穴等活动对沉积物初级结构造成改变。生物扰动直接作用结果，一是对沉积物的垂直搬运和混合，加速孔隙水与上覆水的物质交换；二是生物扰动作用可导致沉积物发生再悬浮，吸附在再悬浮沉积物上的污染物由无氧环境进入有氧环境中使释放大大加强（Schaanning et al.，2006）（图 3.32）。同时，生物扰动还可极大地增加沉积物的含水量和孔隙度，生物扰动的沉积物含水量通常超过 50%，甚至接近 80% ～ 90%（Jumars and Nowell，1984）。因此，生物扰动改变了沉积物颗粒的大小分布和临界起动条件，加强了沉积物的流动性，风浪和行船等水动力扰动很容易导致生物扰动区沉积物的再悬浮，从而改变沉积物的物理化学性质，影响沉积物 - 水界面污染物的迁移过程。为了探究生物扰动在沉积物 - 水界面物质迁移过程中所起的作用，国内外学者已经开展了一些相关研究，并取得了一定的进展。但是就研究的污染物看，80% 是 N、P 以及重金属元素等；就研究水体看，90% 是河口和浅海水域的沉积物水体系（Mortiner et al.，1999；Hedman et al.，2009；陈天亿和刘孜，1995；花修艺等，2009），而对湖泊尤其是浅水湖泊沉积物水体系中生物扰动对界面疏水性有机污染物迁移行为研究相对薄弱。此外，国内外研究仍然是以单要素作为水体界面污染物迁移行为研究的主体，而在多因子耦合作用研究领域投入欠缺。鉴于此，本书选择典型浅水湖泊白洋淀作为研究对象，在室内建立了由水相 - 沉积物相 - 生物相"三相共存"的模拟体系，研究生物扰动以及生物扰动与水动力耦合作用下有机氯农药在沉积物 - 水界面的迁移行为，以揭示浅水湖泊沉积物 - 水界面疏水性有机污染物迁移的生物扰动作用机理以及生物扰动与水动力耦合作用机制。

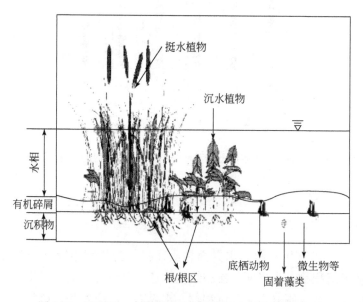

图 3.31　沉积物 - 水界面微生态结构（金相灿等，2004）

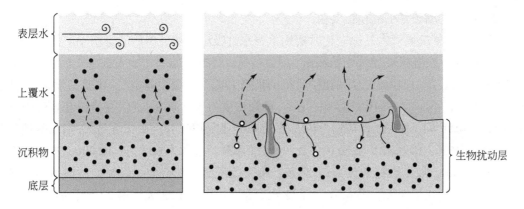

表层水

上覆水

沉积物

底层

生物扰动层

图 3.32　生物扰动作用下污染物从沉积物中释放示意图（Thibodeaux and Bierman，2003）

3.2.2.1　生物扰动模拟实验

1）生物扰动模拟实验装置

模拟用沉积物柱状样采集以及加标老化处理同第 3 章中水动力扰动模拟实验。模拟用水仍采用除氯后的自来水。选用白洋淀底泥中普遍存在的底栖生物颤蚓作为实验生物。成虫体长为 2 ～ 5 cm，挑选大小均一，活动能力强的个体进行实验。购买后的颤蚓放入加有沉积物和除氯自来水的玻璃缸中预先培养 2 天，以使其适应环境。采用内径 12.7 cm、长 30 cm 的可分离式底座和顶盖的圆柱形有机玻璃管。有机玻璃管内接一根曝气毛细管，距离底泥表面 5 cm，以保证充气过程中不扰动底泥沉积状态，装置放入玻璃缸中水浴（25 ± 2 ℃）。生物扰动模拟装置如图 3.33 所示。

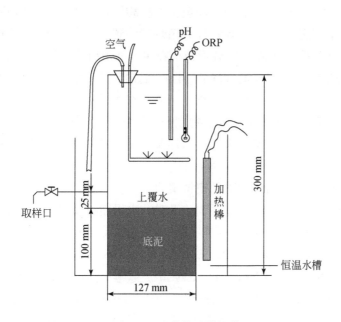

图 3.33　生物扰动模拟装置

2）颤蚓扰动条件下的模拟实验

首先将有机玻璃管内加标老化时所用上覆水虹吸法去除，然后沿管壁小心注入除氯后自来水 1.4 L，在有机玻璃管中的高度为 12.7 cm。将有机玻璃管放入 25±2℃的水浴中静置 24 h，后向装置中加入驯化后的颤蚓，同时所有装置开始缓慢通空气。实验共设 5 个处理：B0，对照组，不添加底栖生物颤蚓；B6，颤蚓密度为 500 条 /m²，依据模拟装置的内直径 12.7 cm，可计算出加入颤蚓条数为约 6 条；B60，颤蚓密度为 5000 条 /m²，加入颤蚓条数为 60 条；B600，颤蚓密度为 50 000 条 /m²，加入颤蚓条数为 600 条；B6000，颤蚓密度为 500 000 条 /m²，加入颤蚓条数为 6000 条。每个处理 2 个平行样。颤蚓扰动模拟实验共进行 35 天，分别在第 3 天、第 6 天、第 12 天、第 19 天、第 22 天、第 27 天、第 35 天采集上覆水样，取样点位置在距沉积物 - 水界面 2.5 cm 处。取样量为 150 ml。取样后重新注入 150 ml 除氯自来水样以维持水样体积不变。取样后，立即用孔径为 1 μm 的微孔玻璃纤维滤膜（GF/C，Whatman，英国）过滤，分别收集再悬浮颗粒物和水样。

测定再悬浮颗粒物含量、悬浮颗粒物总有机碳（TOC）含量和水样可溶有机碳（DOC）含量，以及悬浮颗粒物和水样中有机氯农药含量。模拟实验开始前和实验结束后，从沉积物模拟柱中取少量沉积物，2 个平行样每个取约 2.5 g，充分混匀，测其含水率、孔隙率、烧失重以及 TOC 和黑炭（BC）含量等。实验过程中对上覆水温度、pH、DO 进行实时监测。水样及悬浮颗粒物样品预处理及检测分析方法同 3.1。

3）颤蚓扰动与微生物耦合作用下的模拟实验

为考察颤蚓扰动与微生物耦合作用对沉积物 - 水界面有机氯农药迁移过程的影响，将模拟实验中颤蚓密度设置为 50 000 条 /m²，即加入颤蚓条数为 600 条。在保持颤蚓密度不变的条件下，设置灭菌和不灭菌两个处理组进行实验模拟。每个处理设 2 个平行样。非灭菌组实验过程及样品处理与颤蚓扰动模拟实验相同。对灭菌组，实验开始前先将模拟用沉积物柱样和模拟用水置于装有紫外灭菌灯的装置下灭菌 7 天。将有机玻璃管内加标老化时所用上覆水虹吸法去除，再沿管壁小心注入灭菌后的除氯自来水 1.4 L，然后有机玻璃管放入 25±2 ℃的水浴玻璃缸静置 24 h，后向装置中加入驯化后的颤蚓，同时所有装置开始缓慢通空气。实验过程中一直保持紫外灯灭菌。紫外灯灭菌装置内设 2 排，每排 6 根 20W 紫外灯。颤蚓扰动与微生物耦合模拟实验共进行 35 天，取样时间、取样量以及样品的处理同颤蚓扰动模拟实验。水样及悬浮颗粒物样品预处理及检测分析方法同 3.1。

4）生物扰动与水动力耦合作用下的模拟实验

为考察颤蚓扰动与水动力耦合作用对沉积物-水界面有机氯农药迁移过程的影响，实验设计同颤蚓扰动与微生物耦合模拟实验。颤蚓加入量为 600 条，设置灭菌和非灭菌组，每一组分别在 6 天、14 天、22 天和 32 天施以不同的剪应力进行扰动，剪应力选择 0.2 N/m²、0.3 N/m²、0.4 N/m² 和 0.5 N/m²。以考察生物扰动作用下，机械扰动对沉积物 - 水界面有机污染物迁移行为的影响。剪应力扰动所用装置和实验方法同第 3 章水动力模拟实验。耦合模拟实验共进行 32 天，取样量以及样品的处理同颤蚓扰动模拟实验。水样及悬浮颗粒物样品预处理和检测分析方法同 3.1。

3.2.2.2 颤蚓扰动条件下有机氯农药界面迁移行为

1）沉积物性质

对颤蚓扰动模拟实验开始前和实验结束后沉积物的理化性质进行的测定，结果见表3.16。颤蚓扰动模拟实验前和实验结束后，沉积物的理化性质发生的明显变化。总体而言，沉积物含水量和孔隙度随颤蚓密度的增加而增加。实验开始前，沉积物的平均含水量为（59.69±1.41）%，而颤蚓扰动模拟实验后，颤蚓加入量为6条的沉积物含水量为（60.55±1.35）%，与实验前相当，而当颤蚓加入量为600条和6000条时，沉积物含水量分别升高到（66.32±1.68）%和（75.89±1.98）%，均升高了1倍多。沉积物孔隙率实验前为（46.83±2.65）%，而实验结束后，沉积物孔隙率显著升高，颤蚓加入越多，孔隙度升高越明显，当颤蚓加入量为600条和6000条的沉积物实验结束后，孔隙率分别升高到（52.29±2.05）%和（56.76±2.13）%。颤蚓扰动实验后沉积物有机碳（TOC）和有机质含量（LOI）则随颤蚓加入量的增加呈现出逐渐降低的趋势。实验开始前，沉积物的TOC含量为（1.95±0.12）%，实验结束后，颤蚓加入量为600条与6000条的沉积物TOC含量下降为（1.06±0.17）%和（0.99±0.18）%。相应的有机质含量呈现随颤蚓加入量增加而减少的趋势。可能是因为整个实验过程中颤蚓不断摄取沉积物中有机物，最后以粪球的形式排泄出来，从而导致沉积物中有机质以及有机碳含量降低。整个实验过程中黑炭含量变化不明显。

表 3.16　颤蚓扰动实验前、后沉积物理化性质　　　　　　　　　　（单位：%）

项目	处理组	含水量	孔隙率	TOC	BC	LOI
实验开始前	—	59.69 ± 1.41	46.83 ± 2.65	1.95 ± 0.12	0.18 ± 0.03	5.13 ± 0.15
实验结束后	B6	60.55 ± 1.35	47.88 ± 2.12	1.89 ± 0.18	0.17 ± 0.04	4.99 ± 0.21
	B60	63.09 ± 1.76	49.02 ± 1.89	1.66 ± 0.14	0.15 ± 0.06	4.50 ± 0.15
	B600	66.32 ± 1.68	52.29 ± 2.05	1.06 ± 0.17	0.15 ± 0.04	3.18 ± 0.12
	B6000	75.89 ± 1.98	56.76 ± 2.13	0.99 ± 0.18	0.14 ± 0.05	3.03 ± 0.23

2）颤蚓扰动的可见性观察

实验过程中，从图3.34可以看到，实验初期，颤蚓头部一端扎入底泥中，摄取底泥中的有机物以获得食物，并不断排泄粪球积聚在沉积物表层，同时尾部一端则停留在上覆水中，不停地摆动来获取溶解氧。实验后期，颤蚓深入到沉积物表层以下2～10cm范围内，活动能力减弱。

图 3.34　颤蚓扰动可见性观察

3）总悬浮颗粒物

不同颤蚓密度扰动条件下，上覆水中总悬浮颗粒物浓度如图3.35所示。由图可知，颤蚓生物扰动对沉积物的再悬浮有明显的促进作用，导致上覆水中总悬浮颗粒物明显增加，而且总悬浮颗粒物浓度随着颤蚓加入量的增加而增加。以颤蚓加入量为6000条时悬浮颗粒物浓度最高，其次是颤蚓加入量为600条时悬浮颗粒物浓度也比较高。而颤蚓加入量6条和60条所引起的悬浮颗粒物浓度与控制组比较，三者之间差异不大。例如，在实验进行到第6天时，颤蚓加入量为6000条的处理组引起的悬浮颗粒物浓度为48.2 mg/L，600条时为15.6 mg/L，以60条时最低为8.1 mg/L，颤蚓加入量为6000条的处理组引起的总悬浮颗粒物浓度约是它们的3倍和6倍。利用SPSS对不同颤蚓加入量所引起的悬浮颗粒物浓度进行单因素方差分析，结果表明，颤蚓加入量为6000条引起的悬浮颗粒物浓度显著大于其他处理组（$p<0.01$），而其他各组之间均无显著性差异（$p>0.05$）。

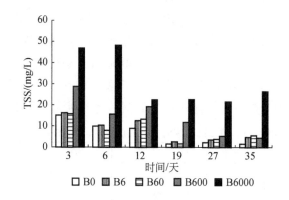

图3.35　颤蚓扰动条件下上覆水中总悬浮颗粒物浓度变化

从实验过程来看，不同处理组引起的悬浮颗粒物浓度均呈现出随时间增加而减少的趋势。颤蚓加入量为6000条时，悬浮颗粒物浓度以第6天时最高，其浓度为48.2 mg/L，其次是第3天，其浓度为46.8 mg/L，从第6天到第12天迅速降低为22.4 mg/L，然后随着时间的推移，悬浮颗粒物浓度基本稳定在23 mg/L左右。其他4个处理组，悬浮颗粒物均是第3～12天浓度较高，随后浓度维持在一个较低的水平。这可能是因为实验初期，颤蚓主要在沉积物表层，头部一端扎入底泥中，尾部一端则留在上覆水中不停地摆动，这种剧烈得活动导致沉积物发生再悬浮。一段时间后，一方面颤蚓的活动范围逐渐加深，当实验进行到第19天时，颤蚓深入到沉积物表层以下2～10 cm处，引起的沉积物的再悬浮速率减小；另外，颤蚓不断地将所食之物作为粪球排泄在沉积物表面，随着时间的延续，这种粪球越积越多，阻碍了沉积物的悬浮。

4）颤蚓扰动条件下上覆水中$\sum$ HCHs 和$\sum$ DDTs 浓度

主要包括以下三方面内容：

（1）上覆水中$\sum$ HCHs 浓度的变化：颤蚓扰动条件下，上覆水中HCH的3种同分异构体α-HCH、β-HCH和γ-HCH浓度随时间以及不同颤蚓加入量的变化如图3.36所示。从不同颤蚓加入量来看，上覆水中α-HCH、β-HCH和γ-HCH浓度总体上均呈现出随着颤蚓加入量的增加而增加的趋势。α-HCH、β-HCH 和 γ-HCH 浓度以颤蚓加入量为 6000 条时最高，然后依次是颤蚓加入量为 600 条、60 条、6 条和空白组。例如，当实验进行到第 12 天时，颤蚓加入量为 6000 条的处理组其上覆水中 α-HCH、β-HCH 和 γ-HCH 浓度分别为 151.20 mg/L、130.56 mg/L 和 117.83 mg/L，而颤蚓加入量为 6 条的处理组其上覆水中 α-HCH、β-HCH 和 γ-HCH 的浓度分别为 89.02 mg/L、46.14 mg/L 和 90.09 mg/L。与未加颤蚓组相比，颤蚓加入量为 6000 条与 6 条的处理组中 3 种 HCH 异构体的浓度分别提高了 3～5 倍和 2～3 倍。利用 SPSS 分别对不同颤蚓加入量条件下上覆水中 α-HCH、β-HCH 和 γ-HCH 的浓度进行单因素方差分析（One-way ANOVA），结果表明，就 α-HCH 而言，除了颤蚓加入量为 6000 条的处理组中浓度显著大于空白组（$p<0.05$）外，其他各组之间均不存在显著性差异；而对 β-HCH 而言，颤蚓加入量为 6000 条的处理组与空白组和颤蚓加入量为 6 条的处理组均有显著性差异（$p<0.05$），其他各组之间无显著差异（$p>0.05$）；γ-HCH 与 α-HCH 相似，亦表现为仅颤蚓加入量为 6000 条的处理组与空白组有显著性差异（$p<0.05$）。

就时间变化而言，由图 3.36 还可看出，整个实验过程中，上覆水中 α-HCH、β-HCH 和 γ-HCH 的浓度随着时间的增长均呈现先升高后降低的趋势，且均在实验进行到第 12 天时达到最高值，整个数据线呈倒 "V" 形。造成这一现象的原因可能是，实验初始阶段，颤蚓头部一端钻入表层沉积物中，形成一些颤蚓通道，加速了沉积物孔隙水中 $\sum$HCHs 向上覆水的扩散；初始阶段颤蚓扰动引起的悬浮颗粒物比实验后期多，因此悬浮颗粒物上 $\sum$HCHs 向上覆水解吸的也就多。以上两个原因导致实验初期上覆水中 $\sum$HCHs 浓度比较高。实验后期，颤蚓深入沉积物表层 2 cm 以下，悬浮颗粒物减少，所以向上覆水的解吸也相应减少；另外，随着实验的进行，颤蚓排泄的粪球不断在沉积物表层积聚，在一定程度上阻碍了孔隙水中有机氯农药向上覆水的扩散，同时，孔隙水和上覆水中浓度差逐渐变小，驱动力减少，所以孔隙水向上覆水的释放减慢。以上 3 个可能的原因导致实验后期上覆水中 $\sum$HCHs 浓度下降。

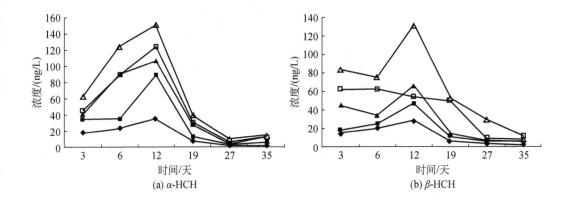

(a) α-HCH (b) β-HCH

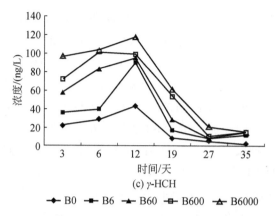

图 3.36 颤蚓扰动条件下上覆水中 HCHs 浓度随时间的变化

对上覆水中可溶性有机碳（DOC）含量进行了测定，结果如图 3.37 所示，DOC 含量随时间增长呈先升高后降低的趋势。大量研究表明水相中疏水性有机污染物的浓度与 DOC 含量存在明显的正相关关系，本书也得到了相同的结论。利用 SPSS 对上覆水中 α-HCH、β-HCH 和 γ-HCH 的浓度与 DOC 含量进行相关性分析，结果见表 3.17 所示。由表可知，上覆水中 α-HCH、β-HCH 和 γ-HCH 的浓度均与 DOC 呈极显著的正相关关系（$p<0.01$）。这也在一定程度上解释了 α-HCH、β-HCH 和 γ-HCH 随时间增长先升高后降低的变化趋势。从表 3.17 还可看出，悬浮颗粒物浓度与上覆水中 α-HCH、β-HCH 和 γ-HCH 的浓度均存在极显著正相关关系（$p<0.01$），由此也可推断，上覆水中 α-HCH、β-HCH 和 -HCH 部分来自于悬浮颗粒物的解吸。

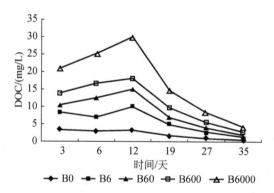

图 3.37 颤蚓扰动条件下上覆水中 DOC 含量随时间的变化

（2）上覆水中 DDTs 浓度的变化：图 3.38 为颤蚓扰动条件下上覆水中 DDT 的 3 种同分异构体 $p,\ p'$-DDD、$p,\ p'$-DDE 和 $p,\ p'$-DDT 浓度随时间以及不同颤蚓加入量的变化。从不同颤蚓加入量来看，上覆水中 $p,\ p'$-DDE、$p,\ p'$-DDD 和 $p,\ p'$-DDT 浓度总体上均呈现出随着颤蚓加入量的增加而增加的趋势，尽管不同异构体之间增加趋势有所差异。就 $p,\ p'$-DDD 而言，当实验进行到第 12 天时，颤蚓加入量为 6000 条的处理组其上覆水中 $p,\ p'$-DDD 的浓度为 89.59ng/L，颤蚓加入量为 600 条、60 条、6 条的处理组其上覆水中浓度分别为 64.51 ng/L、64.51 ng/L 和 49.37 ng/L，分别比未加颤蚓组增加了 62.53 ng/L、

37.45 ng/L、37.45 ng/L 和 22.31 ng/L。而当实验进行到第 6 天时，对 p，p'-DDE 和 p，p'-DDT 而言，颤蚓加入量由 6000 条到 6 条的 4 个处理组分别比未加颤蚓组增加了 70.06 ng/L、37.97 ng/L、71.21 ng/L 和 39.12 ng/L、39.35 ng/L、27.26 ng/L 、11.35 ng/L 和 24.29 ng/L。利用 SPSS 分别对不同颤蚓加入量条件下上覆水中 p，p'-DDD、p，p'-DDE 和 p，p'-DDT 的浓度进行单因素方差分析（One-way ANOVA），结果表明，除了 p，p'-DDD 在颤蚓加入量为 6000 条与未加颤蚓组之间存在显著性差异（$p<0.05$）外，p，p'-DDE 和 p，p'-DDT 浓度在不同处理组之间均不存在显著性差异（$p>0.05$）。

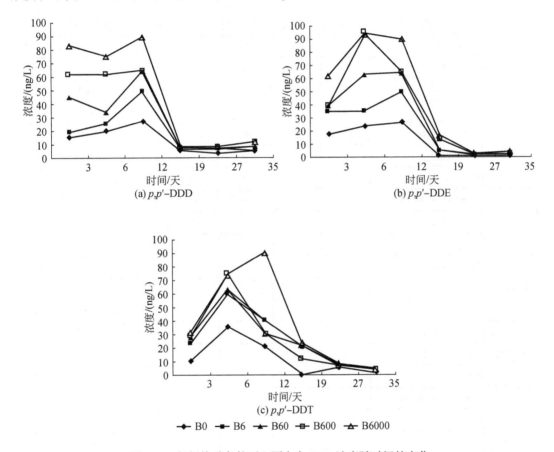

图 3.38　颤蚓扰动条件下上覆水中 DDT 浓度随时间的变化

　　从实验过程来看，本实验周期内，上覆水中 3 种异构体 p，p'-DDD、p，p'-DDE 和 p，p'-DDT 浓度随时间增长均呈现出先升高后降低的趋势，整个数据线呈倒"V"形。这与上覆水中 HCHs 的变化趋势相似。就 p，p'-DDD 而言，实验初期第 3 ~ 12 天浓度呈增加的趋势，在实验的第 12 天浓度达到最高值，第 12 ~ 19 天浓度迅速降低，19 天后维持在一个较低的浓度水平。以颤蚓加入量为 6000 条为例，第 12 天时，p，p'-DDD 浓度从 0 上升到 89.59 ng/L，到 19 天又迅速降低为 7.93 ng/L，此后浓度趋于稳定，在 9 ng/L 左右变化。对 p，p'-DDE 和 p，p'-DDT 而言，不同处理组随时间的变化是不同的。例如，颤蚓加入量为 6000 条的处理组，p，p'-DDE 浓度最高值出现在第 6 天，而 p，p'-DDT 浓度的最高值则出现在第 12 天，其他处理组中 p, p'-DDT 浓度最高值均出现在第 6 天。此后浓度迅速降低，并趋于稳定。造成这一现象的可能原因同前面分析 $\sum$ HCHs 浓度变化，在此不再赘述。

利用 SPSS 对上覆水中 p, p'-DDD、p, p'-DDE 和 p, p'-DDT 与 DOC 含量和悬浮颗粒物含量进行相关性分析，结果见表 3.17，由表可知，p, p'-DDD、p, p'-DDE 和 p, p'-DDT 与 DOC 含量呈极显著的正相关关系（$p<0.01$），悬浮颗粒物含量除了与 p, p'-DDT 呈显著性相关关系（$p<0.05$）外，与 p, p'-DDD 和 p, p'-DDE 均呈极显著相关关系（$p<0.01$）。

表 3.17　上覆水中 HCHs 和 DDTs 的浓度与 DOC 及悬浮颗粒物浓度之间的相关分析

变量	Pearson 相关	TSS	DOC	α-HCH	β-HCH	γ-HCH	p,p'-DDE	p,p'-DDD	p,p'-DDT
TSS	Pearson Correlation	1	0.743**	0.568**	0.661**	0.639**	0.608**	0.698**	0.447*
	Sig.（2-tailed）		0.000	0.001	0.000	0.000	0.000	0.000	0.013
	N		30	30	30	30	30	30	30
DOC	Pearson Correlation		1	0.896**	0.938**	0.918**	0.873**	0.880**	0.784**
	Sig.（2-tailed）			0.000	0.000	0.000	0.000	0.000	0.000
	N			30	30	30	30	30	30
α-HCH	Pearson Correlation			1	0.901**	0.956**	0.952**	0.907**	0.859**
	Sig.（2-tailed）				0.000	0.000	0.000	0.000	0.000
	N				30	30	30	30	30
β-HCH	Pearson Correlation				1	0.928**	0.899**	0.877**	0.872**
	Sig.（2-tailed）					0.000	0.000	0.000	0.000
	N					30	30	30	30
γ-HCH	Pearson Correlation					1	0.943**	0.919**	0.810**
	Sig.（2-tailed）						0.000	0.000	0.000
	N						30	30	30
p, p'-DDE	Pearson Correlation						1	0.923**	0.889**
	Sig.（2-tailed）							0.000	0.000
	N							30	30
p, p'-DDD	Pearson Correlation							1	0.751**
	Sig.（2-tailed）								0.000
	N								30
p, p'-DDT	Pearson Correlation								1
	Sig.（2-tailed）								
	N								

＊显著性水平 0.05（双尾检验）；＊＊显著性水平 0.01（双尾检验）。

（3）上覆水中 $\sum$ HCHs 与 $\sum$ DDTs 浓度之比较：以颤蚓加入量为 600 条和 6000 条两个处理组为例，对上覆水中 $\sum$ HCHs 和 $\sum$ DDTs 浓度进行比较，结果如图 3.39 所示。总体而言，整个实验周期内，颤蚓加入量为 600 条和 6000 条的两个处理组上覆水中∑HCHs 浓度均略高于∑DDTs 浓度，尽管不同异构体之间略有差异。可能的原因有以下两个方面：一方面∑HCHs 和∑DDTs 在沉积物中加标量是一样的，但由第 2 章可知，原沉积物中∑HCHs 类农药的浓度要高于 DDTs 类浓度，所以模拟沉积物中∑DDTs 浓度要低于 HCH 类农药，故其向上覆水的释放量也必然低于 HCH 类农药；另一方面，相对于 HCH 类农药来说，DDT 类农药的水溶性较低，而辛醇 - 水分配系数以及沉积物 - 水分配系数较高，因此 DDT 更易于吸附在沉积物上，故而其向水中释放量要低。

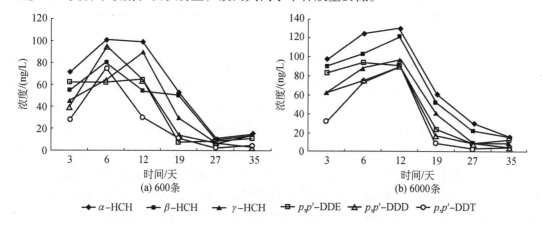

图 3.39　颤蚓扰动条件下上覆水中∑HCHs 和∑DDTs 浓度随时间的变化

从图 3.39 还可看出，3 种 HCH 异构体中，以 α-HCH 浓度最高，γ-HCH 浓度最低；而 p, p'-DDD、p, p'-DDE 和 p, p'-DDT 三种异构体中以 p, p'-DDD 浓度最高，p, p'-DDT 浓度最低。造成这一现象的可能原因有以下两方面：一是不同异构体的水溶解性决定的。在∑HCHs 中以 γ-HCH 水溶性最低，而在∑DDTs 中，p, p'-DDT 的水溶性最低，因此这两种化合物易于吸附在沉积物中，而向水中释放量相对较少；二是自然环境中 γ-HCH 和 p, p'-DDT 相比较其他 4 种异构体更易于降解，在沉积物加标老化过程中可能发生的降解，故导致其在沉积物中含量下降，从而向上覆水的释放量也减少。利用 SPSS 对上覆水中 6 种有机氯农药进行相关性分析，结果表明，6 种异构体之间均存在极显著的正相关关系（$p<0.01$）（表 3.17）。

由于颤蚓扰动下悬浮颗粒物量较少，样品中∑HCHs 和∑DDTs 均低于检测线，故而未讨论悬浮颗粒物中有机氯农药的变化。

3.2.2.3　颤蚓扰动与微生物耦合作用下有机氯农药界面迁移行为

1）沉积物性质

对颤蚓扰动与微生物耦合模拟实验开始前和实验结束后沉积物理化性质进行的测定，结果见表 3.18。颤蚓扰动与微生物耦合模拟实验前和实验结束后，沉积物的理化性质发生的明显变化。总体而言，沉积物含水量和孔隙度耦合实验结束后均比实验前有所增加，而沉积物有机质、有机碳和黑炭含量则比实验前有所减少。这与颤蚓扰动实验中变化一致，且与颤蚓扰动实验后沉积物的理化性质（表 3.14）接近。另外，从表 3.14 可以看出，模拟实验结束后灭菌组与非灭菌组中沉积物理化性质并没有明显差异。

表 3.18　颤蚓扰动与微生物耦合实验前、后沉积物理化性质　　　（单位：%）

项目	处理组	含水量	孔隙度	TOC	BC	LOI
实验开始前	—	59.69 ± 1.41	46.83 ± 2.65	1.95 ± 0.12	0.18 ± 0.03	5.13 ± 0.15
实验结束后	灭菌	65.22 ± 1.25	50.19 ± 2.12	1.15 ± 0.09	0.14 ± 0.03	3.27 ± 0.14
	非灭菌	67.12 ± 1.63	51.26 ± 2.04	1.06 ± 0.10	0.13 ± 0.04	3.22 ± 0.18

2）总悬浮颗粒物

颤蚓扰动与微生物耦合作用下上覆水中总悬浮颗粒物的浓度变化如图 3.40 所示。实验初期 3～12 天，非灭菌组引起的总悬浮颗粒物的量大于灭菌组，尤其是第 6 天，非灭菌组中总悬浮颗粒物浓度为 72.4 mg/L，比与灭菌组的 27.0 mg/L 高出 45.4 mg/L。表明模拟实验的前 12 天里，微生物的存在对沉积物的再悬浮有明显的促进作用。可能是因为实验初期，颤蚓大量摄取微生物，使得颤蚓的生命活动旺盛，导致其频繁的扰动沉积物表层引起沉积物的再悬浮。模拟实验进行到 12 天后，灭菌组与非灭菌组引起的总悬浮颗粒物浓度差异逐渐变小，基本可以忽略。可能是因为随着时间的延续，颤蚓钻入沉积物较深的位置，排泄的粪便不断在沉积物表层沉积，阻止表层沉积物的再悬浮。由图 3.40 可知，从整个实验过程来看，无论是灭菌组还是非灭菌组，上覆水中总悬浮颗粒物的浓度随时间的增长均呈先增加后降低的趋势。实验初期 3～6 天，总悬浮颗粒物浓度迅速增加，到第 6 天达到最大值，其中非灭菌组与灭菌组中总悬浮颗粒物浓度分别为 72.4 mg/L 和 27.01 mg/L。第 6～12 天，总悬浮颗粒物浓度迅速降低至 20.6 mg/L（非灭菌组）和 16.4 mg/L（灭菌组）。此后，随时间的推移，总悬浮颗粒物浓度基本趋于稳定。造成这一现象的原因在讨论颤蚓扰动模拟实验 3.2.2.2 中已有详细阐述，这里不再赘述。

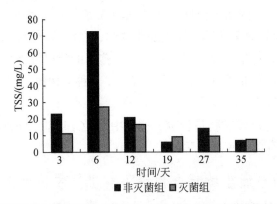

图 3.40　颤蚓扰动与微生物耦合作用下上覆水中总悬浮颗粒物的浓度变化

3）颤蚓扰动与微生物耦合作用下上覆水中 $\sum$ HCHs 和 $\sum$ DDTs 浓度

图 3.41 显示了颤蚓扰动与微生物耦合作用下上覆水中 α-HCH、β-HCH 和 γ-HCH 及 p, p'-DDD、p, p'-DDE 和 p, p'-DDT 浓度随时间的变化情况。就时间变化而言，灭菌

组与非灭菌组总体变化趋势一样,均表现为随时间增长先升高后逐渐降低的趋势。灭菌组中 α-HCH、β-HCH 和 γ-HCH 浓度最大值均出现在第 12 天,其浓度值分别为 50.40 ng/L、43.52 ng/L 和 39.28 ng/L,浓度最低值出现在第 27 天,其浓度值分别为 15.34 ng/L、13.62 ng/L 和 9.17 ng/L,分别比第 12 天时降低了 35.06 ng/L、29.90 ng/L 和 30.11 ng/L。而非灭菌组中,不同异构体浓度最大值出现的时间不同,α-HCH 和 β-HCH 浓度的最大值均出现在第 12 天,其浓度值分别为 124.23 ng/L 和 98.84 ng/L,而 γ-HCH 的最大值则出现在第 6 天,其值为 90.01 ng/L。DDT 的三种异构体 p,p'-DDD、p,p'-DDE 和 p,p'-DDT 随时间变化与 HCHs 类农药略有不同,非灭菌组中最大值出现在第 6 天,其浓度值分别为 93.57 ng/L、94.72 ng/L 和 31.56 ng/L;而灭菌组中最大值的出现时间滞后大约一周,最大值均出现在第 12 天,其浓度值分别为 51.23 ng/L、35.84 ng/L 和 17.92 ng/L。

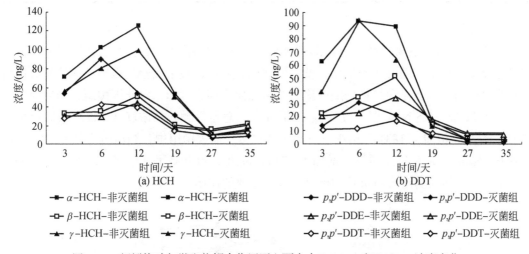

图 3.41 颤蚓扰动与微生物耦合作用下上覆水中∑HCHs 和∑DDTs 浓度变化

就灭菌组与非灭菌组之间比较而言,从图 3.41 可看出,实验初期的 19 天内,非灭菌组中 HCH 的 3 种异构体的浓度明显大于灭菌组,而 DDT 类农药则是在前 12 天内非灭菌组大于灭菌组。随着时间的推移,灭菌组中的浓度反过来大于非灭菌组,但二者时间差异并不明显。利用 SPSS 独立样本 T 检验对灭菌组和非灭菌组中 6 种有机氯农药浓度进行均值比较,结果表明,二者之间浓度均不存在显著性差异($p>0.05$)。实验初期,非灭菌组中浓度大于灭菌组,可能是因为这时期颤蚓主要分布在沉积物表层,大量摄食微生物后,颤蚓活动频繁而有力,对沉积物的扰动作用大于灭菌组,故而加速了沉积物中有机氯农药的释放。随着时间的推移,非灭菌组与灭菌组之间的差异减小,可能是由于实验后期颤蚓钻入沉积物较深的位置,活动能力减弱。

3.2.2.4 生物扰动与水动力耦合作用下有机氯农药界面迁移行为

1)沉积物性质

对生物扰动与水动力耦合模拟实验开始前和实验结束后沉积物的理化性质进行测定,结果见表 3.19。生物扰动与水动力耦合模拟实验前和实验结束后,沉积物的理化性质发生明显变化。其中沉积物含水量和孔隙度实验结束后比实验前增加，而沉积物有机碳、黑炭和有机质含量则表现为实验后比实验前减少。这与颤蚓扰动与微生物耦合模拟实验中变化趋势一致。将此实验结束后的沉积物含水量、孔隙度、有机碳、黑炭和有机质含量与颤蚓扰动与微生物耦合模拟实验后的沉积物相应的指标（表 3.18）进行对比，发现均比颤蚓扰动与微生物耦合模拟实验结束后沉积物含量低。

表 3.19　颤蚓扰动与微生物耦合实验前、后沉积物理化性质　　　　　（单位：%）

项目	处理组	含水量	孔隙度	TOC	BC	LOI
实验开始前	—	59.69 ± 1.41	46.83 ± 2.65	1.95 ± 0.12	0.18 ± 0.03	5.13 ± 0.15
实验结束后	灭菌	64.02 ± 1.15	50.23 ± 2.07	1.13 ± 0.06	0.15 ± 0.04	3.23 ± 0.15
	非灭菌	65.12 ± 1.52	52.26 ± 1.98	1.11 ± 0.07	0.14 ± 0.03	3.09 ± 0.12

2）总悬浮颗粒物

图 3.42 显示了生物扰动（包括颤蚓扰动与微生物作用）与水动力耦合作用下上覆水中总悬浮颗粒物浓度随时间的变化。就不同剪应力而言，整个实验过程中，无论是灭菌组还是非灭菌组，总悬浮颗粒物均随剪应力的增加而增加。例如，对非灭菌组，当剪应力由 0.2 N/m² 增加到 0.5 N/m² 时，在实验的第 14 天，总悬浮颗粒物浓度从 1472 mg/L 增加到 3303.5 mg/L，增加了 1831.5 mg/L，升高了 2 倍多；而灭菌组中，当剪应力从 0.2 N/m² 增加到 0.5 N/m² 时，总悬浮颗粒物增加了 1713.5 mg/L，也升高了 2 倍多，增加幅度与非灭菌组中相当。可见剪应力对沉积物再悬浮起着重要的作用。

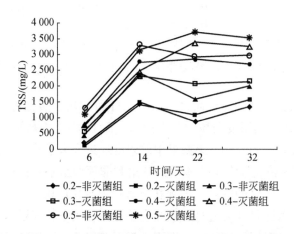

图 3.42　生物扰动与水动力及微生物耦合作用下上覆水中总悬浮颗粒物浓度变化

对于有无微生物而言，从图 3.42 可看出，当剪应力一定时，非灭菌组与灭菌组之间引起的总悬浮颗粒物的浓度并无明显差异。利用 SPSS 独立样本 T 检验对灭菌组与非灭菌组总悬浮颗粒物浓度进行均值比较，发现两者之间无显著性差异（$p > 0.05$）。有趣的是对任一剪应力而言，在实验初期的 6～14 天，非灭菌组中悬浮颗粒物浓度都要大于灭菌组，而第 14 天后，灭菌组中悬浮颗粒物反过来大于非灭菌组。例如，当剪应力为 0.5 N/m² 时，实验的第 6 天和第 14 天，非灭菌组中悬浮颗粒物浓度分别为 1286 mg/L 和 3303.5 mg/L，而灭菌组中浓度分别为 1101 mg/L 和 3140 mg/L，非灭菌组比灭菌组分别高出 185 mg/L 和 163.5 mg/L。第 14 天后，灭菌组中悬浮颗粒物浓度开始大于非灭菌组，实验的第 22 天和 32 天，灭菌组中悬浮颗粒物浓度分别比非灭菌组高出 790.5 mg/L 和 563.5 mg/L。这一现象在颤蚓扰动与微生物耦合作用研究中也有出现，可能的原因已有阐述，这里不再赘述。

从悬浮颗粒物浓度随时间变化来看，在实验初期的 6～14 天，总悬浮颗粒物浓度有一迅速增加的过程，然后随着时间的推移，总悬浮颗粒物浓度变化趋于稳定，系统达到平衡，且这一变化过程不受剪应力大小以及有无微生物的影响。例如，对剪应力为 0.4 N/m² 的非灭菌组而言，从 6～14 天，总悬浮颗粒物由 723 mg/L 增加到 2764 mg/L，增幅达 2042 mg/L，而从 14 天至实验结束，总悬浮颗粒物浓度基本稳定在 2700 mg/L 左右。

3）生物扰动与水动力耦合作用下上覆水中 ∑HCHs 和 ∑DDTs 浓度

（1）上覆水中 ∑HCHs 浓度的变化：图 3.43 显示了颤蚓加入量为 600 条的情况下，沉积物在不同剪应力和有无微生物作用下向上覆水中释放的 α-HCH、β-HCH 和 γ-HCH 浓度随时间变化情况。从时间变化来看，无论是非灭菌组还是灭菌组，整个实验过程中，α-HCH、β-HCH 和 γ-HCH 三种 HCH 异构体的浓度随时间的增长均呈现出先增加后降低，然后趋于稳定的趋势，且这种变化趋势不因剪应力的不同而不同。例如，在非灭菌组中，当剪应力为 0.5 N/m² 时，从实验第 6～14 天，α-HCH、β-HCH 和 γ-HCH 的浓度分别由 221.11 ng/L、192.61 ng/L 和 203.86 ng/L 升高到最大值 263.40 ng/L、236.80 ng/L 和 229.74 ng/L，随后迅速降低至第 22 天的 198.66 ng/L、143.80 ng/L 和 110.39 ng/L。从第 22 天至实验结束的 10 天时间里，α-HCH、β-HCH 和 γ-HCH 的浓度基本稳定。造成这一现象的原因，第一是实验初期孔隙水与上覆水浓度差比较大，导致 HCH 从沉积物颗粒中快速解吸到孔隙水中，经孔隙水扩散和沉积物－水界面的扩散释放到上覆水中，随着时间的延续，上覆水中污染物浓度升高，与孔隙水之间的浓度差变小，驱动力减小，导致 ∑HCHs 在上覆水中浓度随时间变化趋于稳定，最终系统达到动态平衡状态；第二是初始阶段悬浮颗粒物中 ∑HCHs 为快速解吸进入上覆水中，使得初始阶段上覆水中 ∑HCHs 浓度比较高，随着时间延续，快速解吸变为慢解吸，使得实验后期 ∑HCHs 浓度处于下降并趋于稳定的趋势；第三是随着时间的增长，沉积物中 ∑HCHs 发生着不同程度的降解，故而沉积物中 ∑HCHs 含量在逐渐降低，从而导致其向上覆水的释放量减少。

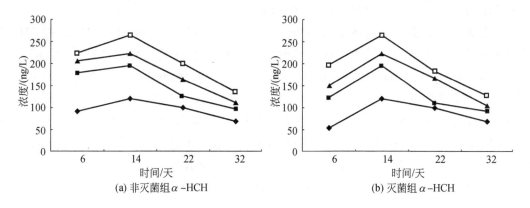

(a) 非灭菌组 α-HCH   (b) 灭菌组 α-HCH

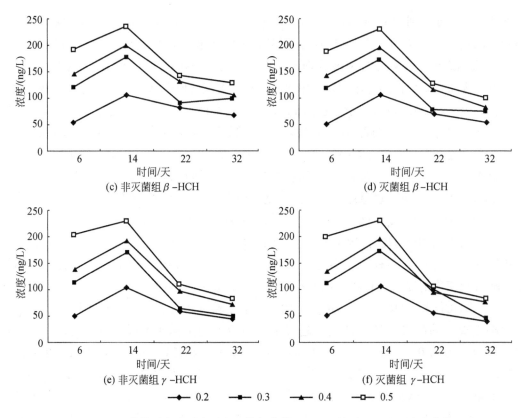

图3.43　生物扰动与水动力及微生物耦合作用下上覆水中∑HCHs浓度变化

　　就不同剪应力而言，从图3.43还可看出，无论是灭菌组还是非灭菌组，α-HCH、β-HCH和γ-HCH三种HCH异构体的浓度均随剪应力的增加而增加。例如，在实验的第14天，当剪应力由0.2 N/m² 增加到0.5 N/m² 时，非灭菌组上覆水中α-HCH、β-HCH和γ-HCH的浓度分别由119.31 ng/L、107.26 ng/L和104.06 ng/L升高到263.40 ng/L、236.80 ng/L和229.74 ng/L，均升高了2倍多。在灭菌组中，α-HCH、β-HCH和γ-HCH的浓度分别由118.12 ng/L、105.11 ng/L和105.00 ng/L升高到260.77 ng/L、232.06 ng/L和231.83 ng/L，均升高2倍多。非灭菌组与灭菌组增幅相当。可见剪应力对沉积物中∑HCHs的释放起着重要的作用，且这种作用随剪应力的增加而增大。

　　就有无微生物而言，由图3.44可知，当剪应力一定时，α-HCH、β-HCH和γ-HCH的浓度在非灭菌组与灭菌组之间的差异很小。在实验第14天，剪应力为0.3 N/m² 时，非灭菌组中α-HCH、β-HCH和γ-HCH的浓度分别为194.98 ng/L、175.29 ng/L和157.07 ng/L，而灭菌组中浓度分别为193.03 ng/L、171.78 ng/L和151.61 ng/L，非灭菌组与灭菌组中浓度处于同一水平，基本没有差异。图3.44显示了颤蚓加入量为600条和剪应力为0.3 N/ m² 情况下，α-HCH、β-HCH和γ-HCH在非灭菌组与灭菌组中的浓度，此图更为直观地反映了非灭菌组与灭菌组之间差异。导致非灭菌组与灭菌组差异较小的原因可能是颤蚓及水动力的作用大于微生物作用，从而掩盖了微生物的影响。

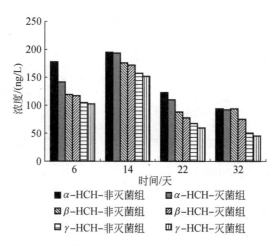

图 3.44　有无微生物作用下上覆水中 $\sum$ HCHs 浓度的变化

（2）上覆水中 DDT 浓度的变化：生物扰动与水动力耦合作用下上覆水中 p,p'-DDD、p,p'-DDE 和 p,p''-DDT 3 种 DDT 浓度随时间变化如图 3.45 所示。就时间变化而言，上覆水中 p,p'-DDD、p,p'-DDE 和 p,p'-DDT 3 种 DDT 浓度随时间增长呈先升高后降低，然后趋于稳定的趋势，剪应力越大，这一趋势越明显，且不受有无微生物的影响。例如，当剪应力为 0.5N/m^2 时，非灭菌组上覆水中 p,p'-DDD、p,p'-DDE 和 p,p'-DDT 浓度分别从第 6 天的 115.00 ng/L、112.01 ng/L 和 87.70 ng/L 迅速增至第 14 天 222.33 ng/L、195.29 ng/L 和 175.99 ng/L，然后迅速降低至第 22 天的 100.11 ng/L、92.12 ng/L 和 81.91 ng/L。从 22 天至实验结束，p,p'-DDD、p,p'-DDE 和 p,p'-DDT 浓度基本趋于稳定。上覆水中 $\sum$ DDTs 浓度随时间变化与 HCHs 变化趋势一致，造成这一变化趋势的可能原因在分析 $\sum$ HCHs 浓度时已有详细阐释，这里不再赘述。

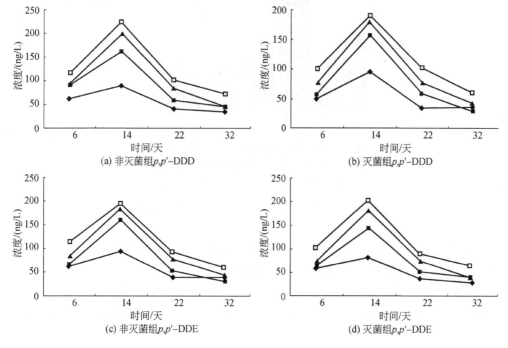

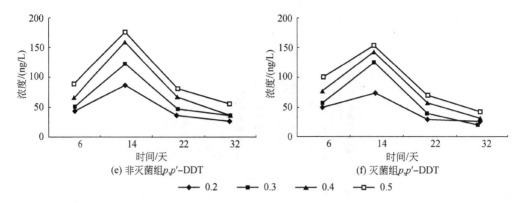

图 3.45　生物扰动与水动力及微生物耦合作用下上覆水中 $\sum$ DDTs 浓度变化

就不同剪应力而言，从图 3.45 可看出，整个实验过程中，上覆水中 p,p'-DDD、p,p'-DDE 和 p,p'-DDT 三种 DDT 浓度随剪应力增加而增加，且不受有无微生物的影响。例如，在实验第 14 天，当剪应力由 0.2 N/m^2 增加到 0.5 N/m^2 时，非灭菌组上覆水中 p,p'-DDD、p,p'-DDE 和 p,p'-DDT 的浓度分别由 88.73 ng/L、95.45 ng/L 和 86.95 ng/L 升高到 222.33 ng/L、195.29 ng/L 和 175.99 ng/L，平均升高了 2 ～ 2.5 倍。可见剪应力对沉积物中 DDT 的释放起着重要的作用。

就有无微生物而言，从由图 3.45 和图 3.46 可知，p,p'-DDD、p,p'-DDE 和 p,p'-DDT 的质量浓度在非灭菌组与灭菌组之间的差异甚微。图 3.46 显示了剪应力为 0.3 N/m^2 时，非灭菌组与灭菌组之间悬浮颗粒物中 p,p'-DDD、p,p'-DDE 和 p,p'-DDT 质量浓度差异。

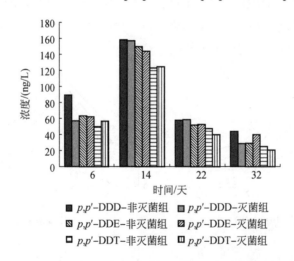

图 3.46　有无微生物作用下上覆水中 $\sum$ DDTs 浓度的变化

4）生物扰动与水动力耦合作用下悬浮颗粒物中 $\sum$ HCHs 和 $\sum$ DDTs 浓度

主要包括再悬浮颗粒物中 $\sum$ HCHs 和 $\sum$ DDTs 浓度：

（1）悬浮颗粒物中 $\sum$ HCHs 浓度的变化：图 3.47 显示了生物扰动与水动力耦合作用下再悬浮颗粒物中 $\sum$ HCHs 质量浓度随时间的变化情况。就时间变化而言，整个实验过程中悬浮颗粒物中α-HCH、β-HCH和γ-HCH的浓度随时间的增长均呈现出逐渐降低的趋势，且这一变化趋势不因剪应力的不同而不同，亦不因有无微生物而有异。例如，当剪应力为0.5 N/m²时，非灭菌组中，α-HCH、β-HCH和γ-HCH的浓度分别由从第6天的1.02μg/g、0.83μg/g和0.52μg/g降低至实验结束时的0.09μg/g、0.01μg/g和0.05μg/g，分别降低了0.93μg/g、0.82μg/g和0.47μg/g；而在灭菌组中，α-HCH、β-HCH和γ-HCH的浓度则分别由从第6天的1.09μg/g、0.49μg/g和0.37μg/g降低至实验结束时的0.24μg/g、0.19μg/g和0.05μg/g，分别降低了0.85μg/g、0.30μg/g和0.32μg/g。造成这一现象的原因，一方面可能是悬浮颗粒物中的HCH不断解吸进入上覆水，所以颗粒物中HCH浓度逐渐降低；另一方面可能是沉积物中的HCH，不仅通过孔隙水扩散进入上覆水，还发生着生物的降解，所以沉积物中含量逐渐降低，导致向上覆水的释放量也逐渐减少。

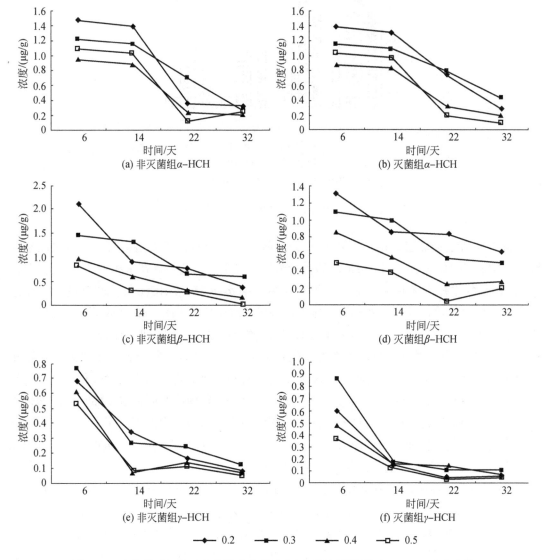

图3.47　生物扰动与水动力及微生物耦合作用下悬浮颗粒物中$\sum$DDTs浓度变化

就不同剪应力而言，从图 3.47 可看出，无论是灭菌组还是非灭菌组，总体来讲，悬浮颗粒物中 α-HCH、β-HCH 和 γ-HCH 的质量浓度均有随剪应力增加而降低的趋势，尽管在不同时间段内会稍有差异。当剪应力由 $0.2\,N/m^2$ 增加到 $0.5\,N/m^2$ 时，整个实验期间，非灭菌组悬浮颗粒物中 α-HCH、β-HCH 和 γ-HCH 的质量浓度均值分别由 $0.93\,\mu g/g$、$1.03\,\mu g/g$ 和 $0.31\,\mu g/g$ 降低到 $0.57\,\mu g/g$、$0.35\,\mu g/g$ 和 $0.19\,\mu g/g$，降低了 $2\sim3$ 倍；在灭菌组中，α-HCH、β-HCH 和 γ-HCH 的质量浓度均值分别由 $0.88\,\mu g/g$、$0.91\,\mu g/g$ 和 $0.24\,\mu g/g$ 降低到 $0.62\,\mu g/g$、$0.28\,\mu g/g$ 和 $0.14\,\mu g/g$，降低了 $1.5\sim3$ 倍。悬浮颗粒物中 HCH 质量浓度随剪应力增加而降低的原因在 3.2.1 水动力扰动模拟实验中已有阐释，在此不再赘述。

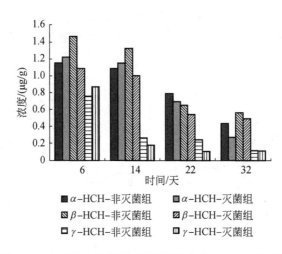

图 3.48　有无微生物作用下悬浮颗粒物中 $\sum$ HCHs 浓度的变化

就有无微生物而言，由图 3.48 可知，当剪应力一定时，非灭菌组与灭菌组之间悬浮颗粒物中 α-HCH、β-HCH 和 γ-HCH 的质量浓度差异不大，这与其在水相中变化趋势相近。利用 SPSS 独立样本 T 检验对非灭菌组与灭菌组中 α-HCH、β-HCH 和 γ-HCH 的颗粒相浓度进行了均值比较，发现二者不均有显著性差异（$p>0.05$）。图 3.48 显示了有无微生物条件下悬浮颗粒物中 α-HCH、β-HCH 和 γ-HCH 的质量浓度随时间的变化情况。

（2）悬浮颗粒物中 DDTs 浓度的变化：生物扰动与水动力耦合作用下再悬浮颗粒物中 DDTs 质量浓度随时间变化如图 3.49 所示。就时间变化而言，整个实验过程中悬浮颗粒物中 p,p'-DDD、p,p'-DDE 和 p,p'-DDT 3 种 DDT 异构体的质量浓度随时间的增长均呈现出迅速降低后趋于稳定的趋势，且这一变化趋势不因剪应力的不同而不同，亦不因有无微生物而变化。例如，当剪应力为 $0.4\,N/m^2$ 时，非灭菌组中，p,p'-DDD、p,p'-DDE 和 p,p'-DDT 的浓度分别由从第 6 天的 $11.39\,\mu g/g$、$2.31\,\mu g/g$ 和 $0.26\,\mu g/g$ 降低至第 14 天的 $7.44\,\mu g/g$、$1.64\,\mu g/g$ 和 $0.13\,\mu g/g$，分别降低了 $3.95\,\mu g/g$、$0.67\,\mu g/g$ 和 $0.13\,\mu g/g$；第 14 天至实验结束，p,p'-DDD、p,p'-DDE 和 p,p'-DDT 的浓度基本趋于稳定。在灭菌组中，p,p'-DDD、p,p'-DDE 和 p,p'-DDT 的浓度则分别从第 6 天的 $1.90\,\mu g/g$、$0.45\,\mu g/g$ 和 $0.28\,\mu g/g$ 降低至第 14 天的 $1.00\,\mu g/g$、$0.32\,\mu g/g$ 和 $0.04\,\mu g/g$，分别降低了 $0.90\,\mu g/g$、$0.13\,\mu g/g$ 和 $0.24\,\mu g/g$；14 天后至实验结束，p,p'-DDD、p,p'-DDE 和 p,p'-DDT

的浓度基本趋于稳定。导致这一现象的原因可能有以下几个方面：一是悬浮颗粒物中 $\sum$ DDTs 不断解吸进入上覆水，初始阶段为快解吸，所以初始阶段悬浮颗粒物中浓度降低迅速，随着时间的推移，快解吸转变为慢解吸，最终悬浮颗粒物与上覆水之间 $\sum$ DDTs 吸附–解吸达到动态平衡状态，所以颗粒物中 $\sum$ DDTs 浓度变化趋于稳定；二是沉积物中 $\sum$ DDTs 不断通过孔隙水扩散进入上覆水，同时发生着不同程度的降解，所以其在沉积物中含量逐渐降低，导致其悬浮颗粒物中污染物携带量亦逐渐减少。

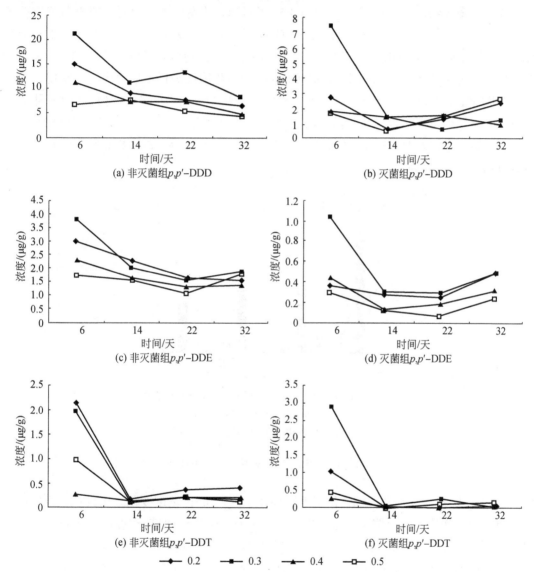

图 3.49　生物扰动与水动力及微生物耦合作用下悬浮颗粒物中 $\sum$ DDTs 浓度变化

就不同剪应力而言，从图 3.49 可看出，无论是灭菌组还是非灭菌组，总体而言，悬浮颗粒物中 p,p'-DDD、p,p'-DDE 和 p,p'-DDT 3 种 DDT 异构体的质量浓度均有随剪应力的增加而降低的趋势，但在不同时间段内会稍有差异。当剪应力由 0.2 N/m² 增加到 0.5

N/m² 时，整个实验期间，非灭菌组悬浮颗粒物中 p, p'-DDD、p, p'-DDE 和 p, p'-DDT 的质量浓度均值分别由 9.58 μg/g、2.33 μg/g 和 0.77 μg/g 降低到 6.07 μg/g、1.29 μg/g 和 0.34 μg/g，平均降低了 1.5～2.3 倍；在灭菌组中，p, p'-DDD、p, p'-DDE 和 p, p'-DDT 的质量浓度均值分别由 1.78 μg/g、0.35 μg/g 和 0.28 μg/g 降低到 1.60 μg/g、0.18 μg/g 和 0.17 μg/g，平均降低 1～2 倍。悬浮颗粒物中 $\sum$ DDTs 质量浓度随剪应力增加而降低的原因在 3.2.1 水动力扰动模拟研究中已有阐述，在此不再赘述。

就有无微生物而言，从图 3.49 和图 3.50 可看出，当剪应力一定时，非灭菌组与灭菌组之间悬浮颗粒物中 p, p'-DDE 和 p, p'-DDT 的质量浓度差异不大，这与其在水相中趋势相近。但是对 p, p'-DDD 而言，非灭菌组与灭菌组之间差异较明显。利用 SPSS 独立样本 T 检验对非灭菌组与灭菌组中 p, p'-DDD 的颗粒相浓度进行了均值比较，发现二者之间均有极显著性差异（$p<0.01$）。另外，悬浮颗粒物中 p, p'-DDD 含量较其他两种化合物高，主要原因可能是模拟实验前，沉积物加标老化过程中处于厌氧状态，而 DDT 在厌氧状态下易于降解为 DDD，使得沉积物中 DDD 的含量比较高，故而再悬浮颗粒物中夹带的 DDD 含量亦必然高。

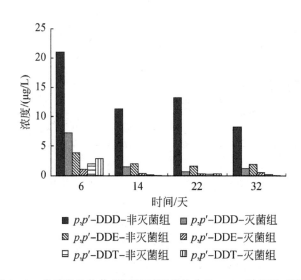

图 3.50　有无微生物作用下悬浮颗粒物中 $\sum$ DDTs 浓度的变化

（3）生物扰动与水动力耦合作用下 $\sum$ HCHs 和 $\sum$ DDTs 浓度变化之比较：将生物扰动与水动力耦合作用下，上覆水和悬浮颗粒物中 $\sum$ HCHs 和 $\sum$ DDTs 浓度进行比较，结果如图 3.51 所示。整个实验过程中，上覆水中 $\sum$ HCHs 浓度大于 $\sum$ DDTs 浓度，而悬浮颗粒物中则是 $\sum$ DDTs 浓度大于 $\sum$ HCHs 浓度。可能主要是由两种化合物的理化性质决定的，相对于 HCH 类农药来说，DDT 类农药的水溶性较低，而辛醇 - 水分配系数及沉积物 - 水分配系数较高，因此 DDT 更易于吸附在悬浮颗粒物上，而向水中释放量低。另外，从图 3.51 还可以看出，无论是上覆水还是悬浮颗粒物中，均以 α-HCH 和 p, p'-DDD 浓度最高，而 γ-HCH 和 p, p'-DDT 浓度最低，这可能主要是因为沉积物中 γ-HCH 和 p, p'-DDT 易于降解，所以沉积物含量降低，导致其在上覆水和悬浮颗粒物中浓度较低。

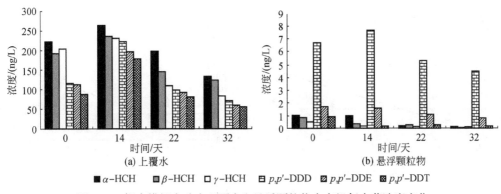

图 3.51 耦合模拟实验中上覆水和悬浮颗粒物中有机氯农药浓度变化

3.2.2.5 耦合作用下悬浮颗粒物－水相间 HCH 和 DDT 迁移趋势

（1）悬浮颗粒物－水相间 HCH 和 DDT 分配系数：以生物扰动与剪应力为 $0.2\ \text{N/m}^2$ 和 $0.4\ \text{N/m}^2$ 条件下的耦合作用为例，利用式（3.10）计算了生物扰动与水动力耦合作用下沉积物再悬浮过程中 HCH 和 DDT 在悬浮颗粒物－水之间的分配系数。

将实测分配系数 K_p 值与利用式（3.11）计算出的预测分配系数 K'_p 值进行比较，结果如图 3.52 和图 3.53 所示。当颤蚓加入量为 600 条，施加剪应力为 $0.2\ \text{N/m}^2$ 和 $0.4\ \text{N/m}^2$ 条件下，灭菌组与非灭菌组中 HCH 和 DDT 分配系数预测值与实测值之间的关系。由图 3.52 可看出，当剪应力为 $0.2\ \text{N/m}^2$ 时，灭菌组和非灭菌组中，随着 $\log K_{ow}$ 值增加，实测分配系数 K_p 值小于利用式（3.11）计算出的预测值，即对 DDT（$\log K_{ow}$ 值为 $5.5\sim6.2$）来说，大部分实测 K_p 值小于预测值；对于 HCH（$\log K_{ow}$ 值为 $3.9\sim4.1$）而言，大部分实测 K_p 值大于预测值。可能是因为大分子量的化合物（如 DDT）从颗粒物上解吸和吸附都相对比较难，因此实验过程中可能未达到平衡状态。而对于低分子量的化合物（HCH）而言，其在悬浮颗粒物上吸附的量比通过 f_{oc} 和 K_{oc} 预测的量大许多，可能是因为除了有机碳以外，还存在其他吸附剂对其在再悬浮过程中的分配行为中起着重要作用，如矿物表面可有效提高疏水性污染物的 K_p 值。

从图 3.52 和图 3.53 还可看出，当剪应力增加到 $0.4\ \text{N/m}^2$ 时，所有实测分配系数 K_p 值均小于预测 K'_p 值。可能是随着剪应力的增加，再悬浮颗粒物中 $\sum \text{HCHs}$ 和 $\sum \text{DDTs}$ 含量降低所致（图 3.47 和图 3.49）。

（2）悬浮颗粒物－水相间 $\sum \text{HCHs}$ 和 $\sum \text{DDTs}$ 逸度比：以 $0.2\ \text{N/m}^2$ 和 $0.4\ \text{N/m}^2$ 剪应力为例，利用式（3.3）～式（3.6）计算了生物扰动与水动力扰动耦合作用下悬浮颗粒物相－水相之间 $\sum \text{HCHs}$ 和 $\sum \text{DDTs}$ 的逸度比，结果如图 3.54 所示。剪应力在 $0.2\ \text{N/m}^2$ 和 $0.4\ \text{N/m}^2$ 条件下，α-HCH、β-HCH、γ-HCH 及 p,p'-DDD 和 p,p'-DDE 的逸度比均显著大于 1（$p<0.01$），据此可以推断这 5 种有机氯农药具有从悬浮颗粒物中向水相迁移的趋势。这 5 种有机氯农药中，p,p'-DDE 的迁移能力相对较弱，α-HCH、β-HCH、γ-HCH 及 p,p'-DDD 的迁移能力相当。p,p'-DDT 的逸度比在 $0.70\sim1.93$ 变化，与 1 的差值不具有统计学意义（$p>0.05$），故认为 p,p'-DDT 在悬浮颗粒物－水相间分配达到平衡状态。造成此现象的原因可能是 p,p'-DDT 疏水性最强，导致其从颗粒物上解吸相对比较难所致。

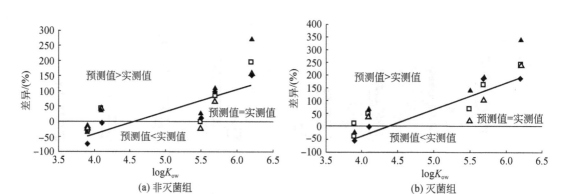

图 3.52　0.2 N/m² 剪应力条件下有机氯农药分配系数预测值与实测值比较

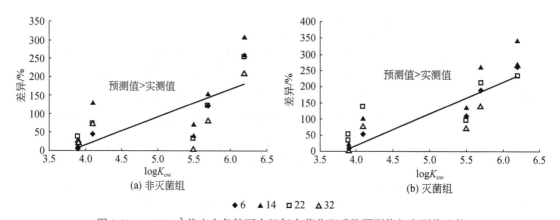

图 3.53　0.4 N/m² 剪应力条件下有机氯农药分配系数预测值与实测值比较

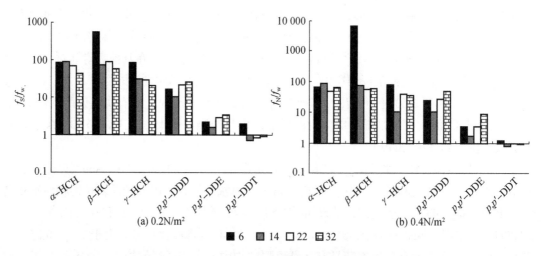

图 3.54　生物扰动与水动力耦合作用下悬浮颗粒物 - 水相间有机氯农药逸度比

3.2.2.6　沉积物 - 水界面有机氯农药界面迁移通量

对于实验室培养实验测定交换通量，通常有两种方法计算交换通量。第一种方法是根据上覆水中物质浓度随时间变化曲线线性部分的斜率计算，当变化曲线非线性时，则仅取前两点或三点计算通量（Friedl et al.，1998；Luijin et al.，1999）；第二种方法就是根据培养过程中每次取样间隔上覆水中物质浓度的净变化速率的平均值计算（Lerat et al.，1990；刘素美等，1999；刘冬梅等，2006）。本书采用第二种方法计算，具体计算方法如下：

$$J = \frac{M(t)}{A \cdot \Delta t} \qquad (3.12)$$

式中，J 为沉积物-水界面溶解性有机氯农药农药的测定交换通量 $[\mu g/(m^2 \cdot d)]$；$M(t)$ 为由 $t-1$ 到 t 时溶解性有机氯农药的质量变化，$M(t)=V[C(t)-D(t-1)]$；A 为模拟用有机玻璃管的截面积，本书中为 $1.939 \times 10^4 m^2$；V 为上覆水的体积，本书中为 1.4 L；$C(t)$ 为 t 时刻直接测得上覆水中有机氯农药的浓度；$D(t-1)$ 为 $t-1$ 时刻上覆水中有机氯农药的实际浓度。根据这种计算方法得出的数值，负值表示有机氯农药被沉积物吸附，正值表示有机氯农药由沉积物向上覆水释放。

需注意的是 $C(t)$ 为 t 时刻直接测得沉积物上覆水中溶解性有机氯农药的浓度，而 $D(t-1)$ 应为 $t-1$ 时刻取出 V_0 体积样品，再加入 V_0 体积原始模拟用水以后的浓度，即由 $t-1$ 时刻到 t 时刻这段培养期间上覆水的实际初始浓度，因为每次取样体积不能忽略，其计算通式为

$$D(t) = \frac{(V-V_0)C(t)+V_0 C_0}{V} \qquad (3.13)$$

式中，$D(t)$ 为 t 时刻沉积物上覆水中有机氯农药的实际浓度；V_0 为每次取样的体积；C_0 为原始底层水中有机氯农药的浓度，本书中 $C_0=0$；$C(t)$ 为 t 时刻直接测得的上覆水中有机氯农药的浓度。

（1）颤蚓扰动条件下沉积物-水界面有机氯农药迁移通量：图 3.55 为颤蚓扰动条件下有机氯农药 HCH 和 DDT 从沉积物向上覆水的迁移通量。就时间变化而言，整个实验过程中，无论是加颤蚓组还是未加颤蚓组，HCH 与 DDT 及其各异构体的迁移通量均呈现出随时间的增加而降低的趋势，尽管不同异构体具体降低趋势不同。这与其浓度的变化趋势是相似的。例如，当颤蚓加入量为 600 条时，从实验的第 3 天至第 19 天，HCH 总的迁移通量由 42.01 $\mu g/(m^2 \cdot d)$ 降低到 9.38 $\mu g/(m^2 \cdot d)$，降低了 32.63 $\mu g/(m^2 \cdot d)$，DDT 总的迁移通量则由 30.40 $\mu g/(m^2 \cdot d)$ 降低到 1.31 $\mu g/(m^2 \cdot d)$，降低近 30 $\mu g/(m^2 \cdot d)$。

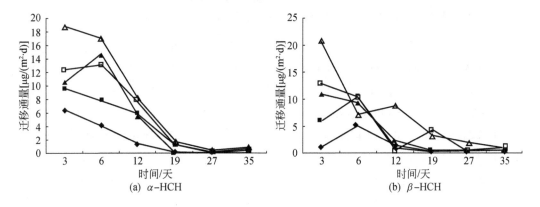

(a) α-HCH　　　　　　　　(b) β-HCH

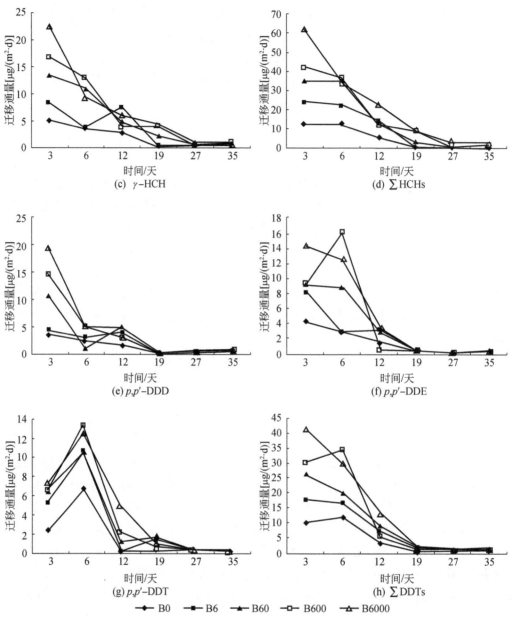

图 3.55　颤蚓扰动条件下沉积物－水界面 $\sum$ HCHs 和 $\sum$ DDTs 的迁移通量

就不同颤蚓加入量而言，从图 3.55 可看出，HCH 与 DDT 及其各异构体的迁移通量随颤蚓加入量的增加而增加。如图 3.56 所示，α-HCH、β-HCH、γ-HCH、p, p'-DDD、p, p'-DDE 和 p, p'-DDT 各异构体的迁移通量随颤蚓量的增加呈线性增加的趋势。当颤蚓加入量为 600 条（密度 50 000 条 /m²）时，其引起的 $\sum$ HCHs 和 $\sum$ DDTs 的迁移通量均值分别为 17.22 μg/（m²·d）和 12.40 μg/（m²·d），分别是未加颤蚓组迁移通量的 3.1 和 2.7 倍。本书结果与大部分研究结论是一致的。例如，Reible 等（1996）研究表明，颤蚓的加入使得沉积物中 PAHs 的迁移通量比未加颤蚓时增加了近 2～6 倍；Karickhoff 和 Morris（1985）在研究研究颤蚓扰动对沉积物中疏水性有机污染物的释放时，发现颤蚓的加入使得 PCB 的迁移通量增加了近 4 ~ 6 倍；Gunnarsson 等（1999）发现海洋底栖生物 *Neries diversicolor* 使得沉积物中 PCB 的迁移通量增加了近 2 ~ 3 倍。

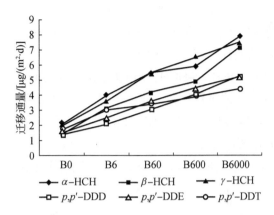

图 3.56　沉积物 - 水界面有机氯农药迁移通量与颤蚓加入量之间的关系

　　为了确定颤蚓扰动对沉积物 - 水界面 $\sum$ HCHs 和 $\sum$ DDTs 迁移通量的贡献，将加入颤蚓组中的迁移通量减去未加颤蚓的空白组中的迁移通量，即得到单纯由颤蚓扰动引起的迁移通量。本书以颤蚓加入量为 600 条处理组为例进行说明。图 3.57 显示了颤蚓加入量为 600 条处理组之迁移通量与空白组静态释放引起的迁移通量之差（Flux $_{(B-C)}$），Flux $_{(B-C)}$ 反映了由单纯颤蚓扰动引起的迁移通量。整个实验过程中，纯颤蚓扰动引起的迁移通量随时间的增长亦呈现出降低的趋势，但是不同的 HCH 和 DDT 异构体具体的变化趋势又各不相同。随着实验的进行，颤蚓逐渐向沉积物下层运动（好氧状态下），在实验的第 19 天后，颤蚓基本分布在沉积物表层以下 2 ~ 10 cm，这可能是导致迁移通量随时间的推移逐渐降低的原因。本书结论与 Reible 等（1996）在研究颤蚓扰动下的 PAHs 释放行为时得出的结论一致。Reible 等（1996）研究发现好氧条件下，随着时间的推移颤蚓易于向沉积物下层运动，从而使得 PAHs 的迁移通量较低。

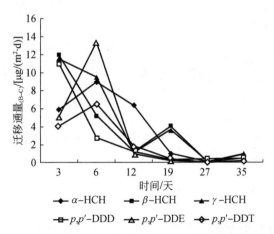

图 3.57　单纯颤蚓扰动引起的 $\sum$ HCHs 和 $\sum$ DDTs 迁移通量

（2）颤蚓扰动与微生物耦合作用下沉积物 - 水界面有机氯农药迁移通量：颤蚓生物扰

动与微生物耦合作用下 HCH 和 DDT 各异构体在沉积物－水界面的迁移通量如图 3.58 和图 3.59 所示。由图 3.59 可见，从时间变化来看，无论是灭菌组还是非灭菌组，HCH 和 DDT 各异构体的迁移通量均呈现出随时间的增长而降低的趋势，这与单一颤蚓扰动模拟实验得出的现象一致。导致此现象的原因前面已有阐述，这里不再赘述。另外，由图 3.59 可看出，灭菌组与非灭菌组之间的差异在实验的初始阶段比较明显，随着时间的推移，差异变小。将灭菌组与非灭菌组中 α-HCH、β-HCH、γ-HCH、p, p'-DDD、p, p'-DDE 和 p, p'-DDT 整个实验期间的迁移通量均值进行比较，非灭菌组中 HCH 和 DDT 及其异构体的迁移通量大于灭菌组中迁移通量，但是利用 SPSS 独立样本 T 检验进行均值比较，结果发现灭菌组与非灭菌组之间并不具有显著性差异（$p > 0.05$）。另外，从图 3.58 还可看出，$\sum$ HCHs 的迁移通量均值大于 $\sum$ DDTs 的迁移通量均值，但是二者之间亦不具有显著性差异（$p > 0.05$）。

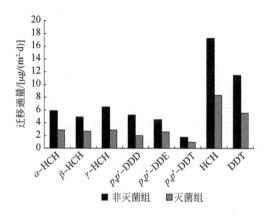

图 3.58　颤蚓生物扰动与微生物耦合作用下沉积物－水界面 $\sum$ HCHs 与 $\sum$ DDTs 迁移通量

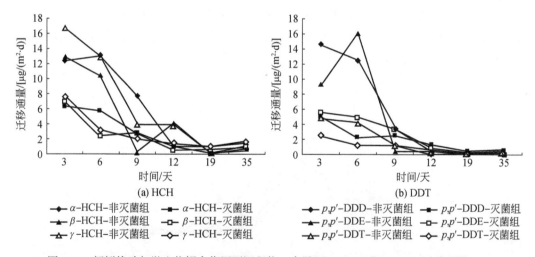

图 3.59　颤蚓扰动与微生物耦合作用下沉积物－水界面 $\sum$ HCHs 和 $\sum$ DDTs 迁移通量

（3）生物扰动与水动力耦合作用下沉积物－水界面有机氯农药迁移通量：颤蚓生物扰动与微生物及水动力耦合作用下 HCH 和 DDT 各异构体在沉积物－水界面的迁移通量如图 3.60 所示。

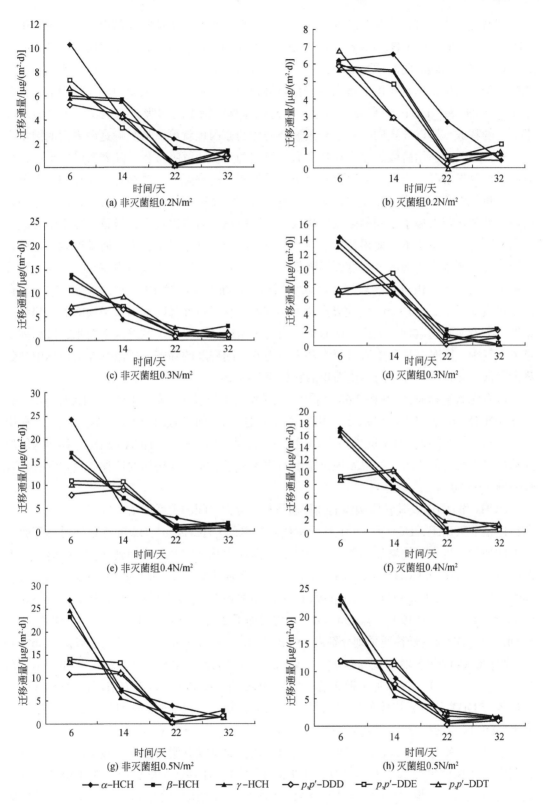

图 3.60　颤蚓扰动与水动力及微生物耦合作用下沉积物 – 水界面∑HCHs 和∑DDTs 迁移通量

就时间变化而言，从图 3.60 可看出，整个实验过程中，无论是灭菌组还是非灭菌组，α-HCH、β-HCH、γ-HCH、p, p'-DDD、p, p'-DDE 和 p, p'-DDT 在沉积物–水界面的迁移通量均呈现出随时间的增长而降低的趋势，且因剪应力的不同而不同。这一变化趋势与颤蚓扰动与微生物耦合作用下得出的变化趋势相似。生物扰动与水动力耦合作用下，上覆水中 $\sum$ HCHs 和 $\sum$ DDTs 的来源有两个，①再悬浮颗粒物上的解吸，②沉积物中孔隙水向上覆水的释放，所以导致向上覆水释放速率变慢的原因也就可以从影响这两方面的因素进行解释。第一，初始阶段悬浮颗粒物中有机氯农药为快速解吸过程，随着时间的推移，快解吸转变为慢解吸，所以颗粒物上有机氯农药的解吸速率降低，最终悬浮颗粒物与上覆水之间有机氯农药的吸附 - 解吸达到动态平衡状态，解吸速率趋于稳定。第二，在实验初始阶段，孔隙水与上覆水之间的浓度差比较大，所以驱动力也比较大，导致孔隙水中有机氯农药不断进入上覆水中，使得初始阶段有机氯农药的迁移通量比较大，而随着时间推移，孔隙水与上覆水之间的浓度梯度逐渐降低，驱动力减小，所以释放速率减小。第三，随着实验的运行，颤蚓由沉积物表层逐渐向下层移动，在实验的第 19 天时，颤蚓基本分布在沉积物表层以下 2～10cm，由此导致颤蚓引起的迁移通量亦随时间增长呈现降低的趋势。第四，随着实验的运行，沉积物中有机氯农药不断通过孔隙水扩散进入上覆水，进而挥发进入大气中，同时沉积物中有机氯农药还发生着不同程度的降解，所以其在沉积物中含量逐渐降低，导致其单位时间单位面积的释放速率减小。

就有无微生物而言，从图 3.60 可看出，灭菌组与非灭菌组之间 α-HCH、β-HCH、γ-HCH、p, p'-DDD、p, p'-DDE 和 p, p'-DDT 在沉积物–水界面的迁移通量差异并不大。利用 SPSS 独立样本 T 检验对不同剪应力作用下灭菌组与非灭菌组中 HCH 和 DDT 各异构体的迁移通量进行均值比较，结果发现灭菌组与非灭菌组之间各异构体的迁移通量并没有显著性差异（$p>0.05$）。

HCHs 和 DDTs 及其各异构体的迁移通量与剪应力之间的关系如图 3.61 所示。无论是灭菌组还是非灭菌组，HCH 和 DDT 各异构体及其总的 $\sum$ HCHs 和 $\sum$ DDTs 的迁移通量随剪应力的增加均呈现出线性增加的趋势。例如，当剪应力从 0.2 N/m^2 增加到 0.5 N/m^2 时，非灭菌组中，α-HCH、β-HCH、γ-HCH 和 $\sum$ HCHs 的迁移通量分别由 3.35 μg/（m^2·d）、2.77 μg/（m^2·d）、2.18 μg/（m^2·d）和 8.30 μg/（m^2·d）增加到 7.35 μg/（m^2·d）、6.35 μg/（m^2·d）、5.47 μg/（m^2·d）和 19.17 μg/（m^2·d），均增加了 2 倍多；p, p'-DDD、p, p'-DDE、p, p'-DDT 和 $\sum$ DDTs 的迁移通量则分别由 1.91 μg/（m^2·d）、1.95 μg/（m^2·d）、1.57 μg/（m^2·d）和 5.43 μg/（m^2·d）增加到 4.14 μg/（m^2·d）、3.78 μg/（m^2·d）、3.27 μg/（m^2·d）和 11.18 μg/（m^2·d），亦增加了近 2 倍。利用 SPSS 独立样本 T 检验对 HCH 及各异构体的迁移通量与 DDT 及各异构体的迁移通量进行均值比较，结果显示，$\sum$ HCHs 的迁移通量稍大于 $\sum$ DDTs 的迁移通量，但是二者之间并无显著性差异（$p>0.05$）。

通过以上研究知道灭菌组与非灭菌组引起迁移通量没有明显差异。鉴于此，本书以非灭菌组为例探讨单纯水动力作用对 $\sum$ HCHs 和 $\sum$ DDTs 迁移通量的影响。为了得到剪应力大小对沉积物–水界面 $\sum$ HCHs 和 $\sum$ DDTs 迁移通量的贡献。将颤蚓扰动与微生物及剪应力耦合作用下的迁移通量减去颤蚓扰动与微生物耦合作用下的迁移通量，即得到单纯剪应力扰动引起的迁移通量。图 3.62 显示了非灭菌条件下，颤蚓加入量为 600 条后施以不同剪应力条件下的迁移通量与未施加剪应力下迁移通量之差［Flux $_{(S\text{-}B)}$］，Flux $_{(B\text{-}C)}$ 反映了单纯由水动力扰动引起的迁移通量。整个实验过程中，单纯水动力扰动引起的迁移通量随时间的增长亦呈现出逐渐降低的趋势，与单纯颤蚓扰动下的迁移通量变化趋势相似。

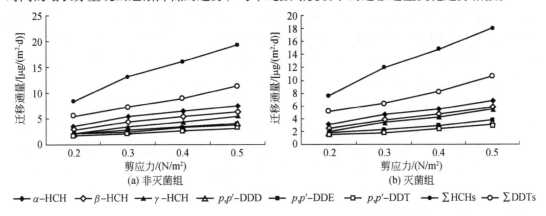

图 3.61　沉积物 - 水界面有机氯农药迁移通量与剪应力之间的关系

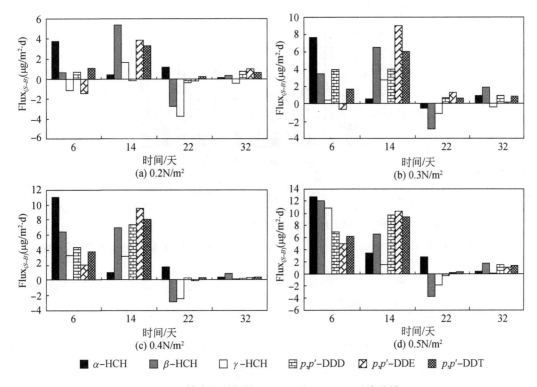

图 3.62　剪应力引起的 $\sum$ HCHs 和 $\sum$ DDTs 迁移通量

　　为了确定不同扰动条件对沉积物中 $\sum$ HCHs 和 $\sum$ DDTs 迁移的影响，本书将单一因素及多因素耦合作用引起的 $\sum$ HCHs 和 $\sum$ DDTs 在沉积物 - 水界面的迁移通量进行比较，结果如图 3.63 所示。颤蚓扰动与水动力耦合作用下沉积物 - 水界面 $\sum$ HCHs 和 $\sum$ DDTs 的迁移通量分别为 25.3 μg/（m² · d）和 19.2 μg/（m² · d），是单一颤蚓扰动（密度 50 000 条/m²）下迁移通量的近 2 倍。单一水动力扰动（剪应力 0.4 N/m²）下 ∑ HCHs 和 ∑ DDTs 迁移通量与单一颤蚓扰动下的迁移通量相当，均值为 13.7 μg/（m² · d）和 12.8 μg/（m² · d），是无扰动条件下迁移通量的近 3 倍。耦合作用下的迁移通量并非单一因素下的迁移通量的简单加合。导致此现象的原因可能是加入颤蚓后对沉积物垂直搬运和混合，一方面加速孔隙水与上覆水之间物质交换，同时生物扰动改变了沉积物的理化性质，大大增加了沉积物的含水率和孔隙度。本书中，模拟实验结束后，颤蚓加入量为 600 条的处理组中沉积物的含水量和孔隙度分别为（66.32 ± 1.68）% 和（52.29 ± 2.05）%，分别比未加颤蚓组增加了（7.51 ± 1.32）% 和（6.98 ± 2.03）%（表 3.16）。孔隙度和含水量的增加使得沉积物更易于悬浮，从而夹带更多的污染物进入上覆水。Jumars 和 Nowell（1984）研究发现生物扰动可使沉积物含水量超过 50%，有的甚至接近 80% ～ 90%，因此，生物扰动改变了沉积物颗粒的大小分布和临界起动条件，加强了沉积物的流动性，风浪、潮汐、挖泥、拖网等机械扰动很容易导致生物扰动区沉积物的再悬浮，改变沉积物的物理化学性质，从而影响沉积物 - 水界面污染物的迁移。

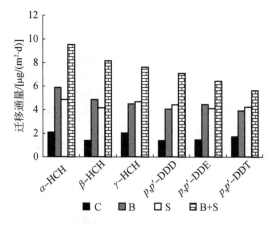

图 3.63　模拟实验中不同处理间沉积物 - 水界面 ∑ HCHs 和 ∑ DDTs 的迁移通量

注：C 代表控制组；B 代表生物扰动组；S 代表剪应力为 0.5 N/m² 处理组；B+S 代表生物扰动 + 剪应力组。

3.3　白洋淀水体中典型有机污染物的生态风险评估

　　有机污染物的存在可能会引起生物变性、畸形以及细菌抗药性等严重的生态安全问题。确定有机类污染物的生态及健康风险是该类污染物研究的一个重要目标。生态风险评价是伴随环境管理目标和环境管理观念的转变而逐渐兴起的一个新的研究领域。生态风险评价可以定义为：确定化学品或其混合物在特定暴露状况下对生态系统或其中组分的不利影响的概率和大小，以及这些风险可接收程度的评价过程。本节以 3.1 节白洋淀水体中典型有机污染物的赋存特征为基础，对白洋淀水体有机污染物进行生态风险评价。

3.3.1 水环境中有机氯类污染物的风险评价

根据风险评价中风险承受者的不同，风险评价又可分为健康风险评价和生态风险评价。如果将人体视作生态系统中的一个特殊种群，则健康风险评价可以视为个体或种群水平的生态风险评价。目前，风险评价一般包括以下四个步骤。

危害判定（hazard identification）：危害判定是一种定性的危险性评估，主要是对目标化合物的固有毒性进行确认。常以动物实验或其他测试系统来考察，此外也常采用体外实验来了解结构相似的化学物质的毒性。目标化学物质的毒性数据一般可以从四种途径获取：①流行病学资料；②活体动物实验；③短期体外实验；④定量结构活性相关。

剂量效应评价（dose response assessment）：剂量效应关系评价有两种方法，即阈值法和非阈值法。阈值法假设大多数生物的非致癌反应是有剂量阈值的，在剂量低于阈值的情况下，生物反应出现，该方法一般用于非致癌性的剂量反应评价。非致癌方法假设生物致癌性反应并无剂量阈值，不论剂量多寡，只要有微量存在，即会有生物反应出现，而且其反应可与剂量成正比。对化学物质的致癌性分析而言，剂量效应关系评价常用致癌斜率系数（CSF）来表示。致癌斜率系数的定义为：人体一生暴露中每单位摄入量致癌效应大于 95% 置信度的概率。对致癌性化学物质适用于无阈值方法来评价风险程度，其理由为：基因毒害性致癌物值影响细胞的一串因子，经此改变的细胞将成为肿瘤的起端；致癌物可能已渗入生物体中存在，并正进行导致癌症的一系列反应，所以无阈值的假设是属于比较保守的假设；由高至低剂量外插法是可行的致癌剂量反应评估方法之一。

暴露评价（exposure assessment）：暴露评价的目的是获得化学物质的剂量以及暴露频率。暴露评价是生态风险中不可少的一环。在不同的情景下，对暴露评价所需工作项目相差很大，有鉴于此，美国国家环境保护署（USEPA）于 1986 年公布了"危险评价准则"，其中即包括"暴露评价准则"。依准则所述，完整的暴露评价应包括六个部分：单一化学物质或混合物的基本特性、污染源特征、暴露路径及环境规趋、测量或预测的浓度、暴露人群特征、综合暴露分析。

风险表征（risk characterization）：为了定量污染物的潜在风险，研究者们提出了许多方法，其中最基本的方法是通过比较暴露浓度与产生危害的域值浓度来计算风险熵值。熵值法要首先为保护某一特殊受体设立参照浓度指标，然后与预测环境浓度（PEC）进行比较，PEC 超过参照浓度被认为具有风险。一般选取基准值、环境质量标准或毒理学指标作为参照浓度的指标。为了安全起见，常在参照浓度指标的基础上引入修正系数，如评价系数、非确定性系数或安全系数。此类方法适用于比较保守的、筛选级别的风险评价或作为前期或低层次的风险评价方法。然而，无论是暴露还是效应都有变异性和不确定性，简单的确定论的风险熵值估计方法不能表示这种变异性与不确定性。因此，必须运用概率风险表征方法来进行风险分析。概率风险表征方法可以考虑环境暴露浓度与毒性效应的变异性和不确定性，计算有害物质的潜在风险。

3.3.1.1 水环境中有机氯类污染物风险评价

（1）水环境中有机氯类污染物的生态风险：根据中国《地表水环境质量标准》（GB3838—

2002），HCH 类农药的总含量应低于 2000 ng/L，DDT 类农药的总含量应低于 1000 ng/L，才能达到国家规定的集中式生活饮用水地表水源地标准限值。通过与 3.1 节白洋淀水体中典型有机污染物含量对比，结果表明白洋淀水体中 HCH 和 DDT 浓度的平均值和最高值均在此范围内，表明白洋淀水体环境内的 HCH 和 DDT 残留不会带来显著的生态危害。

（2）水环境中有机氯类污染物的致癌风险：本节主要考察了白洋淀水体中部分有机氯类物质对人体的致癌风险。依据白洋淀水体功能主要为渔业养殖，将水体中有机氯类污染物对人体的影响途径界定为食用白洋淀所养殖的鱼类。选取目标有机氯类污染物中致癌风险因子（CPF）值已知的 9 种污染物进行评价。风险计算方程为

$$\text{Risk} = \frac{\text{CPF} \times \text{FI} \times \text{BCF} \times C}{\text{BW} \times 1000 \, \mu g/mg} \tag{3.14}$$

式中，C 为有机氯污染物的水体浓度（μg/L）；BCF 为污染物生物富集因子（L/kg），其值引用自 USEPA（USEPA，2002）；FI 为每日摄入的鱼肉质量（kg/d），本书参照文献取值 0.0449 kg /d（Hu et al.，2007），BW 为人体体重（kg），其值引自文献（Bao et al.，2007）。对于水体中目标物质的概率分布形式，通过 Kolmogorov-Smirnov（KS）检验获得（柯尔莫哥洛夫 - 斯摩洛夫，用来检验数据的分布是不是符合一个理论的已知分布）。也就是说原假始是 H_0：$F = F_0$；具体计算要用到经验分布函数：$F_n(x) = 1/n \text{ SUM\_}\{i=1\}^n I\{X_i \leqslant x\}$，以此来计算检验统计量；$D = \sup\_\{x\} |F_n(x) - F_0(x)|$，（sup 可以换成 MAX.）。对于 BCF、BW、FI 三个参数，因可获得数据量较少，因此直接假定为三角分布，且令以上所提值为其分布的模（von Stackelverg et al.，2004）。致癌风险分析采用蒙特卡罗模拟方法，该方法可以将符合一定概率分布的大量随机数作为参数带入数学模型，求出所关注变量的概率分布，从而了解不同参数对目标变量的综合影响以及目标变量最终结果统计特性。其概率风险分析流程如图 3.64 所示：

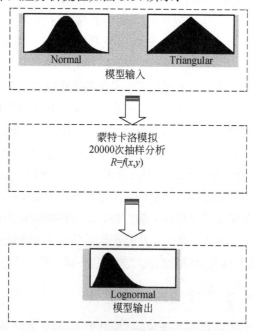

图 3.64　概率风险分析流程图

根据进入致癌风险评价过程的各个参数的具体特征，分别采用不同的概率分布。本书所用到的概率分布主要有对数正态分布、正态分布和三角分布。具体参数设置和概率分布类型见表 3.20。

表 3.20　目标化合物暴露浓度统计及其风险

化合物	分布类型	M/GM/(μg/L)	SD/GSD	KS Z	p	风险值（90% 累计概率）	风险等级
p, p'-DDE	正态分布	0.70×10^{-3}	4.30×10^{-4}	0.73	0.67	2.07×10^{-5}	II
p, p'-DDT	正态分布	0.60×10^{-3}	2.30×10^{-4}	0.49	0.97	1.53×10^{-5}	II
p, p'-DDD	正态分布	1.70×10^{-3}	8.50×10^{-4}	0.79	0.56	3.29×10^{-5}	II
α-HCH	正态分布	0.70×10^{-3}	5.50×10^{-4}	0.89	0.41	1.05×10^{-6}	II
β-HCH	正态分布	1.90×10^{-3}	1.08×10^{-3}	0.54	0.94	7.05×10^{-6}	II
γ-HCH	正态分布	0.90×10^{-3}	0.60×10^{-3}	0.55	0.92	2.61×10^{-7}	III
PCB105	正态分布	0.80×10^{-3}	4.50×10^{-4}	0.95	0.33	7.69×10^{-5}	II
PCB118	对数正态	-7.15	5.72×10^{-1}	0.96	0.31	8.56×10^{-5}	II
PCB156	对数正态	-7.18	8.91×10^{-1}	0.78	0.57	1.22×10^{-4}	I

注：M- 代数平均值；GM- 几何平均值；SD- 标准偏差 GSD- 几何标准偏差；KS Z-Kolmogorov-Smirnov（KS）的 Z 检验；p-KS 检验中 p 值（p 值愈接近 1，数据愈符合正态分布）

　　对于不同的目标物质风险的蒙特卡罗模拟在 Crystal Ball 7（Desicioneering，Inc.）软件上分别执行 20 000 次循环，并分别以概率分布和累计概率分布两种方式输出结果，同时输出灵敏度分析结果。通过灵敏度分析，可以得到：①不同参数对输出结果影响性大小；②参数变化对输出结果的影响。

　　各目标物的概率分布图（PDF）和累计概率分布图（CDF）如图 3.65 和图 3.66 所示。从概率分布图可以观察到不同致癌风险的出现频率与概率。对目标物质的风险概率进行单样本 KS 检验，发现除 PCB118、PCB156 的风险服从对数正态分布外，其余物质的风险均服从 Gamma 分布。从累计概率图（图 3.66）可以观察到目标物质在不同累计概率下的风险值。表 3.20 给出了通过食用鱼类而致癌，累计概率为 90% 的致癌风险值。需要指出的是，我国对被污染沉积物的可接受致癌风险并没有一个统一的和普遍接受的标准。美国在开展致癌风险评价时以 10^{-6} 作为可接受的风险值，以此为标准，将小于 10^{-6} 的风险值列为三级风险水平，（10^{-5}、10^{-6}）风险范围列为二级风险水平，将（10^{-3}、10^{-4}）范围列入一级风险水平，由此可得到评价物质的风险等级。所评价的 9 种目标化合物的风险仅 γ-HCH 的风险处于可接受范围内。多数物质处于中等风险水平，需要注意的是二噁英类 PCB：PCB156 处于高致癌风险水平。

　　在致癌风险评价中存在诸多的不确定性因素，对这些不确定性因素进行灵敏度分析，有助于理解不确定性的存在对致癌风险评价结果的影响。图 3.67 给出了蒙特卡罗模拟不同的输入参数对灵敏度分析的影响。对所有评价物质而言，对风险评价结果影响最大的是水体中目标物质的浓度。而其他四个因素对风险评价结果的影响贡献大小基本处于同一水平。该结果表明，若要降低致癌风险评价中的不确定性，首先应降低水体中评价物质浓度的不确定性。在本书中，白洋淀区域复杂的人类活动和地理特征，才导致了风险分析中不确定性的增加。

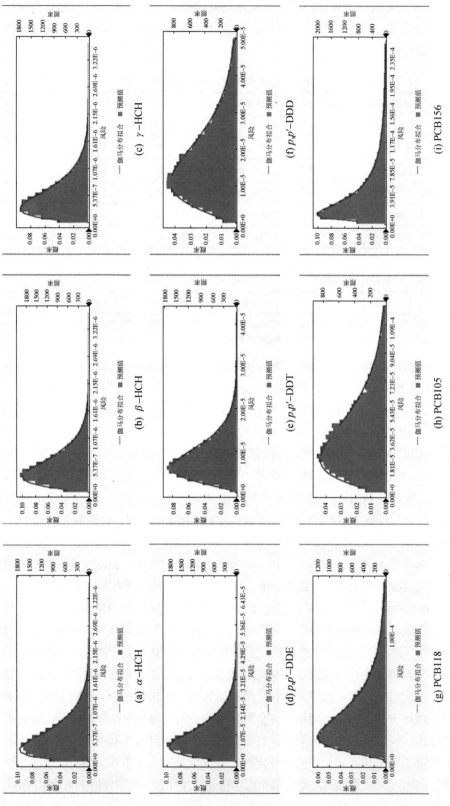

图3.65 化合物致癌概率分布图

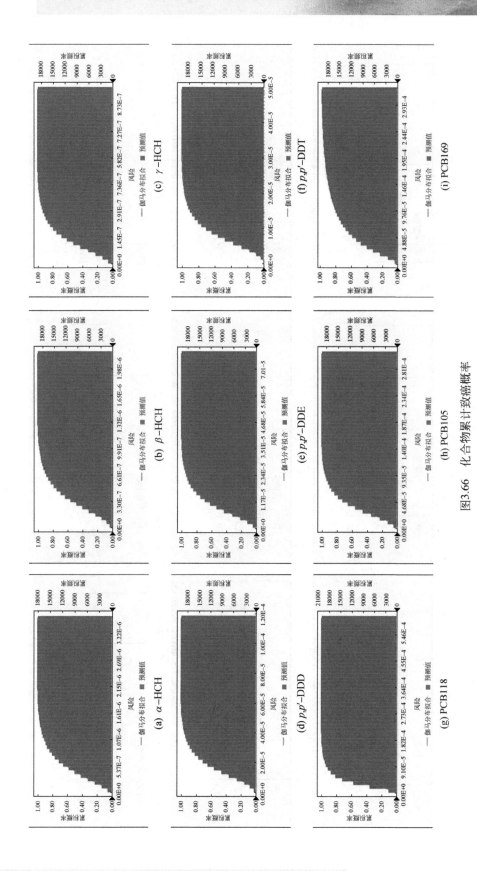

图3.66 化合物累计致癌概率

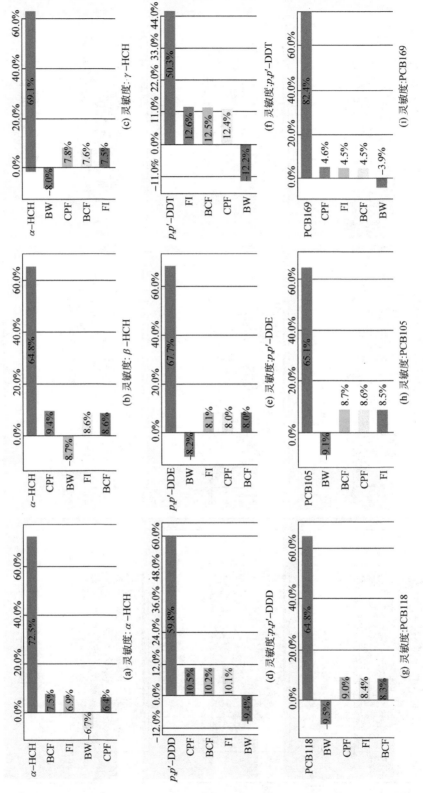

图3.67　参数灵敏度分析

3.3.1.2　沉积物中有机氯类污染物风险评价

本小节将毒性基准值已知的目标化合物在沉积物中的平均浓度值除以其相应的质量基准值进行比较（表 3.21），计算得到其风险熵（RQ），以判断其是否具有潜在风险。由于有机污染物和沉积物本身的复杂性，目前关于沉积物质量基准的研究还不成熟。使用较多的质量基准值有 TEL（threshold effects level），PEL（probable effects level）和 ISQL（interim sediment quality guidelines）。低于 TEL 和 ISQL 一般不会对水生态环境造成危害，而高于PEL 可能会经常发生毒性效应，介于两者之间表示偶然发生毒性效应。本书采用美国国家环境保护署和加拿大环境管理委员会制定的基准（USEPA，1997；CCME，2001）来评价白洋淀沉积物中部分目标化合物的生态风险。计算结果显示所评价的目标物其风险熵均低于 1，因此沉积物中所评价物质的生态风险在可接受水平。

表 3.21　部分有机氯类的沉积物质量基准

化合物	TEL /（ng/g）	PEL /（ng/g）	C /（ng/g）	RQ（TEL）	RQ（PEL）
γ-HCH	2.07	374.17	0.62	0.2995	0.0017
p，p'-DDE	1.22	7.81	0.38	0.3115	0.0487
p，p'-DDD	1.19	4.77	0.94	0.7899	0.1971
p，p'-DDT	34.1[*]	277	0.48	0.0141	0.0017

注：C 为沉积物中目标物平均浓度；* 为 ISQL。

3.3.2　水环境中多环芳烃类污染物的风险评估

3.3.2.1　水环境中多环芳烃的致癌风险

毒性当量因子法主要用于评价毒性作用机制相似且无相互作用的混合物风险评估。由于各组分毒性作用机制和终点相似，其毒性强度可以参照某一毒性组分而计算得出每个组分的相对毒性值。对于多环芳烃而言，因 BaP 的毒性最强，且其毒性数据最为全面，因此常被用于作为评价基准。本书中采用了两种评价基准：BaP 和 2-TCDD，3-TCDD，7-TCDD，8-TCDD，计算得出了致癌毒性当量 TEQBaP、TEQTCDD，以评价 7 种致癌性多环芳烃的致癌风险。毒性当量的计算方式如下：

$$\text{TEQ}= \sum \left(C_i \times \text{TEF}_i \right) \tag{3.15}$$

式中，C_i 为化合物 i 在环境介质中的浓度；TEF_i 为化合物 i 的毒性当量因子。本书中 7 种致癌毒性多环芳烃的毒性当量因子均引用自文献（USEPA，1993；Willett et al.，1997）。

经计算得到沉积物中 TEQ_{BaP} 和 TEQ_{TCDD} 值域分别为 23.72～113.59 g /kg 和 0.05～0.44 g/kg，平均值分别为 43.13 g /kg 和 0.21 g /kg。七种致癌性多环芳烃在 TEQ_{BaP} 和 TEQ_{TCDD} 中所占百分比分别为：BaP（53.34%）>DaA（34.29%）>InP（4.37%）>BaA（4.30%）>BbF（2.84%）>Chry（0.75%）>BkF（0.12%），DaA（29.64%）>BbF（21.97%）>BkF（17.54%）>InP（17.20%）>BaP（7.45%）>Chry（5.69%）>BaA（0.48%）。可见，利用不同的物质

作为基准来评价致癌性多环芳烃的致癌风险大小时，不同多环芳烃的毒性当量的相对大小还是存在差异的，这可能是由于利用实验确定毒性当量因子时利用的受试物种不同所致。目前多环芳烃的 2-TCDD，3-TCDD，7-TCDD，8-TCDD 毒性当量因子还十分有限，且测定其毒性当量因子时所使用的实验物种也存在很大差异，因此为了得到更具可比较的结果，应丰富多环芳烃 2，3，7，8-TCDD 毒性当量因子数据库。

将各站点沉积物中 BaP 与 TEQ_{BaP}，TEQ_{BaP} 与 TEQ_{TCDD} 进行相关性分析，研究结果如图 3.68 所示。TEQ_{BaP} 与 BaP 的浓度存在着很好的相关性（$R^2 = 0.89$），在白洋淀区域，可以利用沉积物中苯并芘的浓度近似的指示沉积物中所含致癌多环芳烃的致癌毒性大小。此外，TEQ_{BaP} 与 TEQ_{TCDD} 也呈现出较好的相关性，说明了利用不同的方法评价沉积物致癌多环芳烃的致癌风险时，得出评价结果具有一定的一致性。

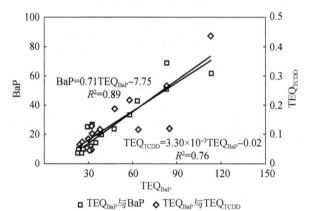

图 3.68　TEQBaP 与 TEQTCDD、TEQBaP 与 BaP 相关关系

3.3.2.2　水环境中多环芳烃的生态风险

由于低环芳烃呈现出较为显著的急性毒性，而高环芳烃则多具潜在致癌性，因此对多环芳烃进行生态风险评价研究已广泛展开。本书将 10 种多环芳烃在水体和沉积物中的浓度值与其相应的质量基准值进行比较，计算得到其风险熵（RQ），以判断其是否具有潜在风险。风险熵的计算方程如下：

$$RQ = \frac{C_{PAHs}}{C_{QV}} \tag{3.16}$$

式中，C_{PAHs} 为环境介质中的多环芳烃浓度；C_{QV} 为相应环境介质中多环芳烃的质量基准值。本书选取了两种基准值：可忽略浓度（NCs）和最大容许浓度（MPCs）。在 NCs 和 MPCs 下，相应风险熵的计算方程如下：

$$RQ_{NCs} = \frac{C_{PAHs}}{C_{QV(Ncs)}} \quad RQ_{MPCs} = \frac{C_{PAHs}}{C_{QV(MPCs)}} \tag{3.17}$$

$RQ_{NCs} < 1.0$ 表示多环芳烃引起的风险可以基本忽略不计；$RQ_{MPCs} > 1.0$ 表示多环芳烃污染已较为严重，必须采取污染控制措施和修复措施；当 $RQ_{NCs} > 1.0$ 且 $RQ_{MPCs} < 1.0$ 时，表示多环芳烃污染处于中度水平，有可能需要采取一些控制或者修复措施。经计算，白洋淀

环境介质中 10 种多环芳烃的风险熵列于表 3.22 中。10 种多环芳烃在水和沉积物中的总 RQ_{MPCs} 分别为 0.21 和 0.02，可见白洋淀水体环境中多环芳烃的风险总体而言处于较低水平。但需要注意的是，水环境介质中的萘、菲、蒽以及沉积物环境介质中的萘、菲、蒽、芴、苯并蒽、苯并［k］荧蒽、苯并芘等的 RQ_{NCs} 值大于 10，因此可能需要采取一定的措施来控制这些污染物。此外，水介质中苯并蒽的 RQ_{MPCs} 值大于 1，说明苯并蒽造成了严重的水污染，必须采取措施加以控制。由此可见，绝大多数风险较大的多环芳烃在主成分分析中，均以鉴明其主要来自煤和焦炭燃烧污染，因此从风险控制出发，非常有必要提高白洋淀地区燃煤效率，或者采取更加清洁的能源取代煤和焦炭。

表 3.22　水体及沉积物中多环芳烃平均风险熵

PAHs	水 /(ng/L)		沉积物 /(μg/kg)		水			沉积物		
	NCs	MPCs	NCs	MPCs	Co	$RQ_{(NCs)}$	$RQ_{(MPCs)}$	Co	$RQ_{(NCs)}$	$RQ_{(MPCs)}$
Na	12	1200	1.4	140	152.83	12.74	0.13	122.50	87.50	0.88
Phe	3	300	5.1	510	69.10	23.03	0.23	113.53	22.26	0.22
Ant	0.7	70	1.2	120	48.27	68.96	0.69	98.38	81.98	0.82
Flu	3	300	26	2 600	43.68	14.56	0.15	62.60	2.41	0.02
BaA	0.1	10	3.6	360	14.32	143.20	1.43	18.56	5.16	0.05
Chry	3.4	340	107	10 700	28.68	8.44	0.08	32.37	0.30	0.00
BkF	0.4	40	24	2 400	5.55	13.88	0.14	4.99	0.21	0.00
BaP	0.5	50	27	2 700	10.64	21.28	0.21	23.00	0.85	0.01
InP	0.4	40	59	5 900	3.64	9.10	0.09	18.84	0.32	0.00
BgP	0.3	30	75	7 500	1.47	4.90	0.05	15.45	0.21	0.00
∑ PAHs	23.8	2 380	329.3	32 930	502.64	21.12	0.21	510.22	1.55	0.02

注：CO- 多环芳烃平均浓度。

参 考 文 献

陈宝梁,朱利中,陶澍 . 2003. 非离子表面活性剂对菲在水／土壤界面间吸附行为的影响 . 环境科学学报,23(1): 1-5.

陈华林,陈英旭,许云台,等 . 2005. 上覆水性质对沉积物吸附有机污染物能力的影响 . 应用生态学报,16(10): 1938-1942.

陈天亿,刘孜 . 1995. 摇蚊虫对底泥中氮、磷释放作用的研究 . 昆虫学报,38: 448-451.

陈伟琪,洪华生,张路平,等 . 2000. 闽江口—马祖海域表层沉积物中有机氯污染物的残留水平与分布特征 . 海洋通报,19(2): 53-55.

丁辉,王胜强,孙津生,等 . 2006. 海河干流底泥中六氯苯残留及其释放规律 . 环境科学,27: 533-537.

窦薇,赵忠宪 . 1998. 白洋淀水体、底泥及鲫鱼体内 DDT、BHC 污染状况研究 . 环境科学学报,18(3): 308-312.

范成新 . 1995. 滆湖沉积物理化特征及磷释放模拟 . 湖泊科学,7(4): 341-350.

高丽,杨浩,周建民 . 2005. 环境条件变化对滇池沉积物磷释放的影响 . 土壤,37(2): 216-219.

花修艺,董德明,宋寒,等 . 2009. 颤蚓生物扰动对不同重金属向沉积物中迁移的影响 . 大连：第五届全国化境化学大会.

贾可欣, 麦碧娴, 盛国英, 等. 2003. 珠江广州河段不同粒径沉积物中多氯联苯 (PCBs) 的分布特征. 地球化学, 32(6): 606-612.

金相灿. 1990. 中国湖泊富营养化. 北京: 中国环境科学出版社.

金相灿, 王圣瑞, 姜霞. 2004. 湖泊水 - 沉积物界面三相结构模式的初步研究. 环境科学研究, 17: 1-5.

黎颖治, 夏北成. 2007. 影响湖泊沉积物 - 水界面磷交换的重要环境因子分析. 土壤学报, 38: 162-166.

李咏梅, 王郁, 林逢凯, 等. 1997. 多环芳烃在天然水体中的自净机理研究 - 沉积物对多环芳烃的吸附过程模拟. 中国环境学报, 17: 208-211.

刘敏, 许世远, 侯立军. 2007. 长江口潮滩沉积物 - 水界面营养盐环境生物地球化学过程. 北京: 科学出版社.

刘冬梅, 姜霞, 金相灿, 等. 2006. 太湖藻对水 - 沉积物界面磷交换过程的影响. 环境科学研究, 19(4): 8-13.

刘素美, 张经, 于志刚, 等. 1999. 渤海莱州湾沉积物 - 水界面溶解无机氮的交换速率. 环境科学, 20(2): 12-16.

刘现明, 徐学仁, 张笑天, 等. 2001. 大连湾沉积物中的有机氯农药和多氯联苯. 海洋环境科学, 20(4): 40-44.

罗雪梅, 刘昌明. 2006. 离子强度对土壤与沉积物吸附多环芳烃的影响研究. 生态环境, 15: 983-987.

秦伯强, 胡维平, 高光, 等. 2003. 太湖沉积物悬浮的动力机制及内源释放的概念性模式. 科学通报, 48: 1822-1831.

施国涵, 马瑞霞, 陈兴昊, 等. 1984. 污水库底泥微生物对六六六降解的研究. 生态学报, 4(4): 328-336.

孙晓杭, 张昱, 张斌亮, 等. 2006. 微生物作用对太湖沉积物磷释放影响的模拟实验研究. 环境化学, 25(1): 24-27.

汪福顺, 刘丛强, 梁小兵, 等. 2003. 贵州阿哈湖沉积物 - 水界面微生物活动及其对微量元素再迁移富集的影响. 科学通报, 48(19): 2073-2078.

汪家权, 孙亚敏, 钱家忠, 等. 2002. 巢湖底泥磷的释放模拟实验研究. 环境科学学报, 22(6): 738-742.

王晓蓉, 华兆哲, 徐菱, 等. 1996. 环境条件变化对太湖沉积物磷释放的影响. 环境化学, 15(1): 15-19.

王义明, 张伟, 梁小兵. 2007. 阿哈湖和洱海沉积物硫酸盐还原菌研究. 水资源保护, 23(5): 9-10, 19.

王郁, 李咏梅, 林逢凯, 等. 1997. 黄浦江底泥对多环芳烃吸附机理的研究. 环境化学, 16: 15-22.

魏中青. 2006. 红枫湖有机氯污染物的生物地球化学. 贵阳: 中国科学院地球化学研究所博士学位论文.

吴启航, 麦碧娴, 彭平安, 等. 2004. 不同粒径沉积物中多环芳烃和有机氯农药分布特征. 中国环境监测, 20(5): 1-6.

许明珠. 2009. 白洋淀水体多环芳烃和有机氯类污染物分布特征及其风险评估. 北京: 北京师范大学硕士学位论文.

尹大强, 覃秋荣, 阎航. 1994. 环境因子对五里湖沉积物磷释放的影响. 湖泊科学, 6(3): 240-244.

余刚, 黄俊, 张彭义. 2004. 持久性有机污染物: 倍受关注的全球性环境问题. 环境保护, (4): 37-39.

詹忠, 杨柳燕, 宋炜, 等. 2007. 微生物对太湖沉积物总磷分布影响研究. 河南科学, 25(5): 839-841.

张元标, 林辉. 2004. 厦门海域表层沉积物中 DDTs, HCHs 和 PCBs 的含量与分布. 台湾海峡, 23(4): 423-428.

张祖麟, 洪华生, 陈伟琪, 等. 2003. 闽江口水、间隙水和沉积物中有机氯农药的含量. 环境科学, 24(1): 117-120.

赵学坤, 杨桂朋, 高先池. 2002. 久效磷在海洋沉积物上的吸附行为. 环境化学, 21: 443-448.

周岩梅, 刘瑞霞, 汤鸿霄. 2003. 溶解有机质在土壤及沉积物吸附多环芳烃有机污染物过程中的作用研究. 环境科学学报, 23(2): 216-233.

朱广伟, 秦伯强, 高光. 2005. 风浪扰动引起大型浅水湖泊内源磷爆发释放的直接证据. 科学通报, 50: 66-71.

朱利中, 马荻荻, 陈宝梁. 2000. 双阳离子有机膨润土对菲的吸附性能及机理研究. 环境化学, 19(3): 256-261.

Achman D R, Brownawell B J, Zhang L. 1996. Exchange of polychlorinated biphenyls between sediment and water in the Hudson River Estuary. Estuaries, 19: 950-965.

Alkhatib E, Castor K. 2000. Parameters influencing sediments resuspension and the link to sorption of inorganic compounds. Environmental Monitoring and Assessment, 65: 531-546.

Alkhatib E, Weigand C. 2002. Parameters affecting partitioning of 6 PCB congeners in natural sediments. Environmental Monitoring and Assessment, 78: 1-17.

Bao S F, Zhao L, Li Z, et al. 2007. Investigation of diet of residents in the city of Beijing. Chinese Food Nutri, (2): 7-11.

Baskaran M, Naidu A S. 1995. 210Pb-derived chronology and the fluxes of 210Pb and 137Cs isotopes into continental shelf sediments, East ChukchiSea, Alaskan Arctic. Geochimica et Cosmochimica Acta, 59: 4435-4448.

Behrends T, Herrmann R. 1998. Partitioning studies of anthracene on silica in the presence of a cationic surfactant: Dependency on pH and ionic strength. Physical Chemical Earth Sciences, 23(2): 229-235.

Bergen B J, Nelson W G, Pruell R J. 1993. Partitioning of polychlorinated biphenyls congeners in the seawater of new Bedford harbor, Massachusetts. Environmental Science and Technology, 27(5): 938-942.

Boers P C M. 1991. The influence of pH on phosphate release from lake sediments. Water Research, 25(3): 309-311.

Bokuniewicz H, McTiernan L, Davis W. 1991. Measurement of sediment resuspension rates in Long Island Sound. Geo-Marine Letter, 11: 159-161.

Bostrom B, Andersen J M, Fleischer S, et al. 1988. Exchange of phosphorus across the sediment-water interface. Hydrobiologia, 170: 229-244.

Bro-Rasmussen F. 1996. Contamination by persistent chemicals in food chain and human health. Science of Total Environment, 188 suppl: 45-60.

Burgess R M, Mckinney R A, Brown W A. 1996. Enrichment of marine sediment colloids with polychlorinated biphenyls: Trends resulting from PCB solubility and chlorination. Environmental Science and Technology, 30(8): 2556-2566.

Cantwell W G, Burgess R M, Kester D R. 2002. Release and phase partitioning of metals from anoxic estuarine sediments during periods of simulated resuspension. Environmental Science and Technology, 36: 5328-5334.

Cantwell W G, Burgess R M. 2004. Variability of parameters measured during the resuspension of sediments with a particle entrainment simulator. Chemosphere, 56: 51-58.

Carvalho F P, Villeneuve J P, Cattini C, et al. 2008. Agrochemical and polychlorobyphenyl(PCB)residues in the Mekong River delta, Vietnam. Marine Pollution Bulletin, 56: 1476-1485.

CCME. 2001. Canadian Council of Ministers of the Environment: 'Canadian Water Quality Guidelines for the

Protection of Aquatic Life: CCME Water Quality Index 1.0',Technical Report, Canadian Council of Ministers of the environment winnipeg, MB, Canada. Available at: http://www.ccme.ca/en/resources/ index.html ［2015-4-9］.

Chen C Y, Pickhardt P C, Xu M Q, et al. 2008. Mercury and arsenic bioaccumulation and eutrophication in Baiyangdian Lake, China. Water Air Soil Pollution, 190: 115-127.

Christophoridis C, Fytianos, K. 2006. Conditions affecting the release of phosphorus from surface lake sediments. Journal of Environmental Quality, 35: 1181-1192.

Ciuta A, Gerino M, Boudou A. 2007. Remobilization and bioavailability of cadmium from historically contaminated sediments: Influence of bioturbation by tubificids. Ecotoxicology. Environment and Safety, 68: 108-117.

Cornelissen C, van Noort P C M, Parsons J R, et al. 1997. Temperature dependence of slow adsorption and desorption kinetics of organic compounds in sediments. Environmental Science and Technology, 31: 454-460.

Covaci A, Tutudaki M, Tsatsakis A M, et al. 2002. Hair analysis: another approach for the assessment of human exposure to selected persistent organochlorine pollutants. Chemosphere, 46: 413-418.

Ding X, Wang X M, Wang Q Y, et al. 2009. Atmospheric DDTs over the North Pacific Ocean and the adjacent arctic region: Spatial distribution, congener patterns and source implication. Atmospheric Environment, 43: 4319-4326.

Doick K J, Burauel P, Jones K C, et al. 2005. Distribution of aged 14C-PCB and 14C-PAH residues inparticle-size and humic fractions of an agricultural soil. Environmental Science and Technology, 39: 6575-6583.

Duport E, Stora G, Tremblay P, et al. 2006. Effects of population density on the sediment mixing induced by the gallery-diffusor Hediste(Nereis)diversicolor O. F. Müller, 1776. Journal of Experimental Marine Biology and Ecology, 336: 33-41.

Feng J L, Yang Z F, Niu J F, et al. 2007. Remobilization of polycyclic aromatic hydrocarbons during the resuspension of Yangtze River sediments using a particle entrainment simulator. Environmental Pollution, 149: 193-200.

Filip J, Bernard B P, Jack J. 2005. Modeling reactive transport in sediments subject to bioturbation and compaction. Geochim Cosmochim Acta, 69: 3601-3617.

Fowler B, Drake J C, Hemenway D, et al. 1987. An inexpensive ater circulation systems for studies of chemical exchange using intact sediments cores. Fresh Water Biology, 17: 509-511.

Fowler S W. 1990. Critical review of selected heavy metal and chlorinated hydrocarbon concentrations in the marine environment. Marine Environment Research, 29: 1-64.

Friedl G, Dinkel G, Wehrli B. 1998. Benthic fluxes of nutrients in the Northwestern Black Sea. Marine Chemistry, 62: 77-88.

Fukuda M, Lick W. 1980. The entrainment of cohesive sediments in fresh water. Geophysics Research, 85: 2813-2824.

Fytianosa K, Voudriasb E, Kokkalis E. 2000. Sorption-desorption behaviour of 2, 4-dichlorophenol by marine sediments. Chemosphere, 40: 3-6.

Gachter R, Meyer J S, Mares A. 1988. Contribution of bacteria to release and fixation of phosphorus in lake sediments. Limnology and Oceanography, 33: 1542-1558.

Gao J P, Maguhn J, Spitzauer P, et al. 1996. Distribution of pesticides in the sediment of the small Teufelsweiher pond(Southern Germany). Water Research, 31: 2811-2819.

Gao J P, Maguhn J, Spitzauer P, et al. 1998. Sorption of pesticides in the sediment of the Teufelsweiher pond(Southern Germany). Ⅰ: Equilibrium assessments, effect of organic carbon content and pH. Water Research, 32(5): 1662-1672.

Gao Y Z, Xiong W, Ling W T, et al. 2006. Impact of exotic and inherent dissolved organic matter on sorption of phenanthrene by soils. Journal of Hazardous Material, 134: 8-18.

Garrad P N, Hey R D. 1987. Boat traffic, sediment resuspension and turbidity in a Broadland river. Journal of Hydrology, 95: 289-297.

Gaudet C, Lingard S, Curton P, et al. 2001. Canadian environmental quality guidelines for mercury. Water,Air & Soil Pollution, 80(1): 1149-1159.

Ghosh U, Gillette J S, Luthy R G, et al. 2000. Microscale location, characterization and association of polycyclic aromatic hydrocarbons on harbor sediment particles. Environmental Science and Technology, 34: 1729-1736.

Ghosh U, Talley J W, Luthy R G. 2001. Particle-scale investigation of PAH desorption kinetics and thermodynamics from sediment. Environmental Science and Technology, 35: 3468-3475.

Gilbert F, Aller R C, Hulth S. 2003. The influence of macrofaunal burrow spacing and diffusive scaling on sedimentary nitrification and denitrification: an experimental simulation and model approach. Journal of Marine Research, 61: 101-125.

Granberg M E, Gunnarsson J S, Hedman J E, et al. 2008. Bioturbation-driven release of organic contaminants from Baltic Sea sediments mediated by the invading polychaete Marenzelleria neglecta. Environmental Science and Technology, 42: 1058-1065.

Gschwend P M, Wu S. 1985. On the constancy of sediment-water partition coefficients of hydrophobic organic pollutants. Environmental Science and Technology, 19: 90-96.

Gunnarsson J S, Hollertz K, Rosenberg R. 1999. Effects of organic enrichment and burrowing activity of the polychaete Neries diversicolor on the fate of tetrachlorobiphenyl in marine sediments. Environmental Toxicology and Chemistry, 18: 1149-1156.

Guo J Y, Zeng E Y, Wu F C, et al. 2007. Organochlorine pesticides in seafood products from southern China and health risk assessment. Environmental Toxicology and Chemistry, 26: 1109-1115.

Haggard B E, Moore P A, DeLaune P B. 2005. Phosphorus flux from bottom sediments in Lake Eucha, Oklahoma. Journal of Environmental Quality, 34: 724-728.

Hantush M M. 2007. Modeling nitrogen-carbon cycling and oxygen consumption in bottom sediments. Advance of Water Research, 30: 59-79.

Hedman J E, Tocca J S, Gunnarsson J S. 2009. Remobilization of PCB from Baltic Sea sediment: Comparing the roles of bioturbation and physical resuspension. Environmental Toxicology and Chemistry, 28(11): 2241-2249.

Hendricks D W, Kuratti L G. 1982. Distribution of organic compounds between mesorporous solids and solurions. Water Research, 16: 829.

Hitch R K, Day H R. 1992. Unusual persistence of DDT in some Western USA soils. Bulletin of Environmental Contamination and Toxicology, 48(2): 259-264.

Hoai P M, Ngoc N T, Minh N H, et al. 2010. Recent levels of organochlorine pesticides and polychlorinated biphenyls in sediments of the sewer system in Hanoi, Vietnam. Environmental Pollution, 158(3): 913-920.

Holdren G C, Armstrong D E. 1980. Factors affecting phosphorus release from intact lake sediment cores. Environmental Science and Technology, 14: 79-87.

Hong H, Xu L, Zhang L, et al. 1995. Evironmental fate and chemistry of organic pollutants in the sediment of Xiamen and Victoria Harbors. Marine Pollution Bulletin, 31: 229-236.

Hu G C, Dai J Y, Mai B X, et al. 2010. Concentrations and accumulation features of organochlorine pesticides in the Baiyangdian Lake freshwater food web of North China. Archives of Environmental Contamination and Toxicology, 58(3): 700-710.

Hu J Y, Wan Y, Shao B, et al. 2004. Occurrence of trace organic contaminants in Bohai Bay and its adjacent Nanpaiwu River, North China. Marine Chemistry, 95: 1-13.

Hu Y D, Bai Z P, Zhang L W, et al. 2007. Health risk assessment for traffic policemen exposed to polycyclic aromatic hydrocarbons in Tianjin, China. Science of The Total Environment, 382: 240-250.

Isabelle S, Alfonso M. 2000. Trace metal remobilization following the resuspension of estuarine sediments, Saguenay Fjord, Canada. Applied Geochemistry, 15: 191-210.

Iwata H, Tanabe S, Sakal N, et al. 1993. Distribution of persistent organochlorines in the oceanic air and surface seawater and the role of ocean on their global transport and fate. Environmental Science and Technology, 27(6): 1080-1098.

Iwata H, Tanabe S, Ueda K, et al. 1995. Persistent organochlorine residues in air, water, sediments, and soils from the Lake Baikai Region, Russia. Environmental Science and Technology, 29: 792-801.

Jacobsen B N, Arvin E, Reinders M. 1996. Factors affecting sorption of pentachlorophenol to suspendedmicrobial biomass. Water Research, 30: 13-20.

Johson W P, Amy G L. 1995. Facilitated transport and enhanced desorption of PAHs by natural organic in aquifer sediments. Environmental Science and Technology, 29: 807-817.

Jumars P A, Nowell A R M. 1984. Effects of benthos on sediment transport: difficulties with functional grouping. Continental Shelf Research, (3): 115-130.

Karickhoff S W, Brown D S, Scott T A. 1979. Sorption of hydrophobic pollutants on natural sediments. Water Research, 13: 241-248.

Karickhoff S W, Morris K R. 1985. Impact of tubificid oligochaetes on pollutant transport in bottom sediments. Environmental Science and Technology, 19: 51-56.

Khim J S, Lee K T, Villeneuve D L, et al. 2001. Trace organic contaminants in sediment and water from Ulsan Bay and its vicinity, Kroea. Archives of Environmental Contamination and Toxicology, 40: 141-150.

Kim Y S, Enu H, Katase T, et al. 2007. Vertical distributions of persistent organic pollutants(POPs)caused from organochlorine pesticides in a sediment core taken from Ariake bay, Japan. Chemosphere, 67: 456-463.

Kortstee G J J, Appeldoorn K J, Bonting C F C, et al. 1994. Biology of polyphosphate-accumulating bacteria involved in enhanced biological phosphorus removal. FEMS Microbiology Reviews, 15: 137-153.

Kumar M, Philip L. 2006. Adsorption and desorption characteristics of hydrophobic pesticide endosulfan in four Indian soils. Chemosphere, 62: 1064-1077.

Kurt W, Helmut G. 2003. Persistent organic pollutants(POPs)in Antarctic fish: levels, patterns, changes. Chemosphere, 53: 667-678.

Latimer L S, Davis W R, Keith D J. 1999. Mobilization of PAHs and PCBs from in-place contaminated marine sediments during simulated resuspension events. Estuarine, Coastal and Shelf Science, 49: 577-595.

Lee K T, Tanabe S, Koh C H. 2001. Distribution of organochlorine pesticides in sediments from Kyeonggi Bay and nearby areas, Korea. Environmental Pollution, 114: 207-213.

Lerat Y, Lasserre P, Corre P. 1990. Seasonal changes in pore water concentrations of nutrients and their diffusive fluxes at the sediment-water interface. Journal of Experimental Marine Biology and Ecology, 135: 135-160.

Li Y E, Barrie L A, Bidleman T F, et al. 1998. Global HCH use trends and their impact on the arctic atmospheric environment. Geophysical Research Letters, 25: 39-41.

Li Y F. 1999. Global technical hexachlorocyclohexane usage and its contamination consequences in the environment: from1948 to 1997. The Science of The total Environment, 232: 121-158.

Li Y F, Li D C. 2004. Global Emission Inventories for Selected Organochlorine Pesticides, Interal Report. Toronto: Meteorological service of Canada.

Lick W. 2006. The sediment-water flux of HOCs due to "diffusion" or is there a well-mixed layer? If there is, does it matter. Environmental Science and Technology, 40: 5610-5617.

Lick W, McNeil J. 2001. Effects of sediment bulk properties on ersion rates. Science of Total Environment, 266: 41-48.

Lin C H M, Pedersen J A, Suffet I H. 2003. Influence of aeration on hydrophobic organic contaminant distribution and diffusive flux in estuarine sediments. Environmental Science and Technology, 37: 3547-3554.

Liu X, Zhang G, Li J, et al. 2009. Seasonal patterns and current sources of DDTs, chlordanes, hexachlorobenzene, and endosulfan in the atmosphere of 37 Chinese cities. Environmental Science and Technology, 43: 1316-1321.

Luijin F V, Boers P C M, Lijklema L, et al. 1999. Nitrogen fluxes and processes in sandy and mudly sediments from a shallow entrophic lake. Water Research, 33(1): 33-42.

Mackay D. 2001. Multimedia Environmental Models: The Fugacity Approach. Boca Raton: CRC Press .

Mackay D, Paterson S. 1991. Evaluation the multimedia fate of organic chemical: A level III fugacity model. Environmental Science and Technology, 25: 427-436.

Mai B X, Fu J M, Sheng G Y, et al. 2002. Chlorinated and polycyclic aromatic hydrocarbons in riverine and estuarine sediments from Pearl River Delta, China. Environmental Pollution, 117(3): 457-474.

Maine M A, Hammerly J A, Leguizamon M S, et al. 1992. Influence of the pH and redox potential on phosphate activity in the Parana Medio system. Hydrobiologia, 228: 83-90.

Martijn A, Bakker H, Schreuder R H. 1993. Soil persistence of DDT, dieldrin, and lindane over a long period. Bulletin of Environmental Contamination and Toxicology, 51: 178-184.

Maruya K A, Risebrough R W, Horne A J. 1996. Partitioning of polycyclic aromatic hydrocarbons between sediments from San Francisco Bay and their porewater. Environmental Science and Technology, 30: 2942-2947.

Marvin C H, Painter S, Charlton M N, et al. 2004. Trends in spatial and temporal levels of persistent organic pollutants in Lake Erie sediments. Chemosphere, 54: 33-40.

Mayer L M, Rossi P M. 1982. Specific surface areas in coastal sediments: relationships with other textural factors. Marine Geological, 45: 241-247.

McNeil J, Taylor C, Lick W. 1996. Measurement of the erosion of undisturbed bottom sediments with depth. Journal of Hydraulic Engineering, 122: 316-324.

Menone M L, Miglioranza K S B, Iribarne O, et al. 2004. The role of burrowing beds and burrows of the SW Atlantic intertidal crab Chasmagnathus granulata in trapping organochlorine pesticides. Marine Pollution Bulletin, 48: 240-247.

Mortimer R J G, Davey J T, Krom M D. 1999. The effect of macrofauna on porewater profiles and nutrient fluxes in the intertidal zone of the Humber estuary. Estuarine, Coastal and Shelf Science, 48: 683-699.

Narbone J F, Djomo J E, Ribera D, et al. 1999. Accumulation kinetics of polycyclic aromatic hydrocarbons adsorbed to sediment by the mollusk corbicula fluminea. Ecotoxicology and Environmental Safety, 42: 1-8.

Nedohin D N, Elefsiniotis P. 1997. The effects of motorboats on water quality in shallow lakes. Toxicological and Environmental Chemistry, 61(1-4): 127-133.

Nkedi-kizza P, Rao P S C, Hornsby A G. 1987. Influence of organic cosolvents on leaching of hydrophobic organic chemicals through soils. Environmental Science and Technology, 21: 1107-1114.

Ocio J A, Brookes P C. 1990. An evaluation of methods for measuring the microbial biomass in soils loffowing recent additions of wheat straw and the characterization of the biomass that develops. Soil Biology and Biochemistry, 22: 685-694.

Panagiotis D S. 1997. Experiments on water-sediment nutrient portioning under turbulent, shear and diffusionconditions. Water Air and Soil Pollution, 99: 411-425.

Pereira W E, Hostettler F D, Rapp J B. 1996. Distribution and fate of chlorinated pesticides, biomarkers and polycyclic aromatic hydrocarbons insediments along a contaminationgradient from a point-source in San Francisco Bay, California. Marine Environmental Research, 41: 299-314.

Perminova I V, Gerchishcheva N Y, Petrosyan V S. 1999. Relationships between structure and binding affinity of humic substances for polycyclic aromatic hydrocarbons: relevance of molecular descriptors. Environmental Science and Technology, 33: 3781-1787.

Piatt J J, Backhus D A, Capel P D. 1996. Temperature-dependent sorption of naphthalene, phenanthrene and pyrone to low organic carbon aquifer sediments. Environmental Science and Technology, (3): 751-760.

Pierard C, Budzinski H, Garrigues P. 1996. Grain-size distribution of polychloribiphenyls in coastal sediments. Environmental Science and Technology, 30: 2776-2783.

Qiu X, Zhu T, Yao B, et al. 2005. Contribution of Dicofol to the current DDT pollution in China. Environmental Science and Technology, 39(12): 4385-4390.

Reible D D, Popov V, Valsaraj K T, et al. 1996. Contaminant fluxes from sediment due to tubificid oligochaete bioturbation. Water Research, 30: 704-714.

Roberts J, Jepsen R, Gotthard D, et al. 1998. Effects of particle size and bulk density on ersion of quartz particles. Journal of Hydraulic Engineering, 124: 1261-1267.

Robertson A P, Leckie J O. 1997. Cation binding predictions of surface complexation models: Effects of pH, ionic strength, cation loading, surface complex and model fit. Journal of Colloid and Interface Science, 188(2): 444-472.

Rockne K J, Shor L M, Young L Y, et al. 2002. Distributed sequestration and release of PAHs in weathered sediment: The role of sediment structure and organic carbon properties. Environmental Science and Technology, 36: 2636-2644.

Roland K. 2006. Persistent organic Pollutants(POPs)as environmental risk factors in remote high-altitude ecosystems. Ecotoxicology and Environmental Safety, 63: 100-107.

Rossi G, Premazzi G. 1991. Delay in lake recovery caused by internal loading. Water Research, 25: 567-575.

Rowe A A, Totten L A, Xie M, et al. 2007. Air-water exchange of polychlorinated biphenyls in the Delaware River. Environmental Science and Technology, 41: 1152-1158.

Schaanning M, Breyholtz B, Skei J. 2006. Experimental results on effects of capping on flux of persistent organic pollutants(POPs)from historically contaminated sediments. Marine Chemistry, 102: 46-59.

Schaffner L C, Dickhut R M, Mitra S, et al. 1997. Effects of physical chemistry and bioturbation by estuarine macrofauna on the transport of hydrophobic organic contaminants in the benthos. Environmental Science and Technology, 31: 3120-3125.

Schneider A R, Porter E T, Backer J E. 2007. Polychlorinated biphenyl release from resuspended Hudson River sediment. Environmental Science and Technology, 41: 1097-1103.

Sengor S S, Spycher N F, Ginn T R, et al. 2007. Biogeochemical reactive-diffusive transport of heavy metals in Lake Coeur d' Alene sediments. Applied Geochemistry, 22: 2569-2594.

Simpson C D, Harrington C F, Cullen W R. 1998. Polycyclic aromatic hydrocarbon contamination in marine sediments near Kitimat, British Columbia. Environmental Science and Technology, 32: 3266-3272.

Span D, Arbouille D, Howa H, et al. 1990. Variation of nutrient stocks in the superficial sediments of Lake Geneva from 1978 to 1988. Hydrobiologia, 207: 161-166.

Stapleton M G, Sparks D L, Dentel S K. 1994. Sorption of pentachlorophenol to HDTMA-clay as a function of ionic strength and pH. Environmental Science and Technology, 28: 2330-2335.

Sujatha C N, Chacho J. 1991. Malathion sorption by sediments from a tropical estuary. Chemosphere, 23: 167-180.

Søndergaard M, Jensen J P, Jeppesen E. 2001. Retention and internal loading of Phosphorus in shallow, eutrophic lakes. The Scientific World, l(1): 427-442.

Tanabe S, Iwata H, Tatsukawa R. 1994. Global contamination by persistent organochlorines and their ecotoxicological impact on marine mammals. Science of the Total Environment, 154(2-3): 163-177.

Tanabe S. 2002. Contamination and toxic effects of Persistent endocrine disrupters in marine mammals and birds. Marine Pollution Bulletin, 45: 69-77.

Tao S, Xu F L, Wang X J, et al. 2005. Organochlorine pesticides in agricultural soil and vegetables from Tianjin, China. Environmental Science and Technology, 39: 2494-2499.

Tengberg A, Almroth E, Hall P. 2003. Resuspension and its effects on organic carbon recycling and nutrient exchange in coastal sediments: In situ measurements using new experimental technology. Journal of Experimental Marine Biology and Ecology, 285-286: 119-142.

Thibodeaux L J, Bierman V J. 2003. The bioturbation-driven chemical release process. Environmental Science and Technology, 37(13): 252-258.

Tremblay L, Kohl S D, Rice J L, et al. 2005. Effects of temperature, salinity, and dissolved substance on the sorption of polycyclic aromatic hydrocarbons to estuarine particles. Marine Chemistry, 96: 21-34.

Tsai C H, Lick W. 1986. A portable device for measuring sediment resuspension. Journal of Great Lakes Research, 12(4): 314-321.

UNEP Chemicals. 2002. Regional reports of the regionally based assessment of persistent toxic substances program. http: //www. chem. unep. ch/pts[2010-12-20].

UNEP Chemicals. 2002. United Nations Environment Programme Chemicals. Regionally Based Assessment of Persistent Toxic Substances: North America Regional Report.

USEPA. 1993. United States of America-Environmental Protection Agency, Provisional guidance for quantitative risk assessment of polycyclic aromatic hydrocarbons. App D Washington D C, USA.

USEPA. 1997. US Environmental Protection Agency. National Sediment Quality Survey. App D Washington D C, USA.

USEPA. 2002. National recommended water quality criteria: 2002 human health criteria calculation matrix. EPA-822-R-02-012. Washington D C, USA.

Valsaraj K T, Verma S, Sojitra I, et al. 1996. Diffusive transport of organic colloids from sediment beds. Journal of Environment Engineering, 8: 722-729.

Voldner E C, Li Y F. 1995. Global uasge of selected Persistent organochlorines. Science of the Total Environment, 201: 160-161.

Walker C H, Hopkin S P, Sibly R M, et al. 1996. Principles of Ecotoxicology. London: Taylor & Francis.

Walker K. 1999. Factors influencing the distribution of lindane and other hexachlorocyclohexanes in the environment. Environmental Science and Technology, 33: 4373-4378.

Wang X C, Zhang Y X, Chen R F. 2001. Distribution and partitioning of polycyclic aromatic hydrocarbons(PAHs) in different size fractions in sediments from Boston Harbor, United States. Marine Pollution Bulletion, 42: 1139-1149.

Weber Jr W J, Kim S H, Johnson M D. 2002. Distributed reactivity model for sorption by soils and sediments. 15. High-concentration co-contaminant effects on phenanthrene sorption and desorption. Environmental Science and Technology, 36: 3625-3634.

Willett K L, Gardinali P R, Sericano J L, et al. 1997. Characterization of the H4IIE rat hepatoma cell bioassay for evaluation of environmental samples containing polynuclear aromatic hydrocarbons. Arch Environ Contam Toxicol, 32: 441-448.

Wurl O, Obbard J P. 2005. Organochlorine pesticides, Polychlorinated biphenyls and polybrominated dipheny ethers in Singapore's coastal marine sediments. Chemosphere, 58: 925-933.

Xu J, Yu Y, Wang P, et al. 2007. Polycyclic aromatic hydrocarbons in the surface sediments from Yellow River, China. Chemosphere, 67: 1403-1407.

Xue N D, Zhang D R, Xu X B. 2006. Organochlorinated pesticide multiresidues in surface sediments from Beijing Guanting reservoir. Water Research, 40: 183-194.

Yousef Y A, Mclellon W M, Zebuth H H. 1980. Changes in phosphorus concentrations due to mixing by motor-boats in shallow lakes. Water Research, 14(7): 841-852.

Zhang G, Andrew P, Alan H, et al. 2002. Sedimentary records of DDT and HCH in the Pearl River Delta, South China. Environmental Science and Technology, 36: 3671-3677.

Zhang Z L, Hong H S, Zhou J L, et al. 2003. Fate and assessment of persistent organic pollutants in water and sediment from Minjiang River Estuary, Southeast China. Chemosphere, 52(9): 1423-1430.

Zhao X K, Yang G P, Gao X C. 2003. Studies on the sorption behaviors of nitrobenzene on marine sediments. Chemosphere, 52: 917-925.

Zhao Z H, Zhang L, Wu J L,et al. 2009. Distribution and bioaccumulation of organochlorine pesticides in surface sediments and benthic organisms from Taihu Lake, China. Chemosphere, 77(9): 1191-1198.

Zhou J L, Hong H, Zhang Z, et al. 2000. Multi-phase distribution of organic micropollutants in Xiamen Harbor, China. Water Research, 34(7): 2132-2150.

Zhou J L, Maskaoui K. 2003. Distribution of polycyclic aromatic hydrocarbons in water and surface sediments from Daya Bay, China. Environmental Pollution, 121(2): 269-281.

Zhou R B, Zhu L Z, Yang K, et al. 2006. Distribution of organochlorine pesticides in surface water and sediments from Qiantang River, East China. Journal of Hazardous Materials, 137(1): 68-75.

第 4 章 | 白洋淀水体中抗生素类污染物的赋存、迁移及风险评估

  作为一类新兴有机污染物，抗生素在水环境体系中不断被检出。这类污染物由于具有"假"持久性并能引起环境菌群抗药性而备受关注。白洋淀作为中国北方一个典型浅水型湖泊，该区具有人为干扰强度大、物理化学要素梯度变化大等特点，是一个典型的环境敏感区和脆弱带。加之淀区内人口众多，水产和家禽养殖业发达，临床和畜禽饲养抗生素使用量大，污染现状不容乐观。更为严重的是白洋淀作为华北平原上最大的淡水湖泊，它在水资源、食品供应和生态环境方面起着非常重要的作用。白洋淀作为重要的水产品供应地，保定和北京成为白洋淀产品主要的销售地，可见，抗生素引起的环境风险不仅在淀区显现，而且容易在周边地区传播和放大。本章以白洋淀作为研究对象，分析了白洋淀多介质中抗生素时空分布特征，掌握了多介质抗生素分配和时空迁移规律，在此基础上对白洋淀水体中抗生素的生态风险进行了评价。

4.1 白洋淀水体中抗生素类污染物的赋存特征

  随着抗生素药物产量和用量的快速增长，它们在环境中的污染问题日益严重，由此产生的环境负效应加剧。水体中抗生素时空分布以及环境风险评价研究已开始成为当今环境科学界所关注的热点之一。我国作为抗生素的生产和使用大国，开展抗生素时空分布规律的研究具有十分重要的意义，这为抗生素的科学管理和污染治理提供了依据。此外，近年来随着膜分离技术，特别是切向超滤（cross flow ultrafiltration，CFUF）技术的兴起，人们逐渐对天然水体组成有了更进一步的认识：天然水体是由自由溶解相（freely dissolved phase）、胶体颗粒相（colloidal particles phase）和悬浮颗粒物（supended particulate matter，SPM）组成的复杂系统（Maskaoui et al.2007，Zhou et al.2007）。但是，当前研究仍习惯沿用过滤方法（如 0.7 μm 的滤膜）来分离天然水体中的颗粒物和传统的"溶解态"，进而研究其内污染物的浓度水平和环境行为（Baker et al.，2012；Duan et al.，2013），胶体颗粒相往往被忽略而囊括在所谓的"溶解态"中进行研究。实际上，这是长期以来对污染物在水环境体系中存在形态的一种误解（Isao et al.，1990；Chin and Gschwend，1991；

Lead and Wilkinson，2006）。因此，本节选择白洋淀这一典型浅水湖泊作为研究平台，对白洋淀水环境中抗生素类药物的赋存特别是在天然胶体颗粒上的分配情况进行研究，了解抗生素的污染现状，全面评价该区域抗生素的环境风险。

4.1.1　抗生素的来源、种类及危害

抗生素类药物投入使用已经有数十年的历史了，主要应用于疾病治疗、家禽饲养、畜牧生产和水产养殖等，其中使用量大、水体含量高、检出频率高的抗生素主要包含四环素类、氟喹诺酮类、磺胺类及大环内酯类，图 4.1 列出了较为典型的抗生素及其化学结构式。与持久性有机污染物（POPs）相比，抗生素类化合物在环境中通常具有较短的降解半衰期。然而由于人类、畜禽养殖和水产养殖的不断使用，抗生素类化合物不断进入环境中，亦表现为"持续存在"的状态，因此将该类污染物称为"假"持久性环境污染物。水环境体系中抗生素的浓度水平多为 ng/L~μg/L 级。表 4.1 总结了我国部分江河和沿海区域环境水体

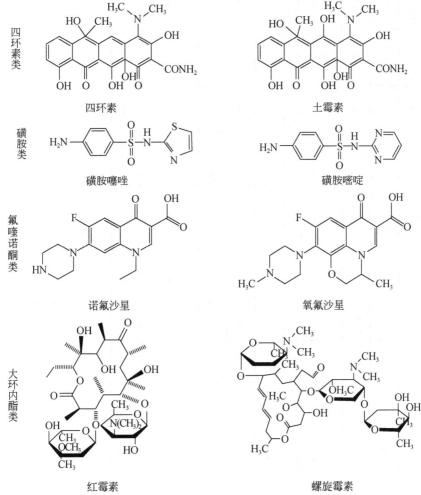

图 4.1　水体环境中典型抗生素的种类及其化学结构式

表 4.1 国内外部分区域水体中抗生素浓度水平

抗生素浓度 /（ng/L）

研究区域	四环素	土霉素	磺胺噻唑	磺胺甲嘧啶	磺胺嘧啶	红霉素	罗红霉素	螺旋霉素	氧氟沙星	诺氟沙星	参考文献
维多利亚港，中国香港	n.a.	n.a.	n.a.	n.a.	n.d.	28.1*	30.6*	n.a.	16.4*	5.2*	徐维海（2007）
珠江，中国南方	n.a.	n.a.	n.a.	n.a.	336*	636*	169*	n.a.	108*	251*	徐维海（2007）
塞纳河，法国	n.a.	n.a.	n.a.	<10	n.a.	n.a.	n.a.	n.a.	<10~55	13~163	Tamtam 等（2008）
格兰德河，美国和墨西哥之间	n.a.	n.d.	n.d.	n.a.	n.a.	n.a.	n.a.	n.a.	n.d.	n.d.	Brown 等（2006）
某匿名河流，日本	n.a.	2~68	n.a.	n.a.	n.d.~0.05	n.a.	n.a.	n.a.	n.a.	n.a.	Matsuia and Ozub（2008）
小山流域，日本	n.a.	n.a.	0.08~6.6	n.a.	n.a.	n.a.	n.a.	n.a.	n.a.	n.a.	Chang 等（2008）
某随机河流，德国	n.d.	n.d.	n.a.	n.d.	n.a.	1700*	n.a.	n.a.	n.a.	n.a.	Hirsch 等（1999）
波河，意大利	n.a.	n.a.	n.a.	n.a.	n.a.	15.9*	n.a.	43.8*	n.a.	n.a.	Castiglioni 等（2004）
养虾池塘，越南	n.a.	n.a.	n.a.	n.a.	n.a.	n.a.	n.a.	n.a.	n.a.	60 000-6 060 000	Le and Munekage（2004）
布里斯班河下游，澳大利亚	n.a.	n.a.	n.a.	n.a.	n.a.	n.a.	n.a.	n.a.	n.a.	n.d.-80	Costanzo 等（2005）

注：n.a.- 未分析；n.d.- 未检出。

* 报道的最大浓度值。

与及其沉积物中检出频率较高的几大类抗生素。环境中持续存在的抗生素不仅可以选择性抑杀一些环境微生物，而且能够诱导一些抗药菌群和抗性基因（ARGs）的产生，从而导致其特殊的生态毒理效应。因此，抗生素的环境行为及生态效应受到了广泛关注。

4.1.2　白洋淀水体中抗生素的赋存特征

白洋淀作为中国北方典型的浅水湖泊其淀区功能分区明显，既有人为活动频繁的村落，又有家禽、渔业养殖点，还有人为干扰较小的自然保护区。所以，选取不同功能区内具有代表性的样点，以反映出不同环境条件对抗生素在水环境中分布的影响。同时，白洋淀区内沉积物底质差异较大，北淀沉积物黏粒较多、质地紧密，南淀有机质含量较多、质地相对松软，含水率较高。不同的沉积物理化学性质可能影响抗生素的迁移行为，这也会影响抗生素在水环境中的分布。此外，白洋淀四季分明，各季节温度及降雨量变化大，加之不同季节抗生素用量差异较大，这些原因可能造成抗生素浓度随季节变化明显。鉴于此，本节以不同功能区为依据，以实测的白洋淀水质、水文／水动力条件、沉积物性质等数据为参考，在白洋淀选取 10 个环境因子差异较大的采样点（S1~S10），分别于 2007 年 7 月（夏）、2007 年 11 月（秋）和 2008 年 4 月（春）分三次在白洋淀区采集表水样品，以获得白洋淀不同季节不同功能区表水中典型抗生素的分布情况，具体的采样点分布如图 4.2 所示。具体的目标抗生素选取化学性质较为稳定、在白洋淀地区使用量较大的 10 种抗生素作为研究对象，包括四环素（TC）、土霉素（OTC）、磺胺噻唑（STZ）、磺胺甲嘧啶（SMZ）、磺胺嘧啶（SDZ）、红霉素（ETM）、罗红霉素（RTM）、螺旋霉素（SRM）、氧氟沙星（OFL）和诺氟沙星（NOR），其物理化学性质见表 4.2。内标物质选用敌草隆 -d_6。

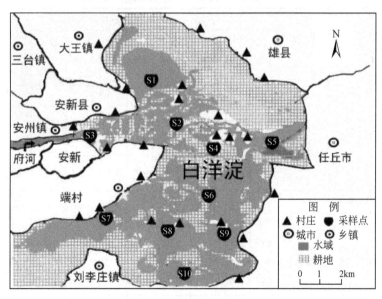

图 4.2　白洋淀采样点位图

表 4.2 本书选取的 10 种抗生素的物理化学性质

抗生素名称	CAS 编号	化学式	相对分子质量	pK_a	logK_{ow}	水溶性 /(mg/L)	类别
四环素	60-54-8	$C_{22}H_{24}N_2O_8$	444	3.3, 7.7, 9.7	−1.3~0.05	230~52 000	四环素类
土霉素	79-57-2	$C_{22}H_{24}N_2O_9$	460	3.3, 7.3, 9.1			四环素类
磺胺噻唑	72-14-0	$C_9H_9N_3O_2S_2$	255	2-3, 4.5-10.6	−1.1~1.7	7.5~1 500	磺胺类
磺胺甲嘧啶	57-68-1	$C_{12}H_{14}N_4O_2S$	278				磺胺类
磺胺嘧啶	68-35-9	$C_{10}H_{10}N_4O_2S$	250				磺胺类
红霉素	114-07-8	$C_{37}H_{65}NO_{12}$	715	7.7~8.9	1.6~3.1	0.45~15	大环内酯类
罗红霉素	80214-83-1	$C_{41}H_{76}N_2O_{15}$	836				大环内酯类
螺旋霉素	8025-81-8	$C_{43}H_{74}N_2O_{14}$	843				大环内酯类
氧氟沙星	82419-36-1	$C_{18}H_{20}FN_3O_4$	361				喹诺酮类
诺氟沙星	70458-94-7	$C_{16}H_{18}FN_3O_3$	319				喹诺酮类

4.1.2.1 水体中抗生素的检测

1）水体样品的采集及前处理

表水样品均采自深水区的表水层，采样深度为 0.5 m，在同一采样点选取具有代表性的 3~4 个点进行混合，同时用便携式 pH 计、ORP 计、DO 和温度计测量水样的 pH、氧化还原电位、溶解氧及温度。表水样品采集使用具有自主专利权的抗扰动分层水采样器，水样采集后用 4 L 棕色瓶盛装，添加叠氮化钠以抑制微生物活性，并将样品置于采样船阴凉处。水样在运回实验室后立即进行预处理或于 −18℃冻存。采样点的位置及表水样品物理化学性质见表 4.3。

表 4.3 白洋淀表水的物理化学性质

采样点	名称	坐标	2007 年 7 月				2007 年 11 月				2008 年 4 月			
			pH	T/℃	DOC/(mg/L)	DO/(mg/L)	pH	T/℃	DOC/(mg/L)	DO/(mg/L)	pH	T/℃	DOC/(mg/L)	DO/(mg/L)
S1	烧车淀	N38° 56′ 22.3″ E 116° 00′ 00″	8.62	23.5	15.45	5.36	9.60	7.2	14.22	12.29	8.25	17.6	12.99	9.74
S2	王家寨	N 38° 55′ 2.3″ E116° 00′ 29.9″	8.85	24.5	14.62	5.52	9.77	7.2	15.33	10.82	8.06	16.6	16.03	8.63
S3	北刘庄	N 38° 54′ 16″ E 115° 53′ 22″	9.22	24.6	15.31	3.79	9.90	7.5	13.57	7.91	7.43	15.8	11.82	4.58
S4	光淀	N 38° 53′ 50.4″ E 116° 1′ 49.2″	9.01	25.0	14.12	7.15	9.70	6.9	12.50	11.52	7.89	16.7	10.87	9.57
S5	枣林庄	N 38° 53′ 10.6″ E 116° 4′ 45.3″	8.40	24.1	14.64	5.05	9.50	5.6	16.01	10.98	8.94	19.5	17.38	13.56
S6	圈头	N 38° 52′ 6.4″ E 116° 0′ 34.6″	8.69	24.0	13.59	4.70	8.80	7.5	11.57	9.76	7.87	18.4	9.55	8.90
S7	端村	N 38° 50′ 50.1″ N 115° 55′ 28.5″	8.67	23.6	12.34	7.45	8.15	7.8	11.30	11.38	8.07	17.8	10.26	11.51

采样点	名称	坐标	2007 年 7 月				2007 年 11 月				2008 年 4 月			
			pH	T/℃	DOC/(mg/L)	DO/(mg/L)	pH	T/℃	DOC/(mg/L)	DO/(mg/L)	pH	T/℃	DOC/(mg/L)	DO/(mg/L)
S8	东田庄	N 38° 50′ 2.8″ E116° 0′ 19.7″	8.85	25.2	12.75	5.20	8.40	8.6	12.82	11.23	7.67	17.9	12.88	10.96
S9	采蒲台	N 38° 49′ 50.0″ E115° 59′ 49.5″	9.27	26.0	10.78	7.50	8.80	8.6	12.47	11.65	7.43	18.2	14.16	10.10
S10	西大坞	N 38° 49′ 20.7″ E 116° 2′ 20.1″	9.50	26.8	13.42	6.40	8.90	8.7	10.14	10.90	7.60	15.7	6.86	13.03

注: T- 水体温度; DOC- 溶解有机碳; DO- 溶解氧。

将 1000 ml 水样通过 0.45 μm 玻璃纤维滤膜过滤,加入 4 ml 5% Na_2EDTA 溶液和 100 ng 内标物质敌草隆 $-d_6$。利用磷酸调节 pH 到 2.0~2.5 范围内。HLB 固相萃取柱预先采用 3×2 ml 甲醇、3×2 ml 盐酸溶液(0.5N)、3×2 ml 超纯水(流速在 1~2 ml/min)分别进行淋洗预处理。连通水样,开启真空泵,控制流速约为 3 ml/min。完成过柱后,用 10 ml 超纯水淋洗 HLB 固相萃取柱,在氮气保护下干燥约 0.5 h。而后用 10 ml 甲醇洗脱抗生素(流速在 1 ml/min),洗脱液收集于玻璃具塞离心管中。洗脱液在室温下用氮气吹扫至近干,用初始流动相定容至 0.2 ml。经 0.45 μm 玻璃纤维滤膜过滤后上机测定。具体流程及萃取装置如图 4.3 所示。

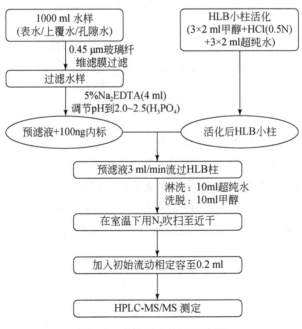

图 4.3 水体样品前处理步骤

2）沉积物样品的采集及前处理

沉积物样品选取在采样点附近具有代表性的 3~4 个点进行混合。表层沉积物的采取使用具有自主专利权的表层沉积物柱状采样器，采样深度为 0~5 cm，样品采集后利用不锈钢小勺剥去表层 1 cm 部分，冷藏运回实验室。沉积物样品经冷冻干燥后，研磨过 100 目不锈钢筛，装入棕色玻璃试剂瓶中 −18 ℃冻存。

取 1g 沉积物放入 50 ml 塑料离心管中，向里加入 20 mlEDTA-McIlvaine 缓冲溶液（pH=4），400 r/min 振荡 20 min，使固液两相充分混合。而后 4000 r/min 离心 20 min，将上层清液经过 0.45 μm 玻璃纤维滤膜过滤，收集滤液。上述操作重复两次。而后按水样净化与富集步骤处理，具体流程如图 4.4 所示。

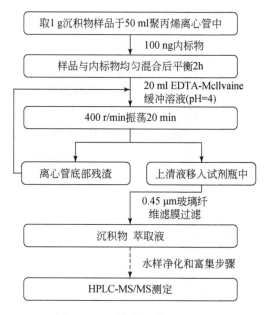

图 4.4　沉积物样品前处理步骤

3）抗生素检测高效液相色谱 - 质谱联用技术

高效液相色谱 - 质谱联用技术（HPLC-MS/MS）兼具高效液相色谱的强分离能力，同时又具有质谱的高灵敏度和极强的定性鉴定能力，是目前检测复杂基质中痕量抗生素发展最迅速的分析手段之一。HPLC-MS/MS 的接口部件为电喷雾离子源（ESI），采用多离子反应检测模式。本节具体的抗生素液质联用检测技术参数列于表 4.4。

表 4.4　抗生素液质联用检测技术参数

抗生素名称	保留时间 /min	前体离子（m/z）	定量粒子（m/z）
四环素	9.73	445	427（100），410（75）
土霉素	9.69	461	426（100），443（30）
磺胺噻唑	13.36	256	156（100），108（16）

抗生素名称	保留时间 /min	前体离子（*m/z*）	定量粒子（*m/z*）
磺胺甲嘧啶	13.82	279	156（100），204（20）
磺胺嘧啶	11.61	251	92（100），108（90）
红霉素	14.12	716	539（100），522（70）
罗红霉素	14.35	837	158（100），697（30）
螺旋霉素	10.09	843	231（100），422（10）
氧氟沙星	9.28	362	318（100），261（10）
诺氟沙星	9.90	320	302（100）

注：括号中为丰度（%）。

环境样品通常较为复杂，即使采用上述淋洗方法之后，仍难以完全去除基质的影响。相对于外标法，内标法的定量结果重复性增强，标准偏差小。因此，本书采用内标法定量，以减弱环境基质对测定结果的影响。研究发现，敌草隆 -d$_6$ 与实验用抗生素的色谱行为和响应特征相似，敌草隆 -d$_6$ 与样品中各类抗生素分离充分，且出峰时间正好处在所有抗生素的中间位置。此外，环境中无敌草隆 -d$_6$ 的存在，不会对测定结果造成影响。鉴于此，本书选用敌草隆 -d$_6$ 作为内标物质，运用相对响应因子（RRF）校正各目标物质的浓度值：

$$RRF = \frac{A_{is}}{A_{ant}} \times \frac{C_{ant}}{C_{is}} \tag{4.1}$$

式中，A_{ant} 为液质检测标准溶液中抗生素的峰面积；C_{ant} 为标准溶液中抗生素的浓度；A_{is} 为标准溶液中内标物的峰面积；C_{is} 为标准溶液中内标物的浓度。检测分析中 RRF 比较稳定，随时间变化小。可见，内标物质敌草隆 -d$_6$ 和相对响应因子为测定环境样品中抗生素的含量提供了一个较为有效的手段。抗生素的定量限和加标回收率分别为：超纯水中 0.1~1.0 ng/L 和 64%~113%，河水中 0.1~1.0 ng/L 和 61%~110%。抗生素在超纯水体中的定量限和回收率结果都比较理想，能够满足研究需要。此外，抗生素土壤和沉积物中的定量限和加标回收率分别为：0.8~3.4 ng/g 和 61%~121%，也能满足实验要求，具体的抗生素在不同水体和沉积物中的定量限和回收率见表 4.5。

表 4.5　抗生素在不同水体和沉积物中的定量限和回收率

抗生素名称	超纯水（*n*=7）			河水（*n*=7）			沉积物（*n*=7）		
	定量限 /（ng/L）	回收率 /%	相对标准偏差 /%	定量限 /（ng/L）	回收率 /%	相对标准偏差 /%	定量限 /（ng/g）	回收率 /%	相对标准偏差 /%
四环素	0.3	91	13.2	1.2	84	14.4	3.4	84	18.4
土霉素	0.5	112	11.4	1.5	117	13.4	3.1	79	17.8
磺胺噻唑	1.0	75	7.8	1.8	71	15.1	1.2	97	16.3
磺胺甲嘧啶	0.4	68	14.1	1.5	71	10.8	0.8	110	13.7

抗生素名称	超纯水 (*n*=7)			河水 (*n*=7)			沉积物 (*n*=7)		
	定量限 /（ng/L）	回收率 /%	相对标准偏差 /%	定量限 /（ng/L）	回收率 /%	相对标准偏差 /%	定量限 /（ng/g）	回收率 /%	相对标准偏差 /%
磺胺嘧啶	0.8	64	8.5	3	61	12.9	0.8	108	7.8
红霉素	0.1	108	7.7	0.4	97	11.3	1.0	121	15.8
罗红霉素	0.2	102	14.9	0.4	108	15.3	0.9	67	21.5
螺旋霉素	0.2	105	11.7	0.5	93	17.7	1.1	61	23.3
氧氟沙星	0.1	113	8.8	0.4	110	13.2	3.1	110	14.2
诺氟沙星	0.1	108	11.7	0.4	101	12.6	1.1	114	11.1

4.1.2.2　抗生素在白洋淀水环境中的赋存特征

诺氟沙星和红霉素是白洋淀表水中的主要抗生素污染物，最高浓度分别为 396.8 ng/L 和 90.0 ng/L，而其他抗生素污染程度较轻，浓度均在 12 ng/L 以下（表 4.6 和图 4.5）。为进一步了解白洋淀表水抗生素的污染水平，将白洋淀表水中抗生素浓度与其他区域进行了比较，表 4.1 列出了国内外部分水体中抗生素的污染状况。在国内，与香港维多利亚港相比，白洋淀表水中的红霉素、磺胺嘧啶浓度略高，罗红霉素和氧氟沙星浓度略低，但是差别不大，浓度水平大致相当。与珠江相比，除诺氟沙星外，白洋淀水体中其他抗生素的浓度明显低于珠江。需要注意的是，白洋淀地区诺氟沙星浓度明显高于上述两个地区，应引起足够重视。国际上报道的四环素、磺胺甲噁唑、红霉素的在表水中的浓度与白洋淀大致相当，而土霉素、磺胺噻唑、螺旋霉素、氧氟沙星在表水中的浓度略高于白洋淀地区。诺氟沙星作为白洋淀表水中检出率最高的抗生素，其浓度远远高于国际上其他地区。整体而言，白洋淀表水中抗生素污染处于中等偏低污染水平。从分析结果来看，抗生素在白洋淀水环境中的分布随抗生素种类、采样季节和采样点的不同存在较大差异，呈现以下规律：

表 4.6　不同季节白洋淀表水中抗生素的浓度水平

抗生素	2007 年 7 月			2007 年 11 月			2008 年 4 月		
	样点数量 * >LOQ	浓度 /（ng/L）		样点数量 * >LOQ	浓度 /（ng/L）		样点数量 * >LOQ	浓度 /（ng/L）	
		最大	平均		最大	平均		最大	平均
四环素	0	nd	nd	0	nd	nd	1	2.4	2.4
土霉素	0	nd	nd	0	nd	nd	1	1.9	1.9
磺胺噻唑	0	nd	nd	0	nd	nd	0	nd	nd
磺胺甲嘧啶	0	nd	nd	0	nd	nd	1	0.6	0.6
磺胺嘧啶	2	1.2	1.1	4	2.4	1.0	4	5.8	1.8
红霉素	0	nd	nd	3	21.7	15.2	10	90.0	15.5
罗红霉素	0	nd	nd	2	3.1	3.0	1	11.9	11.9

抗生素	2007 年 7 月			2007 年 11 月			2008 年 4 月		
	样点数量*>LOQ	浓度 / (ng/L)		样点数量*>LOQ	浓度 / (ng/L)		样点数量*>LOQ	浓度 / (ng/L)	
		最大	平均		最大	平均		最大	平均
螺旋霉素	0	nd	nd	0	nd	nd	1	4.9	4.9
氧氟沙星	0	nd	nd	1	1.5	1.5	1	1.9	1.9
诺氟沙星	2	3.0	2.3	4	42.4	13.3	9	396.8	72.7

注：nd-not detectable，未检出；*每个采样期样点数量为 10 个。

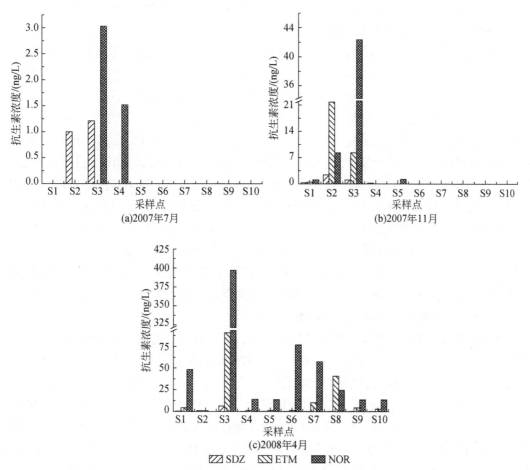

图 4.5　不同季节白洋淀表水中抗生素的浓度水平

1）不同种类抗生素的浓度水平呈现明显差异

对于四环素类抗生素，两种抗生素的检出率和浓度值偏低。两者仅于 2008 年 4 月在一个采样点位以较低浓度检测出（四环素 2.4 ng/L，土霉素 1.9 ng/L）。如此低的检出率和浓度可能与白洋淀地区四环素类抗生素的低使用率有关。市场调研发现，由于北京奥运会临近，四环素类抗生素的使用受到严格控制。此外，四环素类抗生素与土壤结合力强，不容易随水迁移，这也可能是促成环境水体中四环素类抗生素浓度偏低的原因之一（Tolls，

2000）。

三种磺胺类抗生素中，磺胺噻唑未检出，磺胺甲嘧啶仅在 2008 年 4 月以 0.6 ng/L 的低浓度被检测出。磺胺嘧啶在三个采样季节均有检出，但是浓度值偏低（<5.8 ng/L）。这可能是磺胺类抗生素使用量偏低、在生物体内代谢程度高、在环境中降解速率较快等原因造成（Lai and Hou，2008）。三种大环内酯类抗生素在 2007 年 7 月的水样中未被检出，但是在 2007 年 11 月和 2008 年 4 月的样品中检出率和浓度值均有升高趋势，以红霉素最为明显。红霉素在 2007 年 7 月未检出，2007 年 11 月有三个采样点检测出，最高浓度为21.7 ng/L。2008 年 4 月，10 个采样点全部检出，最高浓度达 90.0 ng/L。相比红霉素，罗红霉素和螺旋霉素检出率和浓度值偏低，二者在 2007 年 11 月和 2008 年 4 月仅有 4 个采样点位检出，且浓度值小于 11.9 ng/L。

大环内酯类抗生素在白洋淀表水中的来源一般是医用抗生素在人体内不完全代谢，随人体排泄物进入表水。调查发现，白洋淀地区医药市场上红霉素的消耗量远远大于罗红霉素和螺旋霉素，这可能是造成红霉素检出率和浓度值高于同类药物的原因。

对于喹诺酮类抗生素，诺氟沙星的检出率和浓度远远高于其他抗生素。2008 年 4 月，诺氟沙星的最高浓度值更是高达 396.8 ng/L，平均浓度为 72.7 ng/L。而另一种喹诺酮类药物，氧氟沙星在三个采样季节里，只有两个点位检测出，浓度值分别为 1.5 ng/L 和 1.9 ng/L。诺氟沙星的浓度值偏高可能是由于白洋淀的家禽养殖业普遍使用诺氟沙星作为兽用药以减少家禽发病率，提高肉蛋产量。市场调查发现，兽药市场里诺氟沙星已经成为使用最为普遍的抗生素之一，而氧氟沙星由于价格较高，多用于医用，使用量相对较小。

可见，由于使用量和药物降解速率等原因，白洋淀表水中四环素类和磺胺类抗生素污染较轻。大环内酯类抗生素在表水中存在较为普遍，以医用源为主，其中红霉素浓度最高。喹诺酮抗生素以诺氟沙星为主，浓度非常高，污染严重，主要来源为家禽养殖业。

2）抗生素浓度水平在白洋淀存在季节变化

图 4.5 选取检出率和浓度最高的 3 种抗生素，更为直观地说明季节变化对抗生素浓度水平的影响。在三个采样季节中，所有抗生素的最高浓度值均在 2008 年 4 月测得。其次是 2007 年 11 月，2007 年 7 月测得的浓度值最低。原因可能有以下几点：首先，四月是春季，是我国北方地区的疾病高发期，抗生素使用量大，进入环境中的抗生素量也增多。其次，北方地区 4 月和 11 月温度较低（表 4.3），微生物活性受到抑制，抗生素降解速率较慢，而 7 月是白洋淀地区年平均气温最高的月份，抗生素在环境中的持久性较差。此外，6~8月正值雨季，集中了该区 80% 的降水，雨水的稀释作用降低了抗生素的浓度。虽然，雨水冲刷可从地表、池塘带来一部分抗生素，但是稀释效应占主导地位。最后，由于喹诺酮类和四环素类抗生素容易发生光降解，在自然水环境中浓度呈现明显的季节相关性。7 月阳光充足，降解速率快（Huang et al.，2011），这也促成这两类抗生素在 7 月的浓度偏低。

3）抗生素浓度水平在不同采样点存在明显差异

从图 4.5 可以明显看出，在 3 个采样季节里，S3（北刘庄）都是抗生素浓度最高的点位。采样时发现北刘庄靠近村庄，生活污水排放量大，渔业养殖和家禽养殖业发达。可见，北刘庄的抗生素含量如此之高，可能是高强度的人为活动、密集的渔业、家禽养殖业等诸多原因造成的。此外，北刘庄是府河入淀口，高的抗生素浓度势必来源于上游的排污。

总之，诺氟沙星和红霉素是白洋淀表水中的主要抗生素污染物，最高浓度分别为 396.8 ng/L 和 90.0 ng/L，而其他抗生素污染程度较轻，浓度均在 12 ng/L 以下。通过对比国内外水体中抗生素的浓度，白洋淀表水中抗生素污染处于中等偏低污染水平。从抗生素在白洋淀水环境中的分布随抗生素种类、采样季节和采样点的不同存在较大差异。从抗生素种类上看，由于使用量和药物降解速率等原因，四环素类和磺胺类抗生素污染较轻。大环内酯类抗生素存在较为普遍，以医用源为主，其中红霉素浓度最高。喹诺酮类抗生素以诺氟沙星为主，浓度非常高，主要来源为家禽养殖业。从季节上看，春季浓度最高，主要是由于环境温度低，且正值疾病高发季节，抗生素使用量大。夏季浓度最低，主要是由于微生物活性高，抗生素在环境中持久性差，加之雨水稀释和光降解作用联合影响。从采样点上看，养殖业、生活源排放可能是促成表水存在高浓度抗生素的主要原因。

4.1.3　白洋淀表水中抗生素在不同相态中的赋存

环境水体中存在的胶体颗粒会与污染物结合，进而降低污染物自由溶解态浓度和影响污染物迁移、转化等环境过程和生物有效性。早在 1977 年日本学者就已经注意到水体环境中存在的胶体颗粒（Ogura，1977）。近十几年来随着膜分离技术，特别是切向超滤（cross-flow ultrafiltration，CFUF）技术的兴起，才不断加速了对天然胶体的研究，使得人们对天然胶体颗粒有了更进一步的认识（Maskaoui et al.，2007；Zhou et al.，2007）。本节以不同功能区为依据，以实测的白洋淀水质、水文/水动力条件、沉积物性质等数据为参考，在白洋淀选取具有代表性的 8 个采样点及其入淀河流府河和白沟引河 2 个采样点（S1~S10），具体采样点设置如图 4.6 所示。采样时间为 2013 年 10 月和 2014 年 6 月。各采样点描述及水体和沉积物理化性质见表 4.7。根据白洋淀水体中各种抗生素含量和分配特点（Gong et al.，2012；Cheng et al.，2014a），选择了分属于四环素类、磺胺类和氟喹诺酮类的 6 种抗生素，即四环素（TC）、土霉素（OTC）、磺胺嘧啶（SDZ）、磺胺二甲嘧啶（SMZ）、氧氟沙星（OFL）和诺氟沙星（NOR）作为模型药物，其理化性质见表 4.8。内标物采用 $^{13}C_3$-Caffeine。

4.1.3.1　天然水体的多相分离及抗生素检测

随着分离技术的不断发展，人们对于自然环境中颗粒物质的形态，特别是水环境体系中颗粒物的形态有了更新、更深入的认识。以前在我们的传统概念中，一直存在着这样一个误区，即将 0.45 μm 或 0.7 μm 滤膜孔径作为物质形态的分界线，被截留的物质称为颗粒物，而透过滤膜的物质是溶解态。但是随着研究的不断深入，人们发现介于溶解态和颗粒态之间还存在着这样一类物质，它们具有相对较小的粒径，通过布朗运动可以长时间悬浮于水体中。所以有关学者建议将颗粒物质的形态由原来的两相分类细化为三相分类，在原基础上增加胶体颗粒相（colloidal particles phase）。据此，胶体被国际理论和应用化学联合会（IUPAC）定义为：粒径介于 1nm~1 μm 或分子量处于 1~1000 kDa（1 kDa 约相当于 1 nm）的细颗粒、大分子和分子聚集体（Lead et al.，1997）。因此，传统意义上划分的溶解态包含了胶体颗粒在内，由此得到的水环境体系中各种化学组分的地球化学性质以及与其相互作用的污染物的迁移转化过程的信息往往会产生偏差，因而有必要将胶体颗粒从传统的溶解态中分离出来进行单独研究。

事实上，天然水体中各种污染物的迁移、转化存与胶体颗粒间存在着密切的关系。首先，天然胶体颗粒（1nm~1μm）普遍存在于各种水体并且可以 10^8 数量级计量，是水体中含量丰富的颗粒物（Wells and Goldberg，1991；Kim，1994；Gustafsson and Gschwend，1997），所以胶体不仅影响着水体中光的吸收和散射，而且可以通过絮凝、聚集等影响水体中的各种沉降过程；其次，胶体表面不仅是光化学的反应位，而且可以通过改变其表面特性来控制污染物水体中的多相分配及其迁移转化行为；再者，天然胶体大部分由大分子有机质组成，主要呈有机性质（Benner et al.，1992；Guo et al.，1995），图 4.7 展示了水环境体系中主要的无机胶体和有机胶体简单的粒径分布情况（Lead and Wilkinson，2007）。天然胶体已成为污染物的重要载体，在自由溶解态（freely dissolved phase）和悬浮颗粒物（supended particulate matter，SPM）之间充当"桥梁"，承担着"胶体泵"（colloidal pumping）的作用（Wells and Goldberg，1991）。因此，水体中天然胶体以其特有的理化性质成为了环境化学研究的热点。

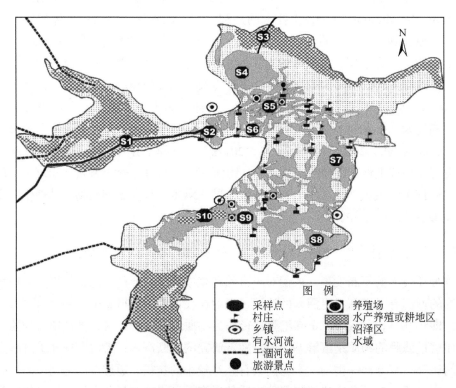

图 4.6　白洋淀采样点位置分布图

表 4.7 白洋淀水体理化性质

位点	经纬度	时间	温度 /℃	溶解氧 / (mg/L)	pH	电导率 (MS/cm)	Ca/ (mg/L)	Mg / (mg/L)	Na / (mg/L)	K/ (mg/L)	TOC/ (mg/L)
府河(FH, S1)	38° 54.245′ N	2013/10/10	20.07	7.36	6.98	1312	89.093	37.769	123.971	19.101	6.29
	115° 55.277′ E	2014/06/24	25.01	5.47	6.00	795	79.835	36.694	98.966	24.922	40.48
北刘庄 （BLZ, S2）	38° 54.268′ N	2013/10/10	19.40	8.56	6.75	932	71.231	32.590	118.755	13.759	6.21
	115° 55.215′ E	2014/06/24	25.17	5.35	5.91	700	53.747	49.489	108.611	11.112	39.98
白沟引河 （BGYH, S3）	38° 59.159′ N	2013/10/10	20.08	11.94	7.78	794	72.154	30.468	102.163	8.710	4.60
	116° 00.940′ E	2014/06/24	25.26	5.55	6.08	884	78.200	38.419	104.007	24.279	18.35
烧车淀 （SCD, S4）	38° 56.598′ N	2013/10/11	20.99	8.31	7.31	1629	69.537	32.477	116.856	9.676	3.82
	115° 59.966′ E	2014/06/25	25.57	7.12	5.83	555	57.403	41.831	89.222	10.620	26.62
王家寨外 （WJZW, S5）	38° 54.432′ N	2013/10/11	20.22	6.55	6.85	1757	65.066	33.253	124.326	10.613	5.38
	115° 59.516′ E	2014/06/25	26.63	4.18	5.89	1093	49.387	41.687	159.209	14.828	27.51
王家寨 （WJZ, S6）	38° 54.944′ N	2013/10/11	20.59	7.76	6.78	1575	61.284	32.876	103.003	6.273	6.93
	115° 59.897′ E	2014/06/25	26.20	5.76	5.93	583	44.325	49.598	126.159	9.781	30.37
圈头 （QT, S7）	38° 51.293′ N	2013/10/11	21.31	7.55	7.29	1989	56.915	42.459	124.129	9.606	9.53
	115° 01.562′ E	2014/06/25	26.99	4.53	5.96	1261	27.011	34.756	85.982	7.503	32.74
采蒲台 （CPT, S8）	38° 49.582′ N	2013/10/11	21.66	7.52	7.32	2031	63.119	50.448	122.514	10.555	10.87
	115° 00.573′ E	2014/06/25	26.03	4.64	5.98	1279	51.653	40.563	86.095	7.770	33.11
端村外 （DCW, S9）	38° 50.854′ N	2013/10/11	20.13	6.90	7.16	2098	55.917	38.303	135.686	13.687	10.72
	115° 57.387′ E	2014/06/25	25.79	4.94	5.85	1485	56.110	43.564	87.921	12.845	38.01
端村 （DC, S10）	38° 50.840′ N	2013/10/11	21.25	6.41	7.15	2241	49.694	35.117	140.909	15.572	11.35
	115° 56.910′ E	2014/06/25	27.08	5.49	6.00	1522	53.872	43.846	174.557	16.059	40.78

表 4.8 所选择典型抗生素理化性质及主要用途

分类	抗生素	结构	CAS No.	pK_a	$\mathrm{Log}K_{ow}$	水溶性 /(mg/L)	主要用途
四环素类 (TCs)	土霉素 (OTC)		79-57-2	3.3/7.3/9.1	−1.22	1 000	人类、牛、羊、猪
	四环素 (TC)		60-54-6	3.3/7.7/9.7	−1.33	230~52 000	人类、牛、羊、猪
磺胺类 (SAs)	磺胺二甲嘧啶 (SMZ)		57-68-1	2.65/7.65	0.14	1 500	人类、猪、牛、鸭
	磺胺嘧啶 (SDZ)		68-35-9	6.36	−0.09	77	人类、猪、牛、鸭、鸡
氟喹诺酮类 (FQs)	诺氟沙星 (NOR)		70458-96-7	6.22/8.51	−1.0~1.7	400~161 000	人类、鱼、牛、猪
	氧氟沙星 (OFL)		82419-36-1	6.10/8.28	−0.02	28 300	人类

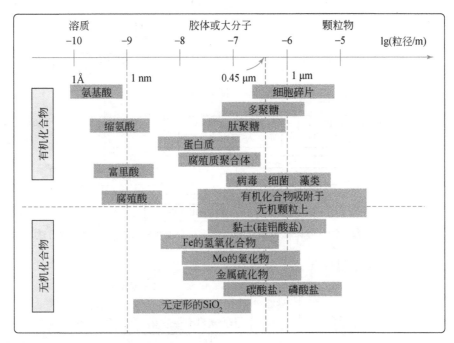

图 4.7　不同类型环境胶体颗粒的粒径分布（Lead and Wilkinson，2007）

1）悬浮颗粒物的分离

采集水面下 0.5 m 深处的表水样，同时用多功能水质仪现场监测 pH、溶解氧（DO）、水温和电导率等水质参数。水样运回实验室后立即采用经灼烧处理并称重的 0.7 μm 玻璃纤维滤膜进行过滤，滤膜截留的颗粒物即为水样中存在的悬浮颗粒物（SPM，粒径 > 0.7 μm），过滤后的水样即为传统"溶解态"（粒径 < 0.7 μm）。使用前滤膜需在马弗炉中灼烧 5 h（450 ℃）方可使用。富集 SPM 的滤膜经冷冻干燥后称重并减去滤膜本身重量得到 SPM 的干重，并计算 SPM 在水体中的浓度。溶解态溶液部分经切向超滤提取胶体，另外一部分于密封避光的容器中冻存（-18 ℃）。

2）胶体颗粒相的分离

上述溶解态溶液经切向超滤系统（Millipore Pellicon 2）配 1 kDa 的 PLAC 再生纤维素超滤膜包进行切向超滤得到胶体颗粒相（截留液，粒径介于 1 kDa~0.7 μm）和自由溶解相（透过液，粒径 < 1 kDa）（Maskaoui et al.，2007；Wilding et al.，2005；Wilding et al.，2004），具体的多相分离过程和切向超滤过滤原理分别如图 4.8 和图 4.9 所示。因此本节研究中所指胶体为能透过 0.7 μm 滤膜且被 1 kDa 超滤膜截留的细颗粒，上限略小于 1 μm 的胶体定义上限，其原因主要是考虑到与以往研究保持一致性，便于实验结果间的比较。根据参考文献，超滤选取体积浓缩因子（VCF）为 10，同时考虑空白和质量平衡等对该分离方法进行优化，进而得到适宜于水体中胶体分离的方法（Zhou et al.，2007；Wilding et al.，2005；Wilding et al.，2004）。

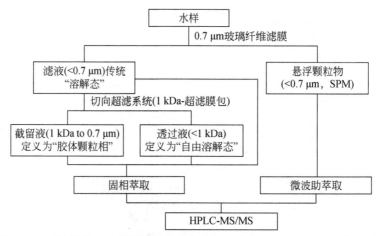

图 4.8　悬浮颗粒物、胶体颗粒相和自由溶解相分离步骤及其抗生素萃取方法

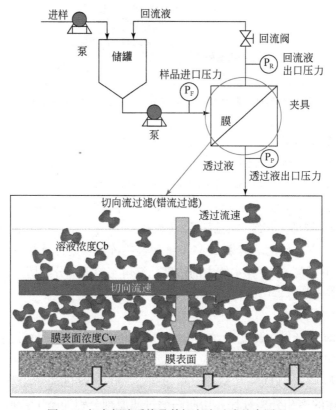

图 4.9　切向超滤系统及其切向流过滤基本原理

　　分离结束后，胶体颗粒相和自由溶解相样品 −18℃冻存。此外，相同体积的胶体颗粒相和对应的自由溶解相同时进行冷冻干燥（Sigleo and Macko，2002），称重后通过式（4.2）计算胶体在天然水体中的含量：

$$C_{colloid} = \frac{m_r - m_p}{V \times VCF} \tag{4.2}$$

　　式中，m_r 为冷干后胶体颗粒相重量；m_p 为冷干后自由溶解相重量；V 为冷干溶液体积；

VCF 表示体积浓缩因子（VCF=10）。

所有液体样品（溶解态、胶体颗粒相和自由溶解相）都进行总有机碳（TOC）分析（Shimadzu TOC-VCPH/CPN，日本）和主要金属元素（Mg、Ca、Na、K、Fe）含量分析（ICP-OES：Spectro Arcos，德国）（Zheng，2004）。然后根据式（4.3）计算天然胶体中有机碳或者金属元素的含量：

$$C = \frac{C_r - C_p}{VCF \times C_{colloid}}$$ （4.3）

式中，C 为天然胶体上有机碳或者金属元素含量；C_r 和 C_p 分别为回流液和透过液中有机碳或者金属元素含量；VCF 为体积浓缩因子（VCF = 10）；$C_{colloid}$ 为天然水体中胶体颗粒含量。

为了考察切向超滤过程中超滤膜对抗生素吸附损失情况，按照 Liu et al（2005）提供的方法测试了静态条件和切向超滤运行过程中抗生素质量平衡情况。静态测试选用小片 1 kDa 再生纤维素超滤膜（Millipore，PLAC）浸入装有 2 L 不同水体（超纯水，河水和海水）且添加目标抗生素（500 ng/L）的棕色试剂瓶中，密封磁力搅拌条件下定时采样，历时 48 h，经固相萃取（参考水样处理方法）后采用 LC-MS/MS 检测抗生素随时间变化的情况；配制上述相同测试液，在切向超滤系统中循环运行 8 h，检测起始液和终止液中抗生素浓度变化情况。如图 4.10 所示，静态条件下，整个过程抗生素回收率都较高，其变化范围为 75%~125%，可以认为切向超滤过程中玻璃容器和超滤膜吸附损失可以忽略。切向超滤循环测试质量平衡计算结果见表 4.9，抗生素拥有为较好的回收率，其中在超纯水中加标回收率范围为 85.7%~120%，河水中为 58.9%~107%，海水中为 64.4%~128%。

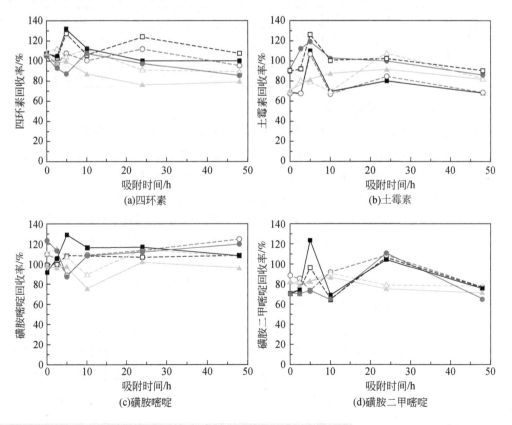

(a)四环素 (b)土霉素 (c)磺胺嘧啶 (d)磺胺二甲嘧啶

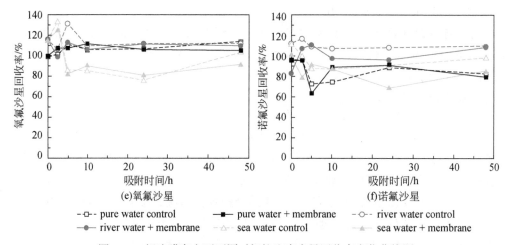

图 4.10　超滤膜存在下不同时间抗生素含量回收率变化曲线图

表 4.9　CFUF 操作系统对抗生素的质量平衡

类型	浓度变化	四环素	土霉素	磺胺嘧啶	磺胺二甲嘧啶	氧氟沙星	诺氟沙星
超纯水	起始浓度 /（ng/L）	773 ± 125	440 ± 28.3	639 ± 7.2	381 ± 149	1281 ± 175	823 ± 39.3
	终止浓度 /（ng/L）	643 ± 11.4	410 ± 6.2	766 ± 20.1	392 ± 74.1	1091 ± 97.3	786 ± 28.3
	质量平衡 /%	85.7 ± 15.3	93.7 ± 7.3	120 ± 4.4	112 ± 24.6	87.8 ± 19.6	95.9 ± 7.9
河水	起始浓度 /（ng/L）	1044 ± 87.6	576 ± 50.2	815 ± 155	332 ± 80.1	1006 ± 234	951 ± 31.3
	终止浓度 /（ng/L）	1055 ± 1.2	581 ± 5.4	872 ± 28.3	309 ± 2.7	718 ± 19.7	561 ± 12.2
	质量平衡 /%	102 ± 8.5	102 ± 9.7	107 ± 23.9	93.1 ± 4.3	71.4 ± 10.1	58.9 ± 15.0
海水	起始浓度 /（ng/L）	721 ± 84.7	452 ± 40.3	627 ± 95.1	249 ± 37.3	1330 ± 286	886 ± 85.9
	终止浓度 /（ng/L）	912 ± 2.1	518 ± 12.4	587 ± 19.1	264 ± 53.2	1185 ± 213	571 ± 26.1
	质量平衡 /%	128 ± 15.4	115 ± 7.5	93.6 ± 4.1	106 ± 13.2	89.1 ± 10.5	64.4 ± 11.8

3）不同相态中抗生素的检测

水体样品（包括溶解态、胶体颗粒相和自由溶解相）前处理方法参见 4.1.1 节关于水体样品中抗生素的处理方法。悬浮颗粒物（SPM）前处理过程在参考文献 Liu 等（2004）及 Maskaoui 和 Zhou（2010）的基础上略作改进。将富集有 SPM 的玻璃纤维滤纸粉碎后放入高压反应罐中，添加内标物（$^{13}C_3$-Caffeine）100 ng 充分混合 4 h 后，加入萃取溶剂 20 ml 甲醇密封后置于微波溶剂萃取系统。萃取过程为：0~7 min，匀速升温至 110 ℃；7~15 min，保持 110 ℃恒温；15~45 min，冷却至室温。打开反应罐，将上清液经 0.45 μm 滤膜过滤后转入旋蒸瓶中。然后再分别用 10 ml 甲醇洗涤三次，同样经过滤一并转入旋蒸瓶中。然后用旋转蒸发仪将旋蒸瓶内甲醇大量旋出后（体积 ≤ 10 ml），转入带刻度试管中氮吹至 50 μl，加 150 μl 流动相定容至 200 μl，置于 2 ml 棕色进样瓶中以备抗生素检测。

本节中不同相态中抗生素检测同样采用 HPLC-MS/MS，采用电喷雾离子源（ESI），分析物在正离子扫描下以多反应监测模式（MRM）进行。具体质谱条件和检测谱图分别列于表 4.10 和图 4.11 中。抗生素在河水和 SPM 中加标回收率和方法定量限见表 4.11。在河水和 SPM 中回收率变化范围分别为 68%~102% 和 65%~92%。河水中定量限为 1.3~3.7

ng/L，SPM 中定量限为 1.2~3.6 ng/g。总体来看，抗生素在河水和 SPM 中定量限和回收率结果都较理想，能够满足需要。

表 4.10　6 种抗生素和 1 种内标物的质谱优化条件

抗生素	保留时间（min）	母离子质荷比（m/z）	子离子质荷比（m/z）	去簇电压（V）	碰撞能量（eV）	入口电压（V）	碰撞室入口电压（V）
四环素	5.66	445	410*/427	40.8	26	3.0	23
土霉素	5.59	461	426*/443	53	28	4.0	25
磺胺嘧啶	6.14	251	92.1*/155.9	41	36	4.0	20
磺胺二甲嘧啶	6.80	279	186.1*/124.2	47	23	4.0	21
氧氟沙星	5.37	362	261*/318	53	36	5.0	27
诺氟沙星	5.37	320	302*/233	51	29	4.0	24
$^{13}C_3$-Caffeine	6.04	198.2	140.2*/112.1	41	23	4.0	17

* 量化离子。

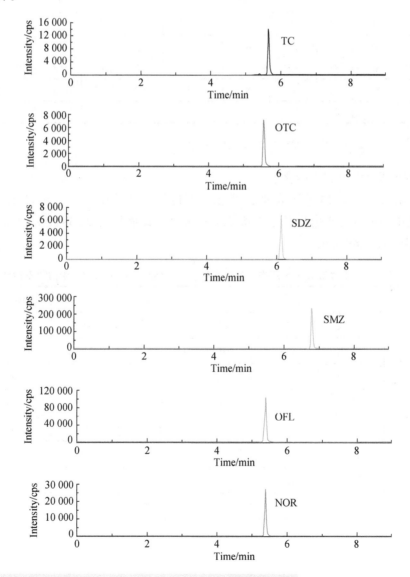

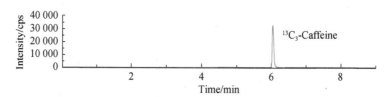

图 4.11　抗生素和内标混合标准溶液的色谱图

注：TC- 四环素；OTC- 土霉素；SDC- 磺胺嘧啶；SMZ- 磺胺二甲嘧啶；OFL- 氧氟沙星；NOR- 诺氟沙星。

表 4.11　抗生素的在河水和悬浮颗粒物中的定量限和回收率

抗生素	河水					悬浮颗粒物				
	加标 /（ng/L）		回收率 /%		LOQ/（ng/L）	加标 /（ng/g）		回收率 /%		LOQ/（ng/L）
	10	50	100	500		10	50	100	500	
四环素	85	83	86	102	1.6	72	79	85	80	3.6
土霉素	78	84	78	88	1.3	67	71	71	83	3.3
磺胺嘧啶	68	76	81	85	3.7	68	75	79	84	1.6
磺胺二甲嘧啶	80	85	92	92	3.2	77	84	88	92	1.6
氧氟沙星	83	84	84	85	1.5	69	65	75	79	1.2
诺氟沙星	80	84	85	87	1.5	83	85	90	90	3.3

4.1.3.2　抗生素在表水不同相态中的分布

1）抗生素在溶解态中的含量

如表 4.12 所示，白洋淀表水过滤相（即传统的"溶解态"）中抗生素检出率为 100%，其中四环素类变化范围为 2.08~220.16 ng/L，磺胺类为 2.23~1198.12 ng/L，氟喹诺酮类为 2.86~3107.68 ng/L。

表 4.12　白洋淀表水溶解态、悬浮颗粒物、胶体相和自由溶解相中抗生素浓度

不同相态		四环素	土霉素	磺胺嘧啶	磺胺二甲嘧啶	氧氟沙星	诺氟沙星
溶解态 /（ng/L）	平均值	17.43	29.67	292.80	108.08	57.04	376.39
	最大值	85.92	220.16	1 198.12	621.45	376.80	3 107.68
	最小值	2.08	4.39	4.32	2.23	2.86	12.6
	中值	9.83	14.37	242.59	43.11	19.34	189.48
悬浮颗粒物 /（ng/g，dry wt）	平均值	17.35	10.67	15.41	19.13	23.62	50.32
	最大值	67.11	37.25	143.66	75.01	51.39	180.08
	最小值	2.58	<LOQ	1.56	1.48	7.41	7.41
	中值	10.42	7.64	5.09	13.99	23.79	39.92

不同相态		四环素	土霉素	磺胺嘧啶	磺胺二甲嘧啶	氧氟沙星	诺氟沙星
胶体相 / (ng/g, dry wt)	平均值	296.60	841.64	3 072.75	805.75	366.82	2 901.17
	最大值	1 011.45	5 476.93	27 414.48	3 662.91	2 092.18	22 036.32
	最小值	58.33	53.79	18.70	10.23	13.22	22.53
	中值	206.37	634.99	984.50	112.74	236.63	659.85
自由溶解相 /(ng/ L)	平均值	12.53	19.10	214.88	86.54	45.81	231.36
	最大值	69.45	178.75	606.53	541.37	313.47	1 640.59
	最小值	<LOQ	1.61	3.93	<LOQ	1.75	5.99
	中值	6.08	6.48	181.74	21.97	16.14	142.37

注：LOQ 为定量限。

与 2007~2008 年监测到的白洋淀水体中抗生素含量水平（表 4.6）相比，2013~2014 年白洋淀水体中三类抗生素含量水平均有明显提高，较 6 年前提升了 5(诺氟沙星)~163(磺胺嘧啶) 倍。对比文献报道，对于磺胺二甲嘧啶和诺氟沙星较 3~5 年前也提升了 10 余倍（Cheng et al., 2014a; Li et al., 2012）。表明随着当地经济和人民生活水平的不断提高，畜牧生产、水产养殖在不断扩大，磺胺类和氟喹诺酮类抗生素在这几年的使用量也在不断地增加（Cheng et al., 2014a; Li et al., 2012; Zou et al., 2011; Yang, 2013; Fabinyi and Liu, 2014）。然而，对于四环素类抗生素含量水平（土霉素平均含量 29.67 ng/L；四环素 平均含量 17.43 ng/L）较 6 年前（土霉素 nd~1.9 ng/L；四环素 nd~2.4 ng/L）有明显的提高，却在持平的同时较 3 年前略有减少（土霉素平均含量 27.17 ng/L；四环素平均含量 25.95 ng/L）（Cheng et al., 2014a）。四环素类抗生素作为一种多年前广泛用于人类疾病治疗和畜牧生产的药物，由于耐药性不断出现限制了该类药物的使用，近几年来逐渐被其他类型抗生素所取代（Zou et al., 2011），白洋淀水体中四环素类抗生素含量水平变化情况恰好证明了这一点。

对于溶解态，抗生素含量空间分布呈现出显著差异性 [$p<0.05$，图 4.12 (a)]。S10 作为抗生素污染最严重的区域，6 种抗生素总平均浓度（TAC）水平最高可达 2961.23 ng/L。S10 位于淀区水产养殖和牲畜、家禽饲养最繁盛的端村（图 4.7），其抗生素含量水平高无疑是牲畜、家禽饲养污水排放和水产养殖直接引入水体造成的。与此同时，S9 和 S8 位于 S10 外围，随着距 S10 距离不断增加抗生素含量水平呈现一个明显的降低趋势，6 种抗生素总平均浓度从 2961.23 ng/L 降到了 396.60 ng/L（图 4.7），也进一步证实了畜牧水产养殖作为白洋淀抗生素潜在污染源的可能性（Shi et al., 2012; Cheng et al., 2014b）。S1 抗生素总平均浓度为 1367.11 ng/L，S3 为 874.47 ng/L，抗生素含量较淀内除去 S10 外其他采样点（TAC，313.36~764.98 ng/L）要高。S1 和 S3 布设于府河和白沟引河下游，其抗生素含量高主要归因于城市和沿河村庄生活污水及养殖废水的大量排放（Li et al., 2012; Dai et al., 2013）。此外，S6（TAC，764.98 ng/L）抗生素含量高可能与此点位于白洋淀

著名旅游景点，人口密度大，生活污水排放量大有关。

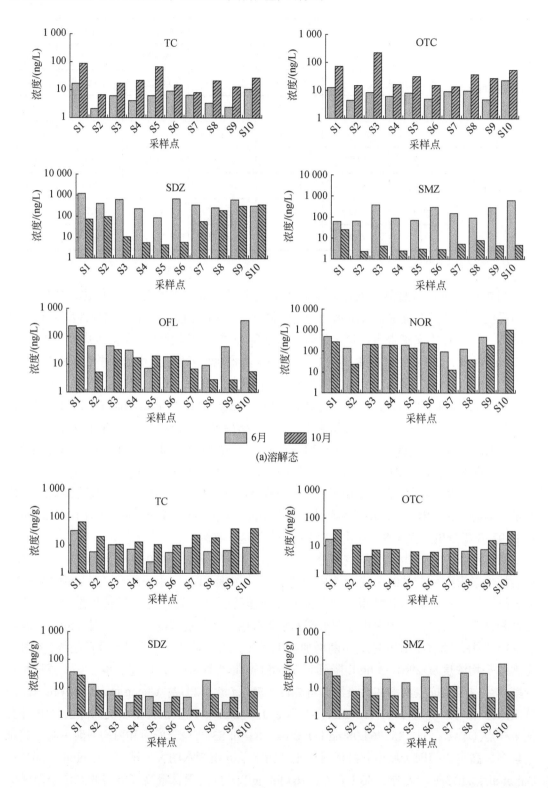

(a)溶解态

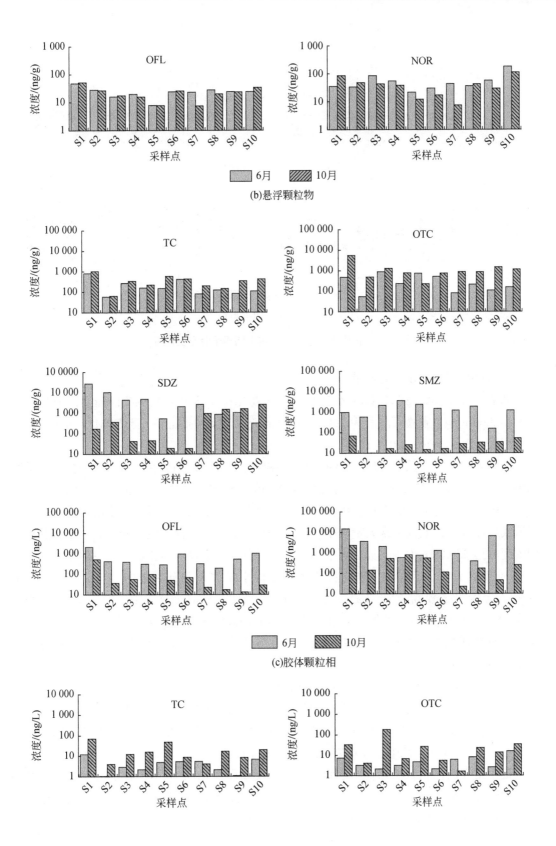

(b)悬浮颗粒物

(c)胶体颗粒相

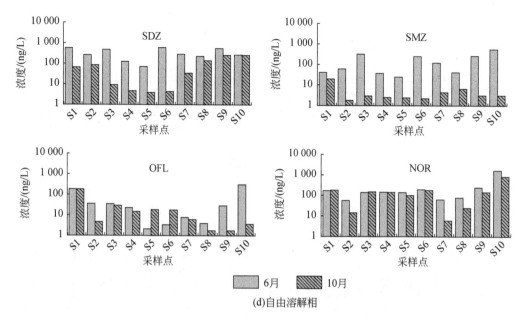

图 4.12　抗生素在白洋淀表水不同相中时空变化特征

2）抗生素在 SPM 中的含量

如表 4.12 所示，SPM 上四环素类抗生素变化范围为 < LOQ~67.11 ng/g，磺胺类为 1.48~143.66 ng/g，氟喹诺酮类为 7.41~180.08 ng/g，与文献报道中关于 SPM 上抗生素含量水平相近（Stein et al.，2008）。

如图 4.12（b）所示，SPM 空间分布趋势与溶解态变化趋势相一致，6 种抗生素最高总平均浓度水平为 339.81 ng/g，出现在 S10，该点 SPM 上抗生素含量高主要归因于以下两个方面：一是抗生素的大量使用，二是高密度水产养殖加上行船过程中的物理搅动。进而造成悬浮颗粒物上抗生素大量吸附。S1 点 SPM 上抗生素含量也处于较高水平，其总平均浓度可达 250.88 ng/g。其原因可能与保定市及其府河沿岸乡村排放污水中附带高含量抗生素的 SPM 有关，已有许多研究报道证明了污水排放中含有大量的 SPM，且 SPM 上抗生素含量水平较高（Maskaoui and Zhou，2010；Nie et al.，2014）。其他 8 个采样点（S2~S9）上四环素类抗生素变化范围为 < LOQ~39.13 ng/g，磺胺类为 1.48~35.67 ng/g，氟喹诺酮类为 7.41~84.17 ng/g。其在各点上变化较相似也表明了沉积物对抗生素潜在的吸附性能。

3）抗生素在胶体颗粒相和自由溶解相中的含量

溶解态经切向超滤系统（CFUF）进一步分离为胶体颗粒相和自由溶解相。六种抗生素在胶体颗粒相中含量变化为 10.23~27 414 ng/g（平均值为 1381 ng/g），自由溶解相中为 < LOQ~1641 ng/L（平均值为 101.70 ng/L）（表 4.12）。

抗生素在胶体颗粒相和自由溶解相分布情况如图 4.12（c）~图 4.12（d）所示，其中磺胺嘧啶和诺氟沙星是主要组成。其他 4 种抗生素含量在胶体颗粒相和自由溶解相中所占总平均浓度小于 10% 和 15%。同溶解态相似，胶体颗粒相中总平均含量较高的采样点为

S1（28 095 ng/g）和 S10（14 643 ng/g），较低的总平均含量出现在 S5（3130 ng/g）和 S8（3173 ng/g）。与 SPM 上抗生素含量水平相比，胶体颗粒相较其高出了 10~239 倍，也充分证明了天然胶体颗粒较悬浮颗粒物为更强的吸附剂（Maskaoui and Zhou，2010）。自由溶解相抗生素空间变化趋势同其他水样相似，6 种抗生素总平均浓度变化范围为 222 ng/L（S4）~1963 ng/L（S10）。

另外，为了评价切向超滤系统对天然胶体的分离效果，利用式（4.4）对有机碳和抗生素回收率进行了计算（Nie et al.，2014）：

$$Recovery(\%) = \frac{C_p + C_r}{C_{initial}} \times 100 \qquad (4.4)$$

式中，C_p、C_r 分别为透过液和回流液中目标物质浓度，$C_{initial}$ 为预滤液中目标物质浓度。有机碳回收率变化范围为 74.66%~138.52%（平均值为 94.67%）。四环素、土霉素、磺胺嘧啶、磺胺二甲嘧啶、氧氟沙星和诺氟沙星的回收率变化范围分别为 67.90%~94.02%、72.15%~93.13%、77.63%~97.43%、79.28%~115.06%、70.16%~96.57% 和 50.66%~86.42%，平均回收率分别为 82.4%、83.62%、90.08%、92.12%、88.62% 和 76.95%。较高的有机碳和抗生素回收率表明本书所采用的切向超滤系统对天然胶体分离效果可以满足实验需要。

4.1.3.3 各相中抗生素的季节变化

1）溶解态中抗生素的季节变化

如图 4.12（a）所示，溶解态中除四环素类抗生素外，磺胺类和氟喹诺酮类抗生素 10 月浓度水平明显低于 6 月。其中磺胺类抗生素各采样点 6 月总浓度水平是 10 月的 2~112 倍，特别是磺胺二甲嘧啶 6 月总含量水平是 10 月的 135 倍之高。氟喹诺酮类也是如此，6 月总浓度水平是 10 月的 2~6 倍。相反，对于四环素类抗生素，10 月总浓度水平（6.57~220.16 ng/L）较 6 月（2.08~23.04 ng/L）高出了 1~16 倍。抗生素季节变化规律主要受抗生素使用及白洋淀实际情况影响（Cheng et al.，2014a；Dai et al.，2013）。

2）SPM、胶体颗粒相和自由溶解相中抗生素的季节变化

如图 4.12（b）~图 4.12（d）所示，SPM、胶体颗粒相和自由溶解相中抗生素季节变化趋势与溶解态相似。对于自由溶解相，磺胺类和氟喹诺酮类抗生素在 6 月监测浓度高于 10 月。特别是对于磺胺类，其 6 月浓度水平较 10 月高出 2~129 倍 [图 4.12（d）]。相反，四环素类抗生素 10 月含量水平较 6 月最高出 85 倍。正如溶解态，自由溶解相中抗生素季节变化差异也势必与抗生素使用量的变化和抗生素的理化及生物特性（光解和生物降解）有着紧密的关系（Cheng et al.，2014a）。

对于 SPM 和胶体颗粒相，磺胺类和氟喹诺酮类抗生素在 6 月浓度水平较 10 月分别高出了 1~15 和 1~120 倍；相反，四环素类抗生素较高浓度出现在 10 月 [图 4.12（b）和图 4.12（c）]。固体相（SPM 和胶体颗粒）中抗生素季节变化特征主要和自由溶解相中抗生素含量季节变化相关，自由溶解相中高浓度抗生素更趋向于向固体相上扩散转移（Sarmah et al.，2006）。与 SPM 相比，胶体颗粒相上抗生素季节变化更加明显。究其原因，可能由

于白洋淀天然水体中6月份的胶体颗粒含量（11.60~37.11 mg/L）较10月（9.39~28.93 mg/L）高有关。由于胶体颗粒比SPM拥有更大的比表面积和更加丰富的特殊表面基团，其吸附抗生素能力较SPM更强，吸附量更大（Campbell et al.，1997；Benedetti et al.，2003；Foster et al.，2003）。

4.1.3.4 SPM、胶体颗粒相和自由溶解相中抗生素的质量平衡

为了进一步探究白洋淀表水中天然胶体在抗生素分布中所起作用，对抗生素在SPM、胶体颗粒相和自由溶解相中的质量平衡进行了计算。如图4.13所示，6种抗生素主要分布在自由溶解相中，其所占比例变化范围为49.59%~94.97%，表明了这三类抗生素在天然水体中具有较高的生物可利用性。

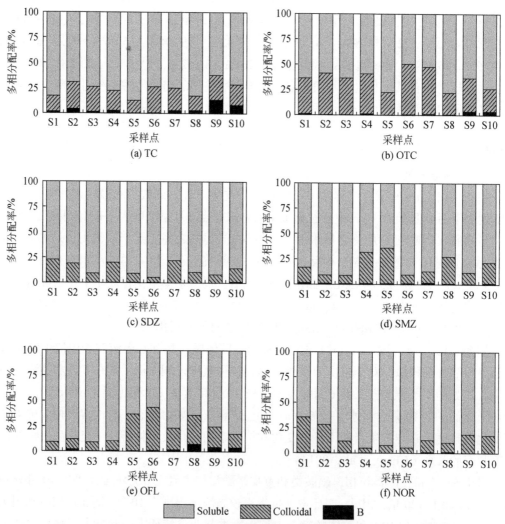

图4.13　白洋淀表水中SPM、胶体颗粒相和自由溶解相中抗生素分布的质量平衡

对于胶体颗粒相上吸附的抗生素，四环素所占比例为12.37%~26.75%（平均值为

20.65%），土霉素为 21.29%~49.82%（平均值为 34.69%），磺胺嘧啶为 4.93%~22.28%（平均值为 13.71%），磺胺二甲嘧啶为 8.16%~34.86%（平均值为 17.46%），氧氟沙星为 8.42%~42.61%（平均值为 20.01%）和诺氟沙星为 4.71%~35.03%（平均值为 14.71%）。然而，对于 SPM 上吸附的抗生素，四环素类变化范围为 0.24%~13.31%，磺胺类为 0.01%~1.13%，氟喹诺酮类为 0.09%~2.27%。SPM 抗生素吸附量明显低于胶体颗粒相。以上实验结果表明水环境体系中天然胶体作为有机污染物的"汇"在有机物迁移和转化过程中扮演着非常重要的角色（Lead and Wilkinson，2006；Liu et al.，2005）。

4.1.3.5　多相分配系数计算和相关统计分析

因为自然环境中固相吸附在抗生素迁移转化过程中起着十分重要的作用，所以有必要计算抗生素在不同相态上的分配系数：表观分配系数即悬浮颗粒物 / 溶解态分配系数（observed partition coefficient，K_p^{obs}），真实的分配系数即悬浮颗粒物 / 自由溶解相分配系数（intrinsic partition coefficient，K_p^{int}）和胶体颗粒相 / 自由溶解相分配系数（K_{col}）（Maskaoui and Zhou，2010）。如表 4.13 所示，K_p^{obs}变化范围为 169 L/kg（磺胺嘧啶）~1823 L/kg（四环素）。其中，氧氟沙星分配系数与文献报道（1192~10 000 L/kg）相似，但是磺胺二甲基嘧啶分配系数比文献报道值（1.68~3.67 L/kg）要高（Drillia et al.，2005；Carstens et al.，2013；Petrie et al.，2014；Vithanage et al.，2014）。传统意义上的分配系数就是按照悬浮颗粒物 / 溶解态分配系数（K_p^{obs}）进行计算，其中溶解态中包含着胶体颗粒在内，所以我们计算了悬浮颗粒物 / 自由溶解相分配系数（K_p^{int}）。K_p^{int}值变化范围为 249~3456 L/kg，较相应的 K_p^{obs}值高出 6.18%~109.66%。因此，获得 K_p^{int}值非常重要。此外，K_{col} 值变化范围为 6218~117374 L/kg，较 K_p^{int}值高出 1~2 个数量级。表明水环境系统中天然胶体是抗生素的一种强吸附剂，其吸附能力远高于悬浮颗粒物（Duan et al.，2013；Nie et al.，2014；Yang et al.，2011）。

表 4.13　悬浮颗粒物 / 溶解态分配系数（K_p^{obs}），悬浮颗粒物 / 自由溶解相分配系数（K_p^{int}）和胶体颗粒相 / 自由溶解相分配系数（K_{col}）及文献值比较

抗生素	K_p^{obs}/（L/kg）				K_p^{int}/（L/kg）			K_{col}/（L/kg）		
	范围	中值	平均值	文献值	范围	中值	平均值	范围	中值	平均值
四环素	4 877~226	1 691	1 823		6 173~221	1 784	2 572	93 604~ 8 508	35 262	40 585
土霉素	3797~41	803	566		5188~40	1118	1472	547713~7278	69447	117374
磺胺嘧啶	823~5	38	169		1 167~5	56	249	47 666~ 1 162	6 860	12 289
磺胺二甲嘧啶	3 384~29	777	938	3.666*, 2.243*, 1.68**	4 192~25	930	1 220	97 996~611	7 087	18 970
氧氟沙星	5 587~98	979	1 648	1 192***, 4087***, 10000****	13 457~77	1 144	3 456	282 043~ 1 915	8 753	31 473
诺氟沙星	3 553~70	293	541		3 325~96	277	574	86 551~299	14 616	6 218

注：范围即最大值 ~ 最小值。

*（Drillia et al.2005）；**（Vithanage et al.2014）；***（Carstens et al.2013）；****（Petrie et al.2014）。

为了进一步揭示抗生素在胶体颗粒上的分配机制，对水环境体系中胶体颗粒理化性质进行了表征。如表 4.14 所示，pH 变化范围为 6.89~8.62。胶体有机碳（COC）含量变化范围为 65.12~323.10 g/kg。胶体上主要结合的金属元素 Ca、Mg、Na 和 K 变化范围为 0.82~301.33 g/kg，Fe 含量为 38~932 mg/kg。实验结果与以前关于胶体组成及含量（特别是 Ca、Mg、Na、K 和 COC）的研究结果相一致（Sanudo-Wilhelmy et al., 1996; Ran et al., 2000），可能归因于天然胶体颗粒高的比表面积、COC 含量和强的离子交换能力（Ran et al., 2000）。因此，胶体颗粒相拥有较强的通过静电吸附和离子交互"固定"溶解阳离子能力（Pan et al., 2012）。

表 4.14 天然胶体的理化特性

采样点	采样时间	pH	COC / (g/kg)	Ca / (g/kg)	Mg / (g/kg)	K / (g/kg)	Na / (g/kg)	Fe / (mg/kg)
FH（S1）	6 月	6.98	188.21	90.62	30.23	5.46	102.01	424
	10 月	8.62	155.92	100.12	43.87	5.19	78.25	932
BLZ（S2）	6 月	8.36	193.22	33.58	9.84	4.70	110.43	171
	10 月	8.46	178.64	82.76	59.44	35.24	98.64	483
BGYH（S3）	6 月	7.24	106.54	94.69	9.59	4.04	163.71	346
	10 月	7.33	114.33	89.58	39.03	17.09	86.19	203
SCD（S4）	6 月	7.57	104.34	31.85	8.71	3.47	119.30	731
	10 月	8.11	130.75	87.04	41.68	15.93	60.95	400
WJZW（S5）	6 月	7.63	65.12	38.08	10.87	5.80	114.78	38
	10 月	7.34	130.79	84.77	45.18	6.87	51.36	529
WJZ（S6）	6 月	8.05	162.69	54.93	12.70	7.12	129.42	410
	10 月	8.41	192.21	65.88	37.80	4.45	106.87	308
QT（S7）	6 月	8.28	144.54	33.36	12.69	6.25	172.43	439
	10 月	8.45	238.48	63.21	47.76	6.78	47.06	229
CPT（S8）	6 月	8.40	136.13	37.41	11.53	8.49	203.37	118
	10 月	7.45	228.40	86.59	70.08	12.39	48.37	201
DCW（S9）	6 月	8.40	120.01	47.16	11.24	6.69	301.33	128
	10 月	7.32	297.79	82.58	54.26	0.82	73.94	243
DC（S10）	6 月	8.44	286.61	157.82	28.22	14.84	188.39	180
	10 月	7.45	323.10	61.98	44.34	12.02	99.50	160

注：COC- 胶体有机碳。

如表 4.15 所示，皮尔逊相关分析显示 $\log K_{col}$ 与胶体颗粒表面吸附的金属离子存在显著的负相关，特别是四环素与胶体颗粒结合的 Mg（r=-0.643），氧氟沙星与胶体颗粒结合 Ca（r=-0.595）和 Mg（r=-0.593）（p< 0.01）。表明抗生素胶体颗粒吸附可能受到抗生素与金属离子的竞争吸附的影响，特别是对于在胶体颗粒上有较强结合的二价金属离子 Ca^{2+} 和 Mg^{2+}（Chen et al., 2011a, Yusheng et al., 2011）。前人研究结果表明通过竞争吸附，Mg^{2+} 加入可以降低氧氟沙星在 DOM 上的吸附；同时，氧氟沙星参与也会降低 Mg^{2+} 在 DOM 上的吸附（Pan et al., 2012）。此外，相同的实验结果也出现在研究四环素类抗生素在矿物颗粒的吸附上，金属离子竞争吸附会降低四环素类在矿物颗粒上的吸附（Zhao et al., 2011）。对于磺胺类抗生素，由于其在胶体颗粒上较其他两类抗生素弱的吸附，进而 $\log K_{col}$ 和胶体颗粒理化性质表现为弱的相关性，如磺胺二甲嘧啶与胶体颗粒结合的 Ca（r=-0.463，P< 0.05）。

表 4.15 抗生素 $\log K_{col}$ 和天然胶体理化性质间的相关性分析

抗生素	pH	COC	Ca	Mg	K	Na	Fe
四环素	−0.078	−0.216	−0.408	−0.643[**]	−0.482[*]	0.427	−0.161
土霉素	0.084	−0.066	−0.087	0.034	−0.149	−0.182	0.189
磺胺嘧啶	−0.381	−0.003	−0.401	−0.064	−0.262	−0.415	0.075
磺胺二甲嘧啶	−0.355	−0.216	−0.463[*]	−0.266	−0.213	−0.252	0.013
氧氟沙星	0.027	−0.331	−0.595[**]	−0.593[**]	−0.209	0.382	−0.221
诺氟沙星	0.161	−0.405	0.041	−0.392	0.046	0.322	0.145

注：COC- 胶体有机碳。

* 在 0.05 水平上显著相关；** 在 0.01 水平上显著相关。

此外，pH 与 $\log K_{col}$ 间不存在显著的相关性（p> 0.05）。其原因可能就是因为与土壤溶液（4.01~8.84）相比，本书中胶体溶液间较窄的 pH 变化范围（6.89~8.62）（Gong et al., 2012；Zhao et al., 2015）。最后，COC 与 $\log K_{col}$ 间也不存在显著的相关性（p> 0.05）。因为抗生素作为两性分子较疏水性有机污染物拥有可离子化的基团。通过比较 K_{col}（299~5.48 × 10^5 L/kg）和胶体有机碳标准化的 K_{COC}（926~3.91 × 10^6 L/kg，数据未列出），发现 K_{COC} 较 K_{col} 增大了许多，从而人为增大了抗生素在胶体颗粒上吸附，但是这样的实验结果与抗生素在水环境体系中的真实情况不符。所以我们讨论抗生素胶体颗粒分配时，不推荐将 K_{col} 采用 COC 标准化（Tolls, 2001；Wegst-Uhrich et al., 2014）。

4.2 白洋淀水体中典型抗生素在沉积物－水界面的时空迁移规律

沉积物作为有机污染物地球化学过程中的重要载体之一，是各种有机物迁移和转化的站点。沉积物作为有机污染物的"汇"对微生物及其整个生态环境、人体健康造成极大影响的同时，改变其所处的水环境条件有可能将有机污染物重新释放到水体环境中而作为"二次污染源"的可能性。大量的研究已表明在水环境体系中诸如二噁英（PCDD/Fs）、多氯联苯（PCB）和有机氯（OCP）等疏水性有机污染物（hydrophobic organic contaminants，HOC）都参与了沉积物—水界面迁移（Dalla Valle et al.，2003；Dai et al.，2013），主要包括 HOC 在沉积物和水相间的扩散和颗粒态的 HOC 沉积或者再悬浮两个过程（Lun et al.，1998）。然而，对于离子型有机污染物（ionic organic contaminants，IOC）特别是抗生素类在沉积物—水界面的迁移鲜有报道。所以有必要对抗生素类污染物的环境特性进行更加全面的了解和认识。抗生素在土壤中的迁移能力会影响水体中的浓度。在淋溶等作用下，土壤中的污染物可迁移进入水体环境。可见，污染物在土壤中的迁移行为很大程度上控制着其在水体环境中的分布及归宿。然而目前土壤中迁移行为的研究多关注亲脂性有机污染物（如 PAH、PCB 和类醇）和重金属元素以及营养盐，尚缺乏极性有机污染物（如抗生素）的迁移行为研究。本节选取白洋淀作为研究对象，经过长达一年的垂向多介质连续监测，对白洋淀水体环境中抗生素变化进行了动态跟踪分析。其目的旨在通过水环境体系多介质中抗生素含量的时空分布变化，来揭示天然水体中沉积物—水界面抗生素类污染物的迁移特性；测定了抗生素在不同土壤样品中的土壤-水分配系数，构建了抗生素的土壤-水分配系数预测模型，进一步揭示抗生素类污染物迁移影响因素和迁移机理，为水体环境中抗生素类污染物的有效预防和治理提供科学依据。

4.2.1 水体和沉积物中抗生素的浓度水平

本节以不同功能区为依据，以实测的白洋淀水质、水文/水动力条件、沉积物性质等数据为参考，在白洋淀选取具有代表性的6个采样点(S1~S6)，具体采样点设置如图 4.14 所示。采样时间为 2009 年 2 月（冰封期）到 11 月，每月采样一次，采样时间为 10 个月。采集的样品包括表水、上覆水、孔隙水和表层沉积物。各采样点描述及水样和沉积物物理化学性质见表 4.16。选取白洋淀水体中使用量和检出频率较高的四环素、土霉素、氧氟沙星和诺氟沙星作为模型药物，其物理化学性质见表 4.8。采用敌草隆 -d_6 作为内标物。

4.2.1.1 水体及沉积物中抗生素的检测

本节中水体及沉积物中抗生素检测同样采用 HPLC-MS/MS，采用电喷雾离子源（ESI），分析物在正离子扫描下以多反应监测模式（MRM）进行。具体质谱条件列于表 4.17 中。抗生素在河水样品中回收率为 84%~97%，沉积物中为 68%~95%。在河水中的 LOQ 为 0.4~1.5 ng/L，沉积物中的 LOQ 为 1.1~3.4 ng/g。但是总体来看，抗生素在河水和沉积物中的定量限和加标回收率结果较理想，能够满足研究需要。具体的抗生素在河水和沉积物中的定量限和回收率见表 4.18。

表 4.16 白洋淀水体沉积物理化性质

位点	经纬度	时间	温度/℃ 表水	上覆水	孔隙水	pH 表水	上覆水	孔隙水	溶解氧/(mg/L) 表水	上覆水	孔隙水	含水率/% 沉积物	孔隙度/%	烧失重/%	TOC/%
北刘庄 (BLZ, S1)	38°54′16.10″N 115°55′12.89″E	2009.02	0.6	1.4	2.1	7.8	7.5	8.0	12.13	14.35	15.70	67.19	39.97	4.32	1.58
		2009.03	13.8	12.7	13.7	8.6	8.3	7.4	7.65	8.23	9.23				
		2009.04	23.3	22.7	23.1	8.8	7.6	7.3	10.21	12.34	13.56				
		2009.05	26.5	24.4	25.1	8.2	8.3	7.9	9.45	10.27	14.30				
		2009.06	27	27.1	26.9	7.6	7.8	8.5	8.25	9.56	10.89				
		2009.07	28.6	28.5	28.5	8.3	8.4	8.3	11.80	15.27	17.28				
		2009.08	30.9	30.8	30.6	8.3	8.1	7.6	7.87	10.11	11.91				
		2009.09	26.7	25.9	26	8.5	8.2	7.6	8.98	9.12	12.43				
		2009.10	18.9	18.2	18	8.8	8.5	8.4	10.22	12.21	13.80				
		2009.11	8.63	4.72	5.06	8.6	8.4	8.3	9.92	11.21	13.00				
端村 (DC, S2)	38°54′45.23″N 115°56′39.76″E	2009.02	2.6	3.2	3.5	7.9	7.4	8.2	12.38	16.26	16.73	74.88	49.17	6.25	2.46
		2009.03	11.5	13.2	14.5	8.7	8.6	7.4	9.12	9.45	10.82				
		2009.04	22.7	25.4	24.1	7.9	7.6	7.2	13.32	13.80	22.08				
		2009.05	26	29.3	29.5	8.2	8.3	8.3	12.47	13.08	15.34				
		2009.06	27	27.3	26.8	8.6	8.0	7.6	8.23	8.89	10.82				
		2009.07	28.7	28.5	27.2	7.9	8.2	7.8	13.17	15.12	19.13				
		2009.08	30	29.3	29.9	8.1	7.9	7.6	9.79	10.23	11.97				
		2009.09	27.4	27	26.8	8.8	8.4	7.6	12.83	12.01	14.28				
		2009.10	21.1	20.3	17.6	8.1	8.3	7.7	12.13	13.41	15.26				
		2009.11	4.45	6.8	3.29	8.3	8.2	7.8	11.13	13.45	16.26				

续表

位点	经纬度	时间	温度/℃			pH			溶解氧/(mg/L)			含水率/%（沉积物）	孔隙度/%	烧失重/%	TOC/%
			表水	上覆水	孔隙水	表水	上覆水	孔隙水	表水	上覆水	孔隙水				
王家寨（WJZ, S3）	38°55′16.10″N 116°00′33.45″E	2009.02	1.3	2.1	2.3	8.1	8.3	8.2	12.34	13.23	14.45	69.59	46.33	4.74	1.77
		2009.03	12.4	11.7	12.8	8.9	8.6	5.2	8.78	8.38	9.17				
		2009.04	23.3	24.5	23.7	8.5	8.0	7.1	12.34	15.67	17.36				
		2009.05	26.2	26.5	26.3	8.3	8.4	7.8	10.76	13.34	17.98				
		2009.06	27	26.2	26.5	8.2	8.0	8.0	9.56	10.12	11.71				
		2009.07	29	28.2	28.5	7.9	7.8	7.7	8.78	9.23	11.34				
		2009.08	30.2	30.4	30.8	8.1	8.1	7.7	8.25	9.78	10.98				
		2009.09	25.9	25.3	24.4	8.5	8.4	8.0	10.11	10.18	12.34				
		2009.10	16.9	16	15.1	7.4	7.3	8.0	10.33	12.12	14.97				
		2009.11	13.21	9.84	2.98	8.4	8.3	8.2	9.33	11.12	15.27				
烧车淀（SCD, S4）	38°56′32.41″N 115°59′55.78″E	2009.02	0.7	1.2	2	8.1	8.3	8.1	12.89	15.21	17.23	65.58	35.57	3.73	1.31
		2009.03	10.80	11.8	12.5	8.6	8.0	4.8	9.78	10.21	12.16				
		2009.04	23.5	24.6	23.7	8.0	7.9	7.0	8.22	9.23	10.24				
		2009.05	24.6	17.6	22.4	8.2	7.9	7.7	9.23	9.56	10.34				
		2009.06	26.1	26.7	26.7	7.5	7.2	7.0	9.78	10.21	12.16				
		2009.07	27.2	26.9	27.1	7.9	7.8	7.8	8.22	9.23	10.24				
		2009.08	30.1	30.7	30.7	6.9	7.7	7.7	7.22	8.19	9.34				
		2009.09	24.1	23.8	23.2	7.4	7.5	7.7	10.78	13.38	13.17				
		2009.10	16.7	16.3	17.5	8.3	7.7	7.4	12.19	12.32	12.76				
		2009.11	10.27	6.56	5.69	8.1	7.8	7.5	10.22	11.32	13.56				

位点	经纬度	时间	温度/°C			pH			溶解氧/(mg/L)			沉积物			
			表水	上覆水	孔隙水	表水	上覆水	孔隙水	表水	上覆水	孔隙水	含水率/%	孔隙度/%	烧失重/%	TOC/%
枣林庄（ZLZ, S5）	38°54′08.00″ N 116°04′49.90″ E	2009.02	0.7	1.2	1.7	8.2	8.2	8.5	10.34	11.27	12.45				
		2009.03	11.4	12.3	12.7	8.4	8.2	5.9	10.13	10.98	11.24				
		2009.04	23.4	24.5	24.1	7.9	7.6	7.0	11.23	16.78	17.38				
		2009.05	27.3	22.7	27.1	8.1	8.4	7.5	12.34	15.79	16.45				
		2009.06	28	29.1	28.3	8.3	7.6	7.6	12.12	13.67	14.12	60.21	38.91	2.38	0.69
		2009.07	29.1	29.2	29	8.2	7.7	7.8	16.23	18.21	18.68				
		2009.08	30	29.1	29.3	8.3	7.6	7.8	12.34	16.78	21.68				
		2009.09	23.9	23.9	24.1	8.2	8.1	7.9	9.36	9.98	12.51				
		2009.10	15.9	15.9	17.2	8.3	8.5	7.9	11.28	13.15	13.27				
		2009.11	9.88	7.79	5.45	8.1	8.2	7.9	10.18	12.15	13.37				
采蒲台（CPT, S6）	38°49′36.35″ N 116°00′38.06″ E	2009.02	0.9	2	1.8	7.5	7.6	8.0	11.38	15.67	15.66				
		2009.03	10.9	11.7	12.3	8.6	8.5	7.3	8.79	9.98	10.85				
		2009.04	23.2	24.3	23.5	8.1	8.2	7.0	11.60	14.50	11.50				
		2009.05	24.6	25.8	25.6	8.3	8.4	7.8	8.90	11.34	11.79				
		2009.06	26.9	26.6	26.7	8.7	8.4	7.5	7.98	8.23	9.79	60.69	38.27	3.19	1.06
		2009.07	27.8	28.5	28.9	9.0	9.0	7.9	13.31	13.89	18.21				
		2009.08	29	29	28.6	8.1	7.9	7.6	10.21	11.23	12.07				
		2009.09	24.3	23.9	29.1	8.1	8.1	8.3	10.92	11.56	18.92				
		2009.10	16.9	16.4	16.6	8.5	8.4	7.8	15.32	18.56	22.08				
		2009.11	6.89	6.15	2.72	8.1	8.2	7.8	11.82	15.36	19.18				

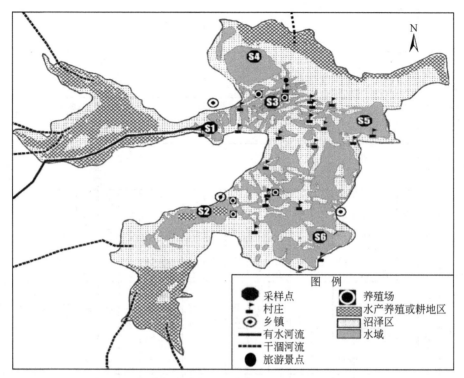

图 4.14　白洋淀地理位置及采样点（S1~S6）布置示意图

表 4.17　保留时间和其他液质联用质谱参数

抗生素	保留时间 /min	母离子质荷比（*m/z*）	子离子质荷比（*m/z*）
四环素	9.73	445	427（100），410（75）
土霉素	9.69	461	426（100），443（30）
诺氟沙星	9.28	362	318（100），261（10）
氧氟沙星	9.90	320	302（100）

注：括号中数值为丰度（%）。

表 4.18　抗生素的在河水和沉积物中的定量限和回收率

抗生素	河水					沉积物				
	加标回收率				定量限 /（ng/L）	加标回收率				定量限 /（ng/g）
	10% /（ng L）	50% /（ng/L）	100% /（ng/L）	500% /（ng/L）		10% /（ng/g）	50% /（ng/g）	100% /（ng/g）	500% /（ng/g）	
四环素	88	87	90	97	1.5	78	83	89	84	3.4
土霉素	82	89	82	93	1.2	70	75	74	86	3.1
诺氟沙星	84	88	89	92	0.4	85	87	95	95	3.1
氧氟沙星	85	84	88	89	0.4	72	68	78	83	1.1

4.2.1.2 水体和沉积物中抗生素的浓度水平

四种抗生素在表水、上覆水和孔隙水中检出率为 100%。其中，土霉素、四环素和诺氟沙星在表水中含量变化范围为 25.95~31.60 ng/L，上覆水中为 23.28~30.74 ng/L，孔隙水中为 18.86~24.54 ng/L（表 4.19）。统计分析表明表水、上覆水和孔隙水之间这 3 种抗生素浓度水平之间不存在显著差异（$p > 0.05$）。氧氟沙星在表水、上覆水和孔隙水中变化范围为 3.67~4.33 ng/L，明显低于其他 3 种抗生素在水体中的浓度水平。

表 4.19　白洋淀表水、上覆水、孔隙水和沉积物中抗生素的含量

抗生素	表水 / (ng/L)			上覆水 / (ng/L)			孔隙水 / (ng/L)			沉积物 / (ng/g, dw)		
	平均值[*]	最大值	最小值	平均值	最大值	最小值	平均值	最大值	最小值	平均值	最大值	最小值
土霉素	27.17	90.30	4.64	23.28	70.38	6.26	18.86	55.34	6.72	15.66	35.40	4.28
四环素	25.95	85.19	8.07	27.08	90.00	9.96	24.54	85.11	9.25	25.71	93.36	4.78
诺氟沙星	31.60	97.00	3.00	30.74	92.00	5.00	21.43	51.80	4.66	274.76	550.00	103.97
氧氟沙星	4.33	9.43	2.02	3.92	6.07	1.76	3.67	6.70	1.80	39.73	71.51	18.62
总量	89.05	281.92	17.73	85.02	258.45	22.98	68.5	198.95	22.43	355.86	750.27	131.65

[*] 某一抗生素不同采样点和采样时间检测浓度的平均值。

四种抗生素在表水中处于中等含量水平（Luo et al., 2011；Gao et al., 2012；Chen et al., 2013），与近期关于白洋淀水体中抗生素含量水平的文献报道相一致（Li et al., 2012）。然而，对于上覆水和孔隙水中抗生素含量水平则没有相关的报道，所以未做比较。

抗生素在沉积物上的含量水平见表 4.19。其中，诺氟沙星呈现出最高的平均含量，以后依次为氧氟沙星、四环素和土霉素，其浓度变化分别为 274.76 ng/g、39.73 ng/g、25.71 ng/g 和 15.66 ng/g。这样的检测结果表明白洋淀水体中氟喹诺酮类抗生素较四环素类更加趋向于富集到沉积物上（Yang et al., 2010）。此外，诺氟沙星和氧氟沙星在沉积物上的含量与以往研究报道该区沉积物中抗生素浓度水平相一致（平均浓度：诺氟沙星 267 ng/g；氧氟沙星 21.0 ng/g）（Li et al., 2012）。与其他研究区域相比，白洋淀沉积物中抗生素的含量也处于中等浓度水平（Kim and Carlson, 2007；Gao et al., 2012；Yang et al., 2010）。

4.2.2　抗生素的时空分布特征

4.2.2.1　抗生素的季节变化特征

通过弗里德曼检验（Friedman's test）发现白洋淀表水中抗生素含量存在显著的季节变化特征（表 4.20）。一般来说，作为兽药和饲料添加剂而被广泛使用的四环素类抗生素浓度水平的季节变化规律呈现由夏季到秋季逐渐增加的趋势，峰值出现在温度较低的秋季［9~10 月，图 4.15（a）、图 4-15（b）］。出现这样的季节变化规律的主要原因是秋末冬初气温逐渐降低是引发多种呼吸道疾病和痢疾的发病高峰期（Matsuia and Ozub，

2008），而四环素类药物作为有效治疗和预防这类疾病的药物，势必在此时被广泛应用于畜牧生产和水产养殖中，从而造成水环境体系中秋季四环素类抗生素含量较高（表4.21）（Pan et al.，2011；Chen et al.，2012；Ben et al.，2013）。造成秋季抗生素含量高的另一个原因是此季节抗生素降解速率缓慢。根据文献报道，四环素类抗生素光解和生物降解分别受到光照强度和环境温度的影响，秋季光强弱和气温低造成了四环素类抗生素降解速率降低，进而使该季节抗生素含量增高（Tore Lunestad et al.，1995；Doll and Frimmel，2003；Loftin et al.，2008）。此外，作为冬小麦种植区，白洋淀周边农田9月末和10月初大量粪肥的使用和播种前灌溉使四环素类药物通过淋洗、浸滤和冲刷等方式大量进入淀区表水中（表4.21）（Müller et al.，2000；Chang et al.，2010；Chen et al.，2011b）。

表4.20　水体和沉积物中抗生素不同采样点间的季节统计分析

抗生素	沉积物		孔隙水		上覆水		表水	
	Friedman S value	p-value	Friedman S value	p-value	Friedman S value	p-value	Friedman S value	p-value
土霉素	11.13	0.261	38.32	0.000[*]	47.94	0.000[*]	49.85	0.000[*]
四环素	25.71	0.002[*]	18.69	0.028[*]	28.84	0.001[*]	43.64	0.000[*]
诺氟沙星	13.02	0.162	41.20	0.000[*]	48.28	0.000[*]	51.20	0.000[*]
氧氟沙星	12.06	0.210	22.15	0.008[*]	15.42	0.080	24.40	0.004[*]

* 表示不同采样点间存在显著差异。

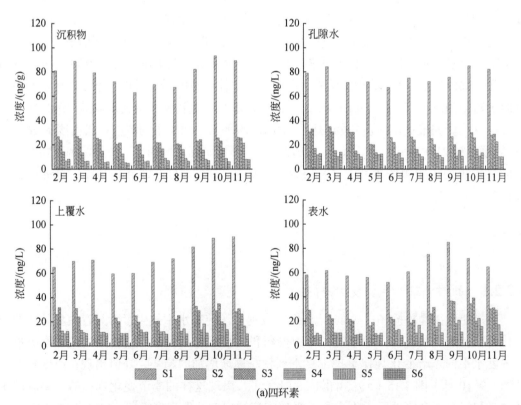

(a)四环素

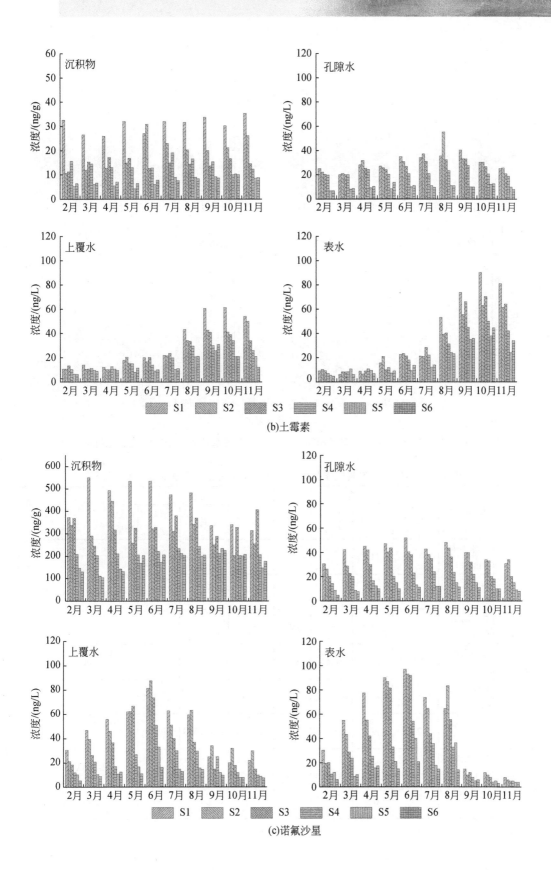

(b)土霉素

(c)诺氟沙星

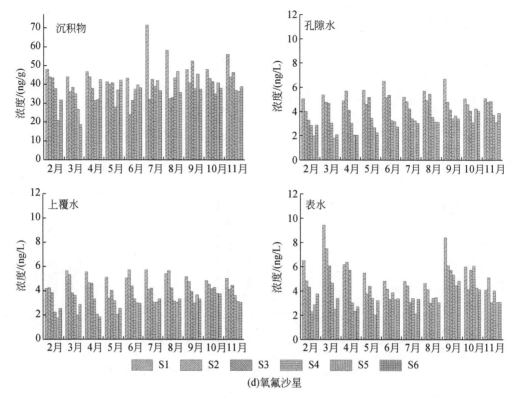

(d)氧氟沙星

图 4.15   抗生素在白洋淀沉积物、孔隙水、上覆水和表水中的时空变化特征

表 4.21   与中国北方其他作为源的其他介质中抗生素含量的季节变化比较

研究区域	样品类型	高温夏季				低温秋冬季				参考文献
		四环素	土霉素	氧氟沙星	诺氟沙星	四环素	土霉素	氧氟沙星	诺氟沙星	
渤海湾天津段	鱼塘水样 /（ng/L）	—	315	—	—	—	—	—	—	（Zou et al.2011）
	水产育苗池水 /（ng/L）	—	—	—	5400	—	—	—	—	
	水产幼苗池水 /（ng/L）	—	—	—	3500	—	—	—	—	
河北省保定市	灌溉水 /（ng/L）	12.9	12.2	6.6	9.0	—	—	—	—	（Chen et al.2011b）
天津畜牧养殖场和蔬菜生产基地	粪肥 /（mg/kg）	0.1~29.3	0.1~1.2	0.2~7.8	—	8.0~43	5.3~183.5	1.2~15.7	—	（Hu et al.2010）
	土壤 /（μg/kg）	2.5	<LOD	0.6~1.6	—	20.9~105	124~2683	<LOD	—	
山东省畜牧养殖场	养猪场废水 /（ng/L）	1.5	3.9	—	—	10	10.7	—	—	（Ben et al.2013）
	粪肥 /（mg/kg）	0.4	0.3	—	—	0.5	0.8	—	—	（Pan et al.2011）

注：—表示没有分析数据。

与四环素类抗生素相比，诺氟沙星最大浓度出现在夏季［图4.15（c）］。夏季气温较高是腹泻和其他肠道类感染疾病的多发季，诺氟沙星作为治疗这类疾病的常用抗菌药而被广泛地应用（Sarmah et al., 2006; Chen et al., 2012）。因此，诺氟沙星的大量使用，特别是在水产养殖中的过度滥用，造成了该药物的输入量远远超过了其自然降解量和稀释效应。进而表现为夏季诺氟沙星浓度的反常升高（Wiwattanapatapee et al., 2002）。研究发现夏季养殖池塘中诺氟沙星含量可达5400 ng/L（表4.21）（Zou et al., 2011）。另外，在水产经济动物体内检测到残留值较高的诺氟沙星（23.8 ng/g）也很好地证明了白洋淀水产养殖中诺氟沙星的大量使用（Li et al., 2012）。氧氟沙星作为临床用药，主要用于人体，其相对较小和恒量的输入表现为其季节变化较其他3种抗生素要小［图4.15（d）］。进而，降解和稀释效应成为了氧氟沙星夏季浓度较低的主要原因（Shao et al., 2012）。

此外，为了改善白洋淀淀区生态环境和人民的生活、生产秩序。2009年的6月初和10月末分别从安格庄水库和黄河补水3000万 m^3 和7020万 m^3。稀释效应使表水中抗生素含量降低。然而，对于一些药物却表现为补水当月浓度略有增加而次月浓度降低的现象，特别是对于氧氟沙星。而造成这一现象的原因主要是因为引水将渠道常年干涸积存的大量的生活污水和其他的污染物带入淀区造成的。此外最近的研究报道也指出了黄河水中存在大量的抗生素类污染物（平均值：诺氟沙星115 ng/L；氧氟沙星114 ng/L）（Xu et al., 2009a）。另外，研究人员也曾对白洋淀引水工程做了风险评价，评价指出引水沿途的城镇、村庄对引水污染具有较高的贡献率（37.3%）（Liu et al., 2009a）。虽然本书没有做补水中抗生素含量水平和淀区抗生素含量的比较，对检测结果产生原因只是一个推测，但是这也给白洋淀引水工程敲响了警钟，不要在改善生态环境的同时加剧污染的发生。

统计分析同样指出除氧氟沙星在上覆水中的季节变化外，其他抗生素在上覆水和孔隙水中都表现出了显著的季节变化特征（表4.20），且与表水中抗生素含量变化趋势相一致。但是，每一个采样点上覆水和孔隙水中各抗生素最高和最低浓度的比值变化范围（上覆水1.2~5.8；孔隙水1.3~2.7）较表水（1.6~18.4）要小。这种比值从表水、上覆水到孔隙水由大到小的变化趋势表明了季节变化幅度也从表水到孔隙水随着水深的增加而逐渐减小。

沉积物具有与水体中抗生素相似的季节变化趋势，特别是对于四环素类抗生素——土霉素（表4.20和图4.15），其实验结果主要归因于随着水体中抗生素含量升高而逐渐增强向沉积物扩散的趋势。加之这两类抗生素本身在沉积物上强的吸附性能，特别是对于氟喹诺酮类抗生素（Li et al., 2012; Yang et al., 2010）。此外，比较监测起始时间（2月）和结束时间（11月）抗生素含量变化，大多数的采样点含量都有不同程度的增加，其中有一半以上的采样点抗生素含量增长率超过了10%（图4.15和图4.16），表明随着时间推移抗生素在沉积物上不断富集的可能性。

4.2.2.2 抗生素的空间变化特征

对于水体样品，在连续的采样时间段内至少有一次呈现出不同采样点间抗生素含量的显著性差异（$p < 0.05$）（表4.22）。由于白洋淀属于平原半封闭式浅水型湖泊，水体流动差和替换慢（Chu et al., 2012; Lv et al., 2013）。所以抗生素空间差异性主要来自于不同

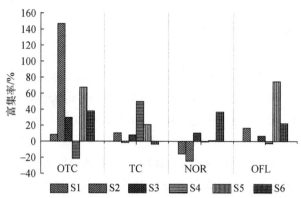

图 4.16　抗生素在采样期间不同采样点沉积物上的富集率

注：富集率（%）＝［（C_{Nov}-C_{Feb}）/C_{Feb}］×100）。

采样点自身的输入不同，部分归因于附近采样点的影响。S1 点污染最为严重，4 种抗生素总平均浓度（total average concentration，TAC）在所有采样点中最高，其中表水为 160.88 ng/L，上覆水为 156.16 ng/L，孔隙水为 153.23 ng/L。S1 位于府河入淀第一站（图 4.14），该位点水相中抗生素含量高主要归因于常年来府河大量的污水排入。府河作为保定市大量生活和工业废水的纳污河，每天接纳保定市排入的生活污水多达 250 000 m³（Dai et al.，2013）。因此拥有上千万人口的保定市经府河排入白洋淀水体的生活污水是其抗生素污染的主要来源（Li et al.，2012）。府河表水中抗生素总平均浓度（1841 ng/L）明显高于白洋淀淀区（15.9~432 ng/L）很好地证明了这一点（Li et al.，2012）。以往大量检测数据已经证实城市生活污水排放是水体环境中抗生素引入的重要途径之一（Zhang et al.，2012）。同时，许多研究也报道了其他有机污染物诸如有机氯农药、多环芳烃和全氟化合物等在府河和白洋淀水体中的含量水平，检测结果证实府河水体内这些污染物的含量也明显高于白洋淀淀区水体中的含量（Hu et al.，2010；Shi et al.，2012）。此外，随着距府河入淀口距离不断增加，抗生素含量水平呈现一个明显的降低趋势。例如，随着距 S1 距离不断增加 S3、S4 和 S5 上 4 种抗生素的总平均浓度从 101.87 ng/L 降到了 51.82 ng/L（图 4.14），也进一步证实了府河作为白洋淀抗生素污染源的可能性（Shi et al.，2012）。

表 4.22　水体和沉积物中抗生素不同采样时间的空间统计分析

抗生素	2~5 月		6~9 月		10~11 月	
	Friedman S value	p-value	Friedman S value	p-value	Friedman S value	p-value
表水						
土霉素	6.43	0.267	16.00	0.007*	10.00	0.075
四环素	18.29	0.003*	19.43	0.002*	9.71	0.084
诺氟沙星	18.29	0.003*	18.00	0.003*	9.26	0.099
氧氟沙星	17.71	0.003*	16.14	0.006*	5.14	0.399
上覆水						

抗生素	2~5月		6~9月		10~11月	
	Friedman S value	p-value	Friedman S value	p-value	Friedman S value	p-value
土霉素	17.71	0.003*	18.14	0.003*	10.00	0.675
四环素	18.57	0.002*	19.00	0.002*	10.00	0.075
诺氟沙星	17.86	0.003*	18.14	0.003*	9.93	0.077
氧氟沙星	18.00	0.003*	16.57	0.005*	9.14	0.103
孔隙水						
土霉素	16.71	0.005*	19.03	0.002*	9.43	0.093
四环素	19.14	0.002*	19.43	0.002*	9.71	0.084
诺氟沙星	19.57	0.002*	19.89	0.001*	9.64	0.086
氧氟沙星	18.00	0.003*	18.14	0.003*	7.14	0.210
沉积物						
土霉素	19.00	0.002*	19.14	0.002*	8.86	0.115
四环素	19.14	0.002*	19.00	0.002*	10.00	0.075
诺氟沙星	19.00	0.002*	18.14	0.003*	8.86	0.115
氧氟沙星	12.86	0.025*	13.00	0.023*	8.86	0.115

* 表示不同采样季节存在显著差异。

采样点 S2~S4（TAC，66.02~109.27 ng/L）在表水中抗生素含量水平比 S5~S6（TAC，33.92~51.82 ng/L）高出了约 2 倍。主要归因于不同采样点所处的地理位置，其中 S5~S6 位于淀区相对静止的大水面中间位置，其受人类活动影响较小的。然而，S2~S4 位于人口较为密集的沿湖区域，其中 S3 和 S4 又是著名的旅游景点，因此来自于当地居民和游客所产生的大量生活污水不断排放可能是造成这些区域抗生素含量较高的原因（图 4.14）。此外，诸如农业和水产养殖等人类活动可能也是造成不同采样点抗生素含量差异的原因。

对于沉积物，4 种抗生素在空间上也表现出显著差异（$p < 0.05$）（表 4.22），其变化趋势和水相近似。S1 中检测到了 4 种抗生素的最高平均浓度，其变化范围为 30.74~443.14 ng/g。如上所述，作为府河入淀口第一站，S1 沉积物上抗生素含量较高同样受到城市生活污水的影响，因为生活污水中携带着大量的悬浮颗粒物（其上吸附有大量的抗生素）随着水流进入淀区后由于流动性减弱而迅速沉降下来，相似的检查结果也出现在相关报道中（Liu et al.，2009b）。此外，对于典型的兽用抗生素土霉素、四环素和诺氟沙星在水产养殖区、农业生产和居民区（即 S2~S4）表现出了较高的平均含量，其变化范围在 14.23~335.82 ng/g。导致这一实验结果的原因主要是牲畜粪便和残留的饲料等颗粒物引入水体后直接的沉降（Li et al.，2012；Zhao and Cheng，2012）。对于主要用于人体的氧氟沙星，其在不同采样点平均浓度变化范围（36.03~40.83 ng/g）较其他 3 种抗生素要小许多 [图 4.15（d）]，且这种变化主要源自于持续不断地来自城市和沿岸居民的生活污水排放。

白洋淀水体样品中溶解有机碳（DOC）变化范围为 7.22~22.08 mg/L，沉积物样品中总有机碳（TOC）变化范围为 0.69%~2.46%（表 4.16）。相关研究报道显示，诸如 PCBs 之类的 HOCs 在水环境体系中的分布与水体所含 DOC 和沉积物中 TOC 含量之间存在一定的相关性（Iwata et al.，1995）。然而，本书中皮尔逊相关分析显示抗生素的分布与相对应的 DOC 和 TOC 之间没有明显的相关性，这一现象可能归因于 IOCs 相对于 HOCs 较弱的亲脂性和较大水溶性（表 4.8）。同样也表明了 IOCs 与溶解有机质（DOM）之间的吸附机理较 HOCs 更加复杂，除了疏水作用外，可能还包括氢键结合和离子交换等作用机理（Carmosini and Lee，2009；Sun et al.，2010）。然而，还需要进一步研究证实。

4.2.3　抗生素在沉积物－水相间的时空迁移趋势

表水、上覆水、孔隙水和沉积物中抗生素中值浓度垂直分布如图 4.17 所示。假设有机污染物在沉积物和水相间存在一个"准平衡"状态，当这种平衡状态被打破时有机污染物可以穿过沉积物—水之间的界面层进行迁移（Maria and Maria，2008）。在水环境体系中，孔隙水填充于沉积物空隙内部在上覆水和沉积物之间起到"桥梁"的作用，在沉积物—水界面上的运输、沉积物基质上的反应和相互交换过程中扮演着至关重要的角色（Jurado et al.，2007）。

为了表示抗生素在沉积物上的吸附情况，采用式（4.5）计算了抗生素在沉积物上的富集率（accumulation rate，AR）：

$$AR(\%) = \frac{C_s - C_{s,\text{Feb}}}{C_{s,\text{Feb}}} \times 100 \qquad (4.5)$$

式中，$C_{s,\text{Feb}}$ 表示 6 个采样点中 2 月沉积物样品中中抗生素含量的中值浓度；C_s 表示 6 个采样点中每个月采集沉积物中抗生素含量的中值浓度。大多数情况下，富集率（AR）变化趋势与抗生素在表水中变化趋势相一致，表现为抗生素在沉积物上的吸附迁移（图 4.17），特别是在表水中引入大量抗生素的季节。例如，四环素 AR 最大值为 23.55%（11 月），诺氟沙星为 7.38%（8 月），氧氟沙星为 6.24%（9 月）。实验结果可以解释为抗生素从水相到沉积物的扩散迁移，因为从表水层抗生素浓度到孔隙水中抗生素浓度之间存在着一个由上到下明显的浓度梯度即扩散潜能（图 4.17）（Santschi et al.，1990）。有机污染物在水体和沉积物间不同浓度能够影响有机物在沉积物—水界面间的迁移（Dai et al.，2013；Tolls，2001）。

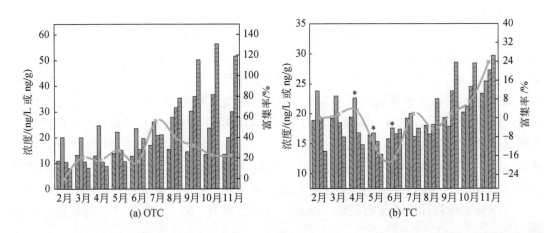

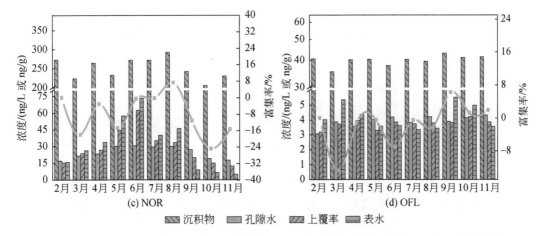

图 4.17　抗生素在表水、上覆水、孔隙水和沉积物中的季节变化及其在沉积物上的富集率

注: 柱状图为抗生素在 6 个采样点上的中值浓度, 曲线为 6 个采样点上抗生素在沉积物上的动态富集率的平均值, 星号(*)

表示沉积物在其对应的采样时间可能作为一个二次污染源将抗生素释放到孔隙水中再经上覆水扩散到表层水体中。

　　此外, 在 3~5 月, 四环素在上覆水和孔隙水中浓度降低的同时也伴随着其在沉积物上浓度降低, 且在孔隙水中抗生素含量最高。这就表明沉积物可以作为二次污染源经孔隙水将四环素释放到上覆水中 [图 4.17 (b)]。许多研究已经证明四环素在低温和厌氧条件下不易降解 (Doi and Stoskopf, 2000; Kühne et al., 2000; Ingerslev et al., 2001; Arikan et al., 2007)。因此, 此期间沉积物上四环素浓度变化主要是在某些环境因素作用下由吸附或解吸所造成。其中最主要的因素就是白洋淀 3~5 月该类药物使用和向水体输入较其他季节要小; 再者就是水温变化, 由春季到夏季随着水温不断升高, 抗生素在表水中的光解进一步加剧了抗生素含量在表水和上覆水之间的不一致 (Karthikeyan and Meyer, 2006)。此外, 水体垂直对流加速抗生素从上覆水到表水的转移。所有这些因素共同作用加速了抗生素从沉积物到表水的扩散转移。白洋淀水体对流现象的发生可以由每年 3 月到 8 月水体水温逐渐趋于一致得以证实 (图 4.18, 表 4.16)。白洋淀水温存在垂直分层, 每年 8 月分层消失, 随后到了 9 月分层再次出现 (Ma and Jing, 2006)。最后一个因素可能是较 2 月 (冰封期) 而言, 3 月起人为活动造成底层沉积物强烈再悬浮引起的 (Xu et al., 2009b)。然而, 正如上面所讨论的, 在多重因素综合作用下, 沉积物是可以作为某些污染物的二次污染源对水环境体系造成再污染的。

　　除去表水, 抗生素在 10~11 月其他介质中的分布相对稳定 (图 4.17), 造成这一现象可能与 10~11 月水体所生产的稳定热分层有关 (图 4.18)。

4.2.4　抗生素在沉积物–水相间的分配系数

　　为了量化抗生素在沉积物和水相间的关系, 采用式 (4.6) 计算了抗生素在沉积物和水相间的准分配系数 (pseudo-partitioning coefficient, K_d):

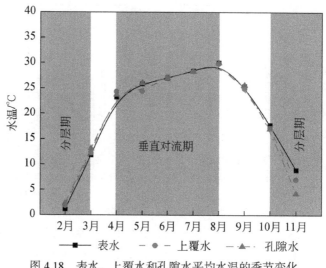

图 4.18　表水、上覆水和孔隙水平均水温的季节变化

$$K_d = \frac{C_s}{C_w} \qquad (4.6)$$

式中，C_s 为沉积物中抗生素平均浓度；C_w 为相应水相中抗生素平均浓度（Li et al., 2012；Kim and Carlson，2007）。

　　计算所得介于沉积物 / 表水的准分配系数 [$K_{d(sw)}$]、沉积物 / 上覆水的准分配系数 [$K_{d(ow)}$] 和沉积物 / 孔隙水的准分配系数 [$K_{d(pw)}$] 列于表 4.23 中。据文献报道，TCs 介于沉积物 / 表水的 K_d 变化范围为 290~31 170 L/kg，FQs 变化范围为 310~9360 L/kg（Li et al., 2012；Tolls，2001；Kim and Carlson，2007；Zhang et al., 2011）。本书中所得白洋淀水体中 TCs 的 K_d 变化范围为 277~1800 L/kg，FQs 变化范围为 4493~47093 L/kg。TCs 的 $K_{d(sw)}$ 值与文献报道相一致。但是 FQs 的 $K_{d(sw)}$ 值较文献报道值高出许多（表 4.23），表明了 FQs 较 TCs 及其他诸如磺胺类和大环内酯类抗生素在沉积物上具有更强的吸附性能，进而增强了 FQs 在水环境体系中的持久性（Li et al., 2012）。FQs 具有较高 K_d 值很可能与沉积物理化性质和水环境体系 pH 有关（Gong et al., 2012）。本课题组已有的研究工作发现诸如黏土矿物含量、自由态的氧化铁、自由态的氧化铝、钙含量、铝含量和有机质含量等吸附剂理化性质和吸附体系 pH 在不同种类抗生素土壤 - 水两相间分配时起着支配作用。其中对于影响 FQs 土壤水分配诸因素中除了 pH、黏土矿物和自由态氧化铁外，有机质含量也发挥着非常重要的作用，而其他抗生素则不存在这一影响因素（Gong et al., 2012）。所以，我们推断白洋淀水环境体系中 FQs 具有较高 K_d 值的主要原因和白洋淀沉积物中有机质含量较高有关（Kim and Carlson，2007；Liang et al., 2013）。因为其他研究区域沉积物中有机质含量较白洋淀沉积物中要低（表 4.16）。

表 4.23　四种抗生素在不同介质间的准分配系数（K_d）

抗生素	$K_{d(pw)}$ /（L/kg）		$K_{d(ow)}$ /（L/kg）		$K_{d(sw)}$ /（L/kg）		参考文献
	Range	Mean	Range	Mean	Range	Mean	K_d/（L/kg）
土霉素	594~976	743	435~1 425	894	277~1 800	951	1 051~2 750
四环素	851~1 004	917	850~1 044	949	768~1 227	1 020	290~31 170
诺氟沙星	9 645~14 959	11 324	5 199~16 100	10 861	44 93~47 093	16 543	9 360
氧氟沙星	8 206~11 269	9 975	8 549~12 010	10 423	5 925~12 465	9 493	310~2 280

资料来源：Tolls，2001；Kim and Carlson，2007；Zhang et al.，2011；Li et al.，2012。

　　如图 4.19 所示为白洋淀水环境体系中不同介质中计算所得 K_d 值的时空分布趋势，且 $K_{d(sw)}$-$K_{d(ow)}$ 和 $K_{d(ow)}$-$K_{d(pw)}$ 之间存在着显著相关性（表 4.24）。从表水到沉积物沿着垂直深度，土霉素 K_d 值变化范围为 277~1800 L/kg，四环素为 768~1227 L/kg，诺氟沙星为 4493~47093 L/kg，氧氟沙星为 5925~12 465 L/kg。通过图 4.19 发现气温较冷的季节（10~3 月）不同 K_d 值之间表现出较大的差异，而在气温较高的季节又趋于相同 [8 月，$K_{d(sw)} \approx K_{d(ow)} \approx K_{d(pw)}$]。依据实验结果，我们推荐使用 $K_{d(pw)}$ 值作为水环境体系中抗生素吸附特性的理想值。其原因主要为：①沉积物与孔隙水之间接触较上覆水和表水更为紧密；②$K_{d(pw)}$ 较 $K_{d(sw)}$ 和 $K_{d(ow)}$ 表现出较小的波动性。然而，考虑到孔隙水采集耗时费钱，所以推荐采样时间选在水体热分层不明显的季节进行样品采集（如白洋淀为每年的 8 月），这样只要采集表水和沉积物样品得到 $K_{d(sw)}$ 值就可以更为真实地反映水体有机物污染物样品在水相和沉积物之间的分配情况，因为这个季节 $K_{d(sw)} \approx K_{d(ow)} \approx K_{d(pw)}$。

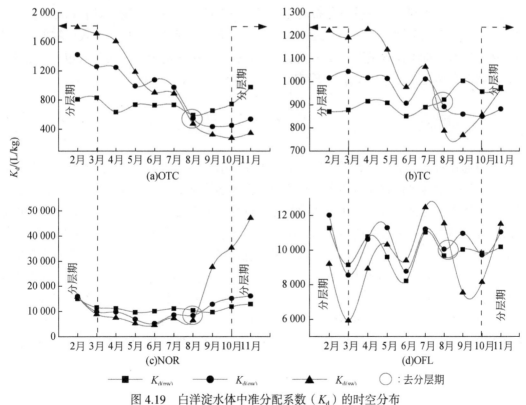

图 4.19　白洋淀水体中准分配系数（K_d）的时空分布

表 4.24　四种抗生素不同介质准分配系数（K_d）间的相关性

	$K_{d(pw)}$	$K_{d(ow)}$	$K_{d(sw)}$		$K_{d(pw)}$	$K_{d(ow)}$	$K_{d(sw)}$
土霉素				四环素			
$K_{d(pw)}$	1			$K_{d(pw)}$	1		
$K_{d(ow)}$	0.092	1		$K_{d(ow)}$	-0.661[*]	1	
$K_{d(sw)}$	0.064	0.966[**]	1	$K_{d(sw)}$	-0.629	0.915[**]	1
诺氟沙星				氧氟沙星			
$K_{d(pw)}$	1			$K_{d(pw)}$	1		
$K_{d(ow)}$	0.738[*]	1		$K_{d(ow)}$	0.815[**]	1	
$K_{d(sw)}$	0.374	0.830[**]	1	$K_{d(sw)}$	0.301	0.473	1

* 在 0.05 水平上显著相关；** 在 0.01 水平上显著相关。

通过本节研究发现白洋淀水体环境中 4 种抗生素浓度水平分别为：表水为 17.73~281.82 ng/L，上覆水为 22.98~258.45ng/L，孔隙水为 22.43~198.95ng/L，沉积物为 131.65~750.27 ng/g，相比较于其他的淡水水体处于中度污染水平；白洋淀水体中抗生素季节变化明显，四环素类抗生素季节变化规律呈现为由夏季到秋季逐渐增加的趋势，峰值出现在温度较低的秋季。诺氟沙星最大峰值出现在了夏季。氧氟沙星季节变化较其他 3 种抗生素要小。究其原因主要受到周边传统耕作方式和不同类型抗生素使用频率的影响；处于生活污水排放和人类活动频繁的区域其抗生素含量水平较远离污染源的区域高；通过不同类型抗生素从表水到沉积物垂直分布规律发现，两类抗生素在沉积物上具有相对较高的富集，其富集率变化范围为 11.27%~29.71%。此外，研究发现春季四环素排入量较少时，孔隙水和上覆水中抗生素含量明显高于表水含量，存在着沉积物中抗生素向水相中释放的现象，表明沉积物在一定的环境条件下可以作为二次污染源对水体产生危害。

4.3　抗生素土壤－水分配及其分配系数定量化

土壤通过富集重金属、有毒有机物而成为环境中污染物的蓄积库。这些物质在最终埋藏之前，以一定的寄宿时间存在在于土壤中。在淋溶等作用下，土壤中的污染物又可迁移进入水体环境。可见，污染物在土壤中的迁移行为很大程度上控制着其在水体环境中的分布及归宿。然而目前土壤中迁移行为的研究多关注亲脂性有机污染物（如 PAHs、PCBs 和类醇）和重金属元素以及营养盐，尚缺乏极性有机污染物（如抗生素）的迁移行为研究。鉴于此，本书测定了 3 种代表性抗生素（土霉素、磺胺甲嘧啶和诺氟沙星）在 23 个土壤样品中的土壤－水分配系数，深入揭示抗生素在土壤中的吸附能力对水体抗生素浓度的影响，探讨抗生素在土壤和水环境中的环境行为和归宿问题；同时利用土壤理化性质参数和偏最小二乘回归方法，建立抗生素的土壤－水分配系数预测模型，为环境风险评价提供有效的工具。

4.3.1 土壤抗生素吸附实验

4.3.1.1 土壤样品采集及理化性质分析

在全国 19 个省选择了 23 个采样点，采集表层土壤（0~20 cm）。采样点位分布如图 4.20 所示。采集的土壤样品通过 2 mm 不锈钢筛，在室温下风干保存。选取了 14 个对抗生素在土壤中吸附特性影响较大的理化性质参数进行测定（Rabølle and Spliid，2000；Boxall et al.，2002；Peterson et al.，2009）。其中，土壤 pH 在土壤：0.01 mol/L CaCl$_2$ 溶液 =1：2.5 的混合体系中测得；砂 - 粉 - 黏粒（sand-silt-clay）的比例利用激光粒度仪进行测定；有机质（OM）采用重铬酸钾容量法测定；溶解性有机质（DOM）通过 TOC 分析仪直接测定水土比为 2：1 的上层清液而得出。游离氧化铁（DCB-Fe）和游离氧化铝（DCB-Al）通过电感耦合等离子体原子发射光谱测定连二亚硫酸盐 - 柠檬酸盐 - 重碳酸盐（DCB）的提取液而获得。Al、K、Ca、Mg 的含量由电感耦合等离子体原子发射光谱测定 0.1 mol/L BaCl$_2$ 的提取液获得。阳离子交换容量采用 BaCl$_2$ 强迫交换法测得。理化性质的测定结果列于表 4.25 中。

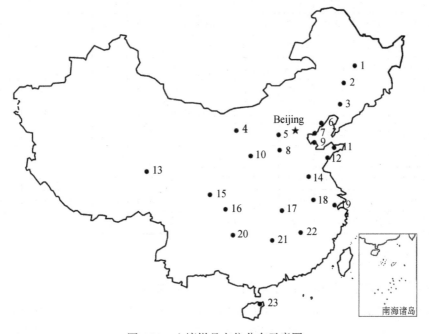

图 4.20 土壤样品点位分布示意图

表 4.25 土壤的物理化学性质

编号	pH	Clay/%	Silt/%	Sand/%	OM/（g/kg）	DOM/（g/kg）	DCB-Fe/（g/kg）	DCB-Al/（g/kg）	Al/（g/kg）	K/（g/kg）	Na/（g/kg）	Ca/（g/kg）	Mg/（g/kg）	CEC/（cmol/kg）
1	5.70	14.75	41.94	43.31	47.46	271.96	105.23	20.40	0.10	0.86	0.16	19.13	6.54	26.79
2	7.27	3.22	44.00	52.78	24.08	161.74	82.32	13.23	0.04	0.73	0.15	19.79	2.66	23.36

编号	pH	Clay/%	Silt/%	Sand/%	OM/(g/kg)	DOM/(g/kg)	DCB-Fe/(g/kg)	DCB-Al/(g/kg)	Al/(g/kg)	K/(g/kg)	Na/(g/kg)	Ca/(g/kg)	Mg/(g/kg)	CEC/(cmol/kg)
3	4.90	36.09	62.12	1.79	398.97	1280.72	84.63	46.92	0.99	0.81	0.57	24.69	4.21	31.28
4	7.68	0.56	15.47	83.97	13.76	23.25	65.31	3.96	0.02	0.30	0.12	4.92	1.07	6.43
5	7.65	3.10	42.13	54.77	17.88	52.93	66.57	10.61	0.04	0.57	0.27	15.04	4.37	20.28
6	7.41	0.53	10.49	88.98	3.44	8.95	31.32	2.94	0.02	0.31	0.26	7.10	1.34	9.02
7	7.50	6.16	38.66	55.18	13.07	44.54	46.52	6.22	0.02	0.53	0.65	14.63	4.34	20.17
8	7.66	16.55	50.64	32.81	6.19	20.56	72.45	7.56	0.03	0.39	0.43	19.58	6.84	27.27
9	7.80	14.92	68.56	16.52	7.91	34.54	65.45	5.23	0.02	1.37	23.70	6.19	7.65	38.93
10	7.31	18.40	47.52	34.08	4.31	17.50	81.57	7.54	0.03	0.50	0.50	7.54	3.54	12.11
11	6.73	1.03	31.83	67.14	7.22	18.84	86.62	10.63	0.06	0.42	0.07	11.76	3.66	15.98
12	7.67	2.80	35.43	61.77	2.06	79.70	55.53	9.88	0.04	0.40	0.18	19.56	1.95	22.12
13	7.68	7.62	49.44	42.94	10.66	62.17	55.29	6.03	0.03	1.53	1.22	12.17	6.40	21.34
14	7.44	16.54	37.58	46.88	8.07	18.15	76.63	11.64	0.03	0.58	0.46	13.69	1.05	15.81
15	5.40	35.89	56.42	7.69	412.73	468.84	145.13	46.41	0.85	0.57	0.41	35.86	3.17	40.85
16	5.69	8.31	33.67	58.02	12.38	86.58	41.15	6.51	0.51	0.42	0.20	13.62	2.18	16.93
17	7.24	17.47	51.37	31.16	7.57	14.76	229.32	31.13	0.04	0.56	0.21	23.32	5.20	29.33
18	4.70	7.86	31.31	60.83	4.82	20.24	364.39	55.81	7.91	0.40	0.33	4.96	3.89	17.50
19	6.73	0.41	18.52	81.07	2.31	3.04	11.86	1.75	0.01	0.08	0.06	1.78	0.57	2.50
20	5.45	16.01	35.37	48.62	14.79	71.10	74.24	8.76	0.25	0.36	0.37	23.50	3.28	27.75
21	5.05	20.66	45.78	33.56	4.82	4.76	251.41	53.91	1.53	0.89	0.10	3.99	0.51	7.03
22	5.49	16.46	48.47	35.07	28.89	163.57	120.22	12.62	0.04	0.34	0.70	16.52	2.97	20.57
23	6.57	12.48	28.13	59.39	4.82	26.91	308.74	53.24	0.03	0.20	0.19	5.20	0.69	6.31

4.3.1.2　土壤吸附实验

土霉素、磺胺嘧啶和诺氟沙星采用的水土比分别为 1 : 200、1 : 5 和 1 : 100。土壤样品分别装入 50 ml、10 ml 和 50 ml 的聚丙烯塑料离心管中，加入利用 0.01 mol/L CaCl$_2$ 和 0.01 mol/L NaN$_3$（作为抗菌剂）配制的不同浓度的抗生素溶液。经过预实验，选取 36 h 作为充分平衡时间。控制组（不含土壤，只含有抗生素标准溶液）用于评估抗生素在实验过程中的稳定性和离心管壁对抗生素的吸附能力。结果表明，实验过程中抗生素损失较小，对实验不会造成影响。样品在 2000 g 的条件下离心 10 min，上清液使用 0.2 μm 玻璃纤维滤膜过滤，而后利用 HPLC 测定液相浓度。

土壤中的抗生素浓度和分配系数利用下面的公式进行计算。

$$C_{soil} = \frac{(C_0 - C_{aq}) \times V_{aq}}{M_{soil}}$$

（4.7）

$$K_d = \frac{C_{\text{soil}}}{C_{\text{aq}}} \tag{4.8}$$

式中，C_0 为经过 36 h 后，控制组内抗生素标准溶液的浓度；C_{aq} 为液相中抗生素的浓度；V_{aq} 为液相体积，M_{soil} 为受试土壤质量，每次三个平行样。

为了真实反映 3 种抗生素在土壤中的分配系数，本书中的 K_d 值是在吸附等温线的线性范围内测得。吸附等温线在较宽的浓度范围内呈现非线性，K_d 值会随着液相中抗生素浓度的增加而减小。而环境中的抗生素浓度一般偏低，其 K_d 值落在线性范围内。所以，本书先通过预实验确定抗生素在不同土壤中的线性范围（表 4.26），而后在线性范围内选取 7 个浓度点，取其平均值作为最终的分配系数，以期真实反映环境中抗生素的土壤-水分配情况。

表 4.26　批平衡实验中满足吸附等温线线性范围的液相始初浓度范围

编号	土霉素 /（mmol/L）	磺胺甲噁唑 /（mmol/L）	诺氟沙星 /（mmol/L）
1	0.01~0.025	0.001~0.0025	0.004~0.01
2	0.005~0.02	0.0005~0.002	0.004~0.01
3	0.05~0.25	0.001~0.0025	0.02~0.05
4	0.001~0.003	0.0005~0.002	0.002~0.005
5	0.0025~0.015	0.0005~0.002	0.002~0.005
6	0.0025~0.015	0.0005~0.002	0.002~0.005
7	0.0025~0.015	0.0005~0.002	0.002~0.005
8	0.001~0.003	0.0005~0.002	0.002~0.005
9	0.0025~0.015	0.0005~0.002	0.002~0.005
10	0.0025~0.015	0.0005~0.002	0.002~0.005
11	0.001~0.003	0.0005~0.002	0.002~0.005
12	0.001~0.003	0.0005~0.002	0.002~0.005
13	0.001~0.003	0.0005~0.002	0.002~0.005
14	0.0025~0.015	0.0005~0.002	0.004~0.01
15	0.05~0.25	0.001~0.0025	0.02~0.05
16	0.005~0.02	0.001~0.0025	0.004~0.01
17	0.01~0.025	0.001~0.0025	0.004~0.01
18	0.05~0.25	0.001~0.0025	0.02~0.05
19	0.001~0.003	0.0005~0.002	0.002~0.005
20	0.01~0.025	0.001~0.0025	0.004~0.01
21	0.01~0.025	0.0015~0.003	0.004~0.01
22	0.01~0.025	0.001~0.0025	0.004~0.01
23	0.005~0.02	0.001~0.0025	0.004~0.01

4.3.2 抗生素土壤 – 水分配系数定量化模型构建

以土壤理化性质为自变量，应用 SIMCA（6.0 版）软件中的 PLS 模块在缺省设置条件下对抗生素的土壤 - 水分配系数进行建模，构建土壤理化性质和抗生素土壤 - 水分配系数的函数关系。模型运算采取软件中的默认参数。由交叉验证来确定主成分个数 A。模型预测能力精度的评价指标为主成分个数 A，累计交叉验证系数 Q^2_{cum}，拟合值和实测值的相关系数 R，模型显著性水平 P，标准偏差 SD 等。除 SD 外，其余参数均由 PLS 分析直接给出结果。SD 计算公式如下：

$$SD = \sqrt{\frac{1}{n-A-1}\sum_{i=1}^{n}\left[\lg K_d(obs.)_i - \lg K_d(pred.)_i\right]^2} \tag{4.9}$$

式中，$\lg K_d(obs.)$ 和 $\lg K_d(pred.)$ 分别为 $\lg k_d$ 的实测值和预测值；n 为实测值的个数；i 代表不同的土壤样品；A 代表 PLS 主成分的个数。自变量筛选过程中，逐步累积剔除 VIP 值（变量投影重要性 – 衡量自变量重要性的参数）最小的变量，直至 Q^2_{cum} 达到最大。在模型分析过程中，当模型的 Q^2_{cum} 大于 0.5 时，则所建立的模型具有较好的预测能力和较高的可靠性。

本书测定了土霉素、磺胺甲嘧啶和诺氟沙星在 23 个土壤样品中的分配系数（表 4.27），分析了对抗生素吸附有较大影响的 14 个土壤理化性质。在此基础上，我们通过 PLS 回归，建立了分配系数和土壤理化性质之间的最优函数关系，构建了 3 个预测模型，拟合结果列于表 4.28 中。

$$\lg K_{d(OTC)} = 3.67-1.39\times10^{-1}pH+1.32\times10^{-2}Clay+7.07\times10^{-4}DCBFe \\ +5.91\times10^{-3}DCBAl+2.84\times10^{-2}Al+1.37\times10^{-2}Ca \tag{模型 1}$$

$$\lg K_{d(SMZ)} = 1.451-1.88\times10^{-1}pH+1.37\times10^{-2}Clay+1.86\times10^{-3}DCBFe \tag{模型 2}$$

$$\lg K_{d(NOR)} = 3.45-1.84\times10^{-1}pH+1.17\times10^{-2}Clay+1.84\times10^{-3}DCBFe \\ +7.76\times10^{-4}OM+8.38\times10^{-3}Ca \tag{模型 3}$$

模型预测能力精度的评价指标为累计交叉验证系数 Q^2_{cum}，标准偏差 SD，拟合值和实测值的相关系数 R，模型显著性水平 p 等。从表 4.28 可以看出，3 个模型具有较高的 Q^2_{cum}（0.765~0.868）和较低的 SD（0.15~0.21），这两个拟合结果说明模型具有良好的预测能力。从图 4.21 可以看出，实测值和预测值的相关性高（$R>0.889$，$p<1.49\times10^{-8}$），这也说明了模型的精度和实用性。利用这 3 个预测模型，预测了土霉素、磺胺甲嘧啶和诺氟沙星在 23 个土壤样品中的分配系数，通过对比发现，实测值和预测值较为吻合（表 4.27），这说明这 3 个模型可以用来预测其他地区抗生素在土壤中的分配系数。此外，在 PLS 回归分析中，VIP 是一个表现自变量在模型中重要性的参数，数值越大（大于或接近于 1），越能决定因变量。如表 4.28 所示，pH、Clay、DCB-Al 和 DCB-Fe 在模型 1 中的 VIP 值大于其他参数，说明这 4 个土壤理化性质在决定土霉素在土壤中分配系数方面起到了重要作用。同理，pH 和 DCB-Fe 对磺胺甲嘧啶在土壤中的迁移能力影响最大；而 pH、Clay、DCB-Fe 和 OM 在很大程度上决定了诺氟沙星在土壤中的分配系数。

表 4.27　23 个土壤样品中 lg K_d 的实测值和预测值

编号	lgK_d/（L/kg）								
	土霉素			磺胺甲嘧啶			诺氟沙星		
	Obs.	Pred.	Res.	Obs.	Pred.	Res.	Obs.	Pred.	Res.
1	3.71 ± 0.02	3.54	0.17	1.13 ± 0.01	0.78	0.35	2.92 ± 0.03	2.96	−0.04
2	3.43 ± 0.02	3.12	0.31	0.49 ± 0.01	0.28	0.21	2.77 ± 0.03	2.49	0.28
3	4.20 ± 0.01	4.18	0.02	0.93 ± 0.01	0.87	0.06	3.62 ± 0.01	3.64	−0.02
4	2.58 ± 0.03	2.75	−0.17	0.23 ± 0.02	0.14	0.09	1.97 ± 0.06	2.22	−0.25
5	3.08 ± 0.02	2.97	0.11	0.29 ± 0.02	0.18	0.11	2.39 ± 0.04	2.34	0.05
6	2.96 ± 0.02	2.79	0.17	0.08 ± 0.02	0.12	−0.04	2.06 ± 0.04	2.21	−0.15
7	3.03 ± 0.03	2.99	0.04	0.11 ± 0.01	0.21	−0.10	2.36 ± 0.03	2.36	0.00
8	2.93 ± 0.02	3.20	−0.27	0.18 ± 0.01	0.37	−0.19	2.51 ± 0.03	2.54	−0.03
9	3.02 ± 0.02	2.95	0.07	0.05 ± 0.01	0.31	−0.26	2.37 ± 0.03	2.37	0.00
10	3.08 ± 0.03	3.11	−0.03	0.20 ± 0.01	0.48	−0.28	2.45 ± 0.02	2.54	−0.09
11	2.84 ± 0.02	3.04	−0.20	0.11 ± 0.01	0.36	−0.25	2.41 ± 0.03	2.49	−0.08
12	2.77 ± 0.02	3.01	−0.24	0.11 ± 0.02	0.15	−0.04	2.43 ± 0.02	2.34	0.09
13	2.74 ± 0.02	2.95	−0.21	0.11 ± 0.01	0.21	−0.10	2.08 ± 0.03	2.34	−0.26
14	3.24 ± 0.03	3.17	0.07	0.46 ± 0.00	0.42	0.04	2.75 ± 0.02	2.54	0.21
15	4.15 ± 0.01	4.29	−0.14	1.01 ± 0.00	1.20	−0.19	3.75 ± 0.00	3.77	−0.02
16	3.39 ± 0.04	3.26	0.13	0.83 ± 0.01	0.57	0.26	2.79 ± 0.02	2.70	0.09
17	3.63 ± 0.02	3.57	0.06	1.11 ± 0.01	0.76	0.35	2.96 ± 0.01	2.95	0.01
18	4.05 ± 0.01	4.01	0.04	1.05 ± 0.00	1.35	−0.30	3.50 ± 0.02	3.39	0.11
19	2.83 ± 0.04	2.79	0.04	0.23 ± 0.01	0.21	0.02	2.49 ± 0.01	2.25	0.24
20	3.61 ± 0.02	3.56	0.05	1.05 ± 0.00	0.78	0.27	2.94 ± 0.02	2.98	−0.04
21	3.70 ± 0.01	3.84	−0.14	1.42 ± 0.01	1.25	0.17	3.07 ± 0.04	3.26	−0.19
22	3.60 ± 0.01	3.52	0.08	0.93 ± 0.01	0.87	0.06	3.11 ± 0.01	3.01	0.10
23	3.56 ± 0.01	3.53	0.03	1.07 ± 0.00	0.96	0.11	2.98 ± 0.02	3.00	−0.02

注：Obs. 为实测值；Pred. 为预测值；Res. 为实测值和预测值之差。

表 4.28　模型拟合结果和土壤理化性质参数的 VIP 值

模型	Q^2_{cum}	R	SD	p	VIP						
					pH	Clay	DCB-Al	DCB-Fe	Ca	Al	OM
1	0.866	0.947	0.16	7.72×10^{-12}	1.236	1.084	1.185	0.907	0.734	0.729	
2	0.765	0.889	0.21	1.49×10^{-8}	1.174	0.805		0.986			
3	0.868	0.957	0.15	8.90×10^{-13}	1.234	1.099		0.904	0.724		0.964

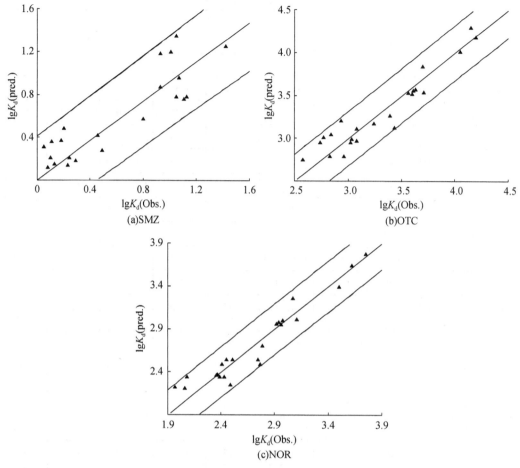

图 4.21 lgkd 实测值与预测值的拟合关系

注：外边线代表 95% 置信区间。

如表 4.28 所示，在所有的土壤理化性质中，pH 的 VIP 值最大，这说明 pH 在这三种抗之间，在这种情况下，土霉素、磺胺甲嘧啶和诺氟沙星的大部分以两性离子存在，并且始终赋存有阳离子形态（Hyun et al.，2003）（图 4.22）。有研究表明，阳离子交换是决定抗生素吸附量的主要作用，只要有抗生素以阳离子形态存在，阳离子交换作用将优于疏水分配、阳离子键桥、表面络合等其他吸附作用（And and Lee，2005；Vasudevan et al.，2009；And et al.，1998）。在酸性土壤中，以阳离子形式存在的抗生素比例较大，易于发生阳离子交换，增加吸附量。随着土壤 pH 的升高，阳离子比例下降，阴离子数量增加，使得阳离子交换作用减弱，吸附量减少。此外，在碱性土壤中，土壤的负电性表面与阴离子型抗生素之间存在静电排斥力，进一步减少了吸附量。

如表 4.28 所示，在模型 1 和模型 3 中，Clay 含量的 VIP 值都大于 1，说明黏粒含量在很大程度上决定了土霉素和诺氟沙星在土壤中的分配系数。模型中 Clay 含量的系数为正号，表明颗粒越小的土壤越容易吸附这两种抗生素。Clay 含量与土壤吸附有机物的能力成正比，这已经是吸附研究的共识。原因可能是富含黏粒的土壤拥有更大的比表面积，有利于吸附有机物。此外，黏粒可以提供大量的电荷，促进静电吸附和键桥作用的发生（Pouliquen and Bris，1996）。

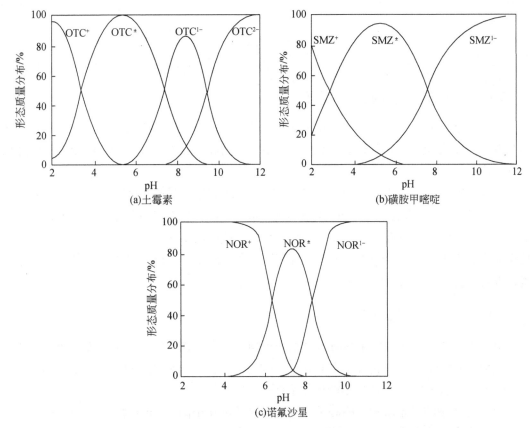

图 4.22　不同 pH 条件下土霉素、磺胺甲嘧啶、诺氟沙星的分子存在形态质量分布

　　DCB-Fe 的 VIP 值在 3 个模型中都接近于 1，DCB-Al 在模型 1 中的 VIP 值大于 1，说明土壤中的铁铝氧化物含量在很大程度上决定了这三种抗生素在土壤中的分配系数。模型中铁铝氧化物含量的系数为正号，表明富含铁铝氧化物的土壤容易吸附这三种抗生素。这说明抗生素分子上的吸附官能团可能能与土壤中的有机物或无机物形成络合物，促进抗生素在土壤表面的吸附（Goyne et al.，2005；Gu and Karthikeyan，2005；Trivedi and Vasudevan，2007；Zhang and Huang，2007）。

　　OM 的 VIP 值在模型 3 中接近于 1，系数为正，说明富含有机质的土壤吸附诺氟沙星的能力较强。可能的原因是疏水分配过程在一定程度上促进了诺氟沙星在土壤中的吸附（Nowara et al.，1997；Ötker and Akmehmet-Balcıoğlu，2005）。此外，Ca 和 Al 的 VIP 值在模型 1 和模型 3 中位于 0.724~0.734，偏低的 VIP 值表明阳离子键桥作用在土霉素和诺氟沙星的吸附过程中影响较小。

　　综上，影响土霉素、磺胺甲嘧啶和诺氟沙星在土壤中吸附能力的土壤理化性质主要包括 pH、Clay、DCB-Al、DCB-Fe、Ca、Al 和 OM。这些显著的参数表明：阳离子交换和表面络合作用在一定程度上影响了土壤对这 3 种抗生素的吸附能力；疏水分配对诺氟沙星的吸附起到了一定的作用；阳离子键桥对土霉素和诺氟沙星的吸附影响较小。在前面提到的吸附作用机理中，阳离子交换作用最强。

4.3.3　三种抗生素在土壤中的吸附特征

4.3.3.1　不同抗生素的吸附特征

由于抗生素种类繁多，且物理和化学性质差异很大，不同种类的抗生素在土壤中势必具有不同的环境行为。下面对土霉素、磺胺甲噁唑的和诺氟沙星在土壤中的吸附特性分别进行讨论。

从表 4.27 中可以看出，三种抗生素在土壤中的吸附能力差异显著。土霉素分配系数为 348~15 781 L/kg，诺氟沙星分配系数为 93~5621 L/kg。这两种抗生素分配系数较大，容易吸持在土壤中而不易进入水体环境，它们易对土壤中的生物产生危害。相反，磺胺甲噁唑吸附系数为 1.1~26.4 L/kg，与土壤结合能力较弱，随水迁移能力较强，容易进入水体环境，进而危害水生生物。

4.3.3.2　不同土壤的吸附特征

由于土壤种类多样，理化性质差异显著，同种抗生素在不同土壤中的吸附能力表现出极大差异。3 种抗生素在不同土壤中分配系数的标准偏差分别为 120%、145% 和 139%。这说明土壤的理化性质对抗生素的吸附行为影响非常大。

图 4.23 表现的是土霉素、磺胺甲噁唑和诺氟沙星在全国 23 个土壤样品中的分配系数。从中可以看出，土霉素在 23 个采样点中有 3 个点位分配系数非常高。它们来自东北三江平原湿地（点位 3）、安徽芜湖（点位 18）和四川若尔盖（点位 15）湿地，分配系数分别为 15 781L/kg、11 201L/kg 和 13 977 L/kg。从表 4.25 可以看出，东北三江平原湿地和若尔盖湿地土壤的 pH 非常低，铁铝氧化物含量和黏粒比例非常高，这也符合湿地土壤的特性。采自芜湖的土壤是典型的红壤，pH 仅为 4.7，是所有样点中最低的，而且铁铝氧化物含量是所有样点中最高的。上述土壤特性决定了这 3 个点位的土壤对土霉素的高吸附能力。磺胺甲噁唑在采自长沙的土壤中的分配系数远远高于其他采样点。究其原因可能是长沙红土的 pH 较低，黏粒含量和铁铝氧化物含量较高。诺氟沙星和土霉素一样，三江平原、芜湖和若尔盖土壤对其具有较强的吸附能力。

全国范围来看，东北、华中和西南的土壤对这 3 种抗生素的吸附能力较强，华北地区的土壤吸附能力较弱，华东地区由于南北地理跨度较大，土壤类型较多，分配系数变化较大。而西北和华南地区只有一个采样点，所以暂不分析。究其原因，可能是东北地区以黑土为主，黏粒含量和铁铝氧化物含量较高，这就造成这 3 类抗生素容易滞留在这一地区的土壤中，而不容易对这一地区的水体带来污染。西南地区和华中地区以紫色土和红土为主，典型酸性土壤，pH 偏低，铁铝氧化物和铝的含量非常高，所以这 3 种抗生素在这些点位的土壤中不容易随水迁移。反观华北地区，土壤偏碱性，黏粒含量较少，铁铝氧化物含量较其他地区偏低。这样的土壤性质造成抗生素容易通过淋溶等作用从土壤中迁移进入水体环境，给水生生物带来危害。

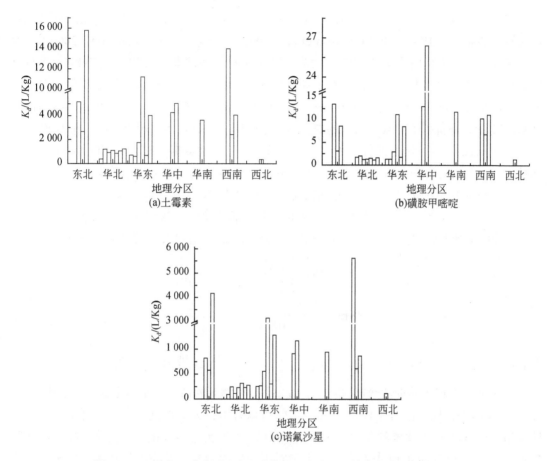

图 4.23　土霉素、磺胺甲噁啶和诺氟沙星在全国土壤中的分配系数对比

4.4　白洋淀水体中抗生素类污染物的生态风险评估

　　为了准确评价抗生素污染现状，控制抗生素污染对水环境的破坏，必须详细评估抗生素的存在对水环境造成的风险，以期为抗生素的有效管理提供科学依据。在国外，药物的环境风险评价细则已经被欧洲药品评价局（EMEA）和美国食品与药物管理局（FDA，USA）引入。但是起步较晚，相关报道鲜见。本节以 4.1 节白洋淀水体中赋存抗生素为基础，对白洋淀水体抗生素类污染物进行了生态风险评。

4.4.1 白洋淀水体中抗生素的风险评估

4.4.1.1 风险熵值法

目前，风险熵值法（RQ）在环境风险评价领域被广泛应用，许多污染物的环境风险通过这一方法得以成功评价（Carlsson et al., 2006; Lemly, 1996; Peterson, 2006）。风险熵值（RQs）是利用测定的环境浓度值（MEC）和预测的非效应浓度（PNEC）进行计算而得出［式（4.10）］。谨慎起见，熵值法选取最大的环境浓度值作为环境浓度值（MEC），非效应浓度（PNEC）采用半数效应浓度/半数致死浓度（EC$_{50}$/LC$_{50}$）/无可观察效应浓度（NOEC）除以评价因子（AF）所得的数值［式（4.11）］。评价因子用以修正内在不确定性，大多数文献推荐 1000 作为评价因子。风险评价采用的毒性数据（EC$_{50}$/LC50/NOEC）来自两种途径：查找文献中的实验数据和通过 EcoSAR 模型（生态结构活性相关模型）进行预测。本书选用的抗生素急慢性毒性数据分别见表 4.29 和表 4.30。风险熵值分为 3 个等级：低风险（0.01 ≤ RQs ≤ 0.1）、中等风险（0.1 < RQs ≤ 1）和高风险（RQs > 1）。当 RQs 超过 1 时，说明水环境中抗生素风险较高，水生生物和人体健康面临极大威胁，需要引起足够重视。

$$RQ = \frac{MEC}{PNEC} \qquad (4.10)$$

$$PNEC = \frac{E(L)C_{50}/NOEC}{1000} \qquad (4.11)$$

4.4.1.2 基于文献数据报道不同生物抗生素急性毒性数据所进行的风险评价

基于文献中查找的毒性数据，本书对 4.1.1 小节检测到的白洋淀水体中赋存的抗生素（表4.6）存在的潜在风险进行了评价。从表 4.31 可以看出，大多数抗生素在白洋淀表水中的浓度值（MEC）小于预测的非效应浓度（PNEC），说明大多数抗生素对水生生物的风险较低。从表 4.29 和表 4.30 中看出，抗生素对不同生物的毒性效应差异较大。根据不同生物对抗生素的毒性测试结果，我们将受试生物对抗生素的敏感性进行了排序：藻类 > 细菌 > 甲壳类 > 鱼类。

藻类：如表 4.31 所示，除了磺胺噻唑、磺胺甲嘧啶，四大类抗生素都对藻类形成了一定的威胁。抗生素给藻类带来的急性毒性风险顺序为：红霉素（高）> 罗红霉素 = 氧氟沙星 = 诺氟沙星（中等）> 土霉素（低）。抗生素给藻类带来的慢性毒性风险顺序为：螺旋霉素（高）> 氧氟沙星 = 土霉素 = 磺胺嘧啶（低）。

细菌：从 RQs 值可以看出，诺氟沙星对细菌类生物的慢性毒性风险非常高（RQ=18），严重威胁白洋淀水生态安全，此外，氧氟沙星对细菌的急慢性毒性上都表现为中等风险，土霉素在急性毒性上表现为中等风险。

甲壳类和鱼类：只有红霉素和土霉素分别表现出中等和低的慢性毒性风险水平。由于鱼类的毒性数据缺乏，尚无法通过现有实验数据评价抗生素对鱼类的风险。

可见，细菌和藻类是最为敏感的受试生物。有研究发现细菌接触到较低浓度的抗生素时可能产生抗性基因，这些抗性基因可能传递给植物、动物和人类（Kümmerer，2009；Dolliver and Gupta，2008）。同样，藻类作为低等生物，也可以通过食物链，将危害传递给人类。这说明抗生素污染可能通过食物链和抗性细菌在这一地区产生持久影响。

此外，从风险评价结果可以看出，大环内酯类和喹诺酮类抗生素是威胁白洋淀水环境安全的主要抗生素种类。相似的研究也发现红霉素、氧氟沙星、林可霉素等大环内酯和喹诺酮类抗生素是对水环境危害最为严重的抗生素（Isidori et al.，2005）。在意大利，红霉素被列为水环境中严格控制的优先污染物（Zuccato et al.，1993）。在韩国，研究人员发现红霉素在水环境中能带来慢性毒性风险（Lee et al.，2008）。还有研究发现，氧氟沙星和环丙沙星会对水生生物形成潜在危害（Lindberg et al.，2007）。此外，有报道称诺氟沙星可以作用于色素细胞 P-450（CYP450）酶系统以及光能自养型生物的抗氧化防御系统，由此威胁生物体正常生长，带来环境风险（Nie et al.，2009）。可见，大环内酯类和喹诺酮类抗生素对水生生物危害巨大，由此带来的环境风险较高，在白洋淀地区应引起足够重视。

4.4.1.3 基于 EcoSAR 模型计算所得不同生物抗生素慢性毒性数据所进行的风险评价

基于 EcoSAR 模型计算出的毒性数据，本书对抗生素在白洋淀水体中存在的潜在风险进行了评价。从表 4.31 可以看出，磺胺嘧啶、红霉素、氧氟沙星和诺氟沙星对水生生物具有较低的慢性毒性风险，仅有红霉素具有急性风险。此外，藻类是最为敏感的受试生物。

本书中风险评价采用的毒性数据来自两种途径：查找文献中的实验数据和通过 EcoSAR 模型进行预测。从风险评价结果来看，两种方式得出的结论相似。大环内酯类和喹诺酮类环境风险较高，严重威胁白洋淀水环境安全。然而，两种方式得出的结果也存在一些差异，EcoSAR 模型得出的环境风险较实验方法偏低，如氧氟沙星通过 EcoSAR 模型方式只发现存在慢性毒性风险，而通过实验手段，急慢性毒性风险都存在。两种毒性数据获取途径的差异是造成了上述结果的原因。EcoSAR 模型是基于毒性数据和化合物结构参数之间存在函数关系，通过这个函数关系，我们输入化合物结构参数推算出毒性数据。而实验手段是直接通过实验得出毒性数据，相比而言，实验数据更为可靠。但是由于抗生素毒性数据较为匮乏，许多生物种类的毒性数据无法获得，严重影响了抗生素风险评价的全面性。例如，本书在收集抗生素的鱼类毒性数据时，发现文献较少，进而通过 EcoSAR 模型进行预测，获得了较多的毒性数据，丰富了风险评价的多样性。可见，EcoSAR 模型虽从可靠性上无法和实验数据相媲美，但是它可以作为实验数据缺失时的一种补充工具。

4.4.1.4 熵值法不确定性分析

利用熵值法进行环境风险评价主要分为以下几步：测定环境中污染物浓度（MEC）；收集毒性数据；选取评价因子（AF）计算预测的非效应浓度（PNEC）。每一步的不确定性都会影响评价结果。从浓度值选取上看，为了保险起见，风险研究通常考虑危害最严重的情况，即采用最高的环境浓度值和最低的非效应浓度（PNEC），这就可能造成风险被高估。从评价因子（AF）选取上看，尽管 AF=1000 被广泛应用于环境风险评价，但是对于本书选取的 10 种抗生素并不一定都适用，可能造成某些抗生素的风险被低估或夸大。从毒性数据来源上看，研究中的实验数据来自其他文献或是通过 EcoSAR 模型进行预测，实验和预测中存在的误差也会增加风险评价的不确定性。

此外，本书中抗生素多以较低浓度检出，由此评价出具有较低的环境风险。但是不同的抗生素可能具有相似的化学结构和作用方式，虽然单一浓度偏低，但是它们的总浓度可能偏高，它们的联合毒性也可能比单一抗生素显著（Brain et al.，2004）。另外，环境系统中存在种类繁多的有机和重金属类污染物，它们和抗生素共存时，对生物的毒性效应也可能发生改变。然而，在目前的环境风险评价研究中，这些因素并未考虑其中。

4.4.2　传统溶解态和自由溶解态抗生素的风险评估比较

一般情况下，抗生素环境风险评价中 MEC 值所采用的是溶解态（即过 0.45 μm 或 0.7 μm 滤膜）中所检测到的抗生素环境浓度值对生物的风险，也表明了抗生素在水环境体系中可能引起不利于生态或者人体的影响（Jiang et al.，2011；Li et al.，2012）。然而，通过本章 4.1.2 小节实验结果及其讨论，发现溶解态中抗生素有相当一部分是被胶体颗粒所吸附。所以传统的评价可能扩大了抗生素的生态风险。有必要采用自由溶解相中抗生素浓度值（表 4.12）来重新评价。

表 4.29 和表 4.30 所列为文献报道中抗生素对水生生物急性和慢性毒性数据。为了更好地进行比较，我们采用溶解态中抗生素浓度和急毒 / 慢毒 $L(E)C_{50}$ 得到表观 RQ 值（RQ^{obs}：RQ^{obs}_{acu} 和 RQ^{obs}_{chr}）；采用自由溶解相中抗生素的浓度和急毒 / 慢毒 $L(E)C_{50}$ 得到真实的 RQ 值（RQ^{int}：RQ^{int}_{acu} 和 RQ^{int}_{chr}）（表 4.31）。当 RQ> 1 时，说明水体环境中抗生素风险较高，水生生物和人体健康将面临极大威胁，需要引起足够重视（Hernando et al.，2006）。如表 4.32 所示，土霉素、氧氟沙星和诺氟沙星 RQ^{obs}_{acu} 值分别为 1.295、23.550 和 1.727，表明这几种抗生素对湖水中藻类有较高的风险。实验结果与已有研究结果相似，表明抗生素对淡水和海水中藻类生物存在危害（Li et al.，2012；Kinney et al.，2008）。然而，自由溶解相中抗生素浓度水平才与其生物有效性有关，所以基于自由溶解相中抗生素浓度水平的环境风险评价更加重要和有价值（Chin and Gschwend，1991）。出于这一原因我们计算并得到了 RQ^{int}（表 4.32）。土霉素和氧氟沙星 RQ^{int}_{acu} 值分别为 1.052 和 19.592，磺胺嘧啶和氧氟沙星 RQ^{int}_{chr} 值分别为 4.010 和 14.727。由于这些对于藻类 RQ^{int}> 1，表明了这些抗生素对水生生物存在较高的风险。

与 RQ^{obs} 相比，基于慢性毒性和急性毒性 RQ^{int} 值分别降低了 19.6% 和 50%。这样的结果表明 RQ^{obs} 有可能扩大抗生素在水环境中的风险水平，特别是对于白洋淀水体中土霉素对藻类和甲壳动物的慢性毒性和诺氟沙星对藻类的急性毒性评价，评价结果会出现根本性变化（表 4.32）。此外，上述实验结果也表明了水环境系统中天然胶体对抗生素具有较强吸附，是抗生素的一种天然载体。那么，天然胶体势必影响抗生素的环境行为、生物有效性和毒性。因此，基于水环境体系中天然胶体的丰度和广度，天然胶体的吸附效应是加强还是减弱抗生素的生物毒性、有效性和富集性等应该加以考虑，并引入环境预测和风险评价的过程中。

表 4.29 抗生素在不同生物体内的急性毒性数据

抗生素名称	藻类			甲壳类			鱼类		
	EC_{50}/(mg/L)	种类	参考文献	EC_{50}/(mg/L)	种类	参考文献	EC_{50}/(mg/L)	种类	参考文献
四环素	1	*P.subcapitata*	(Yang et al., 2008)	NOEC=340	*D.magna*	(Wollenberger et al., 2000)	71.64	*fish cell lines*	(Babin et al., 2005)
	2.2	*S.capricornutum*	(Hallingsorensen, 2000)	—	—	—	220	*S.namaycush*	(Cunningham et al., 2006)
	16	*N.closterium*	(Peterson and Batley, 1993)	—	—	—	—	—	—
土霉素	0.17	*P.subcapitata*	(Isidori et al., 2005)	18.65	*C.dubia*	(Isidori et al., 2005)	13.57	*fish cell lines*	(Babin et al., 2005)
	0.342	*S.capricornutum*	(Eguchi et al., 2004)	22.64	*D.magna*	(Isidori et al., 2005)	110.1	*O.latipes*	(Park and Choi, 2008)
	7.05	*C.vulgaris*	(Eguchi et al., 2004)	25	*T.platyurus*	(Isidori et al., 2005)	100	*M.saxatilis*	(Hughes, 1973)
	11.18	*T.chuii*	(Ferreira et al., 2007)	126.7	*M.macrocopa*	(Park and Choi, 2008)	—	—	—
	—	—	—	621.2	*D.magna*	(Park and Choi, 2008)	—	—	—
	—	—	—	806	*A.parthenogenetica*	(Ferreira et al., 2007)	—	—	—
	—	—	—	1000	*D.magna*	(Wollenberger et al.2000)	—	—	—

续表

抗生素名称	藻类 EC$_{50}$/(mg/L)	藻类 种类	藻类 参考文献	甲壳类 EC$_{50}$/(mg/L)	甲壳类 种类	甲壳类 参考文献	鱼类 EC$_{50}$/(mg/L)	鱼类 种类	鱼类 参考文献
磺胺噻唑	17.747	*C.vulgaris*	（Baran et al., 2006）	78.9	*D.magna*	（Jung et al., 2008）	>100	*L.punctatus*	（Wilford, 1996）
	—	—	—	85.4	*D.magna*	—	>100	*L.macrochirus*	（Wilford, 1996）
	—	—	—	135.7	*D.magna*	（Jung et al., 2008）	>100	*O.mykiss*	（Wilford, 1996）
	—	—	—	391.1	*M.macrocopa*	（Park and Choi, 2008）	>100	*S.trutta*	（Wilford, 1996）
	—	—	—	851	*A.salina*	（Migliore et al., 1993）	>100	*S.fontinalis*	（Wilford, 1996）
	—	—	—	—	—	—	>100	*S.namaycush*	（Wilford, 1996）
	—	—	—	—	—	—	>500	*O.latipes*	（Kim et al., 2007）
磺胺甲噁唑	8.7	*P.subcapitata*	（Yang et al., 2008）	110.7	*M.macrocopa*	（Park and Choi, 2008）	>100	*O.latipes*	（Kim et al., 2007）
	—	—	—	115.9	*D.magna*	（Park and Choi, 2008）	>500	*O.latipes*	（Park and Choi, 2008）
	—	—	—	147.5	*D.magna*	（Jung et al., 2008）	—	—	—
	—	—	—	158.8	*D.magna*	（Jung et al., 2008）	—	—	—
磺胺嘧啶	1.334	*C.vulgaris*	（Baran et al., 2006）	221	*D.magna*	（Wollenberger, 2000）	—	—	—
	2.19	*S.capricornutum*	（Eguchi et al., 2004）	—	—	—	—	—	—

抗生素名称	藻类			甲壳类			鱼类		
	EC_{50}/(mg/L)	种类	参考文献	EC_{50}/(mg/L)	种类	参考文献	EC_{50}/(mg/L)	种类	参考文献
红霉素	0.02	P.subcapitata	(Isidori et al., 2005)	10.23	C.dubia	(Isidori et al., 2005)	—	—	—
	0.0366	S.capricornutum	(Eguchi et al., 2004)	17.68	T.platyurus	(Isidori et al., 2005)	—	—	—
	33.8	C.vulgaris	(Eguchi et al., 2004)	22.45	D.magna	(Isidori et al., 2005)	—	—	—
罗红霉素	0.047	P.subcapitata	(Yang et al., 2008)	7.1	D.magna	(Choi et al., 2008)	288.3	O.latipes	(Choi et al., 2008)
	—	—	—	39.3	M.macrocopa	(Choi et al., 2008)	—	—	—
螺旋霉素	2.3	S.capricornutum	(Hallingsorensen, 2000)	—	—	—	—	—	—
	0.0906	C.meneghiniana	(Ferrari et al., 2004)	26.7	C.dubia	(Eguchi, 2004)	—	—	—
	0.016	S.leopolensis	(Ferrari et al., 2004)	17.41	C.dubia	(Isidori et al., 2005)	—	—	—
氧氟沙星	1.44	P.subcapitata	(Isidori et al., 2005)	31.75	D.magna	(Isidori et al., 2005)	—	—	—
	4.74	P.subcapitata	(Ferrari et al., 2004)	33.98	T.platyurus	(Isidori et al., 2005)	—	—	—
	12.1	P.subcapitata	(Robinson et al., 2005)	76.58	D.magna	(Ferrari et al., 2004)	—	—	—
诺氟沙星	1.8	P.subcapitata	(Yang et al., 2008)	—	—	—	—	—	—
	10.4	C.vulgaris	(Eguchi et al., 2004)	—	—	—	—	—	—
	16.6	S.capricornutum	(Eguchi et al., 2004)	—	—	—	—	—	—

注：—表示无文献参考。

表 4.30　抗生素在不同生物体内的慢性毒性数据

药物名称	藻类			甲壳类			鱼类		
	EC$_{50}$/（mg/L）	种类	参考文献	EC$_{50}$/（mg/L）	种类	参考文献	EC$_{50}$/（mg/L）	种类	参考文献
四环素	0.09	M.aeruginosa	（Hallingsørensen，2000）	44.8	D.magna	（Wollenberger et al.，2000）	—	—	—
土霉素	0.207	M.aeruginosa	（Lützhøft et al.，1999）	0.18	C.dubia	（Isidori et al.，2005）	—	—	—
	1.6	R.salina	（Lützhøft et al.，1999）	46.2	D.magna	（Wollenberger et al.，2000）	—	—	—
	4.5	S.capricornutum	（Lützhøft et al.，1999）	—	—	—	—	—	—
磺胺噻唑	—	—		LOEC=35 NOEC=11	D.magna	（Park and Choi，2008）	—	—	—
磺胺嘧啶	0.135	M.aeruginosa	（Lützhøft et al.，1999）	13.7	D.magna	（Wollenberger et al.，2000）	—	—	—
	7.8	S.capricornutum	（Lützhøft et al.，1999）	—	—	—	—	—	—
	43	R.salina	（Lützhøft et al.，1999）	—	—	—	—	—	—
红霉素	—	—		0.22	C.dubia	（Isidori et al.，2005）	—	—	—
螺旋霉素	0.005	M.aeruginosa	（Hallingsørensen，2000）	—	—	—	—	—	—
氧氟沙星	0.021	M.aeruginosa	（Robinson et al.，2005）	3.13	C.dubia	（Isidori et al.，2005）	NOEC=10	P.promelas	（Robinson et al.，2005）
	—	—	—	—	—	—	NOEC>16	D.rerio	（Ferrari et al.，2004）

注：—表示无文献参考。

表 4.31　预测的急慢性非效应浓度以及基于急慢性慢性毒性数据得出的风险熵值

抗生素名称	环境浓度/(ng/L)	生物种类	预测的非效应浓度 PNEC/(mg/L)				风险熵值 RQ			
			急性*	慢性*	急性**	慢性**	急性*	慢性*	急性**	慢性**
四环素	2.4	细菌	19.600	0.0241	—	—	1.22×10^{-4}	1.00×10^{-1}	—	—
		藻类	1.000	0.09	413.319	44.29	2.40×10^{-3}	2.67×10^{-2}	5.81×10^{-6}	5.42×10^{-5}
		甲壳类	NOEC=340	44.8	397.94	638.97	7.06×10^{-6}	5.36×10^{-5}	6.03×10^{-6}	3.76×10^{-6}
		鱼类	71.64	—	2.70	0.75	3.35×10^{-5}	—	8.89×10^{-4}	3.20×10^{-3}
土霉素	1.9	细菌	64.500	—	—	—	2.94×10^{-5}	—	—	—
		藻类	0.170	0.207	399.26	43.48	1.11×10^{-2}	9.16×10^{-3}	4.75×10^{-6}	1.68×10^{-5}
		甲壳类	18.65	0.18	362.39	599.59	1.02×10^{-4}	1.05×10^{-2}	5.23×10^{-6}	3.16×10^{-6}
		鱼类	13.57	—	2.78	0.73	1.40×10^{-4}	—	6.82×10^{-4}	2.60×10^{-3}
磺胺噻唑	<LOD	细菌	1000.000	—	—	—	—	—	—	—
		藻类	17.747	—	—	451.47	—	—	—	—
		甲壳类	78.90	NOEC=11	12.24	0.49	—	—	—	—
		鱼类	100.00	—	15514.91	39.00	—	—	—	—
磺胺甲噁唑	0.6	细菌	303.000	—	—	—	1.98×10^{-6}	—	—	—
		藻类	8.700	—	—	36.57	6.90×10^{-5}	—	—	1.64×10^{-5}
		甲壳类	110.70	—	4.03	0.11	5.42×10^{-6}	—	1.49×10^{-4}	5.45×10^{-3}
		鱼类	100.00	—	644.71	2.68	6.00×10^{-6}	—	9.30×10^{-5}	2.24×10^{-4}
磺胺嘧啶	5.8	细菌	1.334	0.135	—	109.73	4.33×10^{-3}	4.28×10^{-2}	—	7.91×10^{-5}
		藻类	221.00	13.7	6.31	0.21	2.62×10^{-5}	4.22×10^{-4}	9.16×10^{-4}	2.82×10^{-2}
		甲壳类	—	—	—	2635.91	8.68	—	—	2.19×10^{-6}
		鱼类	—	—	—	—	—	—	—	—

续表

抗生素名称	环境浓度/(ng/L)	生物种类	预测的非效应浓度 PNEC/(mg/L)				风险熵值 RQ			
			急性*	慢性*	急性**	慢性**	急性*	慢性*	急性**	慢性**
红霉素	90.0	细菌	—	—	—	—	—	—	—	—
		藻类	0.020	—	4.98	3.90	4.50	—	1.81×10^{-2}	2.31×10^{-2}
		甲壳类	10.23	0.22	7.82	—	8.79×10^{-3}	4.09×10^{-1}	1.15×10^{-2}	—
		鱼类	—	—	61.50	17.11	—	—	1.46×10^{-3}	5.26×10^{-3}
罗红霉素	11.9	细菌	1000.000	—	—	—	1.19×10^{-5}	—	—	—
		藻类	0.047	—	4.27	3.35	2.53×10^{-1}	—	2.79×10^{-3}	3.68×10^{-3}
		甲壳类	7.10	—	6.46	—	1.67×10^{-3}	—	1.84×10^{-3}	—
		鱼类	288.30	—	52.19	12.35	4.12×10^{-5}	—	2.28×10^{-4}	9.63×10^{-4}
螺旋霉素	4.9	细菌	—	—	—	—	—	—	—	—
		藻类	2.300	0.005	—	—	2.13×10^{-3}	0.98	—	—
		甲壳类	—	—	—	—	—	—	—	—
		鱼类	—	—	—	—	—	—	—	—
氧氟沙星	1.9	细菌	0.010	0.01359	—	—	1.87×10^{-1}	1.37×10^{-1}	—	—
		藻类	0.016	0.021	1510.84	194.63	1.17×10^{-1}	8.89×10^{-2}	1.24×10^{-6}	1.57×10^{-2}
		甲壳类	17.41	3.13	1826.92	10452.48	1.07×10^{-4}	5.97×10^{-4}	1.02×10^{-6}	1.79×10^{-7}
		鱼类	—	NOEC=10	33694.51	3063.72	—	1.87×10^{-4}	5.54×10^{-8}	6.10×10^{-7}
诺氟沙星	396.8	细菌	—	0.022	—	—	—	18	—	—
		藻类	1.800	—	2456.13	274.95	2.20×10^{-1}	—	1.62×10^{-4}	2.32×10^{-2}
		甲壳类	—	—	3666.49	25897.09	—	—	1.08×10^{-4}	1.53×10^{-5}
		鱼类	—	—	73156.18	6386.32	—	—	5.42×10^{-6}	6.21×10^{-5}

注：一表示无数据参考；黑体表示具有潜在风险（RQ>0.01）。

* 基于毒理实验数据；** 基于 EcoSAR 模型预测。

表 4.32　预测的急慢性非效应浓度以及基于急慢性毒性数据得出的风险熵值

抗生素	种类	环境浓度 MEC / (ng/L)		预测的非效应浓度 PNEC/ (ng/L)		基于溶解态浓度的风险熵值 (RQ^{obs})		基于自由溶解相浓度的风险熵值 (RQ^{int})	
		过滤相	自由溶解相	急毒	慢毒	急毒 RQ$_{acu}^{obs}$	慢毒 RQ$_{chr}^{obs}$	急毒 RQ$_{acu}^{int}$	慢毒 RQ$_{chr}^{int}$
四环素	细菌	85.92	69.45	1000	90	0.086	0.955	0.070	0.772
	甲壳类			342000	44800	0.000	0.002	0.000	0.002
	鱼类			71640		0.001		0.001	
土霉素	细菌	220.16	178.75	170	207	1.295	1.064	1.052	0.864
	甲壳类			18650	180	0.012	1.223	0.010	0.993
	鱼类			13570		0.016		0.013	
磺胺二甲嘧啶	细菌	1198.12	606.53	8700		0.138		0.070	
	甲壳类			110700		0.011		0.006	
	鱼类			100000		0.012		0.006	
磺胺嘧啶	细菌	621.45	541.37	1334	135	0.466	4.603	0.406	4.010
	甲壳类			221000	13700	0.003	0.045	0.002	0.040
	鱼类								
氧氟沙星	细菌	376.80	313.47	16	21	23.550	17.943	19.592	14.927
	甲壳类			17410	3130	0.022	0.120	0.018	0.100
	鱼类			10000		0.038		0.031	
诺氟沙星	细菌	3107.68	1640.59	1800		1.727		0.911	
	甲壳类								
	鱼类								

参　考　文　献

徐维海.2007. 典型抗生素类药物在珠江三角洲水环境中的分布、行为与归宿. 广州：中国科学院广州地球化学研究所博士学位论文.

And J R F, Jafvert C T, Lee L S.1998.Modeling short-term soil-water distribution of aromatic amines. Environmental Science &Technology, 32（18）：2788-2794.

And S A S, Lee L S.2005.Sorption of three tetracyclines by several soils：Assessing the role of pH and cation exchange.Environmental Science &Technology, 39（19）：7452-7459.

Arikan O A, Sikora L J, Mulbry W, et al.2007.Composting rapidly reduces levels of extractable oxytetracycline in manure from therapeutically treated beef calves.Bioresource Technology, 98（1）：169-176.

Babín M, Boleas S, Tarazona J V.2005.In vitro toxicity of antimicrobials on RTG-2 and RTL-W1 fish cell lines. Environmental Toxicology & Pharmacology, 20（1）：125-134.

Baker D R, Očenášková V, Kvicalova M, et al.2012.Drugs of abuse in wastewater and suspended particulate matter — Further developments in sewage epidemiology.Environment International, 48：28-38.

Baran W，Sochacka J，Wardas W.2006.Toxicity and biodegradability of sulfonamides and products of their photocatalytic degradation in aqueous solutions.Chemosphere，65（8）：1295-1299.

Ben W，Pan X，Qiang Z.2013.Occurrence and partition of antibiotics in the liquid and solid phases of swine wastewater from concentrated animal feeding operations in Shandong Province，China.Environmental Science：Processes & Impacts，15（4）：870-875.

Benedetti M F，Ranville J F，Allard T，et al.2003.The iron status in colloidal matter from the Rio Negro，Brasil.Colloids and Surfaces a-Physicochemical and Engineering Aspects，217（1-3）：1-9.

Benner R，Pakulski J D，McCarthy M，et al.1992.Bulk chemical characteristics of dissolved organic-matter in the ocean.Science，255（5051）：1561-1564.

Boxall A，Blackwell P，Cavallo R，et al.2002.The sorption and transport of a sulphonamide antibiotic in soil systems.Toxicology Letters，131（1-2）：19-28.

Brain R A，Johnson D J，Richards S M，et al.2004.Microcosm evaluation of the effects of an eight pharmaceutical mixture to the aquatic macrophytes Lemna gibba and Myriophyllum sibiricum.Aquatic Toxicology，70（1）：23-40.

Brown K D，Kulis J，Thomson B，et al.2006.Occurrence of antibiotics in hospital，residential，and dairy effluent，municipal wastewater，and the Rio Grande in New Mexico.Science of the Total Environment，366（2-3）：772-783.

Campbell P G C，Twiss M R，Wilkinson K J.1997.Accumulation of natural organic matter on the surfaces of living cells：Implications for the interaction of toxic solutes with aquatic biota.Canadian Journal of Fisheries and Aquatic Sciences，54（11）：2543-2554.

Carlsson C，Johansson A K，Alvan G，et al.2006.Are pharmaceuticals potent environmental pollutants? Part I：environmental risk assessments of selected active pharmaceutical ingredients.Science of the Total Environment，364（1-3）：67-87.

Carmosini N，Lee L S.2009.Ciprofloxacin sorption by dissolved organic carbon from reference and bio-waste materials.Chemosphere，77（6）：813-820.

Carstens K L，Gross A D，Moorman TB，et al.2013.Sorption and photodegradation processes govern distribution and fate of sulfamethazine in freshwater-sediment microcosms.Environmental science & technology，47（19）：10877-10883.

Castiglioni S，Fanelli R D，Bagnati R，et al.2004.Methodological approaches for studying pharmaceuticals in the environment by comparing predicted and measured concentrations in River Po，Italy.Regulatory Toxicology & Pharmacology，39（1）：25-32.

Chang H，Hu J，Asami M，et al.2008.Simultaneous analysis of 16 sulfonamide and trimethoprim antibiotics in environmental waters by liquid chromatography-electrospray tandem mass spectrometry.Journal of Chromatography A，1190（1–2）：390-393.

Chang X S，Meyer M T，Liu X Y，et al.2010.Determination of antibiotics in sewage from hospitals，nursery and slaughter house，wastewater treatment plant and source water in Chongqing region of Three Gorge Reservoir in China.Environmental Pollution，158（5）：1444-1450.

Chen G, Shan X, Pei Z, et al.2011a.Adsorption of diuron and dichlobenil on multiwalled carbon nanotubes as affected by lead.Journal of Hazardous Materials, 188（1-3）: 156-163.

Chen F, Ying G, Kong L, et al.2011b.Distribution and accumulation of endocrine-disrupting chemicals and pharmaceuticals in wastewater irrigated soils in Hebei, China.Environmental Pollution, 159（6）: 1490-1498.

Chen Y, Leung K Y, Wong J C, et al.2013.Preliminary occurrence studies of antibiotic residues in Hong Kong and Pearl River Delta.Environmental Monitoring and Assessment, 185（1）: 745-754.

Chen Y, Zhang H, Luo Y, et al.2012.Occurrence and assessment of veterinary antibiotics in swine manures: A case study in East China.Chinese Science Bulletin, 57（6）: 606-614.

Cheng D, Liu X, Wang L, et al.2014a.Seasonal variation and sediment-water exchange of antibiotics in a shallower large lake in North China.Science of The Total Environment, 476: 266-275.

Cheng D, Xie Y, Yu Y, et al.2014b.Occurrence and partitioning of antibiotics in the water column and bottom sediments from the intertidal zone in the Bohai Bay, China.Wetlands, 36（s1）: 167-179.

Chin Y, Gschwend P M.1991.The abundance, distribution, and configuration of porewater organic colloids in recent sediments.Geochimica et Cosmochimica Acta, 55（5）: 1309-1317.

Choi K, Kim Y, Jung J, et al.2008.Occurrences and ecological risks of roxithromycin, trimethoprim, and chloramphenicol in the Han River, Korea.Environmental Toxicology and Chemistry, 27（3）: 711-719.

Chu M, Xu H, Jia Z, et al.2012.Pollution survey and countermeasures of urban slow-flow water body.Applied Mechanics and Materials, 178－181: 661-665.

Costanzo S D, Murby J, Bates J.2005.Ecosystem response to antibiotics entering the aquatic environment. Marine Pollution Bulletin, 51（1–4）: 218-223.

Cunningham V L, Buzby M, Hutchinson T, et al.2006.Effects of human pharmaceuticals on aquatic life: Next steps.Environmental Science &Technology, 40（11）: 3456-3462.

Dai G, Liu X, Gong W, et al.2013.Evaluating the sediment–water exchange of hexachlorocyclohexanes（HCHs） in a major lake in North China.Environmental Science: Processes & Impacts, 15（2）: 423-432.

Dalla Valle M, Marcomini A, Sfriso A, et al.2003.Estimation of PCDD/F distribution and fluxes in the Venice Lagoon, Italy: Combining measurement and modelling approaches.Chemosphere, 51（7）: 603-616.

Doi A M, Stoskopf M K.2000.The kinetics of oxytetracycline degradation in deionized water under varying temperature, pH, light, substrate, and organic matter.Journal of Aquatic Animal Health, 12（3）: 246-253.

Doll T E, Frimmel F H.2003.Fate of pharmaceuticals—photodegradation by simulated solar UV-light. Chemosphere, 52（10）: 1757-1769.

Dolliver H A, Gupta S C.2008.Antibiotic losses from unprotected manure stockpiles.Journal of Environmental Quality, 37（37）: 1238-1244.

Drillia P, Stamatelatou K, Lyberatos G.2005.Fate and mobility of pharmaceuticals in solid matrices. Chemosphere, 60（8）: 1034-1044.

Duan Y, Meng X, Wen Z, et al.2013.Multi-phase partitioning, ecological risk and fate of acidic pharmaceuticals in a wastewater receiving river：The role of colloids.Science of The Total Environment，447（0）：267-273.

Eguchi K，Nagase H，Ozawa M，et al.2004.Evaluation of antimicrobial agents for veterinary use in the ecotoxicity test using microalgae.Chemosphere，57（11）：1733-1738.

Müller J，Duquesne S，Ng J R，et al.2000.Pesticides in sediments from queensland irrigation channels and drains.Marine Pollution Bulletin，41（7–12）：294-301.

Fabinyi M，Liu N.2014.The Chinese policy and governance context for global fisheries.Ocean & Coastal Management，96：198-202.

Ferrari B，Mons R，Vollat B，et al.2004.Environmental risk assessment of six human pharmaceuticals：Are the current environmental risk assessment procedures sufficient for the protection of the aquatic environment. Environmental Toxicology and Chemistry，23（5）：1344–1354.

Ferreira C S，Nunes B A，Henriques-Almeida J M，et al.2007.Acute toxicity of oxytetracycline and florfenicol to the microalgae Tetraselmis chuii and to the crustacean Artemia parthenogenetica.Ecotoxicology & Environmental Safety，67（3）：452-458.

Foster A L，Brown G E，Parks G A.2003.X-ray absorption fine structure study of As（Ⅴ）and Se（Ⅳ） sorption complexes on hydrous Mn oxides.Geochimica et Cosmochimica Acta，67（11）：1937-1953.

Gustafsson O，Gschwend P M.1997. Aquatic colloids: Concepts, definitions, and current challenges. Limnology and Oceanography. 42(3): 519-528.

Gao L，Shi Y，Li W，et al.2012.Occurrence，distribution and bioaccumulation of antibiotics in the Haihe River in China.Journal of Environmental Monitoring，14（4）：1247-1254.

Golet E M，Alder A C，Giger W.2002.Environmental exposure and risk assessment of fluoroquinolone antibacterial agents in wastewater and river water of the Glatt Valley Watershed，Switzerland.Environmental Science & Technology，36（17）：3645-3651.

Gong W，Liu X，He H，et al.2012.Quantitatively modeling soil-water distribution coefficients of three antibiotics using soil physicochemical properties.Chemosphere，89（7）：825-831.

Goyne K W，Chorover J，Kubicki J D，et al.2005.Sorption of the antibiotic ofloxacin to mesoporous and nonporous alumina and silica.Journal of Colloid & Interface Science，283（1）：160-170.

Gu C，Karthikeyan K G.2005.Sorption of the antimicrobial ciprofloxacin to aluminum and iron hydrous oxides. Environmental Science &Technology，39（23）：9166-9173.

Guo L D，Santschi P H，Warnken K W.1995.Dynamics of dissolved organic carbon（DOC）in oceanic environments.Limnology and Oceanography，40（8）：1392-1403.

Hallingsørensen B.2000.Algal toxicity of antibacterial agents used in intensive farming.Chemosphere，40（7）： 731-739.

Hernando M D，Mezcua M，Fernándezalba A R，et al.2006.Environmental risk assessment of pharmaceutical residues in wastewater effluents，surface waters and sediments.Talanta，69（2）：334-342.

Hirsch R，Ternes T，Haberer K，et al.1999.Occurrence of antibiotics in the aquatic environment.Science of the Total Environment，225（1–2）：109-118.

Hu X，Zhou Q，Luo Y.2010.Occurrence and source analysis of typical veterinary antibiotics in manure，soil，vegetables and groundwater from organic vegetable bases，northern China.Environmental Pollution，158（9）：2992-2998.

Huang C H，Renew J E，Smeby K L，et al.2011.Assessment of potential antibiotic contaminants in water and preliminary occurrence analysis.http://opensiuc.lib.siu.edu/cgi/viewcontent.cgi?article=1155&context=jcwre［2014-02-18］.

Hughes J.1973.Acute toxicity of thirty chemicals to stripes bass（Morone sazatilis）.Western Association of State Game and Fish Commissioners in Salt Lake City，Utah.

Hyun S，Lee L S，Rao P S.2003.Significance of anion exchange in pentachlorophenol sorption by variable-charge soils.Journal of Environmental Quality，32（3）：966-976.

Ingerslev F，Toräng L，Loke M L，et al.2001.Primary biodegradation of veterinary antibiotics in aerobic and anaerobic surface water simulation systems.Chemosphere，44（4）：865-872.

Isao K，Hara S，Terauchi K，et al.1990.Role of sub-micrometre particles in the ocean.Nature，345（6272）：242-244.

Isidori M，Lavorgna M，Nardelli A，et al.2005.Toxic and genotoxic evaluation of six antibiotics on non-target organisms.Science of the Total Environment，346（1-3）：87-98.

Iwata H，Tanabe S，Ueda K，et al.1995.Persistent organochlorine residues in air，water，sediments and soils from Lake Baikal regions.Environmental Science & Technology，29：779-801.

Jiang L，Hu X，Yin D，et al.2011.Occurrence，distribution and seasonal variation of antibiotics in the Huangpu River，Shanghai，China.Chemosphere，82（6）：822-828.

Jung J，Kim Y，Kim J，et al.2008.Environmental levels of ultraviolet light potentiate the toxicity of sulfonamide antibiotics in Daphnia magna.Ecotoxicology，17（1）：37-45.

Jurado E，Zaldívar J M，Marinov D，et al.2007.Fate of persistent organic pollutants in the water column：Does turbulent mixing matter. Marine Pollution Bulletin，54（4）：441-451.

Karthikeyan K G，Meyer M T.2006.Occurrence of antibiotics in wastewater treatment facilities in Wisconsin，USA.Science of the Total Environment，361（1-3）：196-207.

Kim J I.1994.Actinide colloids in natural aquifer systems.Mrs Bulletin，19（12）：47-53.

Kim S，Carlson K.2007.Temporal and spatial trends in the occurrence of human and veterinary antibiotics in aqueous and river sediment matrices.Environmental Science & Technology，41（1）：50-57.

Kim Y，Choi K，Jung J，et al.2007.Aquatic toxicity of acetaminophen，carbamazepine，cimetidine，diltiazem and six major sulfonamides，and their potential ecological risks in Korea.Environment International，33（3）：370-375.

Kinney C A，Furlong E T，Kolpin D W，et al.2008.Response to "comment on 'bioaccumulation of pharmaceuticals and other anthropogenic waste indicators in earthworms from agricultural soil amended with biosolid or swine manure'".Environmental Science &Technology，42（6）：1863-1870.

Kühne M，Ihnen D，Möller G，et al.2000.Stability of tetracycline in water and liquid manure.Journal of Veterinary Medicine Series A，47（6）：379-384.

Kümmerer K.2009.Antibiotics in the aquatic environment-a review-part Ⅱ.Chemosphere，75（4）：435-441.

Lai H T，Hou J H.2008.Light and microbial effects on the transformation of four sulfonamides in eel pond water and sediment.Aquaculture，283（1）：50-55.

Le T X，Munekage Y.2004.Residues of selected antibiotics in water and mud from shrimp ponds in mangrove areas in Viet Nam.Marine Pollution Bulletin，49（11-12）：922-929.

Lead J R，Davison W，Hamilton-Taylor J，et al.1997.Characterizing colloidal material in natural waters. Aquatic Geochemistry，3（3）：213-232.

Lead J R，Wilkinson K J.2006.Aquatic colloids and nanoparticles：current knowledge and future trends. Environmental Chemistry，3（3）：159-171.

Lead J R，Wilkinson K J.2007.Environmental Colloids and Particles：Current Knowledge and Future Developments.Chichester：John Wiley and Sons.

Lee Y J，Lee S E，Lee D S，et al.2008.Risk assessment of human antibiotics in Korean aquatic environment. Environmental Toxicology & Pharmacology，26（2）：216-221.

Lemly A D.1996.Evaluation of the hazard quotient method for risk assessment of selenium.Ecotoxicology & Environmental Safety，35（2）：156-162.

Li W，Shi Y，Gao L，et al.2012.Occurrence of antibiotics in water，sediments，aquatic plants，and animals from Baiyangdian Lake in North China.Chemosphere，89（11）：1307-1315.

Liang X，Chen B，Nie X，et al.2013.The distribution and partitioning of common antibiotics in water and sediment of the Pearl River Estuary，South China.Chemosphere，92（11）：1410-1416.

Lindberg R H，Björklund K，Rendahl P，et al.2007.Environmental risk assessment of antibiotics in the Swedish environment with emphasis on sewage treatment plants.Water Research，41（41）：613-619.

Liu H，Zhang G，Liu C Q，et al.2009b.The occurrence of chloramphenicol and tetracyclines in municipal sewage and the Nanming River，Guiyang City，China.Journal of Environmental Monitoring，11（6）：1199-1205.

Liu J，Zhang W，Wang L，et al.2009a.Impact of water pollution risk in water transfer project based on fault tree analysis.Environmental Sciences，30（9）：2532-2537.

Liu R，Wilding A，Hibberd A，et al.2005.Partition of endocrine-disrupting chemicals between colloids and dissolved phase as determined by cross-flow ultrafiltration.Environmental Science & Technology，39（8）：2753-2761.

Liu R，Zhou J L，Wilding A.2004.Microwave-assisted extraction followed by gas chromatography-mass spectrometry for the determination of endocrine disrupting chemicals in river sediments.Journal of Chromatography A，1038（1-2）：19-26.

Loftin K A，Adams C D，Meyer M T，et al.2008.Effects of ionic strength，temperature，and pH on degradation of selected antibiotics all rights reserved.No part of this periodical may be reproduced or transmitted in any form or by any means，electronic or mechanical，including photocopying，recording，or any information storage and retrieval system，without permission in writing from the publisher.J Environ Qual，37（2）：378-386.

Lun R，Lee K，De Marco L，et al.1998.A model of the fate of polycyclic aromatic hydrocarbons in the Saguenay Fjord，Canada.Environmental Toxicology and Chemistry，17（2）：333-341.

Luo Y，Xu L，Rysz M，et al.2011.Occurrence and transport of tetracycline，sulfonamide，quinolone，and macrolide antibiotics in the Haihe River Basin，China.Environmental Science & Technology，45（5）：1827-1833.

Lützhøft H C H，Hallingsørensen B，Jørgensen S E.1999.Algal toxicity of antibacterial agents applied in danish fish farming.Archives of Environmental Contamination & Toxicology，36（1）：1-6.

Lv Y，Huang G，Sun W.2013.A solution to the water resources crisis in wetlands：Development of a scenario-based modeling approach with uncertain features.Science of the Total Environment，442：515-526.

Ma Z，Jing A.2006.Study of water temperature variation in Baiyangdian Lake.Journal of Hydrodynamics（Ser.A），21（6）：735-743.

Maria C，Maria G.2008.Simulation of a PCB pollutant fate in a riverine pathway for a low level discharge.Chem Bull 'Politehnica' Univ（Timisoara），53（67）（1-2）：147-152.

Maskaoui K，Hibberd A，Zhou J L.2007.Assessment of the interaction between aquatic colloids and pharmaceuticals facilitated by cross-flow ultrafiltration.Environmental Science &Technology，41（23）：8038-8043.

Maskaoui K，Zhou J L.2010.Colloids as a sink for certain pharmaceuticals in the aquatic environment.Environmental Science and Pollution Research，17（4）：898-907.

Matsuia Y，Ozub T.2008.Occurrence of a veterinary antibiotic in streams in a small catchment area with livestock farms.Desalination，226（1）：215-221.

Migliore L，Brambilla G，Grassitellis A，et al.1993.Toxicity and bioaccumulation of sulphadimethoxine in Artemia（Crustacea，Anostraca）.International Journal of Salt Lake Research，2（2）：141-152.

Nie M，Yang Y，Liu M，et al.2014.Environmental estrogens in a drinking water reservoir area in Shanghai：Occurrence，colloidal contribution and risk assessment.Science of The Total Environment，487：785-791.

Nie X，Gu J，Lu J，et al.2009.Effects of norfloxacin and butylated hydroxyanisole on the freshwater microalga Scenedesmus obliquus.Ecotoxicology，18（6）：677-684.

Nowara A，Burhenne J，Spiteller M.1997.Binding of fluoroquinolone carboxylic acid derivatives to clay minerals.Journal of Agricultural & Food Chemistry，45（4）：1459-1463.

Ogura N.1977.High molecular-weight organci-matter in seawater.Marine.Chemistry，5（4-6）：535-549.

Ötker H M，Akmehmet-Balcıoğlu I.2005.Adsorption and degradation of enrofloxacin，a veterinary antibiotic on natural zeolite.Journal of Hazardous Materials，122（3）：251-258.

Pan B，Qiu M，Wu M，et al.2012.The opposite impacts of Cu and Mg cations on dissolved organic matter-ofloxacin interaction.Environmental Pollution，161：76-82.

Pan X，Qiang Z，Ben W，et al.2011.Residual veterinary antibiotics in swine manure from concentrated animal feeding operations in Shandong Province，China.Chemosphere，84（5）：695-700.

Park S，Choi K.2008.Hazard assessment of commonly used agricultural antibiotics on aquatic ecosystems.Ecotoxicology，17（6）：526-538.

Peterson J W，O'Meara T A，Seymour M D，et al.2009.Sorption mechanisms of cephapirin，a veterinary antibiotic，onto quartz and feldspar minerals as detected by Raman spectroscopy.Environmental Pollution，157（6）：1849-1856.

Peterson R K.2006.Comparing ecological risks of pesticides：The utility of a Risk Quotient ranking approach across refinements of exposure.Pest Management Science，62（1）：46-56.

Peterson S M，Batley G E，Scammell M S.1993.Tetracycline in antifouling paints.Medrine Pollution Bulletin，26：96-100.

Petrie B，McAdam E J，Lester J N，et al.2014.Obtaining process mass balances of pharmaceuticals and triclosan to determine their fate during wastewater treatment.The Science of the Total Environment，497-498：553-560.

Pouliquen H，Bris H L.1996.Sorption of oxolinic acid and oxytetracycline to marine sediments.Chemosphere，33（5）：801-815.

Rabølle M，Spliid N H.2000.Sorption and mobility of metronidazole，olaquindox，oxytetracycline and tylosin in soil.Chemosphere，40（7）：715-722.

Ran Y，Fu J M，Sheng G Y，et al.2000.Fractionation and composition of colloidal and suspended particulate materials in rivers.Chemosphere，41（1-2）：33-43.

Robinson A A，Belden J B，Lydy M J.2005.Toxicity of fluoroquinolone antibiotics to aquatic organisms. Environmental Toxicology and Chemistry，24（2）：423-430.

Santschi P，Höhener P，Benoit G，et al.1990.Chemical processes at the sediment-water interface.Marine Chemistry，30：269-315.

Sanudo-Wilhelmy S A，RiveraDuarte I，Flegal A R.1996.Distribution of colloidal trace metals in the San Francisco Bay estuary.Geochimica et Cosmochimica Acta，60（24）：4933-4944.

Sarmah A K，Meyer M T，Boxall A B A.2006.A global perspective on the use，sales，exposure pathways，occurrence，fate and effects of veterinary antibiotics（VAs）in the environment.Chemosphere，65（5）：725-759.

Shao M，Yang G，Zhang H.2012.Photochemical degradation of ofloxacin in aqueous solution.Environment Science，22：476-480.

Shi Y，Pan Y，Wang J，et al.2012.Distribution of perfluorinated compounds in water，sediment，biota and floating plants in Baiyangdian Lake，China.Journal of Environmental Monitoring Jem，14（2）：636-642.

Sigleo A C，Macko S A.2002.Carbon and nitrogen isotopes in suspended particles and colloids，Chesapeake and San Francisco estuaries，USA.Estuarine Coastal and Shelf Science，54（4）：701-711.

Stein K，Ramil M，Fink G，et al.2008.Analysis and sorption of psychoactive drugs onto sediment. Environmental Science &Technology，42（17）：6415-6423.

Sun H，Shi X，Mao J，et al.2010.Tetracycline sorption to coal and soil humic acids：An examination of humic structural heterogeneity.Environmental Toxicology and Chemistry，29（9）：1934-1942.

Tamtam F，Mercier F，Le B B，et al.2008.Occurrence and fate of antibiotics in the Seine River in various hydrological conditions.Science of the Total Environment，393（1）：84-95.

Tolls J.2001.Sorption of veterinary pharmaceuticals in soils：A review.Environmental Science & Technology，35（17）：3397-3406.

Tore L B，Samuelsen O B，Fjelde S，et al.1995.Photostability of eight antibacterial agents in seawater. Aquaculture，134（3-4）：217-225.

Trivedi P，Vasudevan D.2007.Spectroscopic investigation of ciprofloxacin speciation at the goethite-water interface.Environmental Science &Technology，41（9）：3153-3158.

Vasudevan D，Bruland G L，Torrance B S，et al.2009.pH-dependent ciprofloxacin sorption to soils： Interaction mechanisms and soil factors influencing sorption.Geoderma，151（3-4）：68-76.

Vithanage M，Rajapaksha A U，Tang X，et al.2014.Sorption and transport of sulfamethazine in agricultural soils amended with invasive-plant-derived biochar.Journal of Environmental Management，141：95-103.

Wegst-Uhrich S，Navarro D，Zimmerman L，et al.2014.Assessing antibiotic sorption in soil：Aliterature review and new case studies on sulfonamides and macrolides.Chemistry Central Journal，8（1）：1-12.

Wells M L，Goldberg E D.1991.Occurrence of small colloids in sea-water.Nature，353（6342）：342-344.

Wilding A，Liu R，Zhou J L.2004.Validation of cross-flow ultrafiltration for sampling of colloidal particles from aquatic systems.Journal of Colloid & Interface Science，280（1）：102-112.

Wilding A，Liu R，Zhou J L.2005.Dynamic behaviour of river colloidal and dissolved organic matter through cross-flow ultrafiltration system.Journal of Colloid & Interface Science，287（1）：152-158.

Wilford W A.1996.Toxicity of 22 therapeutic compounds to six fishes.Wisconsin:Center for Integrated Data Analytics Wisconsin science center.

Wiwattanapatapee R，Padoongsombat N，Choochom T，et al.2002.Water flea Moina macrocopa as a novel biocarrier of norfloxacin in aquaculture.Journal of Controlled Release，83（1）：23-28.

Wollenberger L，Halling-Sørensen B，Kusk K O.2000.Acute and chronic toxicity of veterinary antibiotics to Daphnia magna.Chemosphere，40（7）：723-730.

Xu W，Zhang G，Zou S，et al.2009a.A preliminary investigation on the occurrence and distribution of antibiotics in the Yellow River and its tributaries，China.Water Environment Research，81（3）：248-254.

Xu W H，Zhang G，Wai O W H，et al.2009b.Transport and adsorption of antibiotics by marine sediments in a dynamic environment.Journal of Soils and Sediments，9（4）：364-373.

Yang H.2013.Livestock development in China：Animal production，consumption and genetic resources.Journal of Animal Breeding and Genetics，130（4）：249-251.

Yang J，Ying G，Zhao J，et al.2010.Simultaneous determination of four classes of antibiotics in sediments of the Pearl Rivers using RRLC-MS/MS.Science of the Total Environment，408（16）：3424-3432.

Yang L，Ying G，Su H，et al.2008.Growth-inhibiting effects of 12 antibacterial agents and their mixtures on the freshwater microalga Pseudokirchneriella subcapitata.Environmental Toxicology and Chemistry，27（5）： 1201-1208.

Yang Y，Fu J，Peng H，et al.2011.Occurrence and phase distribution of selected pharmaceuticals in the Yangtze Estuary and its coastal zone.Journal of Hazardous Materials，190（1-3）：588-596.

Yusheng W，Zhiguo P，Xiaoquan S，et al.2011.Effects of metal cations on sorption-desorption of p-nitrophenol onto wheat ash.Journal of Environmental Sciences，23（1）：112-118.

Zhang D，Lin L，Luo Z，et al.2011.Occurrence of selected antibiotics in Jiulongjiang River in various seasons，South China.Journal of Environmental Monitoring，13（7）：1953-1960.

Zhang H，Huang C H.2007.Adsorption and oxidation of fluoroquinolone antibacterial agents and structurally related amines with goethite.Chemosphere，66（8）：1502-1512.

Zhang X，Zhang D，Zhang H，et al.2012.Occurrence，distribution，and seasonal variation of estrogenic compounds and antibiotic residues in Jiulongjiang River，South China.Environmental Science and Pollution Research，19（5）：1392-1404.

Zhang Z，Zhou J.2007.Simultaneous determination of various pharmaceutical compounds in water by solid-phase extraction-liquid chromatography-tandem mass spectrometry.Journal of Chromatography A，1154(1-2)：205-213.

Zhao W，Liu X，Huang Q，et al.2015.Streptococcus suis sorption on agricultural soils：Role of soil physico-chemical properties.Chemosphere，119：52-58.

Zhao X，Cheng J.2012.Fluorescencecharacteristics of dissolved organic matter and interaction between Cu（Ⅱ）and DOM in sediments of Baiyangdian Lake，China.Journal of Agro-Environment Science，31（6）：1217-1222.

Zhao Y，Geng J，Wang X，et al.2011.Tetracycline adsorption on kaolinite：pH，metal cations and humic acid effects.Ecotoxicology，20（5）：1141-1147.

Zheng F.2004.Simultaneous determination of K、Na、Ca、Mg in water with ICP-AES.Fujian Analysis & Testing，13（3-4）：2031-2033.

Zhou J，Liu R，Wilding A，et al.2007.Sorption of selected endocrine disrupting chemicals to different aquatic colloids.Environmental Science &Technology，41（1）：206-213.

Zou S，Xu W，Zhang R，et al.2011.Occurrence and distribution of antibiotics in coastal water of the Bohai Bay，China：Impacts of river discharge and aquaculture activities.Environmental Pollution，159（10）：2913-2920.

Zuccato E，Castiglioni S，Fanelli R.2005.Identification of the pharmaceuticals for human use contaminating the Italian aquatic environment. Journal of Hazardous Materials,122(3):205.

第 5 章 | 白洋淀区域沉积物、土壤中重金属污染的特征、迁移机制及风险评估

重金属一般是指密度大于 4.0 g /cm³ 的元素（约 60 种）或密度大于 5.0 g /cm³ 的元素（约 45 种）。从环境污染来看，重金属是指具有毒性的重金属元素，如 Pb、Cd、Hg 等。其中 As 是非金属元素，但是它的显著毒性及某些化学性质与重金属类似，所以也将 As 纳入重金属的范畴。由于重金属具有高毒性、累积性和不可降解性，重金属污染一直受到人们的广泛的关注。尤其是最近几年，重金属污染事件频发。2009 年湖南省浏阳市的"镉大米"事件、2009 年河南济源的儿童血铅超标事件、2009 年陕西凤翔儿童血铅超标事件、2014 年湖南常德石门砷污染事件、2014 年湖南衡阳儿童血铅超标事件、2016 年江西新余市仙女湖镉污染事件等均严重影响了人民的生活质量，危害了人们的身体健康，引起了社会的广泛关注。重金属污染，追根溯源主要来源于人类活动，如工业排放、矿山开采、金属冶炼、交通运输、施肥灌溉等。而重金属污染事件的发生往往由于工业生产、矿产开发缺少相应的关于"三废"的处理措施和监管制度。

沉积物和土壤是重金属的重要归宿，其重金属含量和存在形态直接影响水产品和农产品质量，威胁水生态和饮用水安全，对人们的身体健康产生直接或间接的威胁。白洋淀区域工业繁多，且为重要的粮食和水产品生产基地，对其沉积物和周边土壤重金属赋存特征、迁移机制和风险评估的研究具有重要的现实意义。

5.1 白洋淀区域沉积物和土壤重金属污染特征

沉积物能够吸附并累积重金属，是水环境中重金属重要的"汇"；但是一定条件下沉积物中重金属能够释放到水体中，威胁水生态安全。同样土壤中的重金属可以被植物吸收，也可以向土壤深层迁移，污染地下水，给人体健康带来潜在性的威胁。沉积物和土壤中重金属含量及赋存形态是重金属生物可利用性、迁移能力等的重要影响因素，因此对白洋淀区域沉积物和土壤重金属赋存特征的研究对于环境风险评估和环境管理具有重要的现实意义。

5.1.1　白洋淀沉积物中重金属的赋存特征

在白洋淀选择了6个代表性采样点进行沉积物样品采集，采样时间为2010年9月，具体位置如图5.1所示。6个采样点依次如下，S1：烧车淀，其位于白洋淀北部的自然保护核心区烧车淀内；S2：王家寨，其为上游府河污水入淀后，往东南流动时的主流水域；S3：枣林庄，其位于白洋淀外排出水口附近；S4：端村，其位于白洋淀中最大的淀泊"白洋淀"（总白洋淀以之命名）；S5：圈头，其位于白洋淀中部的池鱼淀；S6：采蒲台，其位于白洋淀东南后塘的大片水域，水较深，是荷花集中的区域。使用手动旋转式柱状沉积物采样器在S2（王家寨）和S3（枣林庄）采样点采集长度为25 cm的柱状沉积物，现场分割为4~5 cm间隔的分样，0~4 cm为表层沉积物，其余四点采集的均为0~4 cm的表层沉积物，采集后样品分别装入洁净的密封袋，带回实验室风干后剔除植物及生物残体，冷冻干燥后，研磨过100目尼龙网筛，密封保存。

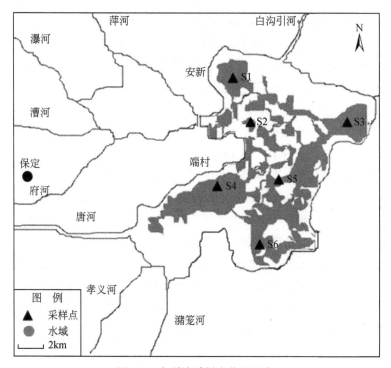

图5.1　白洋淀采样点位置示意

采用改进的BCR法连续提取法对沉积物中As、Cd、Cr、Cu、Ni、Pb和Zn七种重金属的形态进行分级提取（Rauret et al.，1999）。具体提取方法如下（图5.2）：

（1）1 g沉积物中加入40 ml 0.11 mol/L的乙酸溶液，室温下振荡16 h。离心，过0.45 μm滤膜，待测，提取液中重金属为可交换态和碳酸盐结合态重金属（F1）。

（2）向第一步提取剩余的残渣中加入40 ml蒸馏水，振荡10 min后，离心，上清液倒掉。再加入40 ml 0.5 mol/L的盐酸羟氨（pH=2，用2 mol/L的硝酸进行调节），室温下振荡16 h。提取液离心，过0.45 μm滤膜，待测，提取液中重金属为可还原态重金属（F2）。

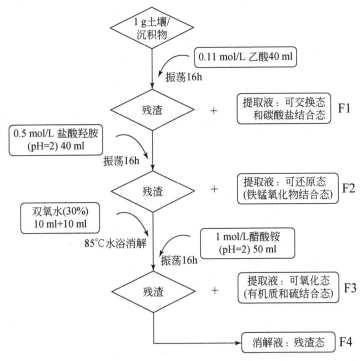

图 5.2　BCR 法提取土壤和沉积物中重金属方法示意图

（3）向第二步提取剩余的残渣中加入 40 ml 蒸馏水，振荡 10 min 后，离心，倒掉上清液。残渣中加入 10 ml30% 的双氧水，室温消解 1 h，然后加热至 85 ℃消解 1 h。再加入 10 ml 的 30% 的双氧水，在 85 ℃下消解，直至离心管中溶液剩余少许。然后向离心管中加入 50 ml1 mol/L 的乙酸铵（pH=2，用 2 mol/L 的硝酸调节 pH），振荡 16 h，提取液离心，过 0.45 μm 滤膜，待测，提取液中重金属为可氧化态重金属（F3）。

（4)向第三步提取剩余的残渣中加入 40 ml 蒸馏水，振荡 10 min 后，离心，倒掉上清液。残渣烘干后，测定重金属含量，为残渣态（F4），其方法与沉积物重金属总量测定相同。

残渣态和总量用 $HCl-HNO_3-HF-HClO_4$ 湿法消解法消解后，采用电感耦合等离子体质谱仪（ICP-MS）进行测定。数据的相关性分析采用 SPSS13.0 软件。消解和测试过程中用国家地质标准土壤（GSS-1 和 GSS-2）进行测定样品的质量控制。7 种重金属回收率在 89.52%~100.44%。

6 个采样点沉积物中重金属含量见表 5.1。其中 As、Cd、Cr、Cu、Ni、Pb 和 Zn 的平均值分别为（32.08 ± 4.13）mg/kg、（0.80 ± 0.41）mg/kg、（41.34 ± 16.65）mg/kg、（28.19 ± 6.73）mg/kg、（35.04 ± 15.03）mg/kg、（33.50 ± 5.79）mg/kg、（150.88 ± 29.64）mg/kg。考虑到沉积物与土壤同源性，将白洋淀沉积物中重金属含量与河北土壤重金属背景值进行比较。沉积物中除了 Cr 平均值较河北土壤背景值低，且 Ni 平均值与河北土壤背景值相当外，其余几种重金属的平均值明显较背景值高。沉积物中 As、Cd、Cu、Pb 和 Zn 的平均含量分别是背景值的 3.34 倍、5.33 倍、1.52 倍、2.01 倍和 1.45 倍，说明白洋淀沉积物中 As、

Cd，Cu、Ni、Pb 和 Zn 含量明显受到外源影响。周围村庄生活污水排放、农田等地表径流及周边小的工业生产可能是造成其重金属含量较高的原因。

表 5.1　白洋淀表层沉积物中重金属的总量分析　　　　　　　　单位：（mg/kg）

采样点	As	Cd	Cr	Cu	Ni	Pb	Zn
S1	33.09	1.55	35.69	28.74	28.17	37.00	151.20
S2	30.57	0.69	52.32	26.12	32.51	35.96	185.90
S3	35.93	0.95	65.37	26.66	31.63	38.10	160.90
S4	37.34	0.43	44.80	40.53	65.26	30.90	154.20
S5	28.89	0.70	32.24	26.98	25.97	36.22	157.10
S6	26.65	0.48	17.63	20.09	26.71	22.83	95.95
Mean	32.08	0.80	41.34	28.19	35.04	33.50	150.88
Min	26.65	0.43	17.63	20.09	25.97	22.83	95.95
Max	37.34	1.55	65.37	40.53	65.26	38.10	185.90
SD	4.13	0.41	16.65	6.73	15.03	5.79	29.64
土壤背景	9.6	0.15	71.4	18.5	38.5	16.7	104.0
LEL	6	0.6	26	16	16	31	120
SEL	33	9.0	110	110	50	110	270

注：LEL（lowest effect level）- 最低效应水平；SEL（severe effect level）- 严重影响水平。

6 个采样点中 S1 点沉积物中 Cd 含量明显较其他点高，为 1.55 mg/kg。S1 点位于烧车淀，周围游船较多，是旅游较为密集的区域，游船柴油等燃烧可能是造成该点 Cd 异常的主要原因。另外值得注意的是 S4 点 Cu 和 Ni 含量均明显高于其他点。S4 点位于端村，处于淀内最大湖泊，其附近村庄密集，污染可能与附近工业污水和生活污水排放有关。S6 点位于采蒲台，该点重金属含量均较低。这可能是因为 S6 点距离河流入口和出口相对较远，受到人为影响较小。

表 5.2　白洋淀表层沉积物重金属形态分布

元素 形态		As	Cd	Cr	Cu	Ni	Pb	Zn
F1	平均值 /（mg/kg）	0.37 ± 0.36	0.09 ± 0.08	0.06 ± 0.05	0.27 ± 0.27	3.68 ± 11.50	0.30 ± 0.21	3.57 ± 3.36
	百分比 /%	1.2	13.0	0.2	1.0	11.1	3.2	2.7
F2	平均值 /（mg/kg）	3.33 ± 0.75	0.10 ± 0.06	0.55 ± 0.26	0.81 ± 0.92	3.98 ± 8.47	5.78 ± 0.10	3.91 ± 2.80
	百分比 /%	11.2	13.4	1.6	3.1	11.9	5.0	3.0
F3	平均值 /（mg/kg）	8.15 ± 3.06	0.03 ± 0.01	2.72 ± 0.52	19.42 ± 7.87	15.85 ± 3.95	7.28 ± 2.76	31.87 ± 3.91
	百分比 /%	27.4	4.3	7.9	73.9	47.8	30.7	24.5

元素 形态		As	Cd	Cr	Cu	Ni	Pb	Zn
F4	平均值 /（mg/kg）	17.93 ± 4.86	0.50 ± 0.29	31.27 ± 18.08	5.76 ± 4.10	9.67 ± 4.23	19.30 ± 7.12	90.56 ± 36.04
	百分比 /%	60.2	69.3	90.4	21.9	29.2	61.2	69.7

表层 6 个采样点中重金属形态含量及所占总量的百分比的平均值表示其形态组成见表 5.2，其结果与王海等（2002）对太湖沉积物分析研究结果相类似。除 Cd、Cu 和 Ni 之外，其余重金属元素均以残渣态为主，有机物结合态、Fe/Mn 氧化物结合态次之，可交换态及碳酸盐结合态所占比例较少。残渣态主要是存在于矿物晶格中，很难释放被生物利用（Rodríguez et al.，2009），说明沉积物中 As、Cr、Pb 和 Zn 环境风险较小。

沉积物中 Cu 和 Ni 的形态比例顺序为 F3>F4>F2>F1，而 F3 所占比例高达 73.9%。F3 为有机物结合态重金属，当沉积物中氧化还原条件发生变化或者是在微生物长时间的作用下，该部分重金属有可能会释放到水体中，进而产生环境风险。沉积物中 Cd 以残渣态为主（69.3%），但是可提取态中可交换态及碳酸盐结合态和 Fe/Mn 氧化物结合态比例也相对较高，分别为 13.0% 和 13.4%。可交换结合态及碳酸盐结合态受 pH 控制，在酸性条件下容易释放。白洋淀的 pH 在 8.03~22.31（董黎明和刘冠男，2011），总体呈弱碱性，一般条件下不利于可交换及碳酸盐结合态的释放，但是不排除个别区域由于污水排放等导致 pH 降低的情况。另外，Fe/Mn 氧化物结合态 Cd 在还原条件下容易释放，而沉积物作为还原环境，该部分 Cd 存在着较高的环境风险。因此，白洋淀沉积物中 Cd 的环境风险较高。

研究湖泊沉积物柱状样中重金属不同层位的含量分布，可了解研究区域重金属的累积叠加历史，反映不同历史阶段人类活动对所研究区域重金属的影响情况（齐凤霞，2004；朱伯万和薛怀友，2006）。对白洋淀进水和出水断面 S2 和 S3 柱状沉积物重金属含量进行了分析。S2 柱状沉积物样品中重金属 As、Cd、Cr、Cu、Ni、Pb 和 Zn 的含量分别为 22.34~33.57 mg/kg、0.32~0.69 mg/kg、35.94~69.17 mg/kg、19.08~26.12 mg/kg、22.31~32.51 mg/kg、24.22~5.96 mg/kg 和 117.63~185.90 mg/kg。府河是白洋淀最主要的入淀河流，S2 处于府河入淀的控制断面，对于该样点柱状沉积物重金属污染特征分析有利于解析上游府河对白洋淀的重金属污染历史。从表层沉积物分析可知，As、Cd、Cu、Ni、Pb 和 Zn 均较背景值高，说明这几种重金属受到了外源的影响。而由 S2 柱状沉积物的重金属浓度分析（表 5.3）可以看出，As、Cd、Cu、Ni、Pb 和 Zn 的最大值均出现在表层沉积物中，说明表层沉积物受到外源影响较大，且当前府河对白洋淀沉积物重金属依然起到源的作用。相较于 S2 点，S3 点沉积物 Cd、Pb 和 Zn 三种重金属含量总体较 S2 点高，而其他几种重金属含量相当。Cd、Pb 和 Zn 的含量分别为 0.92~1.22 mg/kg、37.51~53.16 mg/kg、131.87~249.83 mg/kg。白洋淀出水断面重金属含量较入水断面高，说明淀区部分重金属来源于淀区人为活动，或者是其他面源污染。考虑到白洋淀淀区很多村庄依淀而建，且淀、村相互交错环绕，大量生活污水进入淀区，这可能是导致淀区沉积物重金属含量较高的另一原因。

表 5.3　白洋淀柱状沉积物中重金属浓度　　　　　　单位：（mg/kg）

采样点	深度/cm	As	Cd	Cr	Cu	Ni	Pb	Zn
S2	0~4	30.57	0.69	52.32	26.12	32.51	35.96	185.90
	3~22	22.45	0.38	69.17	22.70	23.24	24.22	130.05
	9~12	23.55	0.52	35.94	20.16	23.81	26.75	125.37
	13~16	25.50	0.32	62.88	19.08	22.31	26.04	117.63
	17~20	28.39	0.33	53.93	21.24	25.06	34.47	143.49
	21~25	27.96	0.34	54.82	19.88	25.60	33.91	144.76
S3	0~5	35.93	0.95	65.37	26.66	31.63	38.10	160.90
	5~10	26.10	0.92	37.09	21.55	29.88	34.57	131.87
	10~15	24.56	1.02	39.65	23.74	32.15	45.45	183.87
	15~20	25.94	1.22	33.65	21.58	26.65	37.51	165.79
	20~25	23.03	1.03	32.52	20.05	25.90	53.16	249.83

　　S2 点和 S3 点沉积物柱状样重金属形态分布如图 5.3 和图 5.4 所示。S2 点沉积物中除了 Cd 的可交换态和碳酸盐结合态重金属所占比例稍高外 [（22.23±9.46）%]，其他几种重金属均以其他较为稳定的形态存在。As、Cr、Pb 和 Zn 残渣态所占比例较高，平均为（58.16±11.37）%、（89.14±2.56）%、（56.07±15.28）% 和（71.86±3.65）%。不同历史时期白洋淀污染历史不同，但是柱状样分布结果表明沉积物中 Cd 的环境风险一直较高，而其他 As、Cr、Pb 和 Zn 环境风险一直较低。另外 As、Cu、Ni 和 Zn 的有机质结合态重金属所占比例也相对较高，平均百分含量分别为（30.75±7.99）%、（77.98±3.40）%、（60.53±3.20%）和（25.24±4.57）%，说明沉积物中 As、Cu、Ni 和 Zn 也存在一定的环境风险。

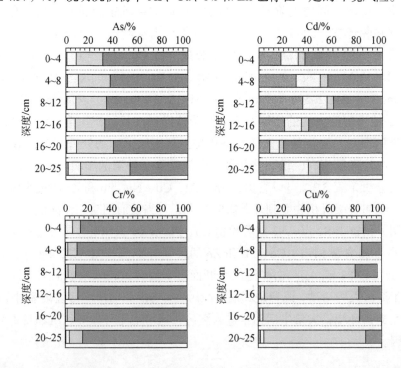

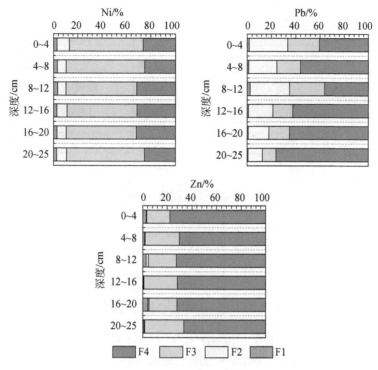

图 5.3　白洋淀 S2 点沉积物重金属形态分布

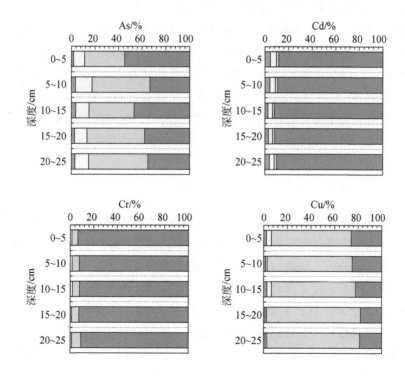

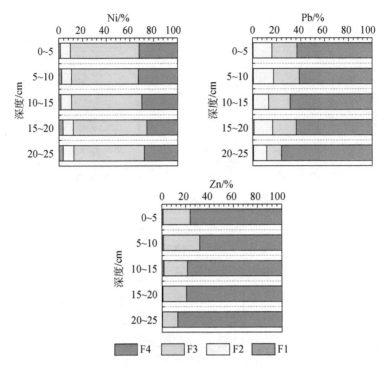

图 5.4　白洋淀 S3 点沉积物重金属形态分布

S3 点柱状沉积物中 Cd 形态与 S2 点相比较，可交换态和碳酸盐结合态比例更低[（3.57±0.85）%]，而残渣态所占比例很高[（90.17±1.60）%]。尽管 S3 点柱状沉积物中 Cd 含量明显较 S2 点柱状沉积物中 Cd 含量高，但是高比例的残渣态意味着所产生的环境风险较低。Cu 和 Ni 在 S3 柱状沉积物中有机质结合态含量比例与 S2 相似，所占百分比也较高，但是 S3 中的 As 也表现较高的有机质结合态百分比。Cr、Pb 和 Zn 在 S3 点柱状沉积物中残渣态为主要存在形态。从不同深度来看，两点沉积物重金属形态分布随深度变化并不大，说明白洋淀污染历史与污染源并未发生大的变化。

5.1.2　白洋淀附近土壤中重金属的赋存特征

白洋淀区域的工业生产是该区域土壤中重金属的主要来源之一。为了研究白洋淀区域典型工业生产对土壤重金属污染的影响，选择位于白洋淀流域府河上游一铅酸蓄电池厂，进行土壤重金属含量分析。该电池厂主要生产用于铅酸蓄电池的电极和隔板。整个工艺需对电极和隔板进行浇筑，产生部分铅粉及废液，对周围环境带来一定的影响。在电池厂内绿化用地选择了 5 个采样点，采集表层土壤（0~20 cm），分别记作 T1、T2、T3、T4 和 T5。采集后的土壤自然风干，研磨并过 100 目筛，放于自封袋中保存待测。风干后的土壤用 HNO_3-HF-$HClO_4$ 消解，并用电感耦合等离子发射光谱（ICP-AES）测定 As、Cd、Cr、Cu、Mn、Ni、Pb 和 Zn 的含量。

电池厂内 5 个土壤中重金属含量见表 5.4。土壤中 As、Cd、Cr、Cu、Mn、Ni、Pb 和

Zn 的平均含量分别为 11.04 mg/kg、0.21 mg/kg、53.83 mg/kg、30.98 mg/kg、521.31 mg/kg、27.18 mg/kg、3821.41 mg/kg 和 100.80 mg/kg。与河北省土壤重金属背景值相比较，土壤中 As、Cr、Mn 和 Ni 含量基本未受到电池厂生产的影响，而 T5 点土壤中 Cd、Cu 和 Zn 含量均受到了电池厂生产的影响，但是影响相对较小。Pb 是所研究的土壤中的主要污染物，T1、T2、T3、T4 和 T5 中 Pb 含量分别达到 4743.37 mg/kg、10 331.90 mg/kg、2812.32 mg/kg、155.59 mg/kg 和 1063.88 mg/kg。说明该电池厂生产导致厂区土壤 Pb 污染严重。电池厂周围土壤的 Pb 污染主要来源于生产过程中的含铅粉尘的沉降，主要以 Pb 单质的形式进入土壤。而 Pb 单质本身在自然环境中相对较为稳定，不易向生物可利用态转化，生态风险较低（Kabata-Pendias，2010）。但是细小的 Pb 单质的颗粒其化学性质可能由于尺寸效应产生明显变化，进而导致其生物活性的提高。Zhang 等（2013）在比较冶炼厂和矿山污水不同污染源污染土壤时，发现冶炼厂土壤中 Pb（其主要是通过降尘进入土壤）生物活性态较高的可交换态和碳酸盐结合态所占比例明显较矿山开发导致污染的土壤中 Pb 的可交换态和碳酸盐结合态高。另外作为钙质土壤（calcareous soil），土壤中的 Pb 容易生成 $PbCO_3$、$Pb_3(CO_3)_2(OH)_2$ 和 $Pb_4SO_4(CO_3)_2(OH)_2$，其较容易受到土壤 pH 的影响，所产生的环境风险较高（Royer et al.，1992；Wang et al.，2016）。

表 5.4　电池厂绿化用地土壤重金属含量　　　　　单位：（mg/kg）

采样点	As	Cd	Cr	Cu	Mn	Ni	Pb	Zn
T1	10.45	0.17	56.64	25.31	499.57	28.65	47 43.37	81.22
T2	11.78	0.09	44.83	23.81	501.18	25.40	10 331.90	67.07
T3	11.10	0.21	55.34	27.89	510.18	27.74	2 812.32	120.66
T4	8.60	0.06	56.54	25.30	508.14	26.57	155.59	62.98
T5	13.29	0.52	55.81	52.60	587.48	27.54	1 063.88	172.07
背景值	9.6	0.15	71.4	18.5	591	38.5	16.7	104
平均值	11.04	0.21	53.83	30.98	521.31	27.18	3 821.41	100.80
最小值	8.60	0.06	44.83	23.81	499.57	25.40	155.59	62.98
最大值	13.29	0.52	56.64	52.60	587.48	28.65	10 331.90	172.07
标准偏差	1.72	0.18	5.06	12.17	37.26	1.24	4 040.33	45.89

5.2　白洋淀区域土壤中重金属的迁移机制

众所周知，外源重金属进入土壤后，在一系列的物理、化学和生物作用（如吸附、沉淀、转化等）下累积在表层土壤中。当表层土壤中重金属含量较高，超过土壤的环境容量时就会表现出一定的迁移能力。在一定的水动力条件下，累积在土壤表层的重金属会向土壤深层迁移，污染地下水；或随地表径流进入河流湖泊，对水生态环境和人体健康产生潜在性威胁。通过对土壤重金属迁移机制的研究，可以对白洋淀区域土壤重金属迁移所带来的风险起到更好的预测作用，具有重要的现实意义。

5.2.1 白洋淀区域土壤对镉的吸附解吸能力研究

外源重金属进入土壤后，其迁移能力与土壤的吸附能力直接相关。一般来说，在土壤吸附能力较弱的土壤中重金属迁移能力强。考虑到土壤中 Cd 具有较强的迁移能力，因此选择 Cd 作为典型的重金属，研究白洋淀区域土壤对重金属的吸附、解吸及迁移能力。

用白洋淀地区土壤做吸附解吸实验。所用土壤样品为 5.1 节中电池厂外未受污染土壤。称量 3 g 处理好的土壤样品于 50 ml 离心管中，再加入适量体积的 Cd 溶液，以得到 40 mlCd 浓度为 10 mg/L、20 mg/L、50 mg/L、100 mg/L、200 mg/L、400 mg/L 和 800 mg/L 的系列溶液。吸附实验以 0.01 mg/LNaCl 为背景离子强度。将离心管放到恒温振荡器中，25 ℃下振荡 24 h，使之达到吸附平衡。平衡后的离心管于 5000 r/min 下离心 15 min，上清液过 0.45 μm 滤膜，用 ICP-AES 测定溶液中 Cd 浓度。吸附实验完毕后，将上清液缓慢倒掉，然后加入 40 ml 去离子水，在室温下振荡 24 h，振荡结束后在 5000 r/min 下离心 15 min，上清液过 0.45 μm 滤膜，用 ICP-AES 测定溶液中 Cd 浓度。对 Cd 的等温吸附曲线通过 Langmuir 和 Freundlich 吸附方程进行拟合。两种吸附模型公式分别为

$$\text{Langmuir 方程}: Q = \frac{K_L \times C_e \times Q_{max}}{1 + K_L C_e} \tag{5.1}$$

$$\text{Freundlich 方程}: Q = K_F \times C_e^n \tag{5.2}$$

式中，Q 为土壤颗粒吸附 Cd 的量（mg/kg）；C_e 为实验溶液中 Cd 的平衡浓度（mg/L）；Q_{max} 为土壤颗粒的最大吸附量（g/kg）；K_L 为 Langmuir 吸附分配系数（L/mg）；K_F 为 Freundlich 吸附分配系数 [L^n/（kg·mg^{n-1}）]；n 为无量纲。

通过土壤 Cd 的解吸实验计算解吸量和解吸率。解吸量计算公式为

$$D_s = \frac{C \times V}{m} \tag{5.3}$$

式中，D_s 为解吸量（mg/kg）；V 为溶液体积（L）；C 为解吸平衡时溶液中 Cd 的浓度（mg/L）；m 为离心管内的土壤质量（g）。Cd 的解吸率为解吸量与吸附量的比值。

土壤对 Cd 的吸附等温曲线如图 5.5 所示，拟合参数见表 5.5。由拟合曲线可知，Langmuir 模型和 Freundlich 模型均能很好地拟合该吸附等温曲线，R_2 值分别达到了 0.934 和 0.982。Langmuir 模型中 K_L 为 0.063 L/mg，最大吸附量 Q_{max} 为 4.515 g/kg；Freundlich 模型中 K_F 为 0.916 L^n/（kg·mg^{n-1}），n 为 0.276。结果表明，该土壤具有较强的 Cd 吸附能力。通过 Cd 的解吸实验，最大解吸量为 166.58 mg/kg，其解吸率仅为 3.52%，说明该区域土壤 Cd 的迁移能力较弱，主要受到土壤吸附解吸的影响。

5.2.2 白洋淀区域土壤胶体对土壤重金属的富集作用

由白洋淀区域典型土壤吸附解吸 Cd 的实验证明，累积在表层土壤中的 Cd，由于受到土壤吸附的控制，很难向深层土壤迁移。但是很多研究表明，重金属在土壤中的迁移，并

非均以离子形式发生，部分是以土壤胶体结合形态发生。尤其是在优先流和大孔径存在的情况下，土壤胶体结合的重金属可能会迁移较溶质快，进而导致重金属污染地下水，给人类健康带来潜在的危险，给土壤重金属迁移的预测带来困难（图 5.5）。土壤胶体影响土壤重金属等污染物的迁移作为重金属等污染物在土壤中迁移的一个重要机制，已经受到人们的广泛关注。土壤胶体对重金属的富集是土壤胶体影响重金属迁移的过程之一，因此本节主要研究白洋淀地区土壤胶体对重金属的富集作用。

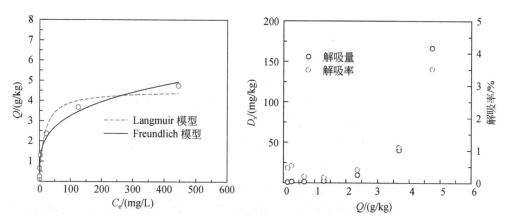

图 5.5　白洋淀区域土壤吸附解吸 Cd 的吸附等温曲线

表 5.5　白洋淀区域土壤对 Cd 等温吸附方程的拟合参数

Langmuir 模型			Freundlich 模型		
$K_L/$（L/mg）	$Q_{max}/$（g/kg）	R^2	$K_F/$［$L^n/$（kg·mg^{n-1}）］	n	R^2
0.063	4.515	0.934	0.916	0.276	0.982

5.2.2.1　土壤胶体颗粒的提取和表征

选取 5.1 节中白洋淀区域典型铅酸蓄电池厂厂内绿化土壤 T2（HB），并选取江西德兴受矿山开发污染的一个土壤样点（JX）和广西南丹受到矿山开发污染的两个土壤样点（GX 和 GX′）进行比较研究。其中 JX 土壤取自菜田；GX 和 GX′ 土壤分别取自旱地和水稻田，且采样的旱地和水稻田相邻，以保证相同的重金属污染历史和污染源。不同粒径土壤颗粒采用自然沉降法和离心法进行分离（Gimbert et al.，2005）。分散的土壤颗粒在水中均匀分布，由于受重力的作用在水中发生沉降。当重力与阻力（介质黏滞力）达到平衡时，土壤颗粒做匀速沉降，此时土壤颗粒在水中的沉降速度与颗粒半径的平方成正比，与水的黏滞系数成反比，这就是 Stokes 定律。关系式为

$$v = \frac{2}{9}gr^2\frac{d_1 - d_2}{\eta} \tag{5.4}$$

式中，v 为半径 r 的土粒在介质中沉降的速度（cm/s）；g 为重力加速度（cm/s²）；r 为沉降土壤颗粒半径（cm）；d_2 为介质密度（g/cm³）；d_1 为土壤颗粒密度（g/cm³）；η 为水

的黏滞系数［g/（cm·s）］。只要规定吸液的深度，便可以根据式（5.4），求出不同温度下某一比重的胶体颗粒在水中沉降到该深度所需的时间。土壤颗粒的密度一般在 2.6~2.75 g/cm³（Gimbert et al.，2005），在此我们取 2.65 g/cm³。

离心提取大大节省了沉降静置时间。其原理同样是根据 Stokes 定律，悬浮液中颗粒受到外加力作用的情况下通过计算得到的颗粒粒径、离心时间和旋转速度之间关系。关系式如下：

$$t = \frac{18\eta \ln\left(\dfrac{R}{S}\right)}{\dfrac{\pi^2}{30^2} N^2 d^2 \Delta\rho} \tag{5.5}$$

式中，t 为旋转时间（s）；η 为水的黏滞系数［g/（cm·s）］；R 为离心机轴心距离离心瓶底部的距离（cm）；S 为离心机轴心距离离心瓶液面的距离（cm）；N 为离心机的转速（r/min）；d 为土壤颗粒的直径（cm）；$\Delta\rho$ 为土壤颗粒与水的密度差（g/cm³）。

具体分离步骤如下。

（1）>10 μm 土壤颗粒：取 50 g 过 2 mm 筛的土壤于大烧杯中，加入 1 L 去离子水，用玻璃棒搅拌均匀，并超声 30 min 分散土壤团聚颗粒。将土壤悬浮液倒入高脚烧杯中，在烧杯的外壁距杯底 5 cm 处（即虹吸管的吸嘴高度）和 15 cm 处（即虹吸管的吸嘴高度 5 cm+ 颗粒沉降深度 10 cm）各画一条线，加入悬浊液到 15 cm 刻度处。用带圆孔托盘的搅拌棒，先将杯底的土壤搅起，然后上下搅动 10 次（防止漩涡），并立即记录沉降时间。根据悬浮液温度确定沉降时间，在 25 ℃下，10 μm 颗粒沉降 10 cm 需要的时间为 16 min 32 s。在规定吸液时间前 30 s，将虹吸管轻轻地插到烧杯底部，把 <10 μm 的悬液虹吸到干净的塑料桶中。继续向烧杯中加入蒸馏水，到 15 cm 刻度处，上下搅匀，并按照上述步骤重复分离，直至悬浊液在规定沉降时间内澄清为止。

（2）10~1 μm 的土壤颗粒：将 <10 μm 的土壤颗粒溶液倒入 250 ml 的高密度的聚丙烯离心瓶中。用离心机进行离心分离。根据 Stocks 定律公式计算得到，在 1633 r/min 下离心 5 min（25 ℃）。其中 R 为 16 cm，S 为 6.5 cm。离心完毕后，将大约三分之二的上清液倒出，上清液为 <1 μm 的土壤胶体颗粒溶液。沉积物为 10~1 μm 的土壤颗粒。沉积物中再加入 250 ml 的去离子水，离心，重复上面步骤，直至上清液较澄清为止（重复三次左右）。

（3）1~0.45 μm 土壤胶体：将 <1 μm 的土壤胶体溶液倒入 250 ml 的离心瓶中，在 2567 r/min 下离心 10 min（25 ℃）。离心完毕后将约三分之二的上清液倒出，上清液为小于 0.45 μm 的土壤胶体溶液，沉积物为 1~0.45 μm 的沉积物。在底部的沉积物再用去离子水悬浮重复上面步骤直至上清液澄清（重复三次左右）。

（4）0.45~0.2 μm 和 <0.2 μm 的土壤胶体：将 <0.45 μm 的土壤胶体溶液倒入离心瓶中，在 4083 r/min 下离心 20 min（25 ℃）。离心完毕后将约三分之二的上清液倒出，上清液为 <0.2 μm 的土壤胶体溶液，沉积物为 0.45~0.2 μm 的沉积物。在底部的沉积物再用去离子水悬浮重复上面步骤直至上清液澄清（重复三次左右）。

提取出的不同粒径的土壤颗粒沉积物均用适量水进行在悬浮，然后对储备液溶液进行浓度定量分析，土壤颗粒储备液在 5 ℃下保存。取出部分 <0.2 μm 的土壤溶液在 60 ℃下经旋转蒸发浓缩后定量并 5 ℃下保存。取部分部分胶体颗粒浓缩储备液进行冷冻干燥，测定其重金属含量及理化性质等。为了确定所得土壤颗粒的粒径是否与定义的颗粒粒径相同，用激光粒度分析仪测定土壤颗粒储备液中颗粒的粒径（>10 μm 的颗粒为冷冻干燥后的粉末）。对冷冻干燥后的土壤颗粒进行其他理化性质分析。用 X 射线衍射仪分析其中的矿物组分。取少许不同粒径冷冻干燥后的土壤颗粒，用 0.1 mol/L HCl 酸化，浸泡 24 h，然后用去离子水冲洗至中性，干燥后用元素分析仪测定总有机碳（TOC）。

全土和不同粒径土壤颗粒中重金属总量以及 Al、Fe 和 Mg 含量经 HNO_3-HF-$HClO_4$ 消解后用 ICP-AES 测定；全土和不同粒径土壤颗粒中重金属经修改的 BCR 法进行分级提取，并测定其含量。

5.2.2.2　全土与不同粒径土壤胶体颗粒的理化性质

几种土壤全土粒径分布分别如下：① HB，黏粒 2.64%、粉粒 30.36% 和砂粒 76.00%；② JX，黏粒 6.94%、粉粒 39.02% 和砂粒 54.04%；③ GX，黏粒 7.82%、粉粒 50.96% 和砂粒 41.22%；④ GX′，黏粒 6.40%、粉粒 54.37% 和砂粒 39.23%（表 5.6）。所研究的四种土壤均是砂粒所占比例较高，其中 HB 土壤中黏粒所占比例最小。HB 土壤为壤砂土（loamy fine sand），JX 土壤为沙壤土（sandy loam），GX 和 GX′ 土壤均为粉壤土（silt loam）。

几种全土的 Fe、Al、Mg 和 TOC 含量见表 5.6。HB 样点全土中 Fe、Al 和 Mg 含量分别为 16.6 g/kg、55.4 g/kg 和 24.6 g/kg。JX 样点全土中 Fe、Al 和 Mg 含量分别为 26.8 g/kg、35.0 g/kg 和 7.2 g/kg。GX 样点和 GX′ 样点全土中，Fe 含量分别为 33.5 g/kg 和 40.4 g/kg，Al 含量分别为 65.3 g/kg 和 63.7 g/kg，Mg 含量分别为 1.8 g/kg 和 2.1 g/kg。几种土壤全土比较，HB 土壤中 Fe 含量较低，而 Mg 含量明显较其他几种土壤高。几种全土中的 TOC 含量分别为：JX 样点（1.19%）、HB 样点（0.50%）、GX 样点（1.53%）、GX′ 样点（1.62%）。由于 JX、GX 和 GX′ 三种土壤均为农田土，而 HB 土壤来源于工厂用地，因此 JX、GX 和 GX′ 三种土壤的 OM 含量明显较 HB 土壤高。

表 5.6　全土的理化性质

样品	黏粒 /%	粉粒 /%	砂粒 /%	TOC/%	Al/（g/kg）	Fe/（g/kg）	Mg/（g/kg）
HB	2.64	30.36	76.00	0.50	55.4	16.6	24.6
JX	6.94	39.02	54.04	1.19	35.0	26.8	7.2
GX	7.82	50.96	41.22	1.53	65.3	33.5	1.8
GX′	6.40	54.37	39.23	1.62	63.7	40.4	2.1

将四种土壤按照不同粒径进行提取后，所得到的不同粒径土壤粒径分布如图 5.6 所示。所提取的不同粒径土壤颗粒基本在所设定的土壤粒径范围内。HB 土壤样品得到的土壤颗粒平均粒径分别为 19.71 μm、1.69 μm、0.6 μm、0.46 μm 和 0.15 μm；JX 所得到的几种

粒径土壤颗粒平均粒径分别为 18.91μm、2.35μm、0.85μm、0.59μm 和 0.23 μm；GX 土壤样品中得到的土壤颗粒平均粒径分别为 16.5μm、3.25μm、0.63μm、0.44μm 和 0.22 μm；GX′ 土壤样品中得到的土壤颗粒粒径分别为 17.74μm、3.62μm、0.62μm、0.27μm 和 0.25 μm。GX′ 提取的 <0.2 μm 的粒径的土壤颗粒和 0.45~0.2 μm 的土壤颗粒平均粒径相差不大，但是 <0.2 μm 的土壤颗粒在所得到的 <0.2 μm 的颗粒物中占有更高的比例（59.01%）。尽管提取的胶体粒径与目标粒径范围有些差距，但基本上成功的对几种不同粒径土壤颗粒进行了分离。在不同粒径土壤颗粒分离实验中假设土壤颗粒为球形，组分均一且密度相同。但是细小的土壤颗粒异质性很强，不可能有相同的形状、组分和密度等。这就导致重力分离法很难将相同粒径的土壤颗粒进行完全分离，相反具有相似粒径和密度的土壤颗粒比较容易分离到一起（Bao et al., 2011；Tang et al., 2009）。

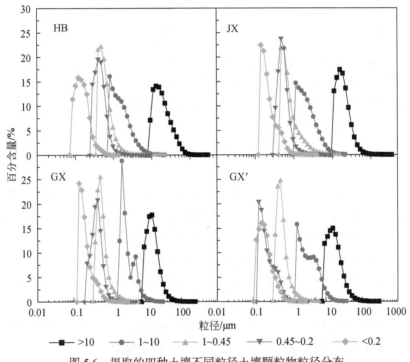

图 5.6　提取的四种土壤不同粒径土壤颗粒物粒径分布

分离得到的不同粒径土壤颗粒中 TOC、Al、Fe 和 Mg 基本上均随着粒径的减小而逐渐增加（表 5.7）。但是 HB 不同粒径土壤颗粒中 Al 和 Mg 含量先增加后减小。TOC 随粒径的减小而增加可能是因为小粒径中 OM 腐殖化程度较高，主要有芳香烃和脂肪烃结构组成，微生物难易降解造成（Guggenberger et al., 1995）。值得注意的是在 GX 和 GX′ 两种土壤不同粒径颗粒物中 0.45~0.2 μm 土壤颗粒物的 TOC 含量偏低，而 >10 μm 土壤颗粒的 TOC 含量均较高，这说明该两种土壤中 OM 部分以植物残体形式在大粒径颗粒物中存在。

表 5.7 不同粒径土壤颗粒的理化性质

样品	粒径 /μm	TOC/%	Al/(g/kg)	Fe/(g/kg)	Mg/(g/kg)
HB	>10	0.60	44.3	19.6	10.1
	10~1	0.74	71.2	38.9	23.1
	1~0.45	0.84	81.1	49.1	22.9
	0.45~0.2	0.88	79.7	51.4	21.8
JX	>10	1.16	33.5	15.4	5.0
	10~1	2.39	45.1	31.9	9.0
	1~0.45	3.61	57.6	52.9	9.4
	0.45~0.2	3.90	63.9	59.0	9.4
	<0.2	5.80	79.5	41.8	11.5
	<0.2	1.79	78.2	52.4	21.2
GX	>10	2.02	14.3	28.1	0.6
	10~1	0.99	34.0	12.4	1.1
	1~0.45	2.19	116.4	48.7	3.0
	0.45~0.2	1.53	175.1	41.1	4.4
	<0.2	2.45	133.8	82.6	3.8
GX′	>10	1.98	21.3	26.9	1.0
	10~1	1.41	50.9	18.7	1.8
	1~0.45	2.39	143.9	51.9	4.1
	0.45~0.2	1.92	156.4	58.7	4.2
	<0.2	2.38	111.3	60.3	4.5

　　为了研究几种土壤不同粒径的土壤颗粒的矿物组分，用 XRD 对得到的土壤颗粒物进行了矿物分析。从 XRD 图谱（图 5.7）可以得到几种土壤不同粒径土壤颗粒的主要矿物组分主要为：石英（quartz）、高岭土（kaolin）、多水高岭土（gismondine）、伊利石（illite）、蒙脱土（montmorillonoid）和方解石（calcite）。不同土壤和不同粒径颗粒之间矿物组分略有不同。HB 和 JX 两种土壤不同粒径土壤颗粒中含有伊利石和蒙脱石较多，而 GX 和 GX′ 两种土壤中不同土壤颗粒伊利石和蒙脱石的峰不很明显。伊利石作为水云母的亚族衍射峰的位置在 $d=1.0$ nm 附近，其化学式为（K，Na，Ca）$_{<1}$（Al，Fe，Mg）$_2$［（Si，Al）$_4$O$_{10}$］（OH）$_2$·nH$_2$O，单位化学式电荷量为 0.6~1.0，阳离子交换容量（CEC）为 10~40 cmol$c$/kg；蒙脱石特征衍射峰的位置在 $d=1.2~1.5$ nm 附近，化学式为（Ca，Mg，Na）x（Al$_{4-x}$Mg$_x$）Si$_8$O$_{20}$（OH）$_4$，单位化学电荷数量为 0.2~0.6，CEC 为 70~130 cmol$_c$/kg；在没有进行处理的土壤中蛭石的衍射峰位置在 1.42 nm 处，与蒙脱石重合，其化学式为 Mg$_{0.7}$（Mg，Fe，Al）$_6$［Si，Al］$_8$O$_{20}$（OH）$_4$·9H$_2$O，单位化学电荷数量为 0.6~0.9，CEC 为 100~150 cmol$_c$/kg（李学垣等，1997）。几种土壤中均发现了高岭土的特征衍射峰，位于 0.715 附近，其化学式为 Al$_4$［Si4O$_{10}$］（OH）$_8$；因为其单位化学电荷数量近乎为零，

永久电荷极少，CEC 也相对较少，为 3~15 cmol$_c$/kg（李学垣等，1997）。较高含量的蒙脱石和蛭石，而较少含量的高岭土意味着土壤具有较高的 CEC，对重金属吸附能力较强。从几种矿物峰面积所占的比例来看，石英是几种土壤中的主要矿物，GX 和 GX′ 两种土壤中石英含量最高，而 JX 和 HB 土壤中含量相对较少。另外值得注意的是 HB 和 JX 土壤中在 d=3.0 nm 附近有明显峰，为方解石（CaCO$_3$），而其他几种土壤中该峰并不明显。HB 和 JX 土壤在测定 TOC 进行酸化时出现了很多气泡，这也说明 HB 和 JX 土壤中有大量方解石存在。从不同粒径土壤颗粒矿物组分看，随着土壤粒径的减少，石英含量逐渐降低，其他矿物组分所占比例逐渐增加。

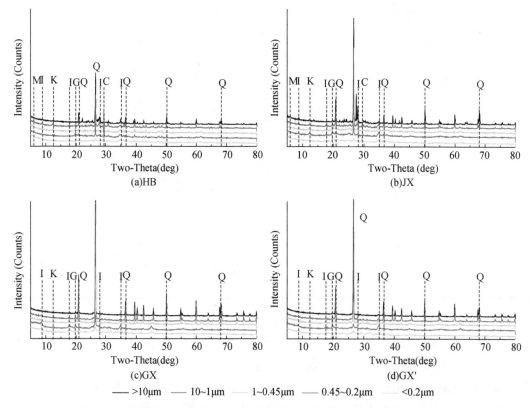

图 5.7　四种土壤不同粒径土壤颗粒（胶体）中 X 射线衍射图谱及矿物组分

注：M 为蒙脱土（montmoriuonite）；I 为伊利石（illite）；K 为高岭土（kaolin）；G 为多水高岭土（gismondine）；

Q 为石英（quartz）；C 为方解石（calcite）。

5.2.2.3　全土与不同粒径土壤颗粒中重金属含量

1）全土中重金属含量

对 HB、JX、GX 和 GX′ 四种土壤全土中重金属元素（As、Cd、Cr、Cu、Mn、Ni、Pb、Zn）含量进行测定，结果见表 5.8。

HB 土壤中 As、Cd、Cr、Cu、Mn、Ni、Pb 和 Zn 的含量分别为：11.8 mg/kg、0.1 mg/kg、44.8 mg/kg、23.8 mg/kg、501.0 mg/kg、25.4 mg/kg、10 331.9 mg/kg 和 67.1 mg/kg。与

当地背景值相比较，所研究的几种重金属中只有 Pb 含量远较其背景值（21.5 mg/kg）高，是其 480.6 倍。而其他几种重金属其含量与背景值相当，说明该土壤主要受到的 Pb 的污染，且污染严重。

表 5.8　四种土壤全土中重金属含量和背景值　　　　单位：（mg/kg）

样品	As	Cd	Cr	Cu	Mn	Ni	Pb	Zn
JX	10.8	0.9	60.6	65.6	469.1	30.8	86.7	178.3
HB	11.8	0.1	44.8	23.8	501.0	25.4	10 331.9	67.1
GX	121.9	5.0	60.3	43.0	282.9	34.6	847.5	878.1
GX′	112.1	7.6	58.8	46.6	396.2	28.2	1354.1	1297.9
JX 背景	14.9	0.108	45.9	20.3	328	18.9	32.3	69.4
HB 背景	13.6	0.094	68.3	21.8	608	30.8	21.5	78.4
GX 背景	20.5	0.267	82.1	27.8	446	26.6	24	75.6

JX 土壤中除了 As 含量与其背景值相当（10.8 mg/kg），其余所研究的重金属均较背景值高；尽管如此，经前期研究可知该地区土壤中 As、Cr、Mn 和 Ni 主要来源于土壤风化，其余几种重金属受外源污染影响较大（Liu et al.，2013）。其中 Cd、Cu、Pb 和 Zn 含量分别为 0.9 mg/kg、65.6 mg/kg、86.7 mg/kg 和 178.3 mg/kg，分别为背景值的 8.3 倍、3.2 倍、2.7 倍和 2.6 倍，为该土壤的主要重金属污染物。

GX 和 GX′ 两种土壤采集于相邻的农田，GX 为玉米田土壤，GX′ 为水稻田土壤。两种土壤中 As、Cd、Cu、Pb 和 Zn 含量明显较背景值高，其中 Cd、Pb 和 Zn 含量又远远大于背景值。GX 土壤中 Cd、Pb 和 Zn 含量分别为 5.0 mg/kg、847.5 mg/kg 和 878.1 mg/kg；GX′ 土壤中 Cd、Pb 和 Zn 含量分别为 7.6 mg/kg、1354.1 mg/kg 和 1297.9 mg/kg。GX 和 GX′ 两种土壤中尽管其 Mn 含量均较背景值 446 mg/kg 低，但是 GX′ 全土中 Mn 含量明显较 GX 全土中高。说明 GX 土壤中 Mn 可能受到了外源影响，而 GX′ 土壤中 Mn 一定受到了外源影响。

JX、GX 和 GX′ 三种土壤中受到外源影响的重金属主要来源于矿山开发；而 HB 土壤中 Pb 为主要重金属污染物，其主要来源于铅酸蓄电池厂生产过程中含 Pb 粉尘的沉降。从上述分析可知，JX 土壤中主要重金属污染物为 Cd、Cu、Pb 和 Zn；GX 和 GX′ 土壤中主要重金属污染物为 As、Cd、Cu、Pb 和 Zn；而 HB 土壤仅受到 Pb 的污染，且污染严重。

2）不同粒径土壤颗粒中重金属含量

不同粒径土壤中重金属含量往往不同。岳希等（2013）将中国西南地区一铅蓄电池厂污染场地土壤分为了七个粒径组分，并分析了不同粒径土壤颗粒中 Pb 的含量，发现部分土壤样品不同粒径土壤颗粒物中 Pb 含量随着其粒径的减小而降低，部分土壤样品不同粒径土壤颗粒物中 Pb 含量随着粒径的减小先降低后升高，且土壤颗粒物中 Pb 含量与 OM 之间呈现显著正相关。同样 Gong 等（2014）在研究海南不同粒径土壤颗粒中重金属时也发现了重金属随着粒径的减小而增加，且其含量与 OM 和 Fe 含量正相关。尽管对不同粒径土壤颗粒中重金属含量有所研究，但对于胶体粒径范围内不同粒径的土壤颗粒中重金属赋存研究较少。而胶体粒径范围内的土壤颗粒对污染物的迁移转化有着重要影响。

对重金属在不同粒径土壤颗粒中的累积往往通过富集因子（enrichment factor，EF）进行比较（Acosta et al.，2009；Zhang et al.，2013）。其定义为

$$EF = \frac{C_f}{C_b} \tag{5.6}$$

式中，C_f 为不同粒径土壤颗粒中重金属的含量；C_b 为全土中重金属的含量。不同粒径土壤颗粒中重金属含量和 EF 见表 5.9 和图 5.8。

表 5.9 不同粒径土壤颗粒中重金属含量 单位：（mg/kg）

样品	粒径	As	Cd	Cr	Cu	Mn	Ni	Pb	Zn
JX	>10μm	5.37	0.58	39.5	33.2	368.8	16.4	39.7	95.7
	10~1μm	14.4	0.90	70.0	84.5	560.1	33.5	90.1	201.1
	1~0.45μm	22.1	1.66	121.8	140.3	626.9	67.5	158.1	393.3
	0.45~0.2μm	15.5	1.80	137.4	177.0	705.5	80.1	202.1	479.4
	<0.2μm	150.5	1.71	81.3	166.7	519.4	52.7	169.7	470.5
HB	>10μm	6.3	0.13	43.2	18.7	349.0	15.9	5 658.0	55.9
	10~1μm	16.8	0.30	74.8	39.5	752.3	35.2	5 265.0	124.4
	1~0.45μm	22.7	0.46	100.8	50.7	853.6	43.7	6 493.9	210.6
	0.45~0.2μm	25.6	0.51	101.4	55.3	773.3	43.9	6 905.6	199.9
	<0.2μm	35.1	11.06	98.3	64.4	508.7	39.2	6 132.1	283.5
GX	>10μm	269.2	6.46	24.7	34.1	301.6	19.7	1 167.3	532.2
	10~1μm	84.9	2.26	28.1	18.1	174.4	11.4	473.1	297.6
	1~0.45μm	260.3	6.03	79.5	57.2	440.0	48.8	1 175.7	1 343.6
	0.45~0.2μm	158.3	4.41	91.0	67.6	302.7	76.1	976.6	1 891.4
	<0.2μm	521.8	10.37	103.2	87.8	510.1	74.7	1 553.7	2 056.2
GX′	>10μm	324.6	9.94	30.9	38.7	621.1	15.6	1 691.5	840.1
	10~1μm	164.8	5.68	54.1	33.6	367.9	17.5	1 180.0	823.8
	1~0.45μm	369.1	9.43	115.5	74.0	405.6	55.1	2 112.4	2 581.6
	0.45~0.2μm	441.0	9.42	118.6	78.5	342.5	66.9	2 203.1	3 027.3
	<0.2μm	521.8	10.94	92.7	70.7	282.0	53.4	1 970.0	2 754.9

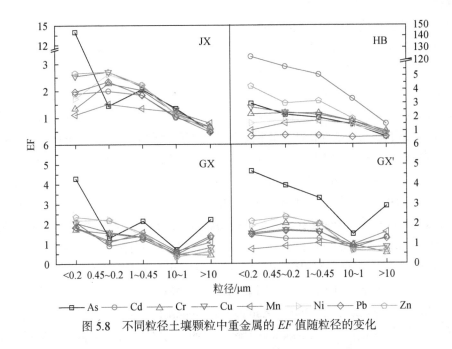

图 5.8　不同粒径土壤颗粒中重金属的 *EF* 值随粒径的变化

HB <0.2 μm 的土壤胶体颗粒中，Cd 含量高达 11.1 mg/kg，EF 为 122.4，远高于其他粒径土壤颗粒。HB 土壤中的 Cd 受到外源影响较小，<0.2 μm 的土壤颗粒中高含量的 Cd 可能由于其他原因，需要进一步研究。对于不同污染源的土壤比较，Pb 是 HB 土壤中最主要的污染物，不同粒径土壤颗粒中 Pb 含量在 5265.0~6905.6 mg/kg，EF 都小于 1，在 0.51~0.67。尽管 OM 和黏土矿物含量较高且表面积较大的小粒径土壤颗粒对于重金属有较强的富集能力，但是对于粉尘沉降造成的 Pb 污染的土壤，含 Pb 粉尘粒径较大，导致 Pb 在小粒径土壤颗粒中富集并不明显。长时间的环境作用可能导致土壤中部分 Pb 以可溶态或者离子交换态存在（这一点在后面 HB 全土 Pb 的形态分布中得到了证实）。在不同粒径土壤颗粒的提取过程中，部分 Pb 进入提取土壤胶体的水中，并在洗胶体的过程中损失，这可能是导致 HB 不同粒径土壤颗粒 Pb 的 EF<1 的原因。

对于其他三种土壤来说几种土壤不同粒径土壤颗粒中重金属含量基本上随着粒径的减小而逐渐增加，外源重金属与内源重金属均表现出相似的规律。对于 JX 不同粒径土壤颗粒，除了 As，其他几种重金属均随着粒径的减小先增加后减小，其中 <0.2 μm 的土壤颗粒中几种重金属元素含量均略小于 0.45~0.2 μm 的土壤颗粒，与 Zhang 等（2013）研究结果类似。另外 GX 和 GX′ 两种土壤，>10 μm 土壤颗粒中各种重金属的 EF 值均较高，这可能与 GX 和 GX′ 土壤 >10 μm 土壤颗粒中 OM 含量较高有关。先前研究也发现 OM 含量较高的大粒径土壤颗粒也具有较强的重金属富集能力（Gong et al.，2014；岳希等，2013）。JX 土壤不同粒径土壤颗粒中 As 随粒径变化并不规律，尤其是 <0.2 μm 的土壤颗粒中其含量高达 150.5 mg/kg，EF 值为 13.9；同样 GX 和 GX′ 两土中 As 的含量随粒径变化也没有明显规律。这可能是因为 As 在土壤微环境中较为活跃，在不同粒径土壤颗粒之间存在迁移转化（Gong et al.，2014）。

尽管很多受外源影响较小的重金属在不同粒径土壤颗粒中的含量也随着粒径的减小而增

加，但是不同粒径土壤颗粒对它们的富集能力更多地受到土壤风化等作用的影响，主要以更稳定的残渣态存在。而外源重金属进入土壤后会发生吸附、再分配和形态转化等环境行为，其过程在一定程度上受到土壤颗粒组分的控制。因此为了进一步分析不同粒径土壤颗粒的组分对外源重金属富集能力的影响，对不同粒径土壤颗粒中受外源影响较大的重金属（Cd、Cu、Pb 和 Zn）与其组分（TOC、Fe 和 Al）的 EF 值做相关性分析。将各种组分的 EF 值用来进行分析避免了不同土壤理化性质和重金属污染程度之间的差异。另外 HB 土壤与其他三种土壤中重金属污染物来源不同，重金属污染物仅为 Pb，且 Pb 含量与 TOC、Fe 和 Al 含量之间的相关性均未达到显著水平（$p>0.05$），因此只对受污水污染的 JX、GX 和 GX′ 三种土壤进行分析。HB 土壤中 Pb 与 TOC、Fe 和 Al 的相关性均未达到显著水平，这可能与土壤质地和污染物来源有关（Zhang et al.，2013；岳希等，2013）。研究表明以大粒径的粉尘进入土壤中的 Pb 很难被腐蚀并进行不同粒径土壤颗粒之间的再分配（殷宪强，2010）。

OM 含有的众多丰富的官能团，能够与重金属之间产生络合作用，离子交换作用和表面沉淀作用，具有较高的 CEC，能够明显的增加土壤对重金属离子的富集能力（Bradl，2004；Carrillo - González et al.，2006；Kalbitz and Wennrich，1998）。有研究表明 OM 对 Cd 的吸附能力是高岭土的四倍（Taylor and Theng，1995），OM 与重金属可以形成 OM-重金属复合物，明显降低重金属的迁移能力（Kahapanagiotis et al.，1991）。由图 5.9 可知，Cd、Cu、Pb 和 Zn 与 TOC 之间呈现极显著相关性（$p<0.01$），其 r（Pearson' r）值分别为 Cd：0.829 25、Cu：0.844 72、Pb：0.827 80 和 Zn：0.827 80；不同重金属与 TOC 之间的线性相关性顺序为 Cu（$R^2=0.691 51$）>Cd（$R^2=0.663 62$）>Pb（$R^2=0.661 04$）>>Zn（$R^2=0.478 76$）。

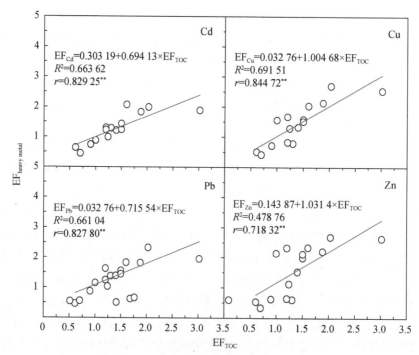

图 5.9　不同粒径土壤颗粒中重金属含量与 TOC 之间的相关性

* 显著相关（$p<0.05$）；** 极显著相关（$p<0.01$）。

一般来说 OM 含量随着土壤颗粒粒径的减小而逐渐减小，且腐殖化程度也会增加，这就导致了小粒径土壤颗粒中 OM 能够强烈地富集重金属（Quenea et al.，2009）。尽管几种土壤不同粒径土壤颗粒中外源重金属含量和 TOC 并未随着粒径的减小而一直增加，如 GX 和 GX′ 土壤，但是均表现出了与 TOC 较好的相关性。结果表明不同粒径土壤颗粒中 OM 是影响外源重金属富集的重要组分。Gong 等（2014）在对海南不同粒径土壤颗粒中 Cr、Pb 和 Cd 含量研究时也发现其含量与 OM、Fe 含量呈现正相关。值得注意的是 GX 和 GX′ 两种土壤 >10 μm 的土壤颗粒中也含有较高的重金属富集能力。对不同粒径土壤颗粒的矿物组分分析可知，GX 和 GX′ 两种土壤 >10 μm 的土壤颗粒中石英是其主要的矿物组分，且黏土矿物（蒙脱土、高岭土等）组分较少。但是 >10 μm 的土壤颗粒中 TOC 含量较高，且该土壤粒径 OM 主要来源于分解不完全的动植物残体。对于大粒径土壤颗粒来说，未分解完全的 OM 是其具有较强重金属富集能力的主要原因（Besnard et al.，2001）。尽管 >10 μm 粒径部分对重金属表现出较强的富集能力，但是与未分解完全的 OM 结合的重金属往往表现出较强的生物可利用性，具有一定的环境风险（Quenea et al.，2009）。

由图 5.10 可知，不同粒径土壤颗粒中 Cd、Cu、Pb 和 Zn 与其 Fe 含量呈极显著相关性（$p<0.01$），其 r 值分别为 Cd：0.878 13；Cu：0.894 40；Pb：0.858 67 和 0.873 67；几种重金属与 Fe 之间相关性顺序为 Cu（$R^2=0.785\ 46$）>Cd（$R^2=0.753\ 51$）>Zn（$R^2=0.745\ 09$）>Pb（$R^2=0.717\ 10$）。由图 5.11 可知，不同粒径土壤颗粒中 Cu 和 Zn 与 Al 含量达到了极显著相关水平（$p<0.01$），其 r 值分别为 0.732 64 和 0.882 13；Pb 与 Al 的相关性达到了显著水平（$p<0.05$），r 值为 0.538 59；而 Cd 与 Al 的相关性并未达到显著水平。

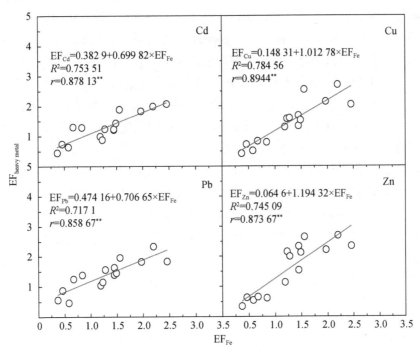

图 5.10　不同粒径土壤颗粒中重金属含量与 Fe 之间的相关性

* 显著相关（$p<0.05$）；** 极显著相关（$p<0.01$）。

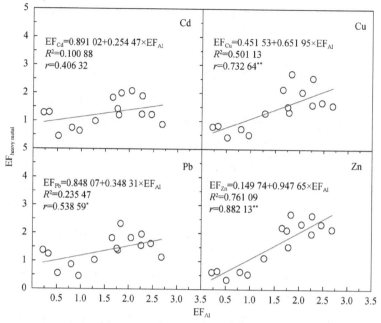

图 5.11 不同粒径土壤颗粒中重金属含量与 Al 之间的相关性

＊显著相关（$p<0.05$）；＊＊极显著相关（$p<0.01$）。

铁铝氧化物是土壤矿物的重要组成部分，因为其具有比表面积大、电荷可变性强等特点，对土壤中重金属的吸附和富集起到极其重要的作用（Bradl，2004；Dijkstra et al.，2004；Wragg et al.，2007；龚仓等，2013；李学垣，2001）。铁氧化物是土壤中常见的组分，如水铁矿（ferrihydrite）、针铁矿（goethite）和赤铁矿（hematite）等。铁氧化物和氢氧化物常常与高岭土相结合，且其吸附重金属离子受 pH 控制（Nachtegaal and Sparks，2004；Shuman，1976）。研究表明土壤中 Fe 含量与其重金属富集能力呈正相关（Gong et al.，2014；李恋卿等，2001）。Vega 等（2004）研究也发现土壤中的铁锰氧化物等控制着土壤中重金属的生物活性，而重金属离子吸附在铁铝氧化物表面往往为专性吸附表现出较强的稳定性（Nachtegaal and Sparks，2004）。土壤中的氢氧化铝矿物主要是以硅铝酸盐矿物存在，游离氧化铝矿物较少（李学垣，2001）。从图 5.10 和图 5.11 可知，尽管部分金属与铁铝含量的相关性并未达到显著或者极显著水平，但是均呈现正相关，结果表明铁铝氧化物对重金属在不同粒径土壤颗粒中的分布和富集也有重要影响。

从几种土壤不同粒径土壤颗粒重金属富集情况来看，大多数小粒径土壤颗粒，其比表面积大，富含大量 OM 和铁铝氧化物，导致富集重金属的能力明显大粒径土壤颗粒强。而小粒径土壤颗粒，尤其是土壤胶体颗粒，在一定条件下可能迁移速度较溶质快，最终导致重金属在土壤中的迁移并污染地下水，带来一定的环境风险。

5.2.2.4 土与不同粒径土壤颗粒中重金属形态赋存

1）As、Cr 和 Ni

As、Cr 和 Ni 三种重金属在几种土壤不同粒径土壤颗粒中形态分布规律相似，F4 所占比例均较高，其他形态所占比例较小（图 5.12）。JX 不同粒径土壤颗粒中 As 的 F4 所占比例分别为 >10 μm：52.32%；10~1 μm：60.07%；1~0.45 μm：82.97%；0.45~0.2 μm：84.01%；<0.2 μm：75.61%。HB 不同粒径土壤颗粒中 As 的 F4 所占比例分别为 >10 μm：64.94%；10~1 μm：84.46%；1~0.45 μm：89.65%；0.45~0.2 μm：91.99%；<0.2 μm：95.05%。JX 和 HB 两种土壤中 As 含量受到外源影响较小，As 的形态分布结果表明在 JX 和 HB 小粒径土壤颗粒中 As 的稳定态 F4 所占比例较高。GX 和 GX' 两种土壤 As 含量高于广西地区 As 的背景值（20.5 mg/kg），其受到一定程度的外源影响。但是 GX 和 GX' 不同粒径土壤颗粒中 As 同样主要是以 F4 形态存在，所占比例均在 70% 以上，且 As 的形态随着粒径变化并不规律。这可能是因为 GX 和 GX' 两种土壤中 As 进入土壤后发生了一系列的反应，大部分以稳定形态存在。

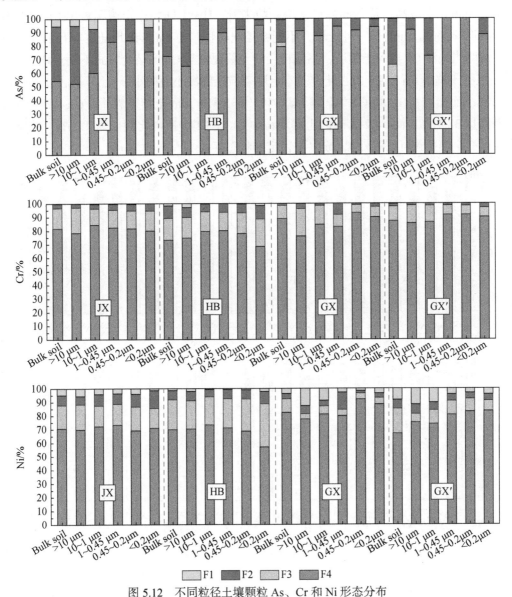

图 5.12　不同粒径土壤颗粒 As、Cr 和 Ni 形态分布

　　四种土壤中 Cr 和 Ni 主要来源于土壤风化作用，受到外源影响较小。其在不同粒径土壤颗粒中也主要以 F4 存在，其他形态所占比例较小。几种土壤不同粒径土壤颗粒中 Cr 的 F4 形态所占比例在 68.4%~93.1%，Ni 的 F4 形态所占比例在 57.0%~92.0%。外源影响较小的重金属主要以稳定的 F4 形态存在；除了 JX 和 HB 中的 As，不同粒径土壤颗粒中内源重金属的形态分布没有明显不同。

　　2）Cu 和 Mn

　　Cu 和 Mn 在四种土壤不同粒径的土壤颗粒上的分布如图 5.13 所示。从上面讨论中可知，JX、GX 和 GX′ 土壤中 Cu 受到的一定的外源影响，HB 土壤中 Cu 未受到外源影响。几种土壤全土中 Cu 的 F4 所占比例大小为 HB（63.16%）>GX（53.02%）>GX′（40.86%）>JX（38.28%），表明受外源影响较大的土壤，Cu 含量以稳定的 F4 存在的比例较低，其他形态所占比例较高。从不同粒径土壤颗粒来看，HB 不同粒径土壤颗粒中 Cu 的形态分布没有明显区别。而其他三种土壤，不同粒径土壤颗粒中 Cu 形态均随着粒径的变化而变化，说明当外源 Cu 进入土壤后，不同粒径的土壤颗粒与 Cu 的结合方式不同。JX、GX 和 GX′ 三种土壤中 Cu 的 F1 所占比例基本上随着粒径的减小而减小，且 F4 所占比例随着粒径的减小而增加（GX 和 GX′ 土壤）。例如，GX>10 μm 土壤颗粒中，Cu 在 F1 中所占比例高达 38.41%；而 <0.2 μm 的土壤颗粒中 Cu 在 F1 中所占比例仅为 4.36%。结果表明小粒径的土壤颗粒可以使外源 Cu 以更稳定的状态存在。

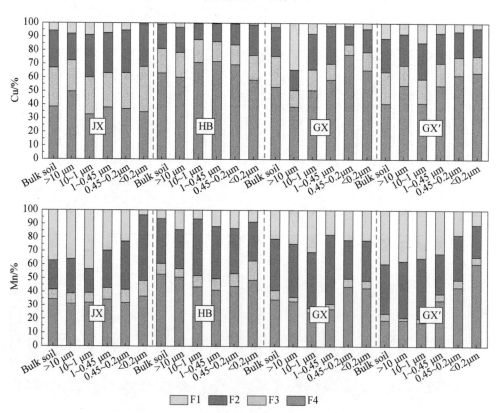

图 5.13　不同粒径土壤颗粒 Cu 和 Mn 形态分布

从几种土壤全土重金属含量讨论中可知，JX 土壤中 Mn 含量较该地区背景值高，明显受到外源污染影响；HB 土壤中 Mn 主要来源于土壤风化；GX 土壤中 Mn 可能受到了外源影响；而 GX′ 土壤中 Mn 一定受到了外源污染的影响。几种土壤不同粒径土壤颗粒中，F3 所占比例均较低，其他形态 Mn 具有较高比例。未受影响的 HB 土壤中，Mn 在不同粒径土壤颗粒中的形态分布差异不大，也没有明显规律。JX 不同粒径土壤颗粒中，Mn 的 F4 所占比例基本不变（69.14%~73.31%），F2 所占比例基本随着粒径的减小而增加（17.39%~48.17%），同时 F1 所占比例逐渐降低（3.61%~43.47%）；GX 土壤小粒径土壤颗粒中 Mn 的 F4 形态所占比例较高，同时各粒径土壤颗粒中 F1 和 F2 所占比例均较高（F1：17.92%~30.68%；F2：28.17%~51.00%），其形态百分比随粒径变化没有明显规律；而 GX′ 土壤中 Mn 的 F4 形态所占比例随着粒径的减小而增加（17.34%~60.72%），同时 F1 和 F2 所占比例减小（F1：10.71%~37.48%；F2：23.57%~44.46%）。结果表明小粒径的土壤颗粒由于其较大的表面积、官能团等导致 Mn 更容易向更稳定的形态发生转化，其转变过程需要进一步进行研究。

几种土壤不同粒径土壤颗粒的 Cu 和 Mn 的形态分布表明当外源污染物进入土壤后，不同粒径的土壤颗粒由于其理化性质等的差异会导致进入土壤中的重金属在不同粒径土壤颗粒中以不同形态存在。小粒径的土壤颗粒更容易使外源 Cu 和 Mn 向更稳定的形态转化。主要来源于土壤母质的 Cu 和 Mn 在不同粒径土壤颗粒中的分布形态没有明显不同。

3）Cd、Pb 和 Zn

JX、GX 和 GX′ 三种土壤中 Cd、Pb 和 Zn 含量均明显受到外源影响，且污染严重。HB 土壤仅受到 Pb 污染，土壤中 Pb 含量较高。几种土壤不同粒径土壤颗粒中 Cd、Pb 和 Zn 三种重金属的形态分布如图 5.14 所示。

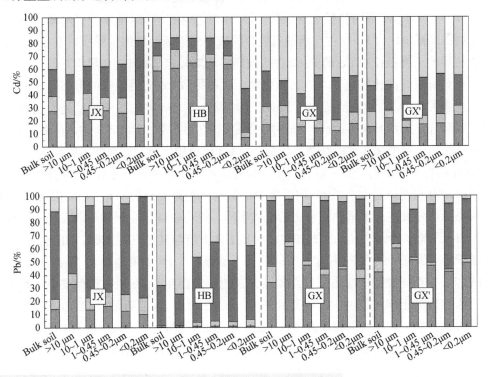

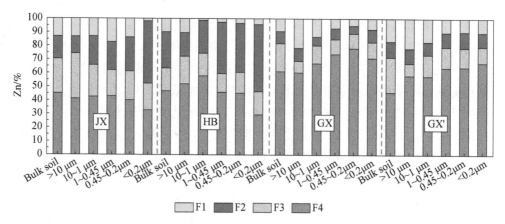

图 5.14 不同粒径土壤颗粒 Cd、Pb 和 Zn 形态分布

HB 土壤中 Cd 主要来源于土壤风化，其全土中 F4 所占比例最高，高达 58.62%；而其他几种受到外源污染的土壤中，全土的 F4 所占比例较低（JX：27.51%，GX：16.85%，GX′：15.04%），F1 所占比例较高（JX：39.83%，GX：41.59%，GX′：53.38%）。不同粒径土壤颗粒相比较，除了 <0.2 μm 土壤颗粒，HB 不同粒径土壤颗粒中 Cd 形态分布与全土形态分布相似，F4 为主要的形态，且随粒径变化很小。而 <0.2 μm 的土壤颗粒中 F1 和 F2 所占比例均很高（分别为 55.21% 和 33.93%），而 F4 所占比例很低（6.86%）。这可能与 <0.2 μm 粒径富集了较高含量的 Cd 有关（EF=122.4）。JX、GX 和 GX′ 三种不同粒径土壤颗粒中 Cd 的 F1 和 F2 均占有较高的比例。先前多数报道均表明受 Cd 污染的土壤中 Cd 往往以较高生物可利用态存在（Li et al.，2007；Liu et al.，2013；Nannoni et al.，2011）。对于 JX 不同粒径土壤颗粒，以 F1 形态存在的 Cd 随着粒径的减小其所占的百分比例逐渐减小，而 F2 所占比例随着粒径的减小而逐渐地增加。同样对于 GX 和 GX′ 土壤小粒径的土壤颗粒中 Cd 的 F1 所占比例同样相对较低，而 F2 含量相对较高。小粒径土壤颗粒具有较高的比较面积及铁锰氧化物，这些导致 Cd 向更稳定的形态转变。尽管小粒径土壤颗粒中 TOC 含量较高，且小粒径土壤颗粒中 OM 的腐殖化程度高，能够提供更多的金属结合位点（Quenea et al.，2009），但是以 F3 形态存在的 Cd 所占比例并没有增加，说明在小粒径土壤中高含量的铁锰氧化物是使 Cd 向更稳定形态转变的主要原因。

Pb 在四种土壤中均受到了较为严重的外源的影响。几种不同粒径土壤颗粒中 Pb 形态最为明显的分布规律是大多数 Pb 均以生物可利用性相对较高的形态 F1 和 F2 形态存在。不同污染源会导致进入土壤的重金属的性质不同，进而影响重金属在不同粒径土壤颗粒中的分配以及形态（Zhang et al.，2013）。对比 HB 土壤与其他三种土壤，HB 土壤中 Pb 主要来源于排入大气中的含 Pb 粉尘，不同粒径土壤颗粒中 Pb 主要是以 F1 和 F2 形态存在，且 F1 和 F2 在不同粒径中所占比例均较高，其他形态存在的 Pb 所占比例很小。而在主要是以污水造成的土壤污染的 JX、GX 和 GX′ 三种土壤中 Pb 主要是以 F2 形态存在，其他形态所占比例很小，这与先前报道一致（Zhang et al.，2013）。XRD 对 HB 不同粒径土壤颗粒矿物组分分析结果表明，HB 土壤中含有较多的方解石（CaCO₃），外源 Pb 与碳酸盐的共沉淀作用可能是导致 HB 土壤中 F1 形态所占比例较高的原因。另外在铅酸蓄电池栅板生产过程中，会对铅块进行粉碎，很多单质 Pb 以粉尘方式沉降到土壤中。修改的 BCR 法中 F1 形态的提取液为乙酸，而乙酸铅为少数 Pb 的可溶盐之一，这可能是 HB 土壤中 Pb 在 F1 中占有较高比例的另一个原因。而 JX、GX 和 GX′ 三种土壤中 Pb 主要来源于矿山开采过程中的污水排放。在 GX 和 GX′ 不同粒径土壤颗粒 XRD 分析中均未发现明显的方解石衍射峰，JX 土壤中其衍射峰较小（三种土壤酸化测定 TOC 的过程中气泡均较少），Pb 与碳酸盐共沉淀的可能性较小。铁锰氧化物对 Pb 具有较强的结合能力（Rodríguez et al., 2009），致使 JX、GX 和 GX′ 三种土壤不同粒径土壤颗粒中 Pb 的 F2 形态所占比例较高。从不同粒径土壤颗粒中 Pb 的分布来看，四种土壤中 Pb 的 F1 比例随着粒径的减小而逐渐减小。但是在 GX 和 GX′ >10 μm 的土壤颗粒中，F1 所占比例同样较低，这与 >10 μm 的土壤颗粒中 GX 和 GX′ 土壤中含有较高 OM 有关。GX 和 GX′ 两种土壤相比较，GX 旱地土壤全土和不同粒径土壤颗粒中，F1 所占比例较湿地 GX′ 中低，而 F2 所占比例相对较高。这是因为 GX′ 水稻田长期处于厌氧状态，氧化还原电位较低，土壤中与铁锰氧化物结合的 Pb 容易释放并以生物可利用态存在；而 GX 土壤长期处于干旱状态，氧化还原电位较高，以生物可利用态存在的 Pb 容易和铁锰氧化物结合（Rodríguez et al., 2009；Zimmerman and Weindorf, 2010）。

HB 土壤中 Zn 未受外源影响，全土中几种不同形态 Zn 所占比例分别为 F1：9.75%、F2：26.73%、F3：16.72% 和 F4：46.80%，F4 所占比例较高。HB 不同粒径土壤颗粒中 Zn 在 F2 中所占比例随着粒径的减小而逐渐增加。JX、GX 和 GX′ 三种土壤中 Zn 含量均受到了外源影响。JX 不同粒径土壤颗粒中不同形态 Zn 所占百分比分别为 F1：1.92%~17.32%；F2：12.48%~45.77%；F3：19.00%~33.07%；F4：32.75%~43.10%。GX 不同粒径土壤颗粒中不同形态 Zn 所占百分比分别为 F1：5.27%~21.68%；F2：5.81%~9.48%；F3：8.54%~12.98%；F4：60.31%~78.08%。GX′ 不同粒径土壤颗粒中不同形态 Zn 所占百分比分别为 F1：9.70%~21.97%；F2：9.47%~11.89%；F3：9.07%~15.71%；F4：57.61%~67.54%。JX、GX 和 GX′ 土壤小粒径土壤颗粒中 Zn 的 F1 所占比例均相对较低。其中 JX 不同粒径土壤颗粒中 Zn 的 F2 所占比例随着粒径的减小而增加。而 GX 和 GX′ 两种土壤不同粒径土壤颗粒中 Zn 的 F4 所占比例随着粒径的减小而逐渐的增加；而 F1 所占比例随着粒径的减小而逐渐减小，其他两种形态（F2 和 F3）所占比例变化不大。GX 和 GX′ 两种土壤中 Zn 在不同粒径土壤颗粒中的形态分布与同样受到外源污染的 JX 土壤中 Zn 形态分布规律并不相同，这可能与不同粒径土壤性质、进入土壤中的外源 Zn 的数量及污染历史有关，需要进一步研究。

5.2.2.5 Cd、Cu、Pb 和 Zn 的形态与理化性质的关系

不同粒径土壤颗粒中重金属含量及形态结果表明，大多数受外源影响较小的重金属在不同粒径土壤颗粒中主要以 F4 形态存在，且形态分布随着粒径的变化规律并不明显。例如，所有土壤中的 Ni、Cr，HB 土壤中的 Cu、Mn 和 Zn。这是因为受外源影响较小的重金属在土壤中主要是被包裹和封闭在硅铝酸盐和氧化物中，很难被生物利用（Rudd et al., 1984）。而受到外源影响较大的重金属在不同粒径中的形态分布有一定规律，但是不同重金属的形态分布规律不同。例如，Cu 和 Zn 在 GX 和 GX′ 土壤中，F4 所占比例随着粒径的减小而逐渐增加；Cd、Pb 在不同粒径土壤颗粒中，F1 所占比例均随着粒径的减小而减小。重金属进入土壤后会发生一系列复杂的变化，其中包括吸附、沉淀、扩散等，并随着时间最终达到一种动态平衡（周世伟，2007）。这一过程可能包括：①金属扩散到矿物和有机质表面微孔中；②吸附于矿物表面的重金属缓慢向土壤矿物晶格内部扩散；③由于铁锰氧化物的沉淀作用等封闭矿物微孔中的重金属进而对重金属进行包裹；④重金属在土壤矿物表面的沉积作用；⑤重金属通过扩散作用进入有机质分子内部，或者受到有机质的包裹，进而与有机质紧密结合（McLaughlin，2001）。而小粒径的土壤颗粒中，OM、Fe 和 Al 含量往往较高，且具有较大的比表面积，这可能导致了外源重金属在小粒径的土壤颗粒中更容易以稳定的形态存在。

为了探讨外源重金属在不同粒径土壤颗粒中形态转化的影响因素，对不同粒径土壤颗粒中外源重金属（Cd、Cu、Pb 和 Zn）的形态百分比与 TOC、Fe 和 Al 的 EF 值做 Pearson 相关分析（表 5.10）。由于 HB 土壤中仅 Pb 明显受到外源影响，且污染源与其他几种土壤不同，因此仅对三种受到污水影响的土壤（JX、GX 和 GX′ 土壤）进行了相关性分析。结果表明 Cd 的 F1 形态所占比例与 TOC、Al 和 Fe 均呈现负相关，且对 TOC 达到了极显著相关水平（$p<0.01$），对 Al 和 Fe 达到了显著水平（$p<0.05$）；Cd 的 F2 形态与 TOC、Al 和 Fe 均呈现正相关，与 TOC 和 Al 的相关性达到极显著相关性（$p<0.01$）。Cu 的 F1 形态所占比例与 Al 达到了显著水平（$p<0.05$），F3 形态与 TOC 呈现显著正相关（$p<0.05$）。Pb 的 F1 和 F4 形态所占百分比与 TOC 和 Fe 均呈显著负相关（$p<0.05$），且部分达到了极显著水平（$p<0.01$）；F2 和 F3 与 TOC 和 Fe 呈现显著正相关（$p<0.05$），部分也达到了极显著水平（$p<0.01$）。另外 Al 与 Pb 的 F2 也呈现出显著正相关（$p<0.05$）。对于 Zn，仅有 F1 与 Al，F2 与 TOC 之间达到了极显著水平（$p<0.01$），其他相关性并不显著。

表 5.10　不同粒径土壤颗粒组分与外源重金属形态所占比例之间的相关性（$n=15$）

	Cd_{F1}	Cd_{F2}	Cd_{F3}	Cd_{F4}	Cu_{F1}	Cu_{F2}	Cu_{F3}	Cu_{F4}
TOC	-0.833**	0.759**	0.179	0.100	-0.269	0.455	0.576*	-0.363
Al	-0.516*	0.674**	0.030	-0.273	-0.660**	-0.056	0.018	0.415
Fe	-0.573*	0.409	0.212	0.234	-0.395	0.121	0.188	0.080
	Pb_{F1}	Pb_{F2}	Pb_{F3}	Pb_{F4}	Zn_{F1}	Zn_{F2}	Zn_{F3}	Zn_{F4}
TOC	-0.669**	0.709**	0.648**	-0.602*	-0.388	0.844**	0.023	-0.470
Al	-0.360	0.555*	0.123	-0.415	-0.821**	0.253	0.029	0.134
Fe	-0.517*	0.645**	0.516*	-0.549*	-0.410	0.347	-0.016	-0.080

* 显著相关 $p<0.05$；** 极显著相关 $p<0.01$。

尽管不同粒径土壤颗粒组分并未与所有外源重金属的 F1 形态所占百分比的相关性均达到显著水平，但是均呈现出负相关性，表明重金属在不同粒径土壤颗粒中 F1 形态所占比例与不同粒径土壤颗粒的组分有重要关系；而 TOC、Fe 和 Al 与几种重金属的 F2 形态所占百分比之间均呈现正相关性，且部分达到显著或者极显著水平（除了 Al 与 Cu 的 F2 形态之间呈现负相关性），说明 TOC、Fe 和 Al 能够使更多地以 F1 形态存在的重金属向 F2 转化。各种重金属的 F3 和 F4 所占比例与几种组分之间呈现相关性的显著水平较低，说明 TOC、Fe 和 Al 对外源重金属向更稳定的形态转变影响相对较小。值得注意的是，Pb 的 F3 和 F4 形态与 TOC 和 Fe 之间的相关性均达到了显著水平，表明外源 Pb 在土壤环境中的形态变化较为复杂，在几种形态之间均有转化，而其他三种重金属进入土壤后，主要是在 F1 和 F2 之间转化。

5.2.3 土壤胶体颗粒对重金属在砂柱中迁移的影响

鉴于土壤胶体能够富集重金属，尤其是小粒径土壤胶体颗粒富集重金属的能力更强，土壤胶体颗粒与重金属的共迁移研究尤为必要。因为 5.1 节中分离得到的白洋淀地区土壤胶体颗粒受到 Pb 非常严重的污染，因此该节选择 JX 土壤胶体颗粒作为研究对象，以示土壤胶体与重金属共迁移的研究方法，揭示土壤胶体对重金属迁移过程的影响。

不同化学条件下不同粒径的胶体-Cd 溶液中胶体颗粒的 Zeta 电位用 Malvern Zetasizer Nano ZS 进行测定。实验所用石英砂为 40~70 目，粒径呈现正态分布，主要分布在 200~1000 μm，平均粒径为 582.6 μm，d_{50} 为 544.85 μm，其粒径分布如图 5.15 所示。其 Zeta 电位在石英砂被磨碎后进行测定。

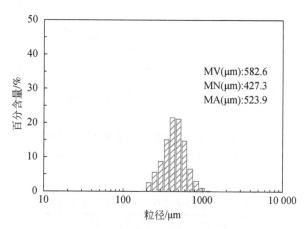

图 5.15 土壤胶体迁移实验中的石英砂粒径分布

注：MV 为体积平均粒径；MN 为数量平均粒径；MA 为面积平均粒径。

为了去除石英砂表面的金属氧化物和杂质，石英砂经过一系列的处理，具体实验方法如下所述（Wang et al.，2012）：

（1）先用自来水冲洗石英砂，并超声 30 min，直至上清液澄清。用去离子水冲洗石英砂，然后将石英砂用 6 mol/L 的 HNO_3 在 80 ℃下浸泡 5 h，浸泡后的石英砂用蒸馏水冲洗至中性。

（2）取约 300 g 酸处理过的石英砂，浸泡在 500 ml 0.2 mol/L 的柠檬酸钠缓冲溶液中。缓冲溶液的二水柠檬酸钠浓度为 44.1 g /L，柠檬酸的浓度为 10.5 g /L。用 2 L 的聚乙烯瓶装石英砂和浸泡液，并在 80 ℃下过夜。

（3）然后将 15 g 的连二亚硫酸钠（不带结晶水）添加到瓶子里，并振荡多次；再用去离子水冲洗石英砂至干净，并在 105 ℃下烘干 24 h。

5.2.3.1　土壤胶体颗粒溶液定量分析

很多研究表明，土壤胶体溶液浓度与吸光度之间有着线性关系（Zhou et al.，2011）。对于不同粒径土壤胶体选取系列浓度，测定其在 350 nm 下的吸光度。10~1 μm 土壤胶体选择的系列浓度为 20 mg/L、50 mg/L、100 mg/L、300 mg/L、500 mg/L 和 1000 mg/L；1~0.45 μm 土壤胶体选择的系列浓度为 20 mg/L、50 mg/L、100 mg/L 和 300 mg/L；0.45~0.2 μm 土壤胶体选择的系列浓度为 10 mg/L、20 mg/L、60 mg/L、100 mg/L、200 mg/L、300 mg/L 和 500 mg/L；<0.2 μm 土壤胶体选择的系列浓度为 32 mg/L、65 mg/L、93 mg/L、104 mg/L、159 mg/L、190 mg/L 和 283 mg/L。吸光度与土壤胶体浓度之间的关系如图 5.16 所示，关系式见表 5.11。

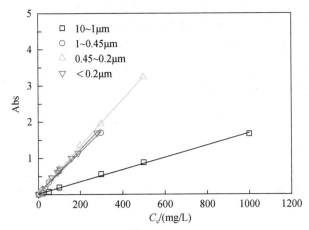

图 5.16　土壤胶体浓度与吸光度之间的关系

注：Abs 为吸光度；C_c 为溶液中土壤胶体浓度。

表 5.11　土壤胶体浓度与吸光度之间关系式

胶体粒径 /μm	胶体浓度与吸光度之间的关系式	R^2
10~1	Abs=0.001 68 × C_c+0.015 63	0.997 5
1~0.45	Abs=0.005 61 × C_c+0.036 58	0.996 5
0.45~0.2	Abs=0.006 44 × C_c+0.025 53	0.999 4
<0.2	Abs=0.005 97 × C_c+0.033 50	0.993 4

从图 5.16 和表 5.11 中可以看到，实验所用的土壤胶体溶液中胶体浓度与吸光度有着很好的线性关系，相关系数 R^2 均在 0.99 以上，因此实验中可以通过测定土壤胶体吸光度计算得到溶液中土壤胶体浓度。

5.2.3.2 土壤胶体-Cd 迁移实验

用处理好的石英砂填装玻璃层析柱，填装长度为 10 cm，内径为 2.5 cm，玻璃层析柱中装满石英砂。石英砂填装采用湿法填装，具体操作为：先添加一定量的去离子水，然后添加一定量的石英砂，保持液面高于石英砂 1 cm 左右，用玻璃棒搅拌，去除石英砂表面吸附的气泡；继续添加去离子水和石英砂，直至填充的石英砂柱达到 10 cm。填装后的石英砂柱孔隙体积（PV）约 22 ml，孔隙率约为 0.45。石英砂两端分别放置两张 200 目的尼龙滤膜，防止石英砂流失。

石英砂柱填装完毕后，先用背景溶液由蠕动泵提供动力，从下向上以 0.52 ml/min 的流速冲 24 h 左右，待流速稳定，且冲出溶液与进入液相同时再冲入实验胶体溶液。背景溶液不含土壤胶体和 Cd，且 pH 和离子强度（I）与对应的实验组相同。石英砂柱流速稳定后，分别将 125 ml 1~10 μm、1~0.45 μm、0.45~0.2 μm 和 <0.2 μm 的胶体-Cd 溶液（胶体浓度为 300 mg/L，Cd 浓度为 1 mg/L，配置好的胶体-Cd 溶液搅拌稳定 12 h 后使用）以速度 0.52 ml/min 左右的流速淋溶到石英砂柱中，用部分收集器收集淋溶液，每 10 ml 接 1 个样。淋溶实验中，胶体-Cd 溶液一直用磁力搅拌器进行搅拌，防止胶体凝聚。待胶体和 Cd 溶液冲完毕后，直接冲入相应背景溶液 400 ml（最终实验淋出液 Abs 基本为 0，Cd 的 C/C_0 较低）。实验完毕后，每个样品在 350 nm 下测定吸光度，计算土壤胶体浓度。每个样品取 5 ml 并添加 0.5 ml 的浓 HNO_3，混匀后静止 30 min，然后以 5000 r/min 速度离心 30 min 分离土壤胶体，上清液用 ICP-AES 测定 Cd 含量，为淋出液中 Cd 的总量（C_t）。剩余样品在 5000 r/min 下离心 30 min，分离土壤胶体，然后上清液用浓 HNO_3 酸化后测定 Cd 含量为淋出液真溶态中 Cd 含量（C_e）；其中 <0.2 μm 土壤颗粒实验组，用 3 kD 的超滤膜进行胶体和溶液的分离。C_t 与 C_e 之差为淋出液中吸附在土壤胶体上的 Cd（C_c）。

为了检验 5 ml 溶液中添加 0.5 ml 浓 HNO_3 对吸附在土壤胶体上 Cd 的解吸效率，取不同粒径的土壤胶体与 Cd 的混合液 5 ml（实验前胶体-Cd 混合液配制后静止 12 h，土壤胶体浓度为 300 mg/L，Cd 浓度为 1 mg/L），添加 0.5 ml 的浓 HNO_3，静置 30 min 后以 5000 r/min 速度离心 30 min 分离土壤胶体，测定上清液中 Cd 含量。其中 <0.2 μm 土壤颗粒实验组，用 3 kD 的超滤膜进行胶体和溶液的分离。浓 HNO_3 对不同粒径土壤胶体与 Cd 的混合液 Cd 的解吸效率见表 5.12。从表 5.12 中可知，浓 HNO_3 对不同粒径—Cd 混合液中 Cd 的解吸效率较高（>97.0%），说明该方法基本上能够将土壤胶体-Cd 混合液中的 Cd 解吸出来。

表 5.12 浓 HNO_3 对土壤胶体-Cd 混合溶液中 Cd 的解吸效率　　　　　（单位：%）

	10~1 μm	1~0.45 μm	0.45~0.2 μm	<0.2 μm
回收率	99.2	98.1	101.3	97.0
标准偏差	0.4	0.5	2.8	1.9

不同 pH 和离子强度（I）对土壤胶体-Cd 迁移影响的实验中，实验胶体-Cd 的溶液用 0.1 mol/L 的 HCl 和 NaOH 调节 pH 为 4、6 和 8，其中 I 为 0.01 mol/L 的 NaCl；不同 I 对土壤胶体-Cd

迁移影响的实验中，实验胶体 -Cd 溶液的 pH 用 0.1 mol/L 的 HCl 和 NaOH 调节到 6，I 分别为 0.01 mol/L、0.05 mol/L 和 0.1 mol/L 的 NaCl。背景溶液除不含胶体和 Cd 外，其他条件与其对应组相同。

淋溶实验完毕后，将石英砂柱分层，每 2 cm 为一层，取的石英砂加 20 ml 去离子水（胶体含量较多的石英砂进行适当稀释），室温下振荡 30 min 后在 350 nm 下测定胶体溶液的吸光度，并根据吸光度与质量浓度之间的关系计算残留在石英砂中胶体的含量。

为了求得胶体 -Cd 溶液穿透过程中的弥散系数（D，cm^2/h），将 Br$^-$ 作为示踪溶剂做砂柱的穿透曲线。冲入 45 ml（约 2 PV）的 8 mg/L 的 Br$^-$，每 5 ml 接一样，淋出液中的 Br 用离子色谱进行测定。Br 的穿透曲线用 CXTFIT 2.1 进行拟合。

5.2.3.3 模型与数据分析

碰撞效率计算：碰撞效率是指胶体与石英砂之间的碰撞并附着在上面的效率（collision efficiency，α）（Harvey and Garabedian，1991；Tufenkji and Elimelech，2004；Wang et al.，2012）。胶体在单捕获体上的碰撞效率（single-collector）计算公式为

$$\alpha = \frac{4\,k_d\,a_c}{3(1-\varepsilon)\,v_p\,\eta_0} \tag{5.7}$$

式中，a_c 为捕获体（石英砂）的半径（m）；ε 为柱子孔隙率；k_d 为胶体沉积速率系数（deposition rate coefficient，1/s），η_0 为单捕获器的捕获效率（single collector efficiency），其中 k_d 和 η_0 分别用式（3.11）进行计算：

$$k_d = \frac{v_p}{L}\ln\left(\frac{C_0}{C}\right) \tag{5.8}$$

$$\eta_0 = 2.4\,A_S^{1/3}\,N_R^{-0.081}\,N_{Pe}^{-0.715}\,N_{vdW}^{0.052} + 0.55\,A_S\,N_R^{1.55}\,N_{Pe}^{-0.125}\,N_{vdW}^{0.125} + 0.22\,N_R^{-0.24}\,N_G^{1.11}\,N_{vdW}^{-0.053}$$

$$\tag{5.9}$$

式中，v_p 为孔隙速率（m/s）；L 为柱长（m）；C_0 为输入胶体颗粒的浓度（g/L）；C 为淋出液中胶体浓度（g/L）。这里的 C/C_0 用胶体的回收率的倒数进行表示（Zhou et al.，2011）。A_S 为取决于孔隙度的参数；N_R 为长宽比；N_{Pe} 为 Peclet 数（peclet number）；N_{vdW} 为范德华常数（van der Waals number）；N_G 为重力常数（gravitational number）。

N_{Pe}、N_R、N_{vdW}、N_G、A_S、γ 分别按照下列公式进行计算（Tufenkji and Elimelech，2004）：

$$N_{Pe} = \frac{v_p}{D} \tag{5.10}$$

$$N_R = \frac{d_p}{d_c} \tag{5.11}$$

$$N_{vdW} = \frac{A}{kT} \tag{5.12}$$

$$N_G = \frac{2 \, a_p^2 (\rho_P - \rho_f) g}{9 \mu \, v_P} \tag{5.13}$$

$$A_S = \frac{2(1 - \gamma^5)}{2 - 3\gamma + 3\gamma^5 - 2\gamma^6} \tag{5.14}$$

$$\gamma = (1 - f)^{\frac{1}{3}} \tag{5.15}$$

式中，D 为弥散系数（cm^2/h）；f 为孔隙度；ρ_P 为胶体颗粒的密度（g/m^3）；ρ_f 为水的密度（$1 \times 10^6 \, g/m^3$）；g 为重力加速度（$9.8 \, m/s^2$），μ 为水的黏度（$N \cdot s/m^2$）；d_P 和 d_C 分别为胶体和介质的直径；A 为 Hamaker 数（Hamaker number，J）；k 为玻尔兹曼常数（Bolzmann constant，J/s）；T 为绝对温度（K）。计算所用的常数见表 5.13。

表 5.13　用来计算捕获效率、碰撞效率和胶体与石英砂之间能量的参数

参数	数值	参数	数值
孔隙率（f）	0.448	Hamaker 数（A, J）	1×10^{-20}
柱长（L, cm）	10	玻尔兹曼常数（k, J/s^1）	1.38×10^{-23}
C_0（mg/L）	300	绝对温度（T, K）	298
石英砂直径（d_C, μm）	582.60	电介质的特征波长（λ, nm）	100
胶体密度（ρ_P, g/m^3）	2.65	阿伏伽德罗常数（N_A）	6.02×10^{23}
水的密度（ρ_f, g/m^3）	1.00	电子电荷（e, C）	1.602×10^{-19}
重力加速度（g, m/s^2）	9.8	真空介电常数（ε_0, F/m）	8.85×10^{-12}
水的黏度（μ, N·s/m^2）	0.8937×10^{-3}	水的相对介电常数（ε_r, F/m）	78.36

DLVO 模型计算：DLVO 模型常用来计算胶体颗粒之间以及胶体颗粒与介质之间的相互作用，进而揭示胶体在石英砂柱中的迁移过程。胶体之间的相互作用能为双电层静电斥力（Φ_{el}，J）和范德华引力（Φ_{vdW}，J）之和：

$$\Phi_{DLVO} = \Phi_{el} + \Phi_{vdW} \tag{5.16}$$

胶体颗粒之间的 Φ_{el} 计算根据式（5.17）进行计算（Hogg et al., 1966）：

$$\Phi_{el} = \frac{\pi \varepsilon_0 \, \varepsilon_r \, a_P \, \psi_P^2}{2} \left[\ln\left(\frac{1 + e^{-\kappa h}}{1 - e^{-\kappa h}} \right) + \ln(1 - e^{-2\kappa h}) \right] \tag{5.17}$$

式中，ε_0 为真空中的介电常数（F/m）；ε_r 为水中的介电常数（F/m）；a_P 为胶体半径（m）；κ 为双电层厚度的倒数（debye length 的倒数）（1/m）；h 为胶体颗粒与捕获器表面之间的距离（m）；ψ_P 为胶体的电位，通常用所测定的 Zeta 电位常常用来替换其表面电位用来进行计算；其中 κ 根据式（5.18）进行计算：

$$\kappa = \left(\frac{2000 N_A \, e^2 I}{\varepsilon_r k T} \right)^{\frac{1}{2}} \tag{5.18}$$

式中，I 为离子强度（mol/L）；N_A 为阿伏伽德罗常数，为 6.02×10^{23}；e 为电子电荷，$e=1.602 \times 10^{-19}$ C；T 为绝对温度（K）。

胶体之间的 Φ_{vdW} 根据式（5.19）进行计算（Gregory，1981）：

$$\Phi_{vdW} = -\frac{A\,a_P}{12h}\left[1 - \frac{bh}{\lambda}\ln\left(1 + \frac{\lambda}{bh}\right)\right] \tag{5.19}$$

式中，b 为常数为 5.32；λ 为电介质的特征波长，通常设定为 100 nm；h 为胶体与介质或胶体与胶体之间的分离距离（m）；a_p 为胶体颗粒的半径（a_p=dc/2）。

胶体颗粒和捕获器（collector）被认为是球—面作用，DLVO 势能计算如下（Gregory，1981；Hogg et al.，1966；Sharma et al.，2011）：

$$\Phi_{DLVO} = \Phi_{el} + \Phi_{vdW} \tag{5.20}$$

$$\Phi_{el} = \pi\,\varepsilon_0\,\varepsilon_r\,a_p\left[2\,\psi_p\,\psi_c\ln\left(\frac{1 + e^{-\kappa h}}{1 - e^{-\kappa h}}\right) + (\psi_c^2 + \psi_P^2)\ln(1 - e^{-2\kappa h})\right] \tag{5.21}$$

$$\Phi_{vdW} = -\frac{A\,a_P}{6h}\left(1 + \frac{14h}{\lambda}\right)^{-1} \tag{5.22}$$

式中，ψ_c 为捕获器表面的电位，用所测定的 Zeta 电位来代替。

1）土壤胶体 -Cd 溶液中土壤胶体的带电量

不同化学条件下不同粒径土壤胶体颗粒和石英砂的 Zeta 电位如图 5.17 所示。不同粒径的土壤胶体颗粒和石英砂的 Zeta 电位均为负值，表明胶体颗粒之间，以及胶体颗粒与石英砂之间存在着较强的电荷斥力。不同粒径的土壤胶体颗粒和石英砂的 Zeta 电位均随着 pH 的增加及 I 的减小而减小。当 pH=4 时石英砂的 Zeta 电位为 -31.3 mV，随着 pH 的增加，其降低到 -54.7 mV；而在 0.01 mol/L 的 NaCl 溶液中其 Zeta 电位为 -47.4 mV，而在 0.1 mol/L 的 NaCl 中其 Zeta 电位为 -31.4 mV。几种不同粒径的土壤胶体颗粒的 Zeta 电位随着 pH 和 I 的变化而变化的程度较石英砂小，其 Zeta 电位在 -20.3 mV 和 -36.8 mV 之间变化。pH 的增加，导致了土壤胶体表面的 H^+ 被中和，进而增加了表面负电荷（Bradford et al.，2002）；而溶液 I 的增加，压缩了胶体表面的双电层，进而导致了其 Zeta 电位的增加（Hunter，2001；Zhou et al.，2011）。该研究结果与前人研究结果一致（Zhou et al.，2011）。

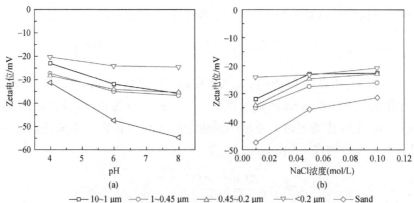

图 5.17　不同粒径土壤胶体颗粒和石英砂在不同 pH 和 I 条件下的 Zeta 电位

不同粒径土壤颗粒的带电量与其组分有重要关系。研究表明铁铝氧化物达到零点电荷的 pH 较高，一般环境 pH 情况下带正点，而 OM（腐殖酸等）可以使胶体颗粒带有更多的负电荷（Bradford et al.，2013a；Wang et al.，2014）。不同粒径土壤胶体颗粒相比较，<0.2 μm 的土壤颗粒的 Zeta 电位受到溶液 pH 和 I 的影响相对较小，而其他几种土壤颗粒的 Zeta 电位受到溶液化学条件影响相对较大。这可能是因为 <0.2 μm 的土壤颗粒中 OM 和铁铝氧化物含量均较高，且粒径小胶体表面带电量异质性较强，导致 <0.2 μm 的土壤颗粒的 Zeta 电位对化学条件变化具有较强的缓冲能力。

2）pH 和离子强度对不同粒径土壤胶体颗粒迁移的影响

为了求得胶体颗粒在砂柱中的 D，用 Br^- 作为示踪剂做穿透实验，并用 CXTFIT 2.1 中对流扩散（Advection-dispersion equation，ADE）模型对 Br 在砂柱中的穿透曲线进行拟合，拟合结果如图 5.18 和表 5.14 所示。

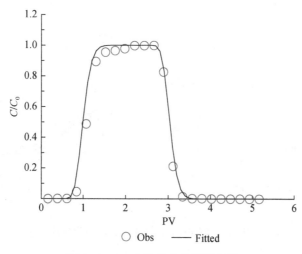

图 5.18　Br^- 在砂柱中的穿透曲线

表 5.14　Br^- 穿透曲线拟合参数

L/cm	$V/(\mathrm{cm/h})$	阻滞因子（R）	$D/(\mathrm{cm^2/h})$	R^2	均方差（MSE）
10	14.18	1	0.1668	0.983	0.00 339

拟合结果表明 ADE 模型能够对 Br^- 穿透曲线进行较好的拟合，R^2 和均方差 MSE 分别为 0.983 和 0.00 339。Br^- 穿透曲线左右基本对称，也未出现拖尾现象。溶质在实验砂柱中的 D 拟合结果为 0.1668 $\mathrm{cm^2/h}$，并应用到 η^0 的计算中。

pH 和 I 对不同粒径土壤胶体在砂柱中的穿透曲线如图 5.19 和图 5.20 所示。由于在 pH=4，0.01 mol/L NaCl 条件下，10~1 μm、0.45~0.2 μm 和 <0.2 μm 三种粒径土壤胶体颗粒砂柱迁移实验及 0.05 mol/L 和 0.1 mol/L NaCl 条件下，10~1 μm 的砂柱迁移实验，淋出液中所测吸光度接近 0，认为在该条件下胶体淋出量为零，因此并未在图 5.19 和图 5.20 中标出。

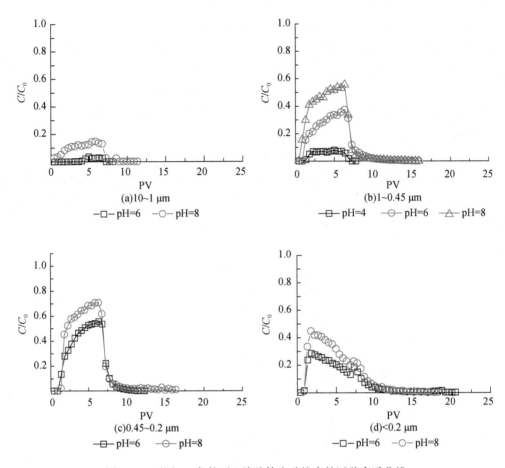

图 5.19   不同 pH 条件下土壤胶体在砂柱中的迁移穿透曲线

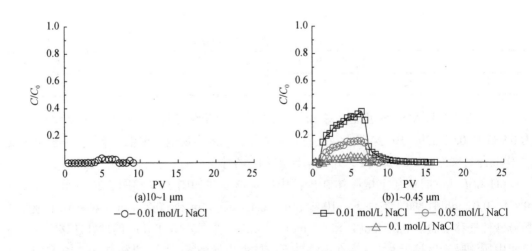

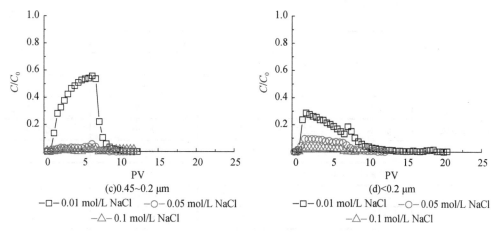

图 5.20　不同 I 条件下土壤胶体在砂柱中的迁移穿透曲线

pH 的增加可以增加胶体颗粒和石英砂上负电荷电量，进而增加胶体颗粒之间，以及胶体颗粒和介质之间的斥力，促进其在多孔介质中的迁移；而溶液 I 的增加可以压缩胶体表面的双电层，进而造成胶体颗粒团聚，降低胶体颗粒的迁移能力（Churchman et al.，1993；Hunter，2001；Zhou et al.；2011）。对于所研究的几种不同粒径的土壤颗粒来说，其穿透曲线的峰均随着 pH 的升高而增加，随着 I 的增加而降低。除了 1~0.45 μm 的土壤颗粒在 pH=4 的条件下淋溶液中有胶体颗粒淋出，其中几种粒径土壤颗粒在 pH=4 条件下均未有胶体淋出；另外在高 I 实验组，10~1 μm 土壤颗粒未穿透石英砂柱。不同粒径土壤颗粒在不同化学条件下的回收率见表 5.15。对于 10~1 μm 的土壤颗粒来说，在 pH=6，0.01 mol/L NaCl 和 pH=8，0.01 mol/L NaCl 条件下的淋出液的胶体回收率分别为 1.37% 和 12.72%；1~0.45 μm 的土壤颗粒在 pH=4，0.01 mol/L NaCl、pH=6，0.01 mol/L NaCl、pH=8，0.01 mol/L NaCl、pH=6，0.05 mol/L NaCl 和 pH=6，0.1 mol/L NaCl 的情况下其淋出液的回收率分别为 6.20%、33.05%、50.24%、12.95% 和 2.25%；对于 0.45~0.2 μm 的土壤胶体颗粒淋出液回收率分别为 49.28%（pH=6，0.01 mol/L NaCl）、65.07%（pH=8，0.01 mol/L NaCl）、3.42（pH=6，0.05 mol/L NaCl）和 1.76%（pH=6，0.1 mol/L NaCl）；而 <0.2 μm 的土壤胶体淋出液回收率分别为 29.75%（pH=6，0.01 mol/L NaCl）、44.08%（pH=8，0.01 mol/L NaCl）、9.65%（pH=6，0.05 mol/L NaCl）和 2.79%（pH=6，0.1 mol/L NaCl）。

表 5.15　胶体和 Cd 在砂柱迁移的回收率和淋出液中胶体结合态 Cd 的百分比

（单位：%）

实验组		淋溶液回收率		$Cd_{colloid}/Cd_{total}$
		胶体	Cd	
10~1 μm+Cd	pH=4	0.00	112.65	—
	pH=6	1.37	75.46	1.16
	pH=8	12.72	69.44	0.77
	0.05 mol/L NaCl	0.00	104.86	—
	0.1 mol/L NaCl	0.00	105.72	—

续表

实验组		淋溶液回收率		$Cd_{colloid}/Cd_{total}$
		胶体	Cd	
1~0.45 μm+Cd	pH=4	6.20	106.01	1.42
	pH=6	33.05	83.26	9.10
	pH=8	50.24	77.40	20.64
	0.05mol/L NaCl	12.95	86.61	5.84
	0.1 mol/L NaCl	2.25	95.67	3.94
0.45~0.2 μm+Cd	pH=4	0.00	101.02	—
	pH=6	49.28	89.51	11.49
	pH=8	65.07	80.34	19.89
	0.05mol/L NaCl	3.42	93.70	0.06
	0.1 mol/L NaCl	1.76	92.80	0.52
<0.2 μm+Cd	pH=4	0.00	103.87	—
	pH=6	29.75	72.36	16.45
	pH=8	44.08	69.43	32.27
	0.05mol/L NaCl	9.65	83.27	3.03
	0.1 mol/L NaCl	2.79	94.32	7.84
Cd	pH=4	—	110.1	—
	pH=6	—	97.2	—
	pH=8	—	97.1	—
	0.05mol/L NaCl	—	103.2	—
	0.1 mol/L NaCl	—	98.9	—

不同粒径胶体颗粒在石英砂柱中表现出了不同的迁移能力。从同一实验条件下淋溶液中胶体的回收率来看，不同粒径土壤颗粒在石英砂中的迁移能力大小为 0.45~0.2 μm ≈ 1~0.45 μm >（< 0.2 μm）>10~1 μm。其迁移能力不仅与其粒径大小有关，还与其表面所带负电荷数量有关。不同粒径的土壤颗粒和石英砂表面的 Zeta 电位随着溶液 pH 和 I 的变化揭示了不同粒径土壤颗粒与石英砂之间的相互作用。如图 5.17 所示，pH 的增加，I 的减小导致石英砂以及不同粒径土壤胶体颗粒的 Zeta 电位的绝对值均有所增加。胶体颗粒与石英砂表面之间的 DLVO 计算可以更进一步说明 pH 和 I 对胶体与石英砂之间作用力的影响（图 5.21、表 5.16）。胶体与石英砂发生不可逆的吸附作用需要克服 $\varphi_{max}+|\varphi_{min2}|$ 的能量壁垒。胶体与石英砂之间 DLVO 势能计算结果表示，几种胶体的 φ_{max} 均随着 pH 的升高而增加，随着 I 的增加而减小。10~1 μm 的土壤颗粒的 φ_{max} 从 571.0 $\kappa_b T_k$（pH=4）增加到 2069.7 $\kappa_b T_k$（pH=8），而在 pH=6 条件下，NaCl 浓度增加到 0.1 mol/L 时 φ_{max} 降低为 110.2 $\kappa_b T_k$；1~0.45 μm 的土壤颗粒在 pH=4 时胶体与石英砂之间的 φ_{max} 为 272.2 $\kappa_b T_k$，当 pH 升至 8 时，其 φ_{max} 为 779.9 $\kappa_b T_k$，当 NaCl 浓度为 0.1 mol/L 时 $\kappa_b T_k$ 为 74.1 $\kappa_b T_k$；当 pH

从 4 升到 8 时，0.45~0.2 μm 和 <0.2 μm 的土壤胶体与石英砂之间的 φ_{max} 分别从 199.4 $\kappa_b T_k$ 增加到 511.1 $\kappa_b T_k$ 和 44.9 $\kappa_b T_k$ 增加到 104.8 $\kappa_b T_k$。同样在 0.1 mol/L NaCl 高 I 下，0.45~0.2 μm 和 <0.2 μm 的土壤胶体与石英砂之间的 φ_{max} 分别降低到 29.6 $\kappa_b T_k$ 和 6.8 $\kappa_b T_k$。因为胶体颗粒和石英砂发生不可逆吸附需要克服势能 $\varphi_{max}+|\varphi_{min2}|$，pH 的升高和 I 的降低意味着胶体颗粒和石英砂发生不可逆吸附需要克服的势能壁垒的增加，进而增加了胶体的穿透能力。另外胶体与石英砂的距离导致势能为 0 时（h 处于 φ_{max} 与 φ_{min2} 之间）也可以发生吸附，此时吸附主要是以可逆吸附为主（Johnson and Li，2005；Tufenkji and Elimelech，2005）。<0.2 μm 的土壤颗粒的穿透曲线有明显的拖尾线现象，说明部分胶体与石英砂之间发生了可逆吸附，部分 <0.2 μm 的胶体解吸是穿透曲线出现拖尾现象的主要原因。

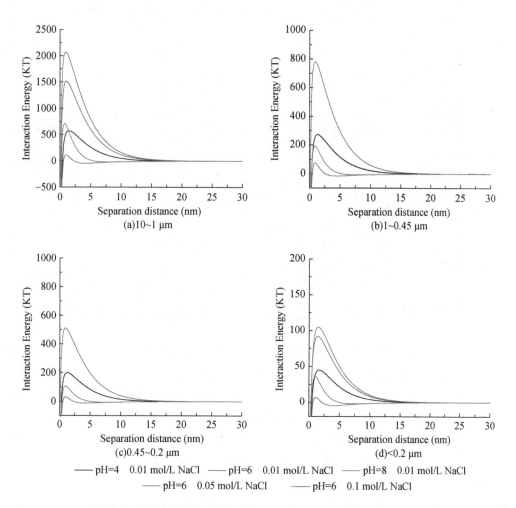

图 5.21　不同粒径土壤胶体和石英砂表面之间的 DLVO 相互作用能

表 5.16 DLVO 能量壁垒、第二最小势能以及胶体去除效率和碰撞效率

实验组		η_0	α	胶体－石英砂				胶体－胶体			
				φ_{max} ($\kappa_b T_k$)	Distance/nm	φ_{min2} ($\kappa_b T_k$)	Distance/nm	φ_{max} ($\kappa_b T_k$)	Distance/nm	φ_{min2} ($\kappa_b T_k$)	Distance/nm
10~1 μm	pH=4	0.101	1.000	571.0	1.5	-4.0	22.0	71.11	0.4	-3.35	16.6
	pH=6	0.101	0.300	1513.3	1.1	-3.2	25.4	544.47	0.6	-2.63	20
	pH=8	0.101	0.144	2069.7	1.0	-3.0	26.5	789.97	0.5	-2.44	21.2
	0.05mol/L NaCl	0.101	1.000	713.0	0.8	-20.2	8.2	6.65	1.2	-19.95	4.3
	0.1 mol/L NaCl	0.101	1.000	110.2	1.0	-49.1	4.2	—	—	—	—
1~0.45 μm	pH=4	0.108	0.181	272.2	1.2	-1.4	22.8	116.12	0.8	-1.06	18.5
	pH=6	0.108	0.072	636.3	1.0	-1.1	25.9	115.73	1.3	-3.61	15.7
	pH=8	0.108	0.045	779.9	0.9	-1.1	26.7	307.07	0.5	-0.87	21.4
	0.05mol/L NaCl	0.108	0.133	192.1	0.9	-7.7	7.1	—	—	—	—
	0.1 mol/L NaCl	0.108	0.247	74.1	0.9	-16.7	4.5	—	—	—	—
0.45~0.2 μm	pH=4	0.111	1.000	199.4	1.3	-0.9	23.0	91.99	0.8	-0.72	18.8
	pH=6	0.111	0.045	424.6	1.0	-0.8	25.7	37.55	1.9	-4.42	13.1
	pH=8	0.111	0.027	511.1	1.0	-0.8	26.5	192.12	0.5	-0.62	21.1
	0.05mol/L NaCl	0.111	0.214	105.5	1.0	-5.6	7.6	9.37	1	-4.57	4.9
	0.1 mol/L NaCl	0.111	0.256	29.6	1.0	-12.3	4.2	—	—	—	—
<0.2 μm	pH=4	0.121	1.000	44.9	1.7	-0.4	21.4	9.61	1.4	-0.37	15.2
	pH=6	0.120	0.071	91.6	1.5	-0.3	24.2	20.06	1	-0.32	17.1
	pH=8	0.120	0.048	104.8	1.5	-0.3	24.9	21.73	1	-0.31	17.4
	0.05mol/L NaCl	0.120	0.137	35.8	1.0	-2.2	7.4	1.25	1.2	-1.93	4.5
	0.1 mol/L NaCl	0.120	0.210	6.8	1.1	-5.0	4.0	—	—	—	—

尽管几种粒径土壤胶体与石英砂之间的能量壁垒大小随着粒径的减小而减小，似乎应该出现小粒径的土壤颗粒更容易被石英砂吸附，这与实验结果并不一致。这可能是因为其他原因造成的。胶体颗粒残留于多孔介质是多个过程综合作用的结果。一种作用是土壤胶体在石英砂表面的附着（attachment），用经典的滤除理论（filtration theory）来进行解释；另一种作用是石英砂对土壤胶体的截留作用（straining），指的胶体颗粒的大小与多孔介质孔径大小接近或者略大时被多孔介质截留，进而导致胶体残留于多孔介质中（Bradford and Torkzaban，2008；McDowell-Boyer et al.，1986）；另外胶体在多孔介质迁移过程中可能会发生"ripening"现象，也就是导致胶体在多孔介质中的残留呈现超指数分布（Bradford et al.，2013a）。根据经典的滤除理论（filtration theory）不同粒径胶体颗粒在多孔介质中的迁移模拟计算，其单捕获体的捕获效率（η_0）随着粒径的变化呈现"U"字形，其最低处位于 1 μm 左右（McDowell-Boyer et al.，1986；Tufenkji and Elimelech，2004；Yao et al.，1971）。其作用主要分为多孔介质对胶体的拦截作用（interception）、胶体在多孔介

质表面的沉积作用（sedimention）和胶体在多孔介质表面的扩散作用（diffusion）（Tufenkji and Elimelech，2004；Yao et al.，1971）。根据滤除理论所计算出的不同粒径土壤颗粒的 η_0 见表 5.16。不同化学条件对 η_0 没有影响，其只与胶体粒径有关，几种不同粒径的 η_0 从小到大依次为 10~1 μm（0.101）、1~0.45 μm（0.108）、0.45~0.2 μm（0.111）、<0.2 μm（0.120）（表 5.16）。而不同粒径土壤颗粒与石英砂之间的碰撞效率（α）均随着 pH 的增加而逐渐减小，而 10~1 μm 的土壤颗粒的 α 较其他不同粒径土壤颗粒高（表 5.16），这说明 10~1 μm 土壤颗粒在砂柱迁移过程中出现了截留，这导致胶体在砂柱表层累积。Bradford 等（2003）研究了截留与胶体粒径和多孔介质粒径之间的关系，发现截留作用随着胶体粒径的增加而增加，随着多孔介质粒径的增加而减小。Bradford 等（2002）研究发现当 d_P/d_C 大于 0.0017 时（10~1 μm 的 d_P/d_C 为 0.0040），胶体在砂柱中迁移更容易发生截留作用。

截留作用似乎并不能完全说明土壤颗粒穿透石英砂的实验结果。1~0.45 μm、0.45~0.2 μm 以及 <0.2 μm 的 d_P/d_C 分别为 0.001 45、0.001 0 和 0.000 40，均小于发生截留作用的临界值（0.001 7），且对于 10~1 μm、1~0.45 μm 和 0.45~0.2 μm 土壤颗粒，在低 pH 和高 I 下，石英砂中胶体残留量随着深度也表现出了超指数的分布（图 5.22）。而对于 <0.2 μm 的土壤颗粒来说在所有实验条件下胶体在石英砂中的参与量均呈现了超指数分布。说明不同粒径的土壤颗粒在石英砂穿透过程中出现了"ripening"现象。

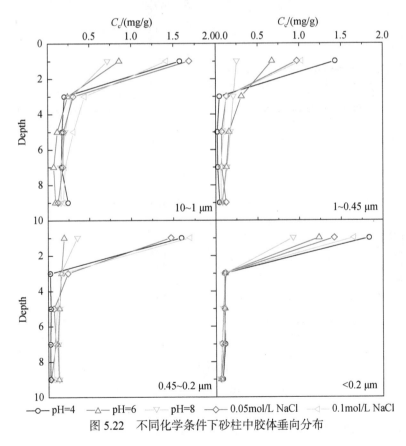

图 5.22 不同化学条件下砂柱中胶体垂向分布

值得注意的是 <0.2 μm 的土壤颗粒穿透曲线线型与其他几种粒径土壤颗粒穿透曲线不同，在 2 PV 左右达到最大值，然后减小，且在 7 PV 左右出现了一个小峰（图 5.19 和图 5.20）。在 7 PV 出现的小峰可能是因为在提取的 <0.2 μm 的胶体溶液中包含土壤中的盐分，导致所提取的 <0.2 μm 的溶液具有较其他组分略高的 I。当 <0.2 μm 胶体溶液淋溶完毕后换成背景溶液，由于背景溶液的 I 略低于 <0.2 μm 的胶体溶液，导致部分胶体在切换溶液后淋出。有研究表明只有在较高 I 下，胶体穿透多孔介质才会出现 "ripening" 现象（Camesano et al.，1999；Jiang et al.，2012；方婧和余博阳，2013）。但是对于较低的 I，<0.2 μm 土壤颗粒在砂柱中的残留依然呈现超指数分布，这与胶体团聚有关。当胶体颗粒发生团聚，会导致 "ripening" 现象。胶体在多孔介质迁移过程中的团聚过程是指胶体吸附于石英砂表面后，之后的胶体颗粒吸附在之前的胶体颗粒上。胶体团聚会进一步造成胶体在石英砂表层沉积。为了进一步研究实验土壤颗粒在迁移过程中团聚，计算胶体颗粒之间的 DLVO 势能。计算过程假设胶体为标准球形，且粒径大小均一。胶体之间的距离与相互作用势能之间的关系和参数计算结果如图 5.23 和表 5.16 所示。

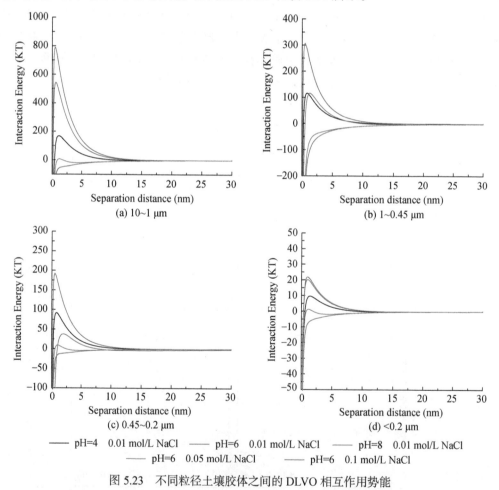

图 5.23　不同粒径土壤胶体之间的 DLVO 相互作用势能

从图 5.23 可知胶体颗粒之间的能量壁垒远小于胶体颗粒与石英砂之间的能量壁垒。

当胶体吸附于石英砂表面后，由于胶体之间的能量壁垒明显低于石英砂与胶体之间的能量壁垒，后面的胶体更容易被吸附，进而导致胶体残留加剧。值得注意的是 10~1 μm 土壤颗粒在 pH=6，0.1 mol/L NaCl、1~0.45 μm 土壤颗粒在 pH=6，0.05 mol/L NaCl 和 0.1 mol/L NaCl、0.45~0.2 μm 土壤颗粒在 pH=6，0.1 mol/L NaCl 和 <0.2 μm 土壤颗粒在 pH=6，0.1 mol/L NaCl 条件下呈现负值，以范德华引力为主，胶体溶液呈现不稳定性，更容易发生团聚。从不同的化学条件来看，胶体颗粒之间的 φ_{max} 也呈现随着 pH 的增加而增加，随着 I 强度的增加而减小的趋势，说明低 pH 和高 I 导致颗粒之间需要克服的能量壁垒降低，利于胶体颗粒团聚。而对于不同粒径土壤颗粒之间的 φ_{max} 随着粒径的减小而减小，表明小粒径的土壤颗粒更容易发生团聚，进而导致其迁移过程中发生"ripening"现象。Sharma 等（2011）在研究可变电荷胶体在多孔介质中的迁移时也得到类似结果。

不同粒径土壤颗粒被石英砂截留作用分析表明，大粒径的土壤颗粒穿透石英砂更多是截留作用，而小粒径的土壤颗粒由于团聚作用导致产生"ripening"现象，更多的团聚在胶体入口处的石英砂表面。

3）不同 pH 和离子强度条件下不同粒径土壤胶体颗粒对 Cd 迁移的影响

不同粒径土壤颗粒对 Cd 在石英砂中迁移的影响如图 5.24 所示。在没有土壤颗粒存在的情况下，淋溶液中 Cd 的穿透曲线很快达到了最高值，其在各种化学条件下淋出液的回收率在 97.1%~110.1%（表 5.15），表现出了较高的回收率，这是因为大量背景溶液长时间的淋溶导致少量的吸附在石英砂表面上的 Cd 大部分发生了解吸。值得注意的是没有土壤颗粒存在，pH=8 条件下 Cd 的穿透曲线呈现不对称现象，而其他几组穿透曲线对称性较好，说明在 pH=8 的情况下，石英砂对 Cd 迁移有一定的抑制作用。石英砂的零点电荷 pH 为 2.0±0.3，表面带有部分负电荷，且其表面的负电荷带电量随着 pH 的增加而增加，也会表现出对重金属的一定的吸附能力（Kosmulski，2011）。

土壤胶体对重金属等污染迁移能力的影响取决于其对污染物的吸附能力以及土壤胶体本身的迁移能力（Wang et al.，2012）。从不同化学条件下不同粒径土壤颗粒对 Cd 迁移的影响来看，所有实验组 Cd 的穿透总量（C_t）随着 pH 的增加而降低，随着 I 强度的增加而增加。10~1 μm 土壤颗粒与 Cd 共迁移实验组，pH=4，0.01 mol/L NaCl、pH=6，0.01 mol/L NaCl、pH=8，0.01 mol/L NaCl、pH=6，0.05 mol/L NaCl 和 pH=6 0.1 mol/L NaCl 条件下，淋溶液中 Cd 总量的回收率分别为 112.65%、75.46%、69.44%、104.86% 和 105.72%。1~0.45 μm 土壤颗粒对 Cd 迁移影响实验组，淋出液中 Cd 的回收率分别为 106.01%（pH=4，0.01 mol/L NaCl）、83.26%（pH=6，0.01 mol/L NaCl）、77.40%（pH=8，0.01 mol/L NaCl）、86.61%（pH=5 0.05 mol/L NaCl）和 95.67%（pH=6，0.1 mol/L NaCl）。0.45~0.2 μm 实验组，淋溶液中 Cd 的回收率分别为 101.02%（pH=4，0.01 mol/L NaCl）、89.51%（pH=6，0.01 mol/L NaCl）、80.34%（pH=8，0.01 mol/L NaCl）、93.70%（pH=5，0.05 mol/L NaCl）和 92.80%（pH=6，0.1 mol/L NaCl）；而对于小粒径的 <0.2 μm 的土壤颗粒组，各种化学条件下淋溶液中 Cd 的回收率分别为 103.87%（pH=4，0.01 mol/L NaCl）、72.36%（pH=6，0.01 mol/L NaCl）、69.43%（pH=8，0.01 mol/L NaCl）、83.27%（pH=5，0.05 mol/L NaCl）和 94.32%（pH=6，0.1 mol/L NaCl）。

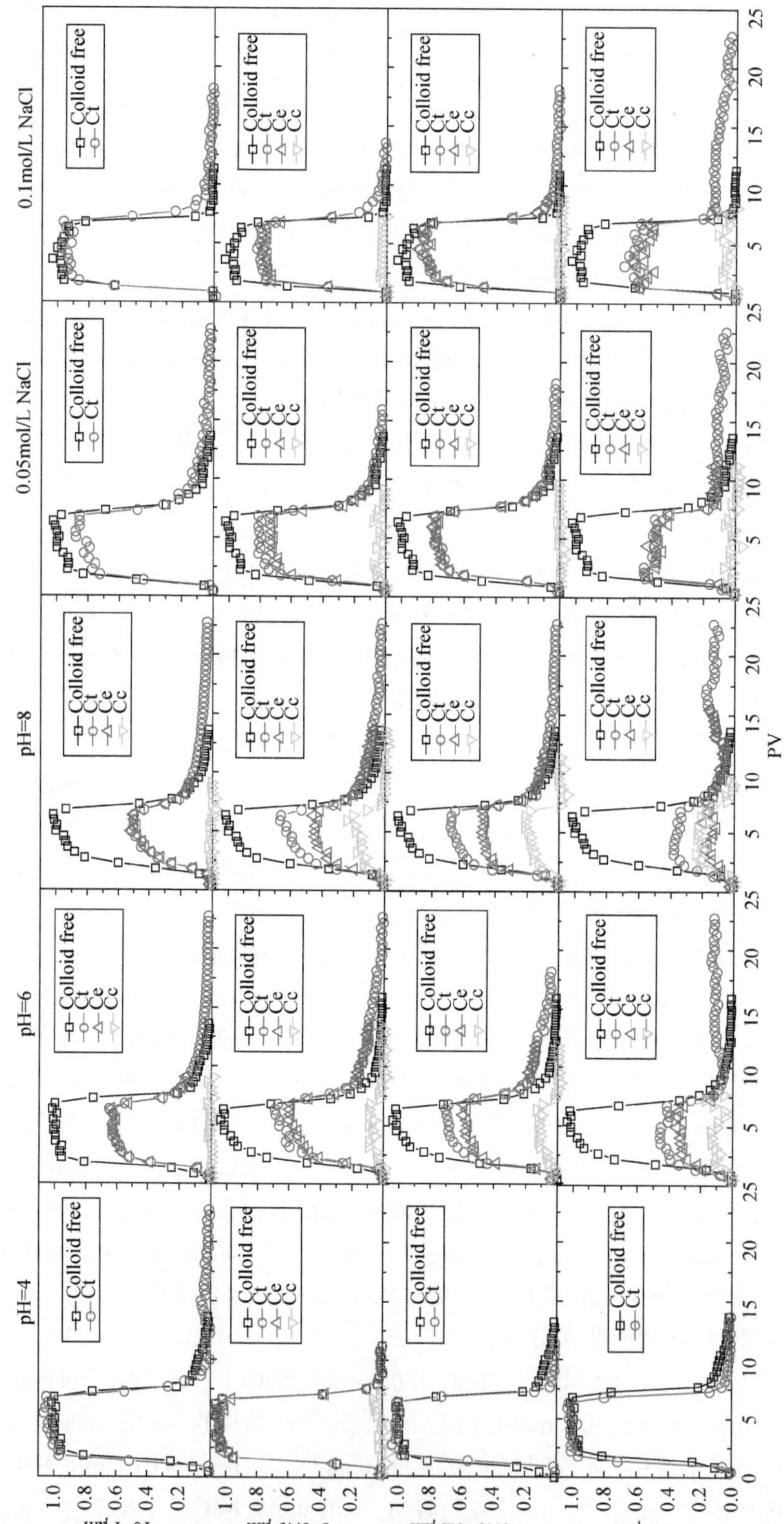

图5.24 不同粒径土壤颗粒存在条件下淋溶液中Cd的穿透曲线

土壤颗粒存在的情况下 Cd 穿透曲线与没有土壤颗粒存在情况下 Cd 穿透曲线相比较，除了 pH=4 以及 10~1 μm 高 I（0.05 mol/L 和 0.1 mol/L NaCl）情况下，不同粒径土壤颗粒的存在均降低了淋溶液中 Cd 的回收率，且穿透曲线峰值明显降低。从土壤颗粒穿透石英砂柱的结果来看，各种化学条件下均有部分土壤颗粒残留于石英砂柱中；不同粒径土壤颗粒对 Cd 吸附实验结果表明在不同 pH 和 I 实验条件下土壤颗粒均表现出一定的吸附 Cd 的能力。Cd 吸附在残留于石英砂柱中的土壤颗粒上是淋出液中 Cd 回收率降低的原因。

　　不同粒径土壤颗粒对 Cd 迁移影响不同。尽管 10~1 μm 土壤颗粒在不同 pH 和 I 下，其迁移能力较弱，胶体回收率最低，但是在不同化学条件实验组其对 Cd 迁移能力抑制并非最大。只有在较高 pH 下，Cd 的穿透曲线较低，表现出对 Cd 迁移能力较强的抑制。在高的 I 下，尽管 Cd 的穿透曲线峰值较没有胶体存在条件下低，但是 Cd 穿透曲线拖尾较为明显，这导致 Cd 回收率分别为 104.84%（0.05 mol/L NaCl）和 105.72%（0.05 mol/L NaCl），Cd 基本全部淋出（表 5.15）。Cd 在不同化学条件下的穿透与土壤颗粒对 Cd 的吸附能力和吸附重金属的方式有关。不同粒径土壤颗粒吸附 Cd 的实验结果表明 10~1 μm 土壤颗粒与其他粒径土壤颗粒相比具有更强的吸附 Cd 的能力，且吸附能力随着 pH 和 I 的影响较大。10~1 μm 土壤颗粒中主要以高岭石、蒙脱土等矿物为主，而 OM 等带有较多官能团的组分较少，这就导致其吸附 Cd 主要靠静电吸附作用，属于非专性吸附。非专性吸附主要是非选择性的外层络合（outer-sphere complexes），达到吸附平衡较快，且具有可逆性（Bradl，2004），这就导致了部分 Cd 在背景溶液的淋溶下淋出。

　　1~0.45 μm 和 0.45~0.2 μm 土壤颗粒对 Cd 的迁移能力抑制作用相当。淋出液中 Cd 的回收率与这两组土壤颗粒的胶体回收率相反。与 10~1 μm 土壤颗粒相比，这两组分土壤颗粒在 pH=6 和 pH=8 时对 Cd 迁移抑制作用较 10~1 μm 弱，这是因为 1~0.45 μm 和 0.45~0.2 μm 土壤颗粒在 pH=6 和 pH=8 时吸附 Cd 的能力吸附能力较 10~1 μm 土壤颗粒低。而对于高 I 条件下（0.05 mol/L NaCl 和 0.1 mol/L NaCl）1~0.45 μm 和 0.45~0.2 μm 土壤颗粒表现出较 10~1 μm 更强的对 Cd 迁移能力的抑制作用。1~0.45 μm 和 0.45~0.2 μm 土壤颗粒以专性吸附形式吸附的 Cd 较 10~1 μm 土壤颗粒多，这就导致其 Cd 解吸量较 10~1 μm 土壤颗粒少。<0.2 μm 的土壤胶体颗粒对 Cd 的抑制能力最强，其 Cd 穿透曲线峰值也明显较低，不同条件下（除了 pH=4）Cd 在淋溶液中的回收率在 69.43%~94.32%。<0.2 μm 的土壤颗粒由于 OM、铁铝氧化物含量高，导致对 Cd 具有较强的吸附能力，因此淋溶液中较低的 Cd 的回收率与 <0.2 μm 土壤颗粒胶体残留与砂柱中较多有关。几种粒径土壤颗粒对淋溶液中 Cd 影响的穿透曲线均表现出了一定的拖尾现象，且 <0.2 μm 土壤颗粒组，Cd 拖尾现象更明显。对于 <0.2 μm 土壤颗粒实验组，在 10 PV 后淋溶液中 Cd 含量依然较高（$C/C_0>0.1$）。对于 <0.2 μm 土壤颗粒，由于部分 Cd 以非专性吸附的形式吸附，具有一定的可逆性，且 <0.2 μm 土壤颗粒在砂柱中残留较多，吸附在胶体表面的 Cd 缓慢释放，是造成其实验组淋溶液中 Cd 穿透曲线拖尾明显的主要原因。

　　随着 pH 的增加，I 的减小，一方面土壤胶体的迁移量增加，而另一方面 Cd 的在基质及胶体上的吸附能力增加。尽管 pH 的升高有助于 Cd 在土壤中的稳定性，且常常用做一种修复土壤重金属污染的方法来使用（徐良将等，2011），但是具有较强 Cd 吸附能力的土壤胶体颗粒的释放可能引起更多的 Cd 以胶体结合态迁移。而胶体在大孔径、优势流的情况下可以迁移更远（Bradford et al.，2003；de Jonge et al.，2004a；de Jonge et al.，2004b；Saiers and Hornberger，1999）。因此真实环境中与土壤胶体颗粒结合的污染物可能是造成地下水污染的重要原因。例如，Yin 等（2010）研究了射击场土壤中 Pb 的淋溶情况，发现淋出的 Pb 的含量与胶体含量呈现明显的正相关，并且 I 的降低以及流速的增加均导致了胶体和 Pb 淋出量的增加。因此探讨不同化学条件对土壤胶体影响 Cd 的迁移影响具有重要的现实意义。

迁移实验结果表明不同粒径土壤颗粒在实验条件下均对 Cd 的迁移表现出了抑制作用，且胶体淋出量与 Cd 的淋出量呈反比，淋出液中 Cd 与胶体结合态的含量却随着化学条件的变化而变化（表 5.15）。在淋溶液中，有胶体淋出的实验组，均有部分 Cd 以胶体结合态存在。对于 <0.2 μm 土壤颗粒，pH=8 条件下，淋出液中胶体结合态 Cd 穿透曲线峰值较离子态 Cd 穿透曲线高，占总淋出 Cd 量的 32.23%。10~1 μm 土壤颗粒实验组，Cd 以胶体结合态所占百分比最小为 0~1.16%；1~0.45 μm 土壤颗粒实验组，淋出液中 Cd 以胶体结合态所占总淋出 Cd 的百分比为 0~20.64%；0.45~0.2 μm 土壤颗粒实验组，淋出液中 Cd 以胶体结合态存在所占总淋出 Cd 的百分比在 0~19.89%（表 5.15）。淋出液中与土壤颗粒结合态存在的 Cd 随着胶体淋溶量增加（pH 的增加，I 的减小）而增加。考虑到不同粒径土壤颗粒对 Cd 的吸附能力，以及它们在不同化学条件下的迁移能力，小粒径的土壤颗粒，尤其是 <0.2 μm 的土壤颗粒，在高 pH 和低 I 下更能使 Cd 以胶体结合态迁移，带来一定的环境风险。另外小粒径土壤颗粒本身富集重金属的能力明显比不可移动的大粒径土壤颗粒强，所以土壤溶液 pH 的增加以及 I 的降低导致土壤胶体迁移量增加可能导致重金属迁移速度加快。因此实际环境中调节土壤 pH 对重金属进行固定，以及降雨和灌溉（降低了土壤溶液中 I）等情况下重金属迁移的环境风险可能需要进一步进行评估。

5.3 白洋淀沉积物及区域土壤中重金属的污染风险评估

通过对白洋淀区域沉积物和土壤重金属赋存特征及土壤重金属迁移规律的研究，可以对白洋淀沉积物及附近土壤重金属污染进行较为全面的风险评估，对该地区环境风险管理和预测具有重要的意义。

5.3.1 白洋淀沉积物中重金属的风险评估

根据美国纽约州提出一种沉积物的风险评估方法，划定沉积物重金属的最低效应水平（LEL）和严重影响水平（SEL）的含量，该方法也被用于白洋淀表层沉积物重金属风险评估（Graney and Eriksen，2004），七种重金属的 LEL 和 SEL 值见表 5.1。当沉积物中重金属含量大于 LEL 但是小于 SEL 时，沉积物重金属会对水体动植物产生一定的影响；当沉积物中重金属含量大于 SEL 时，沉积物重金属会对水体动植物产生严重的健康影响。

从表 5.1 可知，所研究的七种重金属含量在大多数点表层沉积物中均处于 LEL 和 SEL

之间，均为超过 LEL。其中 S1、S3 和 S4 点沉积物中的 As 的含量略大于 LEL；S1、S2、S3 和 S5 点沉积物中 Cd 的含量大于 LEL；S1、S2、S3、S4 和 S6 点沉积物中 Cr 的含量大于 LEL；所有点沉积物中的 Cu 和 Ni 的含量大于 LEL；S1、S2、S3 和 S5 点沉积物中 Pb 的含量大于 LEL；S1、S2、S3、S4 和 S5 点沉积物中 Zn 的含量大于 LEL。说明当前白洋淀沉积物重金属污染情况能够在一定程度上影响白洋淀水生动植物的生长，具有一定的环境风险。

另外分别用污染因子法（contamination factor，C_f）、污染载荷因子法（pollution load index，PLI）对白洋淀沉积物重金属总量进行风险评估（Bhuiyan et al.，2010）。

$$C_f = \frac{C_{heavymetal}}{C_{background}} \tag{5.23}$$

土壤重金属的背景值选择江西省土壤重金属背景值。C_f 为土壤污染因子；$C_{heavymetal}$ 为土壤中重金属的含量；$C_{background}$ 为土壤重金属背景值。C_f 的大小说明不同的污染水平：$C_f < 1$ 为未受污染；$1 < C_f < 2$ 为未受污染与中度污染之间；$2 < C_f < 3$ 为中度污染；$3 < C_f < 4$ 为中度污染与重度污染之间；$4 < C_f < 5$ 为重度污染；$5 < C_f < 6$ 为重度污染与极重度污染之间；$C_f > 6$ 为极重度污染。PLI 旨在得到多种重金属的综合污染情况，计算公式为

$$PLI = (C_{f1} \times C_{f2} \times C_{f3} \times \cdots \times C_{fn})^{1/n} \tag{5.24}$$

式中，PLI 为累积污染指数；C_{f1} 为第 1 种重金属的 C_f；n 为重金属的个数。PLI 分为四个等级，无污染（PLI < 1），中度污染（1 < PLI < 2），重度污染（2 < PLI < 3）和极重度污染（3 < PLI）。

风险评估结果表明白洋淀沉积物中七种重金属风险大小为 Cd>As>Pb>Cu ≈ Zn>Ni>Cr（表 5.17）。六点沉积物中 Cd 均表现出中度以上的污染程度，尤其是 S1 点 Cd 的 C_f 值高达 10.3，表现出极重度污染。除了 S6 点 As 处于中度污染外，其他点均处于中度污染与重度污染之间。Cu、Pb 和 Zn 大多数点污染水平处于未受污染与中度污染之间或者是中度污染。而 Cr 和 Ni 的 C_f 值均小于 1，处于未受污染状态。不同点位沉积物所有重金属复合污染顺序为 S3>S4>S1>S2>S5>S6，PLI 值分别为 1.90、1.84、1.82、1.74、1.54 和 1.11。几点沉积物均处于中度污染，PLI 值在 1~2。其中白洋淀出水断面 S3 污染最为严重，而府河（主要入淀河流）入淀的控制断面白洋淀入水断面 S2 未表现出高的污染水平，说明白洋淀内农村生活污水排放以及周边农村的个别工业污染源是白洋淀沉积物中重金属的主要来源。而上游由府河带来的重金属对白洋淀沉积物种重金属的贡献有限。

表 5.17 白洋淀表层沉积物重金属污染及环境风险评估

采样点	C_f							PLI
	As	Cd	Cr	Cu	Ni	Pb	Zn	
S1	3.4	10.3	0.5	1.6	0.7	2.2	1.5	1.82
S2	3.2	4.6	0.7	1.4	0.8	2.2	1.8	1.74
S3	3.7	6.3	0.9	1.4	0.8	2.3	1.5	1.90

采样点	C_f							PLI
	As	Cd	Cr	Cu	Ni	Pb	Zn	
S4	3.9	2.9	0.6	2.2	1.7	1.9	1.5	1.84
S5	3.0	4.7	0.5	1.5	0.7	2.2	1.5	1.54
S6	2.8	3.2	0.2	1.1	0.7	1.4	0.9	1.11
平均值	3.3	5.3	0.6	1.5	0.9	2.0	1.5	1.7
最小值	2.8	2.9	0.2	1.1	0.7	1.4	0.9	1.1
最大值	3.9	10.3	0.9	2.2	1.7	2.3	1.8	1.9
标准偏差	0.4	2.7	0.2	0.4	0.4	0.3	0.3	0.3

众所周知，重金属的形态控制着它的活性，对重金属的环境风险有非常大的影响。由于重金属总量很难反映土壤和沉积物中重金属所产生的环境风险，因此根据白洋淀沉积物中重金属的不同形态用危险评估代码法（risk assessment code，RAC）对白洋淀沉积物重金属进行风险分析（Liu et al.，2013；Liu et al.，2016；Tao et al.，2014）。公式为

$$RAC = \frac{F1}{C_T} \tag{5.25}$$

式中，RAC 为风险代码；F1 为沉积物中离子交换态和碳酸盐结合态重金属的含量；C_T 为沉积物中重金属的总量。当 RAC ≤ 1% 时，无环境风险；当 1%<RAC ≤ 10% 时表现出低环境风险；当 10%<RAC ≤ 30% 时，表现出中环境风险；当 30%<RAC ≤ 50%，表现出高环境风险；当 RAC>50%，表现出极高的环境风险。根据六点沉积物中重金属形态的平均值及百分比，Cr 和 Cu 表现出无环境风险；As、Pb 和 Zn 表现出低环境风险；而 Cd 和 Ni 的 RAC 值分别为 13 和 11.1，表现出中环境风险。

5.3.2　白洋淀区域土壤中重金属的污染风险评估

用污染因子法（contamination factor，C_f）、污染载荷因子法（pollution load index，PLI）对白洋淀附近典型电池厂厂区土壤重金属污染进行风险评估（Bhuiyan et al.，2010；Muller，1969）。

总体来看（表 5.18），As、Cd、Cr、Cu、Mn、Ni、Pb 和 Zn 八种重金属风险大小为 Pb（228.8）>Cu（1.7）>Cd（1.4）>As（1.2）>Zn（1.0）>Mn（0.9）>Cr（0.8）>Ni（0.7）。其中 Pb 为极重度污染，远远大于 C_f 极重度污染的阈值 6，Cr、Mn、Ni 和 Zn 均未受污染，Cd 和 Cu 为未受污染与中度污染之间。不同点位来看，T5 点 Cd 和 Cu 污染较为严重，分别为中度与重度污染之间和未受污染与中度污染之间。而 T2 点，Pb 污染最为严重 C_f 值高达 618.7。所研究的五个土壤 PLI 分别为如下，T1：1.99，T2：1.95，T3：1.94；T4：1.11；T5：2.17，T1、T2、T3 和 T4 的 PLI 值均在 1~2，为中度污染；T5 为重度污染。

表 5.18　电池厂厂内表层土壤重金属污染及环境风险评估

采样点	C_f								PLI
	As	Cd	Cr	Cu	Mn	Ni	Pb	Zn	
T1	1.1	1.1	0.8	1.4	0.8	0.7	284.0	0.8	1.99
T2	1.2	0.6	0.6	1.3	0.8	0.7	618.7	0.6	1.95
T3	1.2	1.4	0.8	1.5	0.9	0.7	168.4	1.2	1.94
T4	0.9	0.4	0.8	1.4	0.9	0.7	9.3	0.6	1.11
T5	1.4	3.5	0.8	2.8	1.0	0.7	63.7	1.7	2.17
平均值	1.2	1.4	0.8	1.7	0.9	0.7	228.8	1.0	1.83
最小值	0.9	0.4	0.6	1.3	0.8	0.7	9.3	0.6	1.11
最大值	1.4	3.5	0.8	2.8	1.0	0.7	618.7	1.7	2.17
标准偏差	0.2	1.2	0.1	0.7	0.1	0.0	241.9	0.4	0.41

　　对白洋淀区域典型工厂厂区土壤研究可以发现，工矿企业是当地土壤重金属的重要来源之一。土壤重金属可以通过地表径流、大气沉降等途径进入白洋淀水和沉积物中，最终对白洋淀生态环境安全产生重要的影响。

参 考 文 献

董黎明，刘冠男 .2011. 白洋淀柱状沉积物磷形态及其分布特征研究 . 农业环境科学学报，30：711-719.

方婧，余博阳 .2013.3 种金属氧化物纳米材料在不同土壤中迁移行为研究 . 环境科学，34：4050-4057.

龚仓，徐殿斗，成杭新，等 .2013. 典型热带林地土壤团聚体颗粒中重金属的分布特征及其环境意义 . 环境科学，34：1094-1100.

李恋卿，潘根兴，张平究，等 .2001. 太湖地区水稻土颗粒中重金属元素的分布及其对环境变化的响应 . 环境科学学报，21：607-612.

李学垣，刘凡，化学，等 .1997. 土壤化学及实验指导 . 北京：中国农业出版社 .

李学垣 .2001. 土壤化学 . 北京：高等教育出版社 .

齐凤霞，郑丙辉，万峻，等 .2004. 渤海湾（天津段）柱样沉积物重金属污染研究 . 海洋技术，23：85-91.

王海，王春霞，王子健 .2002. 太湖表层沉积物中重金属的形态分析 . 环境化学，21：430-435.

徐良将，张明礼，杨浩 .2011. 土壤重金属污染修复方法的研究进展 . 安徽农业科学，39(6): 3419-3422.

熊毅，土壤专家，许冀泉，等 .1983. 土壤胶体：土壤胶体的物质基础 . 北京：科学出版社 .

殷宪强 .2010. 胶体对铅迁移的影响及铅的生物效应 . 杨凌：西北农林科技大学博士学位论文 .

岳希，孙体昌，黄锦楼 .2013. 某铅蓄电池厂表土不同粒径中铅分布规律研究 . 环境科学，34：3679-3683.

周世伟 .2007. 外源铜在土壤矿物的老化过程及影响因素研究 . 北京：中国农业科学院博士学位论文 .

朱伯万，薛怀友 .2006. 江苏扬中长江漫滩沉积物重金属垂向分布特征及其背景值确定方法 . 江苏地质，30：187-190.

Acosta J A，Cano A F，Arocena J M，et al.2009.Distribution of metals in soil particle size fractions and its implication to risk assessment of playgrounds in murcia city（spain）.Geoderma，149：101-109.

Ajmone-Marsan F，Biasioli M，Kralj T，et al.2008.Metals in particle-size fractions of the soils of five european cities.Environmental Pollution, 152: 73-81.

Bao Q, Lin Q, Tian G, et al.2011.Copper distribution in water-dispersible colloids of swine manure and its transport through quartz sand.Journal of Hazardous Materials, 186: 1660-1666.

Besnard E, Chenu C, Robert M.2001.Influence of organic amendments on copper distribution among particle-size and density fractions in champagne vineyard soils.Environmental Pollution, 112: 329-337.

Bhuiyan M A H, Parvez L, Islam M, et al.2010.Heavy metal pollution of coal mine-affected agricultural soils in the northern part of bangladesh.Journal of Hazardous Materials, 173: 384-392.

Bradford S A, Yates S R, Bettahar M, et al.2002.Physical factors affecting the transport and fate of colloids in saturated porous media.Water Resour Res, 38: 1327.

Bradford S A, Simunek J, Bettahar M, et al.2003.Modeling colloid attachment, straining, and exclusion in saturated porous media.Environmental Science & Technology, 37: 2242-2250.

Bradford S A, Torkzaban S.2008.Colloid transport and retention in unsaturated porous media: A review of interface-, collector-, and pore-scale processes and models.Vadose Zone Journal, (7): 667-681.

Bradford S A, Morales V L, Zhang W, et al.2013a.Transport and fate of microbial pathogens in agricultural settings.Critical Reviews in Environmental Science and Technology, 43: 775-893.

Bradford S A, Torkzaban S, Shapiro A.2013b.A theoretical analysis of colloid attachment and straining in chemically heterogeneous porous media.Langmuir, 29: 6944-6952.

Bradl H B.2004.Adsorption of heavy metal ions on soils and soils constituents.Journal of Colloid and Interface Science, 277: 1-18.

Churchman G, Skjemstad J, Oades J.1993. Influence of clay minerals and organic matter on effects of sodicity on soils. Soil Research, 31(6): 779-800.

Camesano T A, Unice K M, Logan B E.1999.Blocking and ripening of colloids in porous media and their implications for bacterial transport.Colloids and Surfaces A: Physicochemical and Engineering Aspects, 160: 291-307.

Carrillo-González R, Šimůnek J, Sauvé S, et al.2006.Mechanisms and pathways of trace element mobility in soils.Advances in Agronomy, 91: 111-178.

Cheng T, Saiers J E.2010.Colloid-facilitated transport of cesium in vadose-zone sediments: The importance of flow transients.Environmental Science & Technology, 44: 7443-7449.

De Jonge L W, Kjaergaard C, Moldrup P.2004.Colloids and colloid-facilitated transport of contaminants in soils: An introduction.Vadose Zone Journal, (3): 321-325.

De Jonge L W, Moldrup P, Rubæk G H, et al.2004.Particle leaching and particle-facilitated transport of phosphorus at field scale.Vadose Zone Journal, (3): 462-470.

Dijkstra J J, Meeussen J C L, Comans R N J.2004.Leaching of heavy metals from contaminated soils: An experimental and modeling study.Environmental Science & Technology, 38: 4390-4395.

Gimbert L J, Haygarth P M, Beckett R, et al.2005.Comparison of centrifugation and filtration techniques for the size fractionation of colloidal material in soil suspensions using sedimentation field-flow fractionation. Environmental Science & Technology, 39: 1731-1735.

Gong C，Ma L，Cheng H，et al.2014.Characterization of the particle size fractions associated heavy metals in tropical arable soils from hainan island，China.Journal of Geochemical Exploration，139：109-114.

Graney J R，Eriksen T M.2004.Metals in pond sediments as archives of anthropogenic activities：A study in response to health concerns.Applied Geochemistry，19：1177-1188.

Gregory J.1981.Approximate expressions for retarded van der waals interaction.Journal of Colloid and Interface Science，83：138-145.

Guggenberger G，Zech W，Haumaier L，et al.1995.Land-use effects on the composition of organic matter in particle-size separates of soils：Ii.Cpmas and solution 13c nmr analysis.Eur J Soil Sci，46：147-158.

Harvey R W，Garabedian S P.1991.Use of colloid filtration theory in modeling movement of bacteria through a contaminated sandy aquifer.EnvironmentalScience &Technology，25：178-185.

Hogg R，Healy T，Fuerstenau D.1966.Mutual coagulation of colloidal dispersions.Transactions of the Faraday Society，62：1638-1651.

Hunter R J.2001.Foundations of Colloid Science.Oxford：Clarendon Press.

Jiang X，Tong M，Lu R，et al.2012.Transport and deposition of zno nanoparticles in saturated porous media. Colloids and Surfaces A：Physicochemical and Engineering Aspects，401：29-37.

Johnson W P，Li X.2005.Comment on breakdown of colloid filtration theory：Role of the secondary energy minimum and surface charge heterogeneities.Langmuir，21：10895.

Kabata-Pendias A.2010.Trace Elements in Soils and Plants.Florida：CRC Press.

Kahapanagiotis N K，Steheitt R M，Lester J N.1991.Heavy metal complexation in sludge-amended soil：The role of organic matter in metal retention.Environ Technol，12：1107-1116.

Kalbitz K，Wennrich R.1998.Mobilization of heavy metals and arsenic in polluted wetland soils and its dependence on dissolved organic matter.Science of The Total Environment，209：27-39.

Kosmulski M.2011.The pH-dependent surface charging and points of zero charge：V.Update.J Colloid Interface Sci，353：1-15.

Li M S，Luo Y P，Su Z Y.2007.Heavy metal concentrations in soils and plant accumulation in a restored manganese mineland in Guangxi，South China.Environmental Pollution，147：168-175.

Liu G，Tao L，Liu X，et al.2013.Heavy metal speciation and pollution of agricultural soils along jishui river in non-ferrous metal mine area in Jiangxi Province，China.Journal of Geochemical Exploration，132：156-163.

Liu G，Wang J，Zhang E，et al.2016.Heavy metal speciation and risk assessment in dry land and paddy soils near mining areas at southern China.Environ Sci Pollut Res Int，23：8709-8720.

McLaughlin M J.2001.Ageing of metals in soils changes bioavailability//International Council on Metals and the Environment. Fact Sheet on Environmental Risk Assessment,（4）:1-6.

McDowell-Boyer L M，Hunt J R，Sitar N.1986.Particle transport through porous media.Water Resources Research，22：1901-1921.

Muller G.1969.Index of geoaccumulation in sediments of the rhine river.Geojournal,(2)：108-118.

Nachtegaal M，Sparks D L.2004.Effect of iron oxide coatings on zinc sorption mechanisms at the clay-mineral/ water interface.J Colloid Interface Sci，276：13-23.

Nannoni F, Protano G, Riccobono F.2011.Fractionation and geochemical mobility of heavy elements in soils of a mining area in northern kosovo.Geoderma, 161: 63-73.

Quenea K, Lamy I, Winterton P, et al.2009.Interactions between metals and soil organic matter in various particle size fractions of soil contaminated with waste water.Geoderma, 149: 217-223.

Rauret G, López-Sánchez J F, Sahuquillo A, et al.1999.Improvement of the bcr three step sequential extraction procedure prior to the certification of new sediment and soil reference materials.J Environ Monitor, (1): 57-61.

Rodríguez L, Ruiz E, Alonso-Azcárate J, et al.2009.Heavy metal distribution and chemical speciation in tailings and soils around a Pb-Zn mine in Spain.Journal of Environmental Management, 90: 1106-1116.

Royer M D, Selvakumar A, Gaire R.1992.Control technologies for remediation of contaminated soil and waste deposits at superf und lead battery recycling sites.J Air Waste Manage Assoc, 42: 970-980.

Rudd T, Sterritt R M, Lester J N.1984.Formation and conditional stability constants of complexes formed between heavy metals and bacterial extracellular polymers.Water Research, 18: 379-384.

Saiers J E, Hornberger G M.1999.The influence of ionic strength on the facilitated transport of cesium by kaolinite colloids.Water Resour Res, 35: 1713-1727.

Sharma A, Kawamoto K, Moldrup P, et al.2011.Transport and deposition of variably charged soil colloids in saturated porous media.Vadose Zone Journal, (10): 1228-1241.

Shuman L M.1976.Zinc adsorption isotherms for soil clays with and without iron oxides removed.Soil Sci Soc Am J, 40: 349-352.

Tang Z, Wu L, Luo Y, et al.2009.Size fractionation and characterization of nanocolloidal particles in soils. Environmental Geochemistry and Health, 31: 1-10.

Tao L, Liu G, Liu X, et al.2014.Trace metal pollution in a le'an river tributary affected by non-ferrous metal mining activities in Jiangxi Province, China.Chemistry and Ecology, 30: 1-12.

Taylor M D, Theng B K G.1995.Sorption of cadmium by complexes of kaolinite with humic acid.Commun Soil Sci Plan, 26: 765-776.

Tufenkji N, Elimelech M.2004.Correlation equation for predicting single-collector efficiency in physicochemical filtration in saturated porous media.Environmental Science & Technology, 38: 529-536.

Tufenkji N, Elimelech M.2005.Breakdown of colloid filtration theory: Role of the secondary energy minimum and surface charge heterogeneities.Langmuir, 21: 841-852.

Vega F A, Covelo E F, Andrade M L, et al.2004.Relationships between heavy metals content and soil properties in minesoils.Analytica Chimica Acta, 524: 141-150.

Wang C, Bobba A D, Attinti R, et al.2012.Retention and transport of silica nanoparticles in saturated porous media: Effect of concentration and particle size.Environmental Science & Technology, 46: 7151-7158.

Wang M, Zhang C, Zhang Z, et al.2016.Distribution and integrated assessment of lead in an abandoned lead-acid battery site in Southwest China before redevelopment.Ecotoxicol Environ Saf, 128: 126-132.

Wang Q, Cheng T, Wu Y.2014.Influence of mineral colloids and humic substances on uranium（vi）transport in water-saturated geologic porous media.J Contam Hydrol, 170: 76-85.

Wragg J, Cave M, Nathanail P.2007.A study of the relationship between arsenic bioaccessibility and its solid-phase distribution in soils from wellingborough, UK.Journal of Environmental Science and Health, Part A 42: 1303-1315.

Yao K M, Habibian M T, O′Melia C R.1971.Water and waste water filtration: Concepts and applications. Environmental Science & Technology, （5）: 1105-1112.

Yin X, Gao B, Ma L Q, et al.2010.Colloid-facilitated Pb transport in two shooting-range soils in florida. Journal of Hazardous Materials, 177: 620-625.

Zhang H, Luo Y, Makino T, et al.2013.The heavy metal partition in size-fractions of the fine particles in agricultural soils contaminated by waste water and smelter dust.Journal of Hazardous Materials, 248-249: 303-312.

Zhou D, Wang D, Cang L, et al.2011.Transport and re-entrainment of soil colloids in saturated packed column: Effects of ph and ionic strength.Journal of Soils and Sediments, (11): 491-503.

Zhuang J, Flury M, Jin Y.2003.Colloid-facilitated cs transport through water-saturated hanford sediment and ottawa sand.Environmental Science & Technology, 37: 4905-4911.

Zimmerman A J, Weindorf D C.2010.Heavy metal and trace metal analysis in soil by sequential extraction: A review of procedures.Int J Anal Chem, (3-4): 1-7.

第 6 章 | 电化学 DNA 生物传感技术对典型水体环境污染物的快速检测方法

　　生物传感器是一门由生物、化学、物理、医学、电子技术等多种学科相互渗透而逐步发展起来的高新技术，是多学科综合交叉的产物，具有选择性好、灵敏度高、分析速度快、成本低、能在复杂体系中进行在线连续监测等特点。同时又由于生物传感器的易于实现自动化、微型化与集成化，减少了其对使用者环境和技术的要求，适合野外现场分析的需求，引起了广大科研工作者的极大兴趣。本章首先在 6.1 节中简单介绍了电化学 DNA 生物传感器，包括传感检测原理、DNA 与小分子作用模式及研究方法、DNA 组装方法、电化学检测方法；在第 6.2 ～ 6.4 节中详细介绍了对白洋淀水体中氨基类芳香烃、羟基类芳香烃、重金属 Pb^{2+}、Hg^{2+} 等污染物而开展的 hairpin DNA、G-DNAzyme、适配体（aptamer）DNA 三类电化学 DNA 生物传感器的相关研究工作，对传感器的性能及存在的问题进行了讨论并对其发展前景进行了展望。本章 6.1 节介绍的基础背景知识，这对所有采用 DNA 为识别分子的传感检测研究来说，都是至关重要的因素，然后第 6.2 ～ 6.4 节重点介绍的几类电化学 DNA 生物传感器的制备、界面表征、性能分析等内容，以便让读者能够比较容易地理解该领域取得的成就，并加以应用。

6.1　电化学 DNA 生物传感器

　　自 1868 年人们首次发现核酸以来，科研工作者对 DNA 的研究一直非常感兴趣，20世纪初德国科学家科赛尔（1853 ～ 1927 年）和他的两个学生琼斯（1865 ～ 1935 年）和列文（1869 ～ 1940 年）的研究弄清了核酸的基本化学结构，并把核酸分为核糖核酸（RNA）和脱氧核糖核酸（DNA），1953 年美国的沃森和英国的克里克的研究成果证明了 DNA 双螺旋结构。但是，DNA 的电化学研究工作直到 20 世纪 60 年代才开始，且早期的工作主要集中在 DNA 基本电化学行为的研究，70 年代才开始利用各种电化学方法研究 DNA 的变性和 DNA 双螺旋结构的多样性。后来人们开展的关于乙啶嗜碳糊电极的伏安响应和DNA 的关系研究，可以说是电化学 DNA 生物传感器的早期雏形。经过几十年的发展，电化学 DNA 生物传感器已经是一种全新的、高效的 DNA 传感检测技术，不仅具有分子识别功能，而且还具有无可比拟的靶分子定量分析检测功能。因此，在分析化学、分子生物学和生物医学工程领域具有重要的意义。

6.1.1　电化学 DNA 生物传感器检测原理

电化学 DNA 生物传感器是以 DNA 为分子识别元件并与电化学信号转换器相结合，将与目标物作用的生物学信号转换成可识别的电信号的传感装置（Labuda et al.，2010；Li et al.，2010a；Mulchandani and Bassi，1995；Zhai et al.，1997），主要包括两部分：分子识别元件（DNA）和一个支持 DNA 片段的电极（如玻碳电极、金电极、裂解石墨电极和碳糊电极），其电化学检测原理如图 6.1 所示。小分子化合物与 DNA 之间作用会引起电化学信号的变化，根据作用前后电化学信号的差异可以实现对目标化合物的分析。

图 6.1　电化学传感检测原理图

6.1.2　DNA 作为识别元件的依据

DNA 作为分子识别元件对靶标分子识别主要是基于 DNA 与小分子之间的特异性作用。众所周知，双链 DNA 分子是由两条单链 DNA 通过互补碱基之间的氢键作用形成的具有双螺旋结构大分子。双链 DNA 分子结构中聚合的阴离子磷酸根骨架、平行堆积的碱基以及两条脱氧多核苷酸链形成的大沟（沟宽约 2.2 nm）、小沟（沟宽约 1.2 nm）共同组成了小分子的识别位点（Wing et al.，1980）。这些识别位点也是小分子化合物与 DNA 结合的主要部位。

研究表明，小分子化合物与 DNA 分子的相互作用方式主要有以下几种类型：非共价结合、共价结合、剪切作用及长距组装等（栾崇林等，2008；孙伟等，2005；周白云等，2007）。一些弱的相互作用，如有氢键作用、离子键作用、范德华力和疏水作用等对小分子化合物与 DNA 的作用也起到了十分重要的影响。此外，一些有机小分子化合物可以直接与 DNA 作用，破坏 DNA 自身的结构或诱导 DNA 构型发生变化（Labuda et al.，2009；Vyskocil et al.，2010；Wang et al.，2009a）；也有一些有机化合物在酶的存在条件下可以发生降解反应，生成的中间体可以与 DNA 发生键合作用生成 DNA 加合物（Krishnan et al.，2007；Pereg et al.，2002；Wang et al.，2005）。

到目前为止，研究证实绝大多数的有机小分子化合物与 DNA 分子的作用采用非共价键结合形式，主要包含三种模式：嵌插作用、沟槽作用及静电作用（Dervan and Edelson，2003；Han and Gao，2001；Ju et al.，2005；Munde et al.，2010；Rahman et al.，2008；

Strekowski and Wilson，2007；何瑜等，2004；张霞和倪永年，2007）。如图 6.2 所示，有机小分子化合物与 DNA 分子发生作用的力主要是范德华力、氢键力、静电力、π-π 堆积及疏水力等。

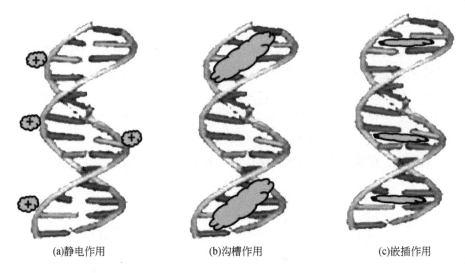

(a)静电作用　　　　　　　　(b)沟槽作用　　　　　　　　(c)嵌插作用

图 6.2　DNA 与小分子化合物非共价结合作用模式

（1）静电作用是指某些小分子化合物可以通过静电作用结合于脱氧核糖核苷酸（DNA）分子中带负电荷的核糖磷酸基骨架（罗黎等，2003）。该作用沿双螺旋结构 DNA 的外部磷酸基骨架进行，无选择性、非特异性。例如，水溶性金属卟啉配合物（H_2TMPyP）分子结构中带正电荷的侧链能嵌入结合到 DNA 分子中含 G-C 碱基对之间就主要是归因于与带负电荷的磷酸基骨架间的静电作用的结果（Pasternack et al.，1983）。

（2）嵌插作用主要是指芳香族小分子化合物可以通过嵌插的方式进入 DNA 分子中相邻的两个碱基层之间。这主要是由于芳香烃类物质含有共平面的特性，其结合的作用力主要来自芳香环的离域 π 体系与碱基的 π 体系之间形成的 π-π 堆积作用及疏水作用等（Wilson et al.，1982）。此外，亦有研究证明该类化合物在 DNA 分子中特异性结合的部位主要是在鸟嘌呤、胞嘧啶富集区（Fisher and Aristoff，1988；Wartell et al.，1974）。而当含有取代基的化合物与 DNA 发生作用时，整个分子会尽量调整以保持分子的共平面性，从而有利于与 DNA 碱基间发生作用（Fiel，1989）。

（3）沟槽作用是指某些小分子化合物与双螺旋结构的双链 DNA 分子中形成的大沟/小沟处的碱基对边缘发生相互作用（罗黎等，2003）。沟槽作用主要是靠氢键力（与羰基氧或碱基氮形成氢键）和范德华力。在 DNA 双螺旋结构中，小沟区通常是腺嘌呤、胸腺嘧啶碱基富集区且存在水合结构。有研究发现，含特定结构的芳香族化合物可以通过自由扭转、调整自身构象进入小沟区，同时会取代沟内的水分子。

小分子化合物与 DNA 发生作用可能因条件不同而采用不同的结合方式（杨功俊等，2004）。例如，在较高离子强度时，$[Co(Phen)_3]^{2+}$ 与 ds-DNA 的作用表现为嵌入作用，在较低离子强度时则为静电作用，这说明嵌入作用和静电作用随离子强度不同可以相互转化（Pang and Abruña，1998）。通常条件下，有机小分子化合物与 DNA 之间的结合并不是某一种单独作用的结果，而是存在多种作用力的共同协同作用。小分子与 DNA 发生相互作用后会影响到基因的调控和表达，因此对小分子与 DNA 作用的研究也可以揭示基因毒性机理。

此外，某些含有特征片段的 DNA 在一定条件下也会发生构象变化，伴随其结构的改变会表出现一些新的性质，如富含 C 碱基序列的 DNA 可以在 H$^+$（pH<7）存在下形成 I- 结构的 DNA （Li et al.，2012c；Ma et al.，2011）；富 G 碱基结构的 DNA 可以在一些金属离子 （K$^+$、Na$^+$、Pb^{2+}） 作用下形成 G- 四联体结构（Li et al.，2012a；Li et al.，2009c；Wang et al.，2013）；富 T 碱基结构的 DNA 可以在 Hg^{2+} 作用下形成基于 T-Hg-T 结构的类 DNA 双链结构（Du et al.，2012；Liu et al.，2009b；Zhuang et al.，2013）等。此外，还有一些通过体外筛选技术 （SELEX） 得到的含有特定碱基序列的 DNA 片段能特异性的与 Pb^{2+}（Pelossof et al.，2012）、Mg^{2+}（Gao et al.，2012）、Cu^{2+}（Zhang et al.，2012b）、Zn^{2+}（Lu et al.，2012）、UO$_2^{2+}$（Luo et al.，2012）、Tb^{3+}（Zhang et al.，2011）、Co^{2+}（Nelson et al.，2012）等金属离子结合并表现出较强的酶活性，因而被广泛应用于金属离子的检测。DNA 的结构及性质具有多样性的特点，这也是科研工作者们热衷于将 DNA 作为识别元件构建 DNA 生物传感器检测目标小分子的原因之一。

6.1.3　DNA 与靶标分子作用模式研究

到目前为止，研究小分子化合物与 DNA 作用的方法包括光谱法，如紫外 – 可见光谱法、荧光光谱法、圆二色光谱法、拉曼光谱法等，电化学方法、凝胶电泳法等（Vaghef et al.，1996）。其中光谱法是目前研究小分子化合物与 DNA 作用主要采用的方法，根据其光谱性质的变化可以分析、判断 DNA 与小分子作用模式。下面主要介绍几种光谱方法。

6.1.3.1　紫外 – 可见吸收光谱法 （UV-Vis）

DNA 分子在 260 nm 处具有紫外吸收光谱，因此根据 DNA 与小分子化合物作用后紫外吸收光谱的变化 （如谱带宽度变化、强度变化和峰位置移动等），可以分析相互作用的模式。研究证明，当 DNA 分子与小分子化合物以嵌插方式结合时，其在 260 nm 吸收峰会发生红移现象（red-shift） 和减色现象（hypochromicity）；而以静电作用或沟槽作用方式结合后，其在 260 nm 紫外可见吸收峰变化趋势与嵌插方式相同，但红移现象及减色效应均不明显（Lisdat and Schfer，2008）。如果小分子化合物与 DNA 作用后导致 DNA 构象发生改变，则 DNA 吸收光谱变化明显，如 DNA 的双螺旋结构破坏后会产生明显的增色效应（Maalouf et al.，2007）。

6.1.3.2　荧光光谱法

DNA 分子没有荧光特性，因此荧光光谱法只适用于研究自身具有荧光性质的小分子化合物与 DNA 的作用并判断其作用模式。此外，通过对 DNA 修饰作用，将某些具有荧光性质的基团标记于 DNA 分子后，亦可采用荧光光谱进行分析，此方法一般适用于反应过程中 DNA 构象的发生变化（Li et al., 2012b；Zhou et al., 2013）。研究证明，当 DNA 分子与荧光物质作用后，物质的荧光性质会发生变化，主要表现在荧光强度的猝灭及增强（Zhang et al., 2012a；Zhang et al., 2012b）。通常采用碘化钾和亚铁氰化钾作为典型的阴离子猝灭剂，并根据猝灭剂对化合物与 DNA 作用前后的猝灭程度判断作用的机理。如果小分子化合物与 DNA 以沟槽方式作用，则猝灭剂对与 DNA 作用后的化合物的荧光猝灭作用增强；如果化合物与 DNA 以嵌插方式作用，则猝灭剂对与 DNA 作用后的化合物的荧光猝灭作用减弱（Du et al., 2008；Li and Dong, 2009）。

6.1.3.3　圆二色光谱法（CD）

圆二色光谱法是研究 DNA 构象变化的最直接的方法，也是分析小分子化合物与 DNA 发生作用后诱导 DNA 构象发生变化的有利手段。不同构象的 DNA 结构在 CD 谱中具有不同的吸收峰。例如，单链 DNA 的 CD 吸收峰在 278 nm 处有一较强的正峰，在 250 nm 处有一负峰（Zhang and Guo, 2012）；双链 DNA 在 270 nm 处有亦因碱基堆积引起的正较强的正峰，在 235 nm 处有一负峰这也是具有双螺旋结构的 B-DNA 构象的特征峰（Li et al., 2012c）；具有平行 G- 四联体结构 DNA 的 CD 吸收峰在 263 nm 处有一较强的正峰，在 242 nm 处有一负峰（Liu et al., 2012c；Sun et al., 2012）；具有反平行 G- 四联体结构 DNA 的 CD 吸收峰分别在 290 nm 处有一较强的正峰及 260 nm 处有一负峰等（Qiao et al., 2012）。因此，根据 DNA 结构 CD 谱峰位可以分析 DNA 的构型，从而判断 DNA 与化合物作用后构型的变化。

6.1.3.4　电化学方法

除上述光谱法外，电化学方法也是研究 DNA 与小分子化合物作用模式的有效方法。研究证明，小分子化合物与 DNA 以不同模式作用后，会导致化合物氧化峰电位发生移动。例如，当 DNA 与小分子化合物以静电作用结合后会导致化合物氧化峰电话的负移，而以插入作用结合后会导致化合物的氧化峰电位发生正移且峰电流强度降低（Yang et al., 2008；Yola and Özaltin, 2011）。

6.1.4　电极界面 DNA 组装方法及表征

对电极界面进行 DNA 组装前需先对电极进行预处理，这是制备电化学 DNA 生物传感器的一个重要环节，其目的是除去表面附着的污物并使电极表面活化。电极表面处理的效果直接影响 DNA 在电极表面的组装。电极的处理的方法一般有酸式处理法和碱式处理法（Hashimoto et al., 1994）。

DNA 在电极表面的固定是 DNA 电化学传感器制作的关键问题，DNA 固化量和活性直接影响传感器的灵敏度和选择性（Li et al., 2011）。为了把 DNA 联结在电极（玻碳电极、石墨电极、碳糊电极、汞电极和金电极）表面不发生脱落现象，往往需要借助有效的物理或化学固定方法。就目前而言，研究者所采用的 DNA 固定方法大致可以分为以下几类：吸附法（Cai et al.，2002；Zhou et al.，2003）、共价键合法（Millan et al.，1994；Sui et al.，2011）、自组装膜法（Gao et al.，2010；Lin et al.，2011a；Liu et al.，2012a）、亲和素 – 生物素反应系统固定法（Li et al.，2010b；Pan and Rothberg，2005；Sassolas et al.，2008）、聚合物膜法（Jiang and Lin，2005；Prabhakar et al.，2007）。其中直接吸附法和聚合膜法是检测小分子 DNA 的通常采用的 DNA 固定方法（Pividori et al.，2000；Takenaka et al.，2000）。总的来说，这些固定 DNA 的方法各有优缺点，例如，共价键法是利用端基固定 DNA，碱基离电极较远，电子的传递变得困难，因而限制了其在小分子检测中的应用（Rauf et al.，2005），且共价固定的方法要涉及化学反应，较费时费力；共价键合法可以提高探针的耐用性及牢固度，有利于在电极表面进行杂交反应，但由于电极表面活性位点数目有限，固定的 DNA 量较少，因此电化学响应信号较小（邹小勇等，2005）；自组装膜法得到的 DNA 膜表面结构高度有序，稳定性好，有利于杂交，但对巯基化合物修饰的 DNA 的纯度要求较高，分离提纯操作较烦琐。

自组装膜法最初多用于固定单链 DNA，因而侧重于基因杂交检测（Kjällman et al.，2008；Liu et al.，2011），但是随着 DNA 生物传感器的发展及基于 DNA 自身结构多样性、特异性的特点，为了满足更多的科研需要和达到不同的实验目的，固定化 DNA 已不再局限于单链 DNA，hairpin DNA、双链 DNA、G- 四联体结构 DNA、I- 结构 DNA 及不同电活性物质标记的 DNA 序列等均被应用于电极的修饰。因此，电化学 DNA 传感器也被广泛应用于诸多分析检测领域。

DNA 在电极表面的表征，主要是通过电极界面组装 DNA 前后、DNA 与靶标分子作用前后的电化学信号变化，并通过电化学信号变化研究 DNA 与目标物作用、证明作用模式、揭示检测机理。对电极表面 DNA 的表征主要包括以下几个方面：①电极表面 DNA 覆盖度表征，主要采用电化学循环伏安法（CV）、电化学阻抗谱法（EIS）（具体介绍见 6.2 节、6.4 节）。② DNA 组装膜密度的表征，主要采用计时电量法（CC）（具体介绍见 6.3 节、6.4 节）。③ DNA 在电极表面构型变化的表征（具体介绍见 6.3 节、6.4 节）。

6.1.5　电化学检测方法

电化学检测是指将 DNA 与目标物之间的作用通过电化学信号转化器以可检测的电信号（如电位、电流和电阻等）形式输出，并根据作用前后电信号的差异分析目标物与 DNA 的作用情况。所产生的电信号主要来自于两个方面（Mascini et al.，2001）：一个是 DNA 与化合物作用后，DNA 自身的结构或碱基的性质发生变化产生的电信号变化；另一个是目标物本身产生的电信号，如碱基的氧化信号或还原信号。

常用的电化学分析方法包括循环伏安法（cyclic voltammetry）、示差脉冲伏安法（differential pulse voltammetry）、方波伏安法（square wave voltammetry）、电化学阻抗法（electrochemical impedence spectroscopy）等。其中，示差脉冲伏安法是伏安法中灵敏度最高的分析方法；电化学阻抗法是研究电极界面性质及变化的最佳方法。采用电化学阻抗法研究 DNA 与小分子的作用，主要是通过 DNA 与目标物作用后引起 DNA 膜电阻的变化情况分析判断小分子与 DNA 反应、DNA 构象变化等。电化学阻抗法不仅对 DNA 膜变化具有较高的灵敏性（Bogomolova et al.，2009），而且与伏安法相比对 DNA 膜的扰动性较小（Wang et al.，2009c）。因此，电化学阻抗法被广泛用于目标链检测、重金属检测、小分子检测等。采用电化学阻抗法研究 DNA 与目标物的作用需要对实验测定结果进行分析，通常采用合适的 Randle 拟合电路对测定数值进行拟合（Long et al.，2003）。此外，根据实验设计、目的和内容的不同，可以选择多种电化学方法同时进行分析研究，以便得到最佳的研究结果。

电化学 DNA 生物传感器因具有灵敏度高、选择性好、操作简单、抗干扰性强等诸多优点引起了人们广泛的兴趣，开发环境污染物的电化学分析方法亦为环境分析工作者所青睐。特别是近年来随着 DNA 生物传感技术的进步，电化学生物传感器在环境污染物分析检测方面得到迅速的发展。如何巧妙地利用 DNA 丰富的构象变化设计简单、廉价、稳定的电化学 DNA 生物传感器，实现对目标分子的快速、灵敏、选择性检测是科研工作者一直追求和努力的方向。

6.2　电化学 haipin DNA 生物传感器对白洋淀水体芳烃衍生物类污染物的检测方法

芳香烃化合物是一类含有苯环结构的碳氢化合物，普遍存在于自然环境并广为人们所关注（Luthy et al.，1994）。研究发现，芳香烃化合物是一类具有"致畸""致癌""致突变"的"三致"典型有机污染物（Jacob and Seidel，2002）。早在 1976 年，美国国家环境保护署（USEPA）就提出将芳香烃化合物中的十六种多环芳烃列为优先控制污染物（Collins et al.，1998；Yan et al.，2004；Zhang et al.，2004）。作为其衍生化合物的羟基多环芳烃及氨基多环芳烃亦具有较强的"三致"效应，而起到关键作用的一步就是进入人体的多环芳烃衍生物与 DNA 分子的结合，同时亦可通过人体新陈代谢作用、酶的降解作用等转变为生物活性更高、毒性更强的中间体 / 衍生物（如活性氧类物质）（Collins et al.，1998；Dabrowska et al.，2008；Mallakin et al.，2000；Vione et al.，2004）。这些活性中间产物可与生物大分子（蛋白质、脂类、DNA 等）相互作用并造成大分子结构与功能的改变，进而对机体造成损伤（Rusling et al.，2009；Wasalathanthri et al.，2011）。因此，实现对多环芳烃衍生物与 DNA 相互作用的系统性研究具有重要意义，不仅可以揭示该类化合物与 DNA 分子作用的机理，明晰发生作用的位点 / 片段，为进一步阐明其基因毒性及病理分析等提供理论基础。但是，目前应用电化学 DNA 生物传感器对羟基多环芳烃及氨基多环芳烃污染物进行检测的研究相对较少，而能实现对某一种、一类污染物检测的 DNA 传感器则更少，因此，开展这方面的研究机遇与挑战并存，具有重要研究意义。

6.2.1 基于 hairpin DNA 生物传感器对 9- 羟基芴电化学检测

羟基多环芳烃是多环芳烃的代谢产物，也是一类具有较高生物活性和强毒性的致癌物质（Dabrowska et al.，2008；Haritash and Kaushik，2009；Kolomytseva et al.，2009；Luan et al.，2006；Sepic et al.，2003）。环境中的多环芳烃进入人体后，一部分可以在人体代谢作用下转变成羟基多环芳烃，并最终通过尿液等形式排出体外（Dor et al.，1999；Jongeneelen and J.，1994；Merlo et al.，1998）。因此，羟基多环芳烃如 1- 羟基吡、1- 萘酚、9- 羟基芴等也常被用作生物标志物用以评估多环芳烃暴露水平，为环境健康风险评价及职业安全评估提供参考（Campo et al.，2008；Godschalk et al.，1998；Luan et al.，2006；Smith et al.，2002）。电化学分析因其操作简单、灵敏性高、选择性好而引起人们的兴趣，是一种理想的检测方法（Drummond et al.，2003；Patolsky et al.，2001）。另外，DNA 生物传感器自身具有分析快速、操作简单、价格廉价、可原位测定等优势，因此开发可用于检测羟基多环芳的 DNA 生物传感器具有极大的潜力及现实意义。到目前为止应用 DNA 生物传感器对酚类物质的检测主要是苯酚及其衍生物，而对羟基多环芳烃的研究还比较少（Zhao et al.，2007），且面临的最重要的问题就是选择性较差。因此，开发对羟基多环芳烃灵敏性高、选择性强的 DNA 生物传感器依然具有很大的挑战性。

6.2.1.1 hairpin DNA 修饰电极的制备

1）金电极 / 金片的处理

组装巯基修饰的 DNA 前需对金电极进行电活化处理（Liang et al.，2013b）。首先将金电极在鹿皮抛光布上用 0.05 μm 的 Al_2O_3 泥浆抛光约 15min，用超纯水充分淋洗，然后依次在乙醇、水介质中超声 3 min。待超纯水淋洗后，置于 1 mol/L H_2SO_4 的溶液中采用循环伏安法活化处理，稳定后取出并用超纯水冲洗、氮气吹干，即得到活化的金电极表面。金片在使用前按文献报道方式进行活化处理（Pavlov et al.，2004）。首先将金片置于浓硫酸和 H_2O_2 的混合溶液中 20 min（V/V=7∶3），用超纯水淋洗后放入浓硝酸中浸泡 5 min。再次用超纯水淋洗，最后氮气吹干，即得到表面活化的金片。

2）DNA 膜的固定

首先将巯基修饰的 DNA 固体粉沫（TTTTTTTTT-TAGTC-CG-TGG-TAG-GGC-AGG-TTG-GGGT-GACTA）用 20 mmol/L 的 Tris-NaClO$_4$（pH=7.4）缓冲溶液溶解，并稀释成浓度为 5 μmol/L 的溶液。将活化处理的金电极浸没到上述 DNA 溶液中，静置 24h。取出后用 Tris-NaClO$_4$（20 mmol/L，pH=7.4）缓冲溶液淋洗并放置在 1 mmol/L 硫醇 30 min。再次用缓冲溶液淋洗，从而在电极表面制备得到 DNA 修饰膜。将制备的不同 DNA 膜修饰的电极用 Tris-NaClO$_4$（pH=7.4，20 mmol/L）缓冲溶液充分淋洗后浸没到 9- 羟基芴溶液中 30 min，取出后再次用 Tris-NaClO$_4$（pH=7.4，20 mmol/L）缓冲溶液充分淋洗，得到 9- 羟基芴 -DNA 修饰的电极。采用电化学阻抗法分别跟踪测定制备的 DNA 膜电化学阻抗。

6.2.1.2　hairpin DNA 传感器检测机理

hairpin DNA 修饰的金电极实现了对 9- 羟基芴的检测，其检测原理如图 6.3 所示。首先将 hairpin DNA 修饰于金电极表面，然后用硫醇处理填补空隙以及剔除一些非特异性吸附的 DNA，得到排列有序、致密的单分子 DNA 膜，最后是将 hairpin DNA 生物传感器用于 9- 羟基芴检测。其作用的机理是 9- 羟基芴与 hairpin DNA "loop" 部分暴露的碱基之间可以发生氢键作用，导致电极膜性质的变化，以电化学阻抗法为分析手段从而实现对 9- 羟基芴的检测。电化学阻抗谱（EIS）分析采用美国 ARSTAT 2273 电化学综合测试系统进行测定。进行电化学测定时采用三电极体系，即以 DNA 修饰金电极为工作电极，填充饱和 KCl 溶液 Ag/AgCl 电极为参比电极，铂丝为对电极（Gao et al., 2010）。将上述三电极置于同一反应池中，在 20 mmol/L Tris-NaClO$_4$（pH=7.4）缓冲溶液配制的 2 mmol/L [Fe（CN）$_6$]$^{3-/4-}$ 溶液中进行电化学阻抗测定。为避免外界环境干扰，上述电化学阻抗测定应在一个封闭的法拉第箱中进行，所有的 EIS 测定结果均是在室温 25℃条件下测定。

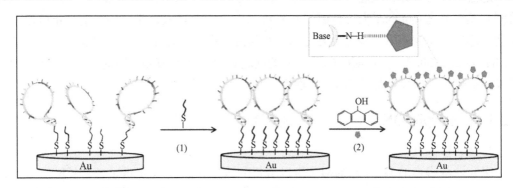

图 6.3　hairpin DNA 修饰金电极检测 9- 羟基芴原理示意图

hairpin DNA 修饰电极与 9- 羟基芴作用前后的电化学阻抗图（奈奎斯特图）如图 6.4 所示，其拟合电路为修正的 Randles 等效电路（内嵌图）（Li et al., 2005b）。电化学阻抗拟合数据见表 6.1。

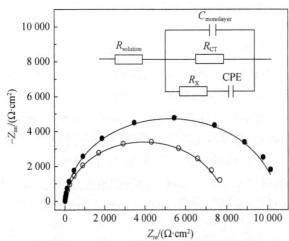

图 6.4　hairpin DNA 修饰电极与 9- 羟基芴作用前后的奈奎斯特图（$-Z_{im}$vs.Z_{re}）

注：○代表 hairpin DNA（1）修饰电极；●代表与 9- 羟基芴作用 30 min。其中内嵌图为等效电路示意图。R_S- 溶液电阻；R_{CT}-hairpin DNA（1）膜电阻；C_{film}- 膜电容；R_X-6- 巯基己醇的电阻；CPE- 电极表面 6- 巯基己醇的非线性电容。电化学阻抗测量数据用符号表示，经等效电路拟合后的数据用实线（-）表示。

表 6.1　hairpin DNA 修饰电极与 9- 羟基芴作用前后电化学阻抗数据等效电路拟合结果

不同膜层	$R_s/(\Omega \cdot cm^2)$	$C_{film}/(\mu F/cm^2)$	$R_{CT}/(\Omega \cdot cm^2)$	$R_X/(\Omega \cdot cm^2)$	$CPE/(\mu F/cm^2)$	n	$\Delta R_{CT}/(\Omega \cdot cm^2)$
hairpin DNA	7.5(0.2)	7.4(0.4)	7 897(11)	5.2(0.4)	22.4(0.5)	0.90(0.01)	0
hairpin DNA +9- 羟基芴	8.0(0.4)	8.5(0.9)	10 480(39)	4.0(0.0)	14.2(0.7)	0.92(0.01)	2 583(39)

注：括号内为偏差。

溶液电阻（R_s），是指测定体系中参比电极与工作电极之间的电阻。在测定过程中，因应尽量保证这两个电极之间的距离、实验测定的温度、电解质的浓度、pH 等条件保持相同，以避免对溶液电阻测量结果产生较大的影响。如表 6.1 所示，溶液电阻的变化范围在 6.7～8.0 Ω·cm²。膜电容（C_{film}），表示电极上修饰的 hairpin DNA 的膜电容。当电极表面膜的结构或性质发生变化时，C_{film} 会随着发生相应的改变。如表 6.1 所示，当 hairpin DNA 与 9- 羟基芴作用后 C_{film} 变大，表明 hairpin DNA 与 9- 羟基芴作用后导致介电常数增加 (Gong et al., 2009)。R_X 和 CPE——表示修饰到金电极表面的巯基己醇的电化学行为 (Liang et al., 2013a)。常相位元件是一个非线性电容元件，可以表示组装于电极表面的 DNA 膜的多相性，其指数为 n (Dharuman et al., 2011)。此外，从电化学阻抗图谱图 6.3（2）中可以看出 Warburg 阻抗的缺失，这主要是由于 hairpin DNA 修饰到电极表面后有效地覆盖到电极的表面，阻碍的氧化还原探针通过孔隙向电极表面的扩散，同时也证明了扩散现象对整个体系阻抗信号影响较弱。

膜电阻（R_{CT}），是指氧化还原探针［Fe（CN）$_6$］$^{3-/4-}$ 通过 hairpin DNA 膜层到达金电极表面的电荷传递电阻。膜电阻是电化学阻抗谱法拟合元件中最重要的参数之一，也是基于电化学阻抗谱法实现对目标物与 DNA 膜作用定量化评价的最重要的参数。从表 6.1 可以看出，当 hairpin DNA 膜与 550 nmol/L 9- 羟基芴作用后电化学阻抗（R_{CT}）从 7897（11）Ω·cm² 增大到 10 480（39）Ω·cm²，阻抗变化（ΔR_{CT}）为 2583（39）Ω·cm²，表明 9- 羟基芴与 hairpin-DNA 膜作用后阻碍了电荷从 hairpin DNA 膜表面到电极表面的传递。

6.2.1.3　hairpin DNA 与 9- 羟基芴作用模式

探究 9- 羟基芴与 DNA 作用的模式，有利于分析与 DNA 发生作用的位点、筛选更优的 DNA 序列，制备对 9- 羟基芴电化学信号更强的 DNA 传感界面。hairpin DNA 与 9- 羟基芴的作用部位可能有两种情况：一是与 hairpin DNA 结构中的 "loop" 部位发生作用；二是与 hairpin DNA 结构中的 "stem" 部位作用。为进一步证明作用的部位，分别采用 ds-DNA、ss-DNA 修饰的电极研究了 9- 羟基芴的电化学响应。如图 6.5 所示的是 ds-DNA、ss-DNA 修饰的金电极与 9- 羟基芴作用的电化学阻抗图（奈奎斯特图），对应的电化学阻抗拟合数据分别列于表 6.2 和表 6.3 中。

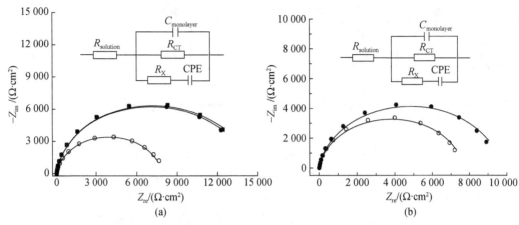

图 6.5　ds-DNA（1+2）膜修饰电极与 9- 羟基芴作用前后的奈奎斯特图（$-Z_{im}$vs.Z_{re}）

注：（a）图中○代表 hairpin DNA 修饰电极；●代表与 hairpin DNA 杂化后的 ds-DNA（1+2）修饰电极；■代表 ds-DNA（1+2）修饰电极与 9- 羟基芴作用 30 min。（b）图：ss-DNA 膜修饰电极与 9- 羟基芴作用前后的奈奎斯特图（$-Z_{im}$vs.Z_{re}），（b）图中○代表：ss-DNA 修饰电极；●代表 ss-DNA 修饰电极与 9- 羟基芴作用 30 min。其中内嵌图为等效电路拟合示意图。R_S 为溶液电阻；R_{CT} 为 hairpin DNA 膜电阻；C_{film} 为膜电容；R_X 为 6- 巯基己醇的电阻；CPE 为电极表面 6- 巯基己醇的非线性电容。电化学阻抗测量数据用符号表示，经等效电路拟合后的数据用实线(-)表示。

表 6.2　hairpin DNA、ds-DNA 修饰电极与 9- 羟基芴作用前后电化学阻抗数据等效电路拟合结果

不同膜层	R_S/($\Omega \cdot cm^2$)	C_{film}/($\mu F/cm^2$)	R_{CT}/($\Omega \cdot cm^2$)	R_X/($\Omega \cdot cm^2$)	CPE/($\mu F/cm^2$)	n	ΔR_{CT}/($\Omega \cdot cm^2$)
hairpin DNA	7.5(0.2)	7.4(0.4)	7 897(11)	5.2(0.4)	22.4(0.5)	0.90(0.01)	—
ds-DNA(1+2)	6.7(0.1)	10.2(0.3)	14 248(20)	10.1(0.7)	27.3(1.4)	0.91(0.03)	—
ds-DNA(1+2)+ 9- 羟基芴	6.7(0.1)	10.3(0.4)	14 460(17)	10.3(0.8)	27.3(1.7)	0.91(0.03)	212(36)

表 6.3　ss-DNA 膜与 9- 羟基芴作用前后电化学阻抗数据等效电路拟合结果

不同膜层	R_S/($\Omega \cdot cm^2$)	C_{film}/($\mu F/cm^2$)	R_{CT}/($\Omega \cdot cm^2$)	R_X/($\Omega \cdot cm^2$)	CPE/($\mu F/cm^2$)	n	ΔR_{CT}/($\Omega \cdot cm^2$)
ss-DNA	6.8(0.2)	7.4(0.4)	7669(50)	9.9(2.4)	26.6(3.0)	0.89(0.01)	—
ss-DNA+9- 羟基芴	6.9(0.0)	7.5(1.5)	9695(83)	10.7(0.1)	26.3(4.9)	0.89(0.00)	2026(52)

如表 6.2 所示，hairpin DNA 与 ss-DNA 杂化生成 ds-DNA，电化学阻抗（R_{CT}）从 7897（11）$\Omega \cdot cm^2$ 增大到 14 248（20）$\Omega \cdot cm^2$，阻抗变化（ΔR_{CT}）为 6351（21）$\Omega \cdot cm^2$，证明 hairpin DNA 目标链杂化生成双链结构。这是由于 hairpin DNA 与目标链杂化后 DNA 膜厚度增加（Shamsi and Kraatz, 2011），同时 DNA 膜覆盖度增大，从而导致了电荷通过 DNA 膜层的阻力增加。DNA 在电极表面的覆盖度可由如下公式计算得到（Gao et al., 2012）：

$$\theta = 1 - \left(\frac{R_{CT(bare)}}{R_{CT(DNA)}} \right) \times 100\% \tag{6.1}$$

如表 6.3 所示，当 ds-DNA 与 550 nmol/L 9- 羟基芴作用 30 min 后，电化学阻抗增大到

14 460（17）$\Omega \cdot cm^2$，电化学阻抗变化为 212（36）$\Omega \cdot cm^2$，远小于 hairpin DNA 引起的阻抗变化 $[\Delta R_{CT} = 2583（39）\Omega \cdot cm^2]$，说明 9-羟基芴与 ds-DNA（1+2）的作用较小。当 ss-DNA（3）与 9-羟基芴作用 30 min 后（拟合数据见表 6.3），电化学阻抗（R_{CT}）从 7669（50）$\Omega \cdot cm^2$ 增大到 9695（83）$\Omega \cdot cm^2$，阻抗变化（ΔR_{CT}）为 2026（52）$\Omega \cdot cm^2$，与 hairpin DNA 引起的阻抗变化 $[\Delta R_{CT} = 2583（39）\Omega \cdot cm^2]$ 相近，同时要远大于 ds-DNA 引起的阻抗变化，证明 9-羟基芴与 ss-DNA 的作用较强。上述结果表明，9-羟基芴与 ds-DNA 的作用引起的阻抗变化可以忽略。因此，推断 9-羟基芴与 hairpin DNA 发生作用的部位主要是 hairpin DNA 结构中的"loop"部位，而不是"stem"部位。

双链 DNA 与小分子化合物的作用模式主要有三种：静电作用、沟槽作用及嵌入作用。单链 DNA 分子中因其没有双螺旋结构形成的沟槽，且不存在平行堆积的碱基，因此小分子化合物与单链 DNA 不可能发生插入作用、沟槽作用。而从上述实验结果分析可得 9-羟基芴与 DNA 分子之间亦不存在明显的静电作用。基于此，推测 9-羟基芴与 DNA 作用的模式是与单链 DNA 的暴露的碱基之间发生作用，其作用力可能是氢键作用。为证明上述推论，首先采用紫外-可见光谱法研究了 9-羟基芴与 hairpin DNA 的作用，如图 6.6 所示。

首先用 Tris-NaClO$_4$（20 mmol/L，pH=7.4）缓冲溶液配制一定浓度的 9-羟基芴的溶液，然后向其中加入不同体积的 DNA 溶液，用 Tris-NaClO$_4$（20 mmol/L，pH=7.4）缓冲溶液稀释到 3 ml，最终得到含不同 DNA 浓度的 9-羟基芴（20 μmol/L）混合溶液，静置 30 min 待测定。9-羟基芴在 268 nm 处有一个较强的紫外吸收波谱，当向上述体系中加入不同量的 hairpin DNA 后，268 nm 处的吸收峰强度逐渐降低，表明 9-羟基芴与 hairpin DNA "loop"部位暴露的碱基之间发生了分子间的相互作用（Fukuda et al.，1990；Li and Dong，2009）。引起该减色现象的原因可能是由于 9-羟基芴分子中的羟基与碱基的氨基之间发生作用，影响了羟基取代基对芳香环母体的供电子效应（Li et al.，2005a）。此外，随着 hairpin DNA 浓度的增加，9-羟基芴吸收峰也出现了明显的红移现象（1～5 nm），这主要是由于 9-羟基芴的羟基与碱基发生作用后对羟基 H 与水分子之间作用的环境产生影响（Li et al.，2005a）。其作用的方式可能是氢键作用。而 9-羟基芴与 ds-DNA 作用后

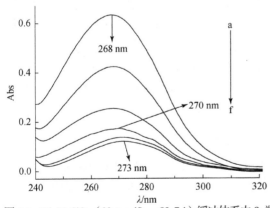

图 6.6　Tris-NaClO$_4$（20 mmol/L，pH=7.4）缓冲体系中 9-羟基芴与 hairpin DNA 作用的紫外-可见吸收光谱图

注：hairpin DNA 浓度：（a）0 μm；（b）0.2 μm；（c）0.4 μm；（d）0.6 μm；（e）0.8 μm；（f）1.0 μm。

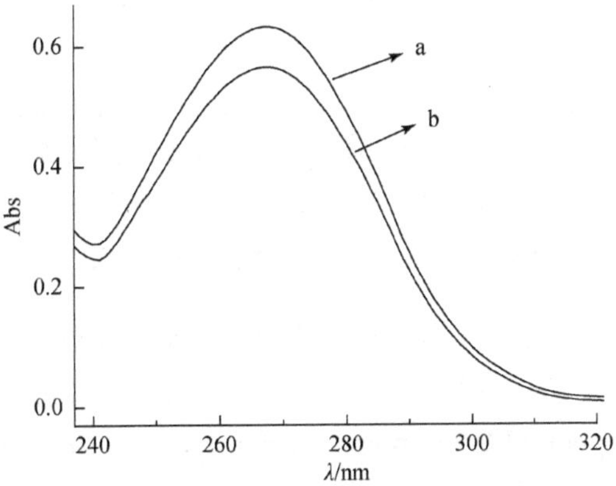

图 6.7　Tris-NaClO$_4$（20 mmol/L，pH=7.4）缓冲体系中 9-羟基芴与 ds-DNA 作用前后的紫外-可见吸收光谱图

注：ds-DNA 浓度：（a）0 μm；（b）1.0 μm。

其紫外可见光谱未发生明显变化，如图 6.7 所示。这一结果也表明 9- 羟基芴与 ds-DNA 之间的作用非常弱，与 EIS 测定结果一致。

为进一步证明 9- 羟基芴与碱基之间的氢键作用，采用 Bruker AM-400 型核磁共振波谱仪（400 MHz NMR Spectrometer console）分别测定了 9- 羟基芴的羟基 H、碱基（A、T、G、C）的氨基 H、9- 羟基芴与碱基混合体系中对应 H 的化学位移。测定 ^{1}H NMR 溶剂均为氘代试剂（D_2O，d_6-DMSO）。其中 G 碱基在 D_2O 中溶性较差，所以在 D_2O 溶剂中只对 9- 羟基芴与碱基（A、T、C）作用前后羟基 H 的化学位移进行了测定，9- 羟基芴分子及化学位移如图 6.8（a）所示；碱基中氨基 H 为活泼 H，在 D_2O 中 H 的化学位移不能进行测定，因此在 d_6-DMSO 溶剂中测定了碱基（A、T、C、G）结构中与 9- 羟基芴可能发生氢键作用的氨基 H 的化学位移，如腺嘌呤 A 的 N^6 位、胸腺嘧啶 T 的 N^3 位、鸟嘌呤 G 的 N^1 位和 N^2 位、胞嘧啶 C 的 N^4 位等，碱基结构及化学位移如图 6.8（b）所示。

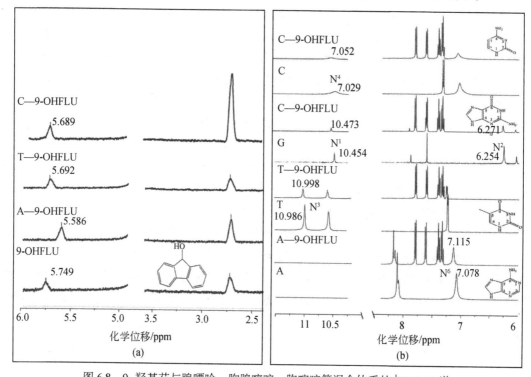

图 6.8　9- 羟基芴与腺嘌呤、胸腺嘧啶、胞嘧啶等混合体系的 ^{1}H NMR 谱

注：（a）在 D_2O 溶液中 9- 羟基芴与碱基作用前后羟基 H 的化学位移；（b）在 d_6-DMSO 溶液中腺嘌呤、胸腺嘧啶、胞嘧啶等碱基与 9- 羟基芴作用前后氨基 H 的化学位移（内标物四甲基硅烷化学位移 0.00 ppm）；物质的量比 1：1。

表 6.4 所示的是 9- 羟基芴与碱基（A、T、C）作用前后羟基 H 的化学位移。9- 羟基芴与碱基 A、T、C 作用后羟基 H 的化学位移的变化（$\Delta\delta$）分别是 0.163 ppm、0.057 ppm 和 0.060 ppm。表 6.5 所示的是碱基 A、T、G、C 与 9- 羟基芴作用后不同位置 NH 的 H 化学位移的变化（$\Delta\delta$）分别是：0.037 ppm（A-N^6）、0.012 ppm（T-N^3）、0.019（G-N^1）和 0.017 ppm（G-N^2）、0.023（C-N^4）。此外，亦研究了 A、T 碱基及发生氢键作用后的化学位移，如图 6.9 所示。通过计算得出 A、T 碱基发生氢键作用后的化学位移变化分

别是 0.018 ppm （A-N^6）及 0.044 ppm （T-N^3），该数值与 9- 羟基芴与碱基 A、T 作用后引起的氨基 H 的化学位移变化在同一数量级，因此证明了 9- 羟基芴与 hairpin DNA 暴露的碱基之间发生的作用模式是氢键作用。

表 6.4　D$_2$O 溶液中 9- 羟基芴与碱基作用前后羟基 H 的化学位移　　　　单位：ppm

化学位移（δ）	9- 羟基芴	9- 羟基芴 +A	9- 羟基芴 +T	9- 羟基芴 +C
δ(OH)	5.749	5.586	5.692	5.689
$\Delta\delta$(OH)	—	0.163	0.057	0.060

表 6.5　d_6-DMSO 溶液中碱基上氨基 H 与 9- 羟基芴作用前后的化学位移　　　　单位：ppm

化学位移（δ）	A-N^6	T-N^3	G-N^1	G-N^2	C-N^4
δ(NH)	7.078	10.986	10.454	6.254	7.029
δ(NH)+9- 羟基芴	7.115	10.998	10.473	6.271	7.052
$\Delta\delta$(NH)	0.037	0.012	0.019	0.017	0.023

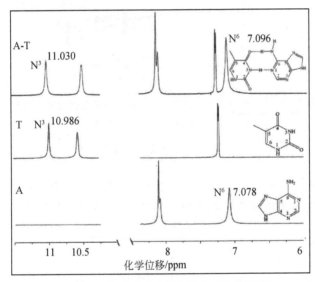

图 6.9　腺嘌呤、胸腺嘧啶、腺嘌呤与胸腺嘧啶混合体系（物质的量比 1：1）在 d$_6$-DMSO 溶液中的 ^{1}H NMR 谱

注：内标物四甲基硅烷化学位移 0.00 ppm。

　　基于上述讨论，可以得出结论：9- 羟基芴与 hairpin DNA "loop" 部分暴露的碱基作用后导致 hairpin DNA 膜性质的变化 （如厚度、疏水性等），从而导致 hairpin DNA 膜电化学阻抗的增加。那 hairpin DNA 生物传感器与其他羟基多环芳烃作用后电化学情况如何呢？在此基础上，采用 EIS 法分别研究了羟基屈 3- 羟基荧蒽、1- 羟基吡、6- 羟基屈、9- 羟基菲、1- 羟基蒽、2- 羟基萘、1- 羟基萘、2- 羟基芴等与 hairpin DNA 生物传感器的电化学响应情况，并与 9- 羟基芴进行了对比。图 6.10 表示的是 550 nmol/L 羟基多环芳烃与 hairpin DNA 生物传感器作用后的电化学阻抗变化与作用时间的动力学关系曲线。从图中可以看出，9- 羟基芴与 hairpin DNA 生物传感器作用后电化学阻抗逐渐变大，并在

30 min 趋于稳定。而对于其他选择的八种羟基多环芳烃则略有差异：作用 30 min 内引起的阻抗变化较小；阻抗变化随作用时间的延长呈现变小趋势；不同羟基多环芳烃与 hairpin DNA 生物传感器作用后引起的阻抗变化不同。对于出现的这种现象认为是由于羟基多环芳烃与 hairpin DNA 作用模式的不同引起的。研究表明，羟基多环芳烃可通过插入作用插入到双链 DNA 碱基层之间（Wang et al.，2009c），而具有平面结构的多环芳烃结构中存在离域的 π 体系与碱基 π 堆积体系之间发生 π-π 堆积作用可能会导致 DNA 分子对电荷传输更加容易，这也更好地解释了羟基多环芳烃与 DNA 作用后阻抗降低的原因。

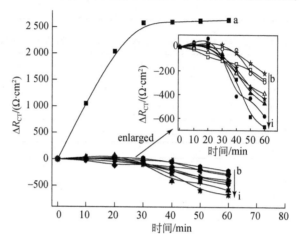

图 6.10　不同羟基多环芳烃与 hairpin DNA 修饰电极作用的电化学阻抗变化（ ΔR_{CT} ）与作用时间关系曲线

注：9-羟基芴（a）；3-羟基荧蒽（b）；1-羟基芘（c）；6-羟基䓛（d）；9-羟基菲（e）；1-羟基蒽（f）；
2-羟基萘（g）；1-羟基萘（h）；2-羟基芴（i）。

　　为进一步证明这一推论，选取 1-羟基萘为代表物，采用 ss-DNA 修饰的电极和 ds-DNA 修饰的电极进行了电化学阻抗分析，如图 6.11 所示。从图中可以看出，ds-DNA 修

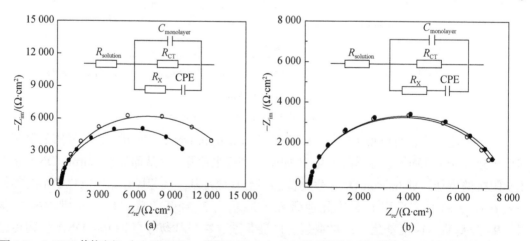

图 6.11　ds-DNA 修饰电极（a）和 ss-DNA 修饰电极（b）与 1-羟基萘作用前后的电化学阻抗谱图（ $-Z_{im}$ vs. Z_{re} ）

注：○代表 DNA 修饰电极电化学阻抗；●代表 DNA 修饰电极与 1-羟基萘作用后电化学阻抗。R_S-溶液电阻；R_{CT}-
hairpin DNA（1）膜电阻；C_{film}-膜电容；R_X-6-巯基己醇的电阻；CPE-电极表面 6-巯基己醇的非线性电容。

饰电极与 1- 羟基萘作用后电化学阻抗降低，而 ss-DNA 修饰的电极则未见明显变化，说明 1- 羟基萘确实更容易与 ds-DNA 作用且作用后更有利于电荷向电极表面传输。而对于 π-π 堆积作用是如何导致 DNA 分子传输电荷能力增强的机理问题还有待于深一步的研究。

上述研究表明：① 9- 羟基芴可以与 hairpin DNA 结构中的"loop"部分暴露的碱基之间发生氢键作用；②发生氢键作用后 hairpin DNA 膜电阻明显变大；③其他类羟基多环芳烃与 hairpin DNA 作用后膜电阻变化很小。因此，设计 hairpin DNA 修饰的生物传感器可以实现对 9- 羟基芴具有选择性、灵敏性的检测。

6.2.1.4　hairpin DNA 传感器性能分析

电化学阻抗（R_{CT}）是一个非常重要的参数。上述研究表明以电化学阻抗法为分析手段，基于 9- 羟基芴与 hairpin DNA 修饰电极作用后引起的电化学阻抗变化（ΔR_{CT}）可用于对 9- 羟基芴的检测。图 6.12 所示的是电化学阻抗变化（ΔR_{CT}）与 9- 羟基芴的浓度关系曲线（浓度范围：1100 nmol/L ～ 0.5 nmol/L）。从图 6.11 中可以看出随 9- 羟基芴浓度的降低，引起的电化学阻抗变化（ΔR_{CT}）亦呈现减小的趋势，这主要是因为在电极表面与 hairpin DNA 作用的 9- 羟基芴越来越少。当 9- 羟基芴浓度降低到 0.55 nmol/L 时，所引起电化学阻抗的变化不足以用来区分缓冲体系引起的变化。内嵌图所示的是阻抗变化（ΔR_{CT}）与 9- 羟基芴浓度线性关系（浓度范围：275 nmol/L ～ 1 nmol/L），线性方程为 Y（ΔR_{CT}）= 62.1+6.5X（R^2=0.999），检出限为 1 nmol/L ［如图 6.12（b）所示］。该 hairpin DNA 生物传感器对 9- 羟基芴具有较低的检测限，可以与现有其他仪器检测方法如 GC、GC-MS、LC-MS 相媲美（表 6.6）。本书所设计的 hairpin DNA 生物传感器是目前报道的唯一可用于检测 9- 羟基芴的电化学 DNA 生物传感器。

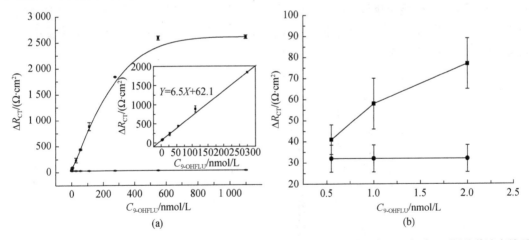

图 6.12　hairpin DNA 生物传感器与 9- 羟基芴作用后的电化学阻抗变化（ΔR_{CT}）与 9- 羟基芴浓度关系曲线

注：（a）0.5 nmol/L ～ 1100 nmol/L；（b）0.5 nmol/L ～ 2 nmol/L。标记（●）的线表示的是 hairpin DNA 膜在 Tris-NaClO$_4$ 缓冲体系中引起的 ΔR_{CT}。误差棒表示的多次测量结果的标准偏差。

表 6.6　仪器测定方法与本书方法测定 9- 羟基芴的比较

技术方法	检测限 /（nmol/L）	回收率 /%	文献
GC-MS	0.33	—	Gmeiner et al.，2002
	0.13/0.74	70 ～ 74	Luan et al.，2007
	1.2	85.2	Campo et al.，2008
	1.1	70 ～ 130	Campo et al.，2010
	11	98 ～ 121	Mattarozzi et al.，2009
GC-GC-FID	0.2	69	Amorim et al.，2009
LC-MS	38.5	87 ± 6.9	Van de Wiele et al.，2004
	55	—	Galceran and Moyano，1996
LC-DAD	2.2	103 ～ 110	Mundt and Hollender，2005
本书方法	1	—	—
	4[a]	96 ～ 102[e]	—

注：a 表示实际水样品中测定的检测限；e 表示实际水样中测定的回收率。

选择性是衡量 DNA 生物传感器性能的一个重要指标。时间 - 动力学研究表明，当作用时间为 30 min 时，9- 羟基芴与其他羟基多环芳烃的区分度最大，可以选择性的实现对 9- 羟基芴检测。图 6.13 所示的是在 Tris-NaClO$_4$（20 mmol/L，pH=7.4）缓冲溶液中 275 nmol/L 不同羟基多环芳烃（9- 羟基芴、3- 羟基荧蒽、1- 羟基吡、6- 羟基屈、9- 羟基菲、1- 羟基蒽、2- 羟基萘、1- 羟基萘、2- 羟基芴等）与 hairpin DNA 修饰电极作用时间为 30 min 时的电化学响应研究情况。从图中可以看出，只有 9- 羟基芴可以引起较大的阻抗变化，其他羟基多环芳烃引起的阻抗变化较小，而且在羟基多环芳烃混合体系中 9- 羟基芴依然表现出较强的电化学信号。结果证明，该 hairpin DNA 传感器可以在共存体系中实现对 9- 羟基芴的选择性检测。

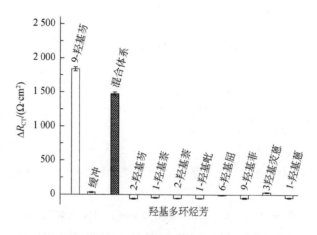

图 6.13　缓冲溶液中 hairpin DNA 修饰金电极与不同羟基多环芳烃及其混合体系作用的电化学阻抗变化

为了进一步考察该 hairpin DNA 生物传感器能否用于实际环境水体系中 9- 羟基芴的测定，采用白洋淀湖水作为研究对象，研究了 9- 羟基芴在该湖水中的电化学响应。

首先，将白洋淀采样的湖水用 0.45 μm 滤膜纯化，然后将 9- 羟基芴母液稀释得到一系列不同浓度的 9- 羟基芴待测溶液（浓度范围：1100 ~ 0.1 nmol/L），待电化学阻抗测定。电化学阻抗变化与 9- 羟基芴浓度关系如图 6.14 所示。从图 6.14（a）中可以看出，随着 9- 羟基芴浓度的降低电化学阻抗变化（ΔR_{CT}）亦呈现降低的趋势，这是由于与修饰到电极表面的 hairpin DNA 发生作用的 9- 羟基芴的量越来越少。内嵌图所示的是 hairpin DNA 生物传感器在湖水中 9- 羟基芴的检出限（4 nmol/L）。图 6.14（b）所示的是阻抗变化（ΔR_{CT}）与 9- 羟基芴浓度线性关系（浓度范围：275 ~ 2.5 nmol/L），线性方程为 Y（ΔR_{CT}）=142+4.99 [$C_{9\text{-}\text{羟基芴}}$]（R^2=0.98）。此外，计算得到该 DNA 传感器对实际水体中 9- 羟基芴检测的平均回收率为 96% ~ 102%，比现有仪器方法要好，说明该 DNA 传感器可用于实际水体系中的 9- 羟基芴的检测。为更真实地反映实际水体系中 9- 羟基芴的浓度，以在实际水体系中的浓度 –ΔR_{CT} 关系曲线作为工作曲线对实际样品中进行分析，从而可以实现对 9- 羟基芴的更准确测定。

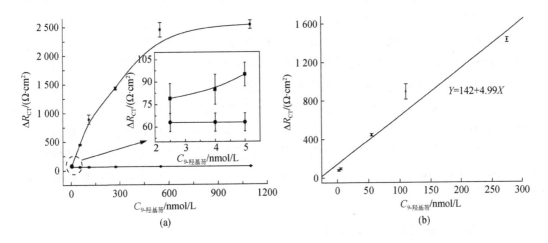

图 6.14　白洋淀湖水体系中 Hairpin DNA 生物传感器与 9- 羟基芴作用电化学阻抗变化 - 浓度关系曲线
注：（a）浓度范围为 1100 ~ 0.1 nmol/L；（b）线性关系部分，浓度范围为 275 ~ 2.5 nmol/L。

采用电化学阻抗法研究了 DNA 与羟基多环芳烃的作用，筛选了对 9- 羟基芴有选择性的 hairpin DNA 序列。研究证明，在相同条件下只有 9- 羟基芴能够与 hairpin DNA 发生作用并引起较大的电化学阻抗变化，而其他多环芳烃与 hairpin DNA 作用后阻抗变化较小；同时也证实了 9- 羟基芴和 hairpin DNA 发生作用的部位为 hairpin DNA 的 "loop" 部位暴露的碱基。紫外 – 可见光谱法、核磁共振波谱发等分析手段进一步研究表明，9- 羟基芴与碱基之间发生作用方式是氢键作用。该 hairpin DNA 生物传感器，不仅实现了缓冲体系中对 9- 羟基芴的高灵敏、高选择性的检测，亦成功应用于实际水体系 9- 羟基芴的分析。该生物传感器为提供了一种简单、快速可用于实际环境体系中 9- 羟基芴检测的方法，具有广阔的应用前景。该 hairpin DNA 生物传感器有望用于研究其他环境污染物并对其环境毒性进行评估。

6.2.2　基于 hairpin DNA 生物传感器对氨基萘类污染物电化学检测

芳香胺化合物是环境体系中一类普遍存在的具有"三致效应"的有机有毒污染物（Munteanu et al.，1998；Poirier，2004；Turesky，2002），其主要来源为染料、颜料、石油精炼、合成树脂、农药、黏合剂、橡胶等的生产过程（Pinheiro et al.，2004；Turesky and Le Marchand，2011；Weiss and Angerer，2002）。因其具有较强的毒性而被美国国家环境保护署（USEPA）列为优先控制污染物（Wang et al.，1996；Yazdi and Es'haghi，2005）。芳香胺化合物的致癌性主要是来源于在体内酶代谢过程中产生的高活性、强亲电性的中间体——氨基羟基化的活化产物（Cohen et al.，2006；Di Paolo et al.，2005；Frederiksen and Frandsen，2003；Gamage et al.，2006；Gorlewska-Roberts et al.，2004；Hein，2002）。这些活性中间体可与 DNA 的碱基之间发生作用生成 DNA 结合物，从而导致不同类型的 DNA 损伤并在 DNA 复制、转录过程中诱发突变，最终引发癌变（Vaidyanathan and Cho，2012）。对于某些含有较少（小于四个）芳香环数的胺类化合物，则可以直接透过细胞膜进入细胞对 DNA 造成损伤，其作用的方式主要包括两种：与碱基直接发生作用生成 DNA 加合物；具有平面的结构可以插入到相邻的碱基层之间（Wang，2004）。到目前为止，采用电化学 DNA 生物传感器研究芳香胺类污染物的报道还比较少（Chiti et al.，2001；Wang et al.，1996），更不能解释与芳香胺作用后产生信号的原因及不同芳香胺产生电化学信号差异。氨基萘化合物是环境体系中一类具有致癌作用的污染物，到目前为止采用电化学 DNA 生物传感器研究氨基萘化合物还未见报道，因此构建可以识别氨基萘化合物的 DNA 生物传感器，实现对其的特异性、高灵敏性识别具有很大的挑战性。

6.2.2.1　hairpin DNA 修饰电极的制备

hairpin DNA 修饰电极的制备详见 6.2.1 节。

6.2.2.2　hairpin DNA 传感器检测机理

电化学阻抗法是描述电极膜电阻变化最灵敏的一种方法，其测定结果需等效电路进行拟合处理。等效电路中的各元件分别代表不同的物理意义，其中电化学阻抗值是最重要的参数之一（Bogomolova et al.，2009；Li et al.，2007）。因此，首先采用电化学阻抗谱法对 hairpin DNA 修饰电极与 0.6 μmol/L 1，8- 二氨基萘化合物作用前后的电化学阻抗行为进行了表征，并通过选择合适的等效电路对测定结果进行拟合（Li et al.，2005a，2005b）。图 6.15 所示的是采用等效电路（内嵌图）对 hairpin DNA 修饰电极与 1，8- 二氨基萘化合物作用前后拟合的奈奎斯特图，其拟合数据见表 6.7。

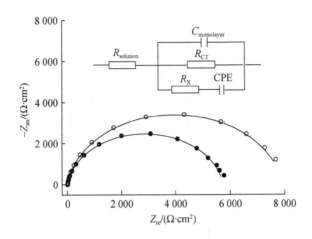

图 6.15　hairpin DNA 修饰电极与 1, 8- 二氨基萘作用前后的奈奎斯特图（$-Z_{im}$ vs. Z_{re}）

注：hairpin DNA 修饰电极与 1, 8- 二氨基萘作用前（○）和作用后（●）的电化学阻抗谱图。其中内嵌图为等效电路示意图。R_S- 溶液电阻；R_{CT}-hairpin DNA （1）膜电阻；C_{film}- 膜电容；R_X-6- 巯基己醇的电阻；CPE- 电极表面 6- 巯基己醇的非线性电容。电化学阻抗测量数据用符号表示，经等效电路拟合后的数据用实线（-）表示。

表 6.7　hairpin DNA 修饰电极与 1, 8- 二氨基萘作用前后电化学阻抗数据等效电路拟合结果

不同膜层	$R_S/(\Omega \cdot cm^2)$	$C_{film}/(\mu F/cm^2)$	$R_{CT}/(\Omega \cdot cm^2)$	$R_X/(\Omega \cdot cm^2)$	$CPE/(\mu F/cm^2)$	n	$\Delta R_{CT}/(\Omega \cdot cm^2)$
hairpin DNA	7.5(0.2)	7.4(0.4)	7897(11)	5.2(0.4)	22.4(0.5)	0.90(0.01)	0
hairpin DNA +1, 8- 二氨基萘	6.8(0.3)	4.1(0.3)	5722(12)	4.6(0.2)	12.9(0.5)	0.89(0.03)	2175(12)

注：括号内表示偏差。

R_S- 溶液电阻，如表 6.7 所示，溶液电阻的变化范围在 6.8 ～ 7.5 $\Omega \cdot cm^2$。

C_{film}- 膜电容，从表 6.7 中可以看出当 hairpin DNA 与 1, 8- 二氨基萘化合物作用后膜电容从 7.4 （0.4）$\mu F/cm^2$ 降低到 4.1 （0.3）$\mu F/cm^2$，这主要是由于 1, 8- 二氨基萘与 hairpin DNA 作用后导致 DNA 膜的介电常数的降低（Gong and Li，2011）。

R_X 和 CPE （常相位元件）表示的是金电极表面巯基己醇的电化学行为（Liang et al.，2013a）。从电化学阻抗图谱图 6.15 中可以看出 Warburg 阻抗的缺失，这主要是由于 DNA 修饰到金电极表面后有效地覆盖到电极的表面，阻碍的氧化还原探针通过孔隙向电极表面的扩散，同时也证明了扩散现象对整个体系阻抗信号影响较弱。

R_{CT}- 膜电阻，从表 6.7 可以看出，当 0.6 $\mu mol/L$ 1, 8- 二氨基萘与 hairpin DNA 作用后电化学阻抗从 7897（11）$\Omega \cdot cm^2$ 变为 5722（12）$\Omega \cdot cm^2$ ［ΔR_{CT}=2175（12）$\Omega \cdot cm^2$］。表明 1, 8- 二氨基萘与 hairpin DNA 作用后增强了 DNA 膜的导电性，更有利于电荷的传输，从而降低了 DNA 膜电阻。

电化学阻抗分析结果证明 1, 8- 二氨基萘可以与 hairpin DNA 发生作用。但是 hairpin DNA 具有特征部位："loop" 部位及 "stem" 部位，那么与 1, 8- 二氨基萘发生作用的部位是什么呢？为进一步证实发生作用的部位，分别选用了 ss-DNA 及 ds-DNA 修饰的金电

极对 1，8- 二氨基萘进行电化学阻抗分析。电化学阻抗谱如图 6.16 所示，拟合数据见表 6.8 和表 6.9。结果表明，1，8- 二氨基萘与 ss-DNA 修饰的金电极作用后，电化学阻抗变化为 128（14）$\Omega \cdot cm^2$，要远小于 hairpin DNA 修饰的金电极的阻抗变化［2175（12）$\Omega \cdot cm^2$］；1，8- 二氨基萘与 ds-DNA 修饰的金电极作用后电化学阻抗变化 1240（29）$\Omega \cdot cm^2$ 比 ss-DNA 修饰的金电极大，但是比 hairpin DNA 修饰的金电极的阻抗变化小。基于上述结果，可以得出结论：1，8- 二氨基萘与 ds-DNA 的作用较强，与 ss-DNA 的作用较弱。

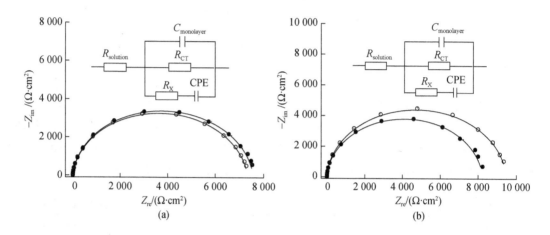

图 6.16 （a）：ss-DNA 修饰电极与 0.6 μmol/L 1，8- 二氨基萘作用前（○）和作用后（●）的电化学阻抗谱图（$-Z_{im}$vs.Z_{re}）；（b）：ds-DNA 修饰电极与 0.6 μmol/L 1，8- 二氨基萘作用前（○）和作用后（●）的电化学阻抗谱图（$-Z_{im}$vs.Z_{re}）。其中内嵌图为等效电路示意图。R_S- 溶液电阻；R_{XT}- 膜电阻；C_{film}- 膜电容；R_X-6- 巯基己醇的电阻；CPE- 电极表面 6- 巯基己醇的非线性电容。电化学阻抗测量数据用符号表示，经等效电路拟合后的数据用实线（-）表示。

表 6.8 ss-DNA 膜与 1，8- 二氨基萘作用前后电化学阻抗数据等效电路拟合结果

不同膜层	R_S/($\Omega \cdot cm^2$)	C_{film}/($\mu F/cm^2$)	R_{CT}/($\Omega \cdot cm^2$)	R_X/($\Omega \cdot cm^2$)	CPE/($\mu F/cm^2$)	n	ΔR_{CT}/($\Omega \cdot cm^2$)
ss-DNA	6.9(0.2)	4.8(0.2)	7319(16)	6.9(0.4)	14.9(0.8)	0.92(0.03)	0
ss-DNA+1, 8-二氨基萘	6.9(0.1)	5.1(0.3)	7447(23)	6.0(0.3)	15.7(1.0)	0.88(0.02)	128(14)

表 6.9 ds-DNA 膜与 1，8- 二氨基萘作用前后电化学阻抗数据等效电路拟合结果

不同膜层	R_S/($\Omega \cdot cm^2$)	C_{film}/($\mu F/cm^2$)	R_{CT}/($\Omega \cdot cm^2$)	R_X/($\Omega \cdot cm^2$)	CPE/($\mu F/cm^2$)	n	ΔR_{CT}/($\Omega \cdot cm^2$)
ds-DNA (2+3)	6.9(0.1)	7.8(0.3)	9459(36)	2.6(0.1)	8.7(0.4)	0.94(0.01)	——
ds-DNA (2+3) + 1,8- 二氨基萘	6.7(0.1)	7.5(0.2)	8219(27)	2.7(0.3)	9.1(0.7)	0.93(0.03)	1240(29)

为进一步证明上述结论，采用荧光光谱法进行了分析。取一定量氨基萘储备液并用 Tris 缓冲溶液稀释，保持氨基萘含量恒定并向其中加入不同体积的 DNA 溶液，最后用 Tris 缓冲溶液稀释到 3 ml，得到一系列不同 DNA 浓度的氨基萘 -DNA 混合溶液，室温下搅拌 30 min，待荧光光谱测定。氨基萘化合物的激发及发射波长见表 6.10.

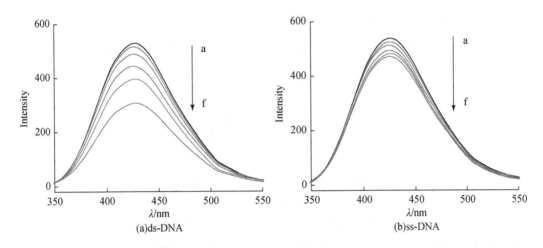

图 6.17　Tris-NaClO$_4$ 缓冲溶液中 0.6 μmol/L 1，8- 二氨基萘化合物与 ds-DNA、ss-DNA 作用的荧光光谱图

注：DNA 浓度分别为：0 μmol/L（a）、0.1 μmol/L（b）、0.2 μmol/L（c）、0.4 μmol/L（d）、0.6 μmol/L（e）、1.0 μmol/L（f）。

表 6.10　萘胺化合物的激发波长及发射波长　　　　　　　　单位：nm

化合物	λ_{ex}	λ_{em}
1,8- 二氨基萘	230	425
1,5- 二氨基萘	324	408
2,3- 二氨基萘	243	387
1- 二氨基萘	310	450
2- 二氨基萘	276	410

图 6.17 所示的是 1，8- 二氨基萘与 ds-DNA、ss-DNA 作用的荧光光谱图。如图所示，当采用 230nm 波长激发时 1，8- 二氨基萘化合物在 425 nm 处有一个发射峰。当分别向 1，8- 二氨基萘的溶液中加入不同浓度的 ds-DNA 及 ss-DNA 时荧光强度均降低（0 ～ 1.0×10^{-6} mol/L），但是 ds-DNA 对荧光光谱猝灭的程度要远大于 ss-DNA。此外，采用傅里叶转换拉曼光谱采用激光共聚焦显微拉曼光谱仪研究 1，8- 二氨基萘与 ds-DNA、ss-DNA 的作用，测定时将预制备的 1，8- 二氨基萘、DNA、1，8- 二氨基萘 -DNA 混合样品注入内径为 0.8 mm 的玻璃毛细管中并对毛细管一端封闭处理，待拉曼光谱测定。结果表明其变化趋势与荧光光谱相同，如图 6.18 所示。在 DMSO/Tris-ClO$_4$ 缓冲溶液中 1，8- 二氨基萘化合物在 1360 cm^{-1} 处的吸收峰为 C—N 弯曲振动特征峰（Gunasekaran et al., 2009）, 1445 cm^{-1} 处的吸收峰为苯环结构中 C=C 伸缩振动特征峰（Li et al., 2005a）。当 1, 8- 二氨基萘与 ds-DNA 作用后, 其在 1360 cm^{-1}、1445 cm^{-1} 处的峰强度均明显降低; 而当 1, 8- 二氨基萘与 ss-DNA 作用后, 其在 1360 cm^{-1}、1445 cm^{-1} 处的峰强度则变化较小。

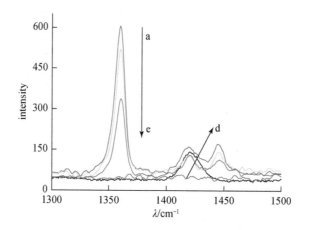

图 6.18 DMSO/Tris-HClO$_4$ 缓冲体系中 1, 8- 二氨基萘与 DNA 作用的荧光光谱图

注: 1, 8- 二氨基萘（a）;（a）+ss-DNA（b）;（a）+ds-DNA（c）; ds-DNA（d）; DMSO（e）。

综上所述, 可以证明 1, 8- 二氨基萘与 ds-DNA 的作用要大大强于与 ss-DNA 的作用。因此可以推断: 1, 8- 二氨基萘易于与 "stem" 部位发生作用, 而不是 "loop" 部位, 同时也证实了 hairpin DNA 双链结构的 "stem" 部位是 1, 8- 二氨基萘与 hairpin DNA 发生作用的位点。

研究证明, 双链 DNA 与小分子的作用主要有两种模式: 沟槽作用和插入作用 （Li et al., 1997）。因此, 接下来进一步采用荧光猝灭实验研究了 1, 8- 二氨基萘与 ds-DNA 的作用模式。图 6.19 所示的是逐渐增加阴离子猝灭剂 KI 的浓度对 1, 8- 二氨基萘 ［图 6.19 （a）］ 及 1, 8- 二氨基萘与 ds-DNA 混合体系 ［图 6.19（b）］ 的荧光猝灭光谱图。

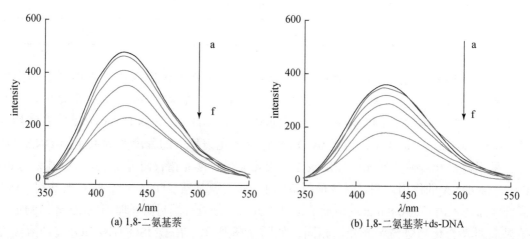

(a) 1,8-二氨基萘　　　　　　　　　(b) 1,8-二氨基萘+ds-DNA

图 6.19 Tris-NaClO$_4$（pH=7.4, 20 mmol/L）缓冲溶液中 KI 对 1, 8- 二氨基萘化合物的荧光猝灭光谱图

注: KI 浓度 a 为 0 μm; b 为 5 μm; c 为 15 μm; d 为 25 μm; e 为 40 μm; f 为 50 μm. ds ～ DNA 浓度为 0.5 μm。

图 6.20 所示的是由上述测定荧光光谱绘制的 KI 对 1，8- 二氨基萘（○）及 1，8- 二氨基萘 /ds-DNA 混合体系（●）的荧光猝灭效率曲线。从图中可以看出，相同浓度的 KI 对自由态的 1，8- 二氨基萘的猝灭效率要高于结合态的猝灭效率，表明 1，8- 二氨基萘与 ds-DNA 的结合模式为插入作用而并非沟槽作用。这是因为当 1，8- 二氨基萘与 ds-DNA 以插入方式结合后，ds-DNA 对 1，8- 二氨基萘的保护作用要强于以沟槽方式结合，使得 1，8- 二氨基萘的荧光猝灭的程度降低；如果以沟槽方式结合，则 KI 对 1，8- 二氨基萘的荧光猝灭的程度增强（Cao and He，1998；Kumar et al.，1993；Li and Dong，2009；Li et al.，1997）。

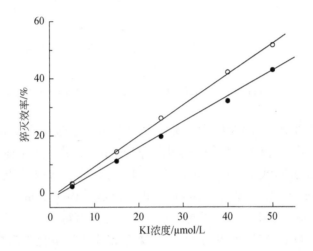

图 6.20　Tris-NaClO₄（pH=7.4，20 mmol/L）缓冲溶液体系中不同浓度 KI 对 1，8- 二氨基萘（○）及 1，8- 二氨基萘 -ds-DNA（●）混合体系的荧光猝灭效率

此外，采用 DPV 法证实了 1，8- 二氨基萘与 ds-DNA 的作用模式，首先用 Tris-NaClO₄（20 mmol/L，pH=7.4）缓冲配制一定浓度的 1，8- 二氨基萘溶液，向其中加入不同体积的 ds-DNA 溶液，并用 Tris-NaClO₄（20 mmol/L，pH=7.4）缓冲溶液稀释到 4 ml，得到一系列含不同 ds-DNA 浓度的 1，8- 二氨基萘混合溶液，室温下搅拌 30 min，待 DPV 测定。

如图 6.21 所示。从图中可以看出，Tris-NaClO₄ 缓冲溶液中 15 μmol/L 1，8- 二氨基萘在 0.720V 处有一个氧化峰（曲线 a），当向其中加入 ds-DNA 后氧化峰电位发生正移，峰电流强度降低且随着 ds-DNA 浓度的增加，峰电位发生正移程度越来越大，峰电流强度越来越低（曲线 b 到 d）。此结果亦证明 1，8- 二氨基萘与 ds-DNA 的作用模式为插入作用（Carter et al.，1989；Ibrahim，2001；Yang et al.，2008；Yola and Özaltin，2011）。这主要是由于 1，8- 二氨基萘插入到 ds-DNA 分子的碱基层中后受到保护作用，从而使得 1，8- 二氨基萘的氧化更加困难。

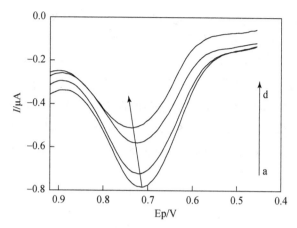

图 6.21　Tris-NaClO₄（pH=7.4，20 mmol/L）缓冲溶液体系中 1，8- 二氨基萘与不同浓度 ds-DNA 作用的 DPV 谱图

注：ds-DNA 浓度：a 为 0μmol/L；b 为 2μmol/L；c 为 2μmol/L；d 为 4μmol/L；e 为 5μmol/L。

　　综上所述，可以得出如下结论：1，8- 二氨基萘可以通过插入到相邻碱基层之间与 hairpin DNA 的"stem"部位发生作用（如图 6.22 所示），并导致了通过 hairpin DNA 膜层的电荷传输电阻显著降低，这可能是由于 1，8- 二氨基萘 π 体系与堆积的碱基 π 体系之间发生了 π-π 作用的结果（Boon et al.，2003；Wang et al.，2009c；Wu et al.，2011），而对于导致电化学阻抗减小的更深层次机理，还有待于一步深入研究。电化学阻抗结果表明，hairpin DNA 修饰电极与 1，8- 二氨基萘作用后电化学阻抗变化最大，说明采用 hairpin DNA 作为探针用于 1，8- 二氨基萘的检测比 ds-DNA 更为灵敏。因此，本书选择 hairpin DNA 作为探针用于研究萘胺类化合物的电化学响应。

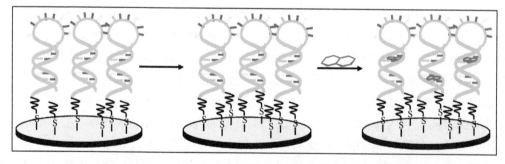

图 6.22　基于 hairpin DNA 修饰金电极对氨基萘检测原理示意图

　　图 6.23 所示的是采用 hairpin DNA 作为探针修饰的金电极研究 1，8- 二氨基萘、2，3-二氨基萘、1，5- 二氨基萘、1- 氨基萘、2- 氨基萘等化合物的电化学阻抗变化。电化学阻抗变化分别为：2175（12）Ω·cm²、1835（32）Ω·cm²、1233（27）Ω·cm²、1027（23）Ω·cm²、1012（42）Ω·cm²。结果表明：二氨基萘化合物引起的阻抗变化要比单氨基萘大，这可能是由于随着氨基取代数目的增多与 DNA 作用能力增强；1，8- 二氨基萘与 2，3- 二氨基萘引起的电化学阻抗变化要远大于 1，5- 二氨基萘阻抗变化，说明邻位氨基取代基对电化

学阻抗影响较大。上述结果也表明氨基位置发生变化时电化学信号差异较大（如 1，8-、2，3- 与 1，5- 比较），说明氨基取代的位置对 hairpin DNA "stem" 部位的插入能力产生很大的影响（Lesko et al.，1968；Tanious et al.，1992），然而对于单取代萘胺化合物则未观察到显著的电化学信号差异。

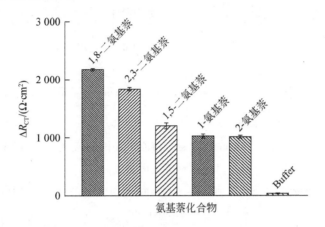

图 6.23　hairpin DNA 电化学生物传感器与氨基萘化合物（1，8- 二氨基萘、2，3- 二氨基萘、1，5- 二氨基萘、1- 氨基萘、2- 氨基萘）作用后阻抗变化（ΔR_{CT}）

如上所述，不同的氨基萘化合物与 hairpin DNA 作用后产生的电化学阻抗变化有明显的区别，产生差别的原因是什么呢？研究结果已经证实萘胺化合物与 hairpin DNA 发生作用主要是 "stem" 部位，那么该化合物与 hairpin DNA "stem" 部位作用的强弱是否是导致电化学阻抗变化差异的原因？

为证明这一点，采用荧光光谱法研究了萘胺化合物与 ds-DNA 的结合常数（K_{SV}），试图揭示其结合能力的差异。萘胺化合物与 ds-DNA 作用的荧光光谱图如图 6.24 所示，其结合常数（K_{SV}）根据 Stern-Volmer 方程计算（Li and Dong，2009），公式如下：

$$\lg \left[\frac{F_0-F}{F} \right] = \lg K_{SV} + n\lg \left[DNA \right] \qquad (6.2)$$

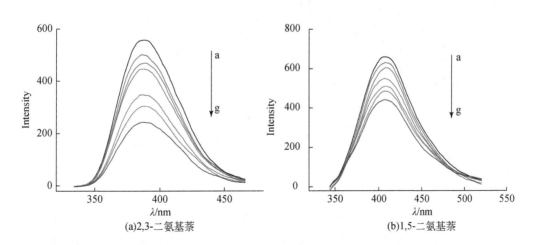

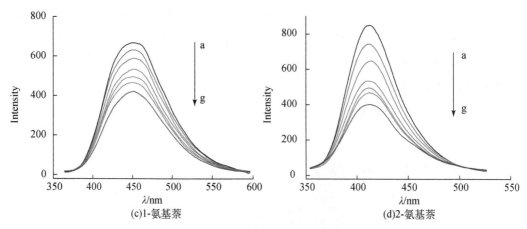

图 6.24　Tris-NaClO₄（pH=7.4，20 mmol/L）缓冲溶液体系中氨基萘化合物与不同浓度 ds-DNA 作用的荧光光谱图

注：ds-DNA 浓度：a 为 0 μmol/L；b 为 0.1 μmol/L；c 为 0.2 μmol/L；d 为 0.4 μmol/L；e 为 0.6 μmol/L；f 为 0.8 μmol/L；g 为 1.0 μmol/L。

图 6.25（a）所示的是不同氨基化合物与 ds-DNA 作用的结合常数（K_{SV}）关系曲线。从图中计算得到 1，8- 二氨基萘、2，3- 二氨基萘、1，5- 二氨基萘、1- 氨基萘、2- 氨基萘的结合常数（K_{SV}）分别为：（1.58±0.08）×10⁷、（2.51±0.11）×10⁶、（2.45±0.14）×10⁵、（1.70±0.07）×10⁵、（1.10±0.05）×10⁵。从结果中可以发现取代氨基的数目、氨基的位置对氨基萘化合物与 ds-DNA 的结合能力具有重要的影响：取代氨基数目增多 K_{SV} 增加；α 位取代氨基对 K_{SV} 的贡献要大于 β 位对 K_{SV} 的贡献。此外，还发现结合常数（K_{SV}）降低顺序为：$K_{SV1, 8-二氨基萘} > K_{SV2, 3-二氨基萘} > K_{SV1, 5-二氨基萘} > K_{SV1-氨基萘} > K_{SV2-氨基萘}$，这与氨基萘化合物与 hairpin DNA 修饰电极作用后引起的电化学阻抗降低的顺序恰好一致且具有较好的线性关系：$\lg(\Delta R_{CT}) = 2.32 + 0.14 \lg K_{SV}$（$R^2 = 0.99$），如图 6.25（b）所示。

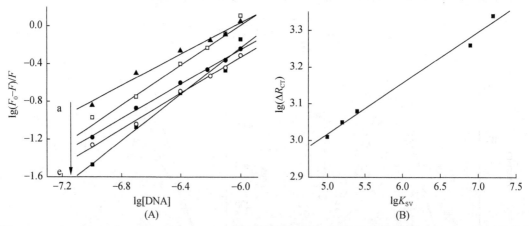

图 6.25　Tris-NaClO₄（pH=7.4，20 mmol/L）缓冲溶液体系中不同氨基萘化合物与 ds-DNA 作用的结合常数（K_{SV}）关系曲线

注：图（A）中：2- 氨基萘（a）；1- 氨基萘（b）；1，5- 氨基萘（c）；2，3- 氨基萘（d）；1，8- 二氨基萘（e）；图（B）为 ΔR_{CT} 与 K_{SV} 的对数关系曲线。F_0 是化合物的荧光强度；F 是化合物与 ds-DNA 作用后的荧光强度。

上述结果表明：氨基萘化合物与 DNA 的结合常数 K_{SV} 越大，产生的电化学阻抗越大，说明氨基萘化合物与 hairpin DNA 发生的作用也越强；当氨基位置发生变化时，K_{SV} 随之发生变化，从而导致了电化学阻抗亦随之发生变化。综上所述，可以推断：不同氨基萘化合物与 hairpin DNA 修饰电极作用后引起的电化学阻抗变化的差异主要是由不同氨基萘化合物与 hairpin DNA 双链 "stem" 部位作用的结合能力的差异引起的。

6.2.2.3　hairpin DNA 传感器检测性能

氨基萘化合物与 hairpin DNA 修饰电极作用后引起电化学阻抗发生变化，因此探究了氨基萘化合物浓度与电化学阻抗变化的关系。图 6.26 所示的是在 Tris-NaClO$_4$ 缓冲体系中 hairpin DNA（1）修饰电极与氨基萘化合物作用后电化学阻抗变化（ΔR_{CT}）- 浓度关系曲线。从图中可以看出，随着萘胺化合物浓度的降低（1.2 ～ 0.1 nmol/L）电化学阻抗呈现减小的趋势，说明与 hairpin DNA（1）膜发生作用的化合物的数量逐渐减少；任意浓度下电化学阻抗变化的降低顺序为：1，8- 二氨基萘 >2，3- 二氨基萘 >1，5- 二氨基萘 >1- 氨基萘 >2- 二氨基萘。与文献报道的 DNA 生物传感器相比，该 hairpin DNA 生物传感器对萘胺类化合物具有较高的灵敏性（Chiti et al.，2001；Wang et al.，1996）。例如，内嵌图所示，其检测限分别为 0.3 nmol/L（1，8- 二氨基萘）、0.6 nmol/L（2，3- 二氨基萘）、3 nmol/L（1，5- 二氨基萘）、6 nmol/L（1- 氨基萘）、6 nmol/L（2- 二氨基萘）。

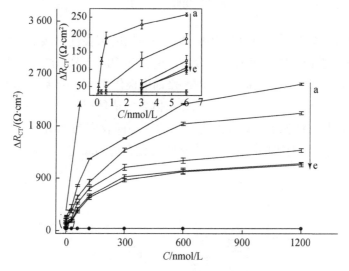

图 6.26　Tris-NaClO$_4$（pH=7.4，20 mmol/L）缓冲溶液体系中 hairpin DNA 修饰电极与氨基萘作用后的阻抗变化（ΔR_{CT}）- 浓度关系曲线

注：1，8- 二氨基萘（a）；2，3- 二氨基萘（b）；1，5- 二氨基萘（c）；1- 氨基萘（d）；2- 氨基萘（e）。浓度范围：0.1 ～ 1200 nmol/L；内嵌图为 0.1 ～ 6 nmol/L 浓度范围阻抗变化 – 浓度关系曲线的放大图。标记（●）的线表示的是 hairpin DNA 修饰电极在 Tris-NaClO$_4$ 缓冲体系中引起的 ΔR_{CT}。

选择性是生物传感器的一个重要性能，环境体系复杂且共存多种环境污染物，DNA 生物传感器能否实现对氨基萘化合物的选择性识别是必须直面的一个问题。基于此，选择了在环境体系中普遍存在的可能共存污染物、致癌物等进行了电化学研究。例如，多环芳烃菲、蒽；多氯联苯 -46、多氯联苯 -143；硝基苯、2，6- 二硝基苯；有机氯农药的 α- 六氯环己烷、滴滴涕；苯酚、1- 萘酚、2- 萘酚；等等。如图 6.27 所示，hairpin DAN 电极与萘胺类化合物作用后，电化学阻抗变化较明显，而与其他污染物作用后电化学阻抗变化很小。结果表明，该 hairpin DNA 生物传感器对萘胺类化合物具有较强的选择性。

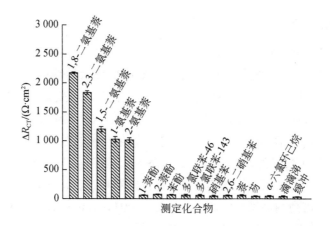

图 6.27　Tris-NaClO₄（pH=7.4，20 mmol/L）缓冲溶液体系中 hairpin DNA 修饰电极对环境体系中共存污染物的电化学响应情况

　　考虑到 DNA 生物传感器在实际环境体系中应用的重要性，接下来考察了在白洋淀湖水中 hairpin DNA 生物传感器对萘胺化合物的电化学响应情况。图 6.28 所示的是白洋淀湖水配制的不同氨基萘化合物与 hairpin DNA 修饰电极作用 30 min 后的电化学阻抗变化。从图中可以看出该 DNA 生物传感器在实际湖水体系中依然展现出较好的性能。以缓冲体系测定电化学阻抗结果为基准，氨基萘化合物的平均回收率为 96% ～ 102%，表明该 DNA 生物传感器可以适用于天然环境水体系中萘胺类化合物的测定。

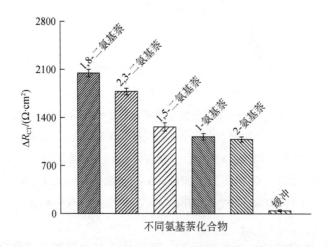

图 6.28　白洋淀体系中 hairpin DNA 修饰电极与不同氨基化合物作用后电化学阻抗变化

此外，对实际水体系中可能共存的干扰离子亦进行了分析。如图 6.29 所示，hairpin DNA 修饰电极与环境水体系中可能存在的金属阳离子、无机阴离子作用后引起的电化学阻抗变化很小且在混合体系中对 1，8- 二氨基萘、1- 氨基萘的电化学阻抗响应亦未受到明显的影响，表明该 hairpin DNA 生物传感器可用于实际环境体系中萘胺类化合物的分析，这对将来开展环境中萘胺类化合物的研究等方面具有重要意义。

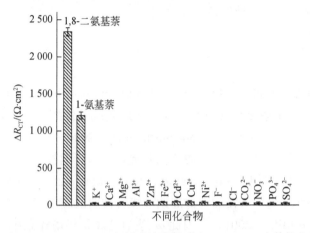

图 6.29　Tris-NaClO$_4$（pH=7.4，20 mmol/L）缓冲溶液体系中 hairpin DNA 修饰电极对环境体系中共存离子及共存离子体系中 1，8- 二氨基萘、1- 氨基萘的电化学响应

在本节中，主要采用 hairpin DNA 修饰的电极研究了不同氨基数目、不同位置取代的萘胺化合物的电化学响应并采用拉曼光谱法、示差脉冲伏安法、电化学阻抗法、荧光光谱法等阐明了萘胺化合物与 DNA 相互作用的机理。结果表明，萘胺化合物与 hairpin DNA 作用的主要部位是"stem"部位，作用的方式主要是插入作用。通过对萘胺化合物与 DNA 的结合常数（K_{sv}）研究，发现该结合常数 K_{sv} 降低的顺序与萘胺化合物导致电化学信号降低的顺序一致，且具有较好的线性关系，从而首次通过 K_{sv} 将电化学信号（ΔR_{CT}）与氨基萘对 DNA 的作用（基因毒性）建立相关性，也给提供了一种基于 EIS 法预测结合常数的新方法。此外，该 hairpin DNA 修饰电极操作简单、价格低廉、对氨基萘化合物具有较灵敏的响应，并成功实现了实际水体系中氨基萘信号的检测。因此，该 hairpin DNA 生物传感器有望进一步开发成为可以识别芳香胺类污染物的电化学生物传感器，实现对环境体系中芳香胺的快速、高灵敏检测。

6.3　基于电化学 G-DNAzyme 生物传感器对白洋淀水体芳香酚类污染物的检测方法

研究发现，一些含富 G 碱基的 DNA 序列具有特殊的性质，可以和某些金属离子（K$^+$、Na$^+$ 等）作用形成 G- 四联体结构（Li et al.，2009c）。该 G- 四联体结构和 hemin 分子结合后表现出类过氧化物酶的催化活性，被称为 G-DNA 酶（Pavlov et al.，2004）。

该 G-DNA 酶对双氧水具有较强的催化能力，能够催化双氧水氧化一些目标分子（Kosman and Juskowiak，2011）。与传统的蛋白酶相比，该 G-DNA 酶具有诸多优点，如生产成本低、易于制备及纯化、易于标记、热稳定好、非特异性吸附作用弱等，已被广泛应用于医学、生物学、材料科学等领域（Kosman and Juskowiak，2011；Li et al.，2010c；Pavlov et al.，2004；Willner et al.，2008；Zhou et al.，2010）。在本节中，将介绍基于 G-DNAzyme 生物传感器对 α- 萘酚、2- 羟基芴的特异性检测。

6.3.1　基于 G-DNAzyme 生物传感器对 α- 萘酚电化学检测方法

α- 萘酚是一种有毒、有害的环境污染物（Preuss and Angerer，2004），进入生物体中的 α- 萘酚可对生物体产生诸多负面影响，如改变肝脏线粒体酶活性、破坏免疫系统、对 DNA 造成损伤、降低精子活性等（Krishnamurthi et al.，2006；Marco et al.，1995；Zhu et al.，2012）。环境体系中 α- 萘酚主要来源于高效光谱性杀毒剂胺甲萘（N- 氨基甲酸甲酯）的化学水解及生物降解作用（Hidalgo et al.，1998；Marco et al.，1995；Sancho et al.，2003）。由于胺甲萘在环境中存在的生命周期较短且被广泛应用于农田、森林、湿地、海洋等方面（Relyea and Mills，2001），因此 α- 萘酚已经是环境体系中普遍存在的污染物并对土壤、地下水、地表水构成污染（Krishnamurthi et al.，2006）。此外，α- 萘酚也是普遍存在于环境中的具有"三致"作用的多环芳烃萘的降解产物（Annweiler et al.，2000；Luan et al.，2006），研究证明由于 α- 萘酚中羟基活化的作用，其代谢毒性效应比萘更强（Wilson et al.，1996），所以 α- 萘酚也是一种被广泛用于评估萘暴露水平的生物标志物（Zhu et al.，2012）。因此，科研工作者需要迫切开发一种快速、简单、灵敏的 α- 萘酚的检测方法。到目前为止，只有 Yang 等课题组报道了基于酸变性 DNA 修饰玻碳电极用于 α- 萘酚的检测，但是该传感器不具有再生性能（Zhao et al.，2007）。因此，开发灵敏性高、选择性强、具有可再生性能的 DNA 生物传感器依然具有很大的挑战性。

本章节中，将介绍 G-DNA 电化学阻抗法生物传感器对 α- 萘酚的检测研究。修饰于电极表面的 G-DNA 在 K^+ 作用下形成 K^+ 稳定的 G- 四连体结构并与 hemin 结合形成 G-DNA 酶，从而可以催化双氧水氧化 α- 萘酚生成难溶物 1,4- 萘醌并沉积于电极表面，导致 G-DNA 修饰膜电阻增大。该 G-DNA 生物传感器具有较高的灵敏性、选择性并展现出较好的再生性能，并成功应用于实际水体系中 α- 萘酚的检测。

6.3.1.1　G-DNA 酶修饰电极的制备

金电极 / 金片的处理：组装巯基修饰的 DNA 前需对金电极进行电活化处理（Liang et al.，2013b）。首先将金电极在鹿皮抛光布上用 0.05 μm 的 Al_2O_3 泥浆抛光约 15 min，用超纯水充分淋洗，然后依次在乙醇、水介质中超声 3 min。待超纯水淋洗后，置于 1 mol/L H_2SO_4 的溶液中采用循环伏安法活化处理，稳定后取出并用超纯水冲洗、氮气吹干，即得到活化的金电极表面。金片在使用前按文献报道方式进行活化处理（Pavlov et al.，2004）。首先将金片置于浓硫酸和 H_2O_2 的混合溶液中 20 min（V/V=7 ∶ 3），用超纯水淋洗后放入浓硝酸中浸泡 5 min。再次用超纯水淋洗，最后氮气吹干，即得到表面活化的金片。

DNA 膜的固定：首先将巯基修饰的 G-DNA（PW17：GGGTAGGGCGGGTTCCC）固体粉沫用 20 mmol/L 的 Tris-NaClO$_4$（pH=7.4）缓冲溶液溶解，并稀释成浓度为 5 μmol/L 的溶液。将活化处理的金电极浸没到上述 DNA 溶液中，静置 24h。取出后用 Tris-NaClO$_4$（20 mmol/L，pH=7.4）缓冲溶液淋洗并放置在 1 mmol/L 硫醇中 30 min。再次用缓冲溶液淋洗，然后分别放置在 10 mmol/L Tris-KClO$_4$（pH=7.4）缓冲溶液中 1h，1μ mol/L hemin Tris-KClO$_4$（10 mmol/L，pH=7.4）缓冲溶液中 1h 及不同浓度 α- 萘酚溶液（含 1 mmol/L H$_2$O$_2$）中 15 min，从而在电极表面制备得到不同的修饰膜。

6.3.1.2　G-DNA 酶传感器检测机理

首先，采用电化学阻抗谱法对 G-DNA 膜的组装过程进行了表征，主要包含以下几个过程：G-DNA 在裸金电极表面的组装；G-DNA 在 K$^+$ 离子作用下在电极表面形成 G- 四联体结构；G- 四联体结构与 hemin 作用后形成 G-DNA 酶；G-DNA 酶催化双氧水氧化 α- 萘酚生成 1，4- 萘醌。采用电化学阻抗谱法进行定量研究修饰于电极表面的 DNA 膜电阻变化，需选择合适的等效电路（内嵌图）对测定数据进行拟合（Li et al.，2005b）。图 6.30 是对 G-DNA 膜的组装过程经等效电路拟合后得到的奈奎斯特图，拟合数据见表 6.11。等效电路中的各元件分别代表不同的物理意义，通过分析其数值变化可以提供更有价值的信息。

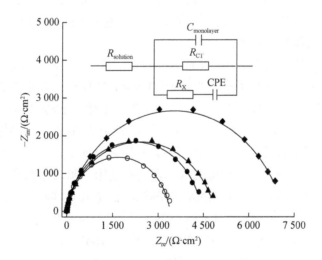

图 6.30　Tris-NaClO$_4$（pH=7.4，20 mmol/L）缓冲溶液体系中 G-DNA 修饰电极组装过程的奈奎斯特图
注：G-DNA 修饰电极（○）；与 K$^+$ 作用 1h（●）；与 1 μ mol/L hemin 作用 1 h（▲）；与含有 1 mmol/L H$_2$O$_2$ 的 100 μ mol/L α-naphthol 溶液作用 15 min（◆）。其中内嵌图为等效电路示意图。电化学阻抗测量数据用符号表示，经等效电路拟合后的数据用实线（-）表示。

表 6.11 G-DNA 膜修饰电极组装过程的电化学阻抗数据等效电路拟合结果

不同膜层	$R_s/(\Omega \cdot cm^2)$	$C_{film}/(\mu F/cm^2)$	$R_{CT}/(\Omega \cdot cm^2)$	$R_X/(\Omega \cdot cm^2)$	CPE/$(\mu F/cm^2)$	n	$\Delta R_{CT}/(\Omega \cdot cm^2)$
G-DNA (1)	6.2(0.2)	4.6(0.2)	3383(23)	13.8(0.4)	12.5(0.2)	0.9(0.1)	0
+K+	6.0(0.1)	7.6(0.5)	4433(31)	32.9(1.1)	13.0(0.4)	0.9(0.3)	1050(29)
+hemin	5.8(0.1)	4.5(0.1)	4896(20)	19.7(0.7)	13.8(0.5)	0.8(0.3)	463(18)
+α-萘酚	5.7(0.0)	4.2(0.2)	7167(37)	20.1(0.5)	13.3(0.3)	0.8(0.2)	2271(35)

注：括号内表示偏差。

溶液电阻（R_s），是指测定体系中参比电极与工作电极之间的电阻。如表 6.11 所示，溶液电阻的变化范围在 5.7～6.2 $\Omega \cdot cm^2$。

膜电容（C_{film}），表示电极上修饰的 G-DNA 膜层的电容。当电极表面膜的结构或性质发生变化时，膜电容会随着发生相应的改变。如表 6.11 所示，G-DNA 与 K$^+$ 作用后膜电容显著变大，这主要是由于 G-DNA 结构发生变化的缘故——自由状态的单链转变成具有更致密的结构 G- 四联体结构，导致膜厚度降低（Radi and O'Sulliva，2006）。而当 G-四联体结构修饰的膜与 hemin、α- 萘酚等作用后膜电容又明显变小，可以解释为 G- 四联体结构与 hemin 结合（Li et al.，2009a；Li et al.，2009b）、α- 萘酚氧化产物沉积到 G-DNA 膜表面使膜厚度增加从而导致介电常数的降低（Gong and Li，2011；Won et al.，2011）。

R_X 和 CPE（constant phase element，常相位元件），表示修饰到金电极表面的 6- 巯基己醇的电化学行为（Liang et al.，2013a）。此外，从电化学阻抗谱图 6.30 中可以看出 Warburg 阻抗的缺失，这主要是由于修饰到电极表面的 DNA 分子有效地覆盖到电极表面，阻碍了氧化还原探针 [Fe（CN）$_6$] $^{3-/4-}$ 通过孔隙向电极表面的扩散，同时也证明了扩散现象对整个体系阻抗信号影响较弱。

膜电阻 -R_{CT}，是指氧化还原探针 [Fe（CN）$_6$] $^{3-/4-}$ 通过 DNA 膜层到达金电极表面的电荷传递电阻。从表 6.11 可以看出，当 G-DNA 膜与 K$^+$ 作用后电化学阻抗（R_{CT}）从 3383（23）$\Omega \cdot cm^2$ 增大到 4433（31）$\Omega \cdot cm^2$，电化学阻抗变化（ΔR_{CT}）为 1050（29）$\Omega \cdot cm^2$，导致 R_{CT} 增加的主要原因是单链 G-DNA 转变成 K$^+$ 稳定的 G- 四联体结构后结构更加紧凑，电荷空间密度增大，从而增大了对氧化还原探针 [Fe（CN）$_6$] $^{3-/4-}$ 的排斥作用（Radi and O'Sullivan，2006）。为了进一步证明这一点，亦选用了阳离子探针 [Ru（NH$_3$）$_6$] $^{2+/3+}$ 用于测定其阻抗变化。结果发现 G-DNA 转变成 K$^+$ 稳定的 G- 四联体结构后阻抗呈现变小趋势（图 6.30），与采用阴离子探针 [Fe（CN）$_6$] $^{3-/4-}$ 阻抗变化趋势正好相反（图 6.31），这也证明了上述推论是正确的。当 G- 四联体结构与 hemin 分子作用 1 h 后电化学阻抗从 4433（31）$\Omega \cdot cm^2$ 增大到 4896（20）$\Omega \cdot cm^2$，ΔR_{CT} 为 463（18）$\Omega \cdot cm^2$，这一点可以解释为 hemin 大分子可以和 K$^+$ 稳定的 G- 四联体结构结合生产络合物 G-DNA 酶（Li et al.，2009c；Wang et al.，2010），从而阻碍了电荷在 DNA 膜与电极表面的传输。

需强调指出的是，当 G-DNA 酶与含 1 mmol/L H$_2$O$_2$ 的 100 μmol/L α- 萘酚 Tris-NaClO$_4$（20 mmol/L，pH=7.4）的缓冲溶液反应 15 min 后，电化学阻抗显著增大，从 4433（31）$\Omega \cdot cm^2$ 变为 4896（20）$\Omega \cdot cm^2$，ΔR_{CT} 为 2271（35）$\Omega \cdot cm^2$。其可能的原因就是 G-DNA 酶可以有效地催化双氧水氧化 α- 萘酚生成难溶物 1，4- 萘醌并同时沉

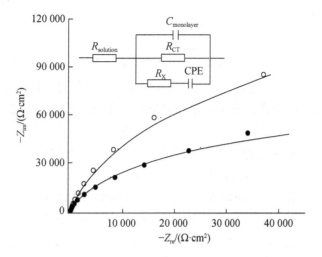

图 6.31 Tris-NaClO₄（pH=7.4，20 mmol/L）缓冲溶液体系中 G-DNA 修饰电极与 K⁺ 作用前后的奈奎斯特图

注：G-DNA 修饰电极（○）；与 K⁺ 作用 1h 后（●）。其中内嵌图为等效电路示意图。电化学阻抗测量数据用符号表示，经等效电路拟合后的数据用实线（-）表示。

积到电极表面（Kulys et al.，2003；Romanelli et al.，2008；Won et al.，2011），从而进一步阻碍了电荷的传输。因此，ΔR_{CT} 是实现对 α- 萘酚检测的一个重要参数。

计时库仑法是一种主要用来研究电极表面吸附现象，并定量地测定电活性物质（或称去极剂）或表面活性物质在电极表面吸附量的电化学分析法。采用计时库仑法对电极表面 G-DNA 密度进行了计算，并通过循环伏安法对电极表面 hemin 负载量进行了研究，如图 6.32 所示。对电极表面 G-DNA 负载密度的计算可根据如下公式计算得到（Keighley et al.，2008；Zhang et al.，2013）。

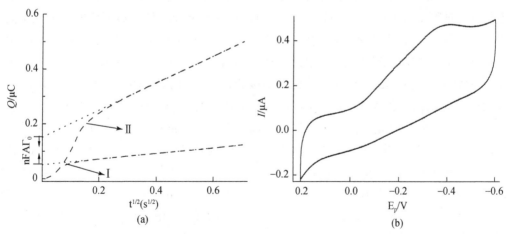

图 6.32 G-DNA 修饰电极计时电量法测定的响应曲线（a）与 修饰于金电极表面的 G- 四联体 -hemin 络合物在 Tris-HClO₄（pH=7.4，20 mmol/L）缓冲溶液体系中的循环伏安图（b）

注：Ⅰ为 Tris-HClO₄ 缓冲溶液；Ⅱ为含 100 μmol/L［Ru（NH₃）₆］³⁺ 的 Tris-HClO₄（pH=7.4，20 mmol/L）的缓冲溶液。

$$\Delta Q = nFA\Gamma_0 \tag{6.3}$$

$$\Gamma_{DNA} = \Gamma_0 (z/m) \tag{6.4}$$

式中，Γ_{DNA} 为 G-DNA 在电极表面的密度；m 为 G-DNA 链含有的磷酸骨架数；z 为氧化还原探针所带的电荷数，n 为氧化还原探针参与反应电子转移数目；F 为法拉第常数。

对电极表面 hemin 的负载量亦可根据如下公式计算得到（Deng et al., 2008）。

$$\Gamma = Q/nFA \tag{6.5}$$

式中，Q 为循环伏安法扫描过程中还原过程的积分电量；F 为法拉第常数；A 为电极表面积（cm^2）；n 为氧化还原反应过程中电子转移数目。

根据上述公式，计算得出 G-DNA 在电极表面的浓度为 1.03×10^{-11} mol/cm²，而 hemin 在电极表面的负载浓度为 1.19×10^{-11} mol/cm²（$n=1$）。hemin 在电极表面的负载浓度比 G-DNA 在电极表面的负载浓度要稍高一些，而 G-四联体与 hemin 的结合为 1 : 1，因此表明电极表面 G-四联体均与 hemin 结合形成 G-四联体-hemin 络合物（G-DNA 酶），这与文献报道的电极表面 G-四联体-hemin 负载量一致（$\sim 1.3 \times 10^{-11}$ mol/cm²）（Pavlov et al., 2004）。另外，多余部分 hemin 化合物则可能以吸附态存在。

基于 G-DNA 对 α-萘酚的检测主要是基于 G-DNA 转变成 G-四联体-hemin 络合物（G-DNA 酶），然后催化 H_2O_2 氧化 α-萘酚。因此，采用比色法对 G-DNA 酶的活性进行了研究。G-DNA 酶的活性通过比色法分析，即 ABTS-H_2O_2 反应体系证明。首先将 G-DNA 固体用 Tris-KClO$_4$ 缓冲溶液溶解，形成 K^+ 离子稳定的 G-四联体结构，然后加入一定量的 hemin，放置 1h，得到 G-四联体-hemin 络合物（G-DNA 酶）。然后将 10 μmol 的 H_2O_2 加入到含 2.5 mmol/L ABTS、100 nmol/L G-DNA 酶/DNA（3）-hemin 络合物的 Tris-KClO$_4$ 缓冲溶液中从而引发反应，待反应进行 5min 时进行测定。

研究证明，G-四联体-hemin 络合物能够催化双氧水氧化 ABTS 生成 ABTS$^{\cdot+}$，从而在 422 nm 处实现紫外吸收峰（Zhou et al., 2010）。因此，通过观察 422 nm 处的峰强度的变化不仅可以证明 G-四连体结构的生成，也可以证明与 hemin 作用后形成的酶的催化活性的强弱。分别选取了可以形成 G-四联体结构的 DNA 和不能形成 G-四联体结构的 DNA 进行对比分析。如图 6.33 所示，ABTS、H_2O_2 体系（曲线 d）、ABTS、H_2O_2 和 G-DNA 体系（曲线 e）中在 422 nm 处有非常弱的吸收信号。当加入 hemin、H_2O_2 后 422 nm 处吸收信号略有增强（曲线 b），这是由于 hemin 自身对 H_2O_2 也具有较弱的催化活性，可以缓慢的催化 H_2O_2 氧化 ABTS。而加入 DNA（2）、hemin、ABTS、H_2O_2 的体系中在 422 nm 处出现较强的吸收信号（曲线 a），这是因为 G-DNA 在 K^+ 作用下形成了 G-四联体结构并与 hemin 结合形成了 G-DNA 酶，从而可以有效、快速地催化 H_2O_2 氧化 ABTS（Jia et al., 2011；Li et al., 2010a）。然而，在普通 DNA、hemin、H_2O_2 体系中并未观察到吸收峰的出现。上述实验结果表明，G-DNA 在 hemin、K^+ 作用下可以形成 G-DNA 酶并表现出对催化 H_2O_2 的催化活性。

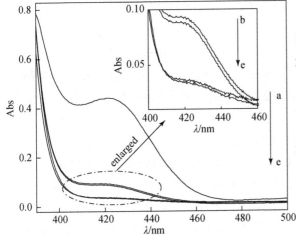

图 6.33　不同测定体系在 Tris-HClO₄（pH=7.4，20 mmol/L）缓冲溶液体系中的紫外 - 可见吸收光谱图

注：G-DNA+hemin+ABTS+H₂O₂（a）；hemin+ABTS+H₂O₂（b）；普通 DNA+hemin+ABTS+H₂O₂（c）；G-DNA+ABTS+H₂O₂（d）；ABTS（e）。

上述实验结果表明，G-DNA 酶对 H₂O₂ 的催化活性，但是 G-DNA 酶能否催化双氧水氧化 α- 萘酚？为证明这一点，采用荧光光谱法进一步进行了证明。首先用 Tris-NaClO₄ 缓冲溶液配制两组 5 μmol/L 的 α- 萘酚溶液（含双氧水 1 mmol/L），其中一组加入 G-DNA 酶，另外一组为对照组。待反应 15min 时进行荧光光谱测定。如图 6.34 所示，α- 萘酚在 320 nm 激发波激发下在 470 nm 处出现较强的发射峰（Kulys et al., 2003）。当向上述体系中加入 1 mmol/L H₂O₂（曲线 b）或 100 nmol/L G-DNAzyme（曲线 c）并静置 15min，发现荧光强度稍有降低。而向其中同时加入 1 mmol/L H₂O₂ 和 100 nmol/L G-DNA 酶并静置 15min，α- 萘酚的荧光强度急剧降低（荧光信号损失约 81.3%），说明 α- 萘酚可以在 G-DNA（2）酶的催化作用下被双氧水氧化生成 1，4- 萘醌，导致在 470 nm 处出现发射峰强度降低（Kulys and Ivanec-Goranina, 2009; Romanelli et al., 2008）。这主要是因为 α- 萘酚被氧化生成 1，4- 萘醌后虽然还保持共平面分子结构，但是萘环共平面内共轭体系被破坏，导致化合物 1，4- 萘醌没有荧光性质。上述实验结果表明，G-DNA 酶可以催化 H₂O₂ 氧化 α- 萘酚。

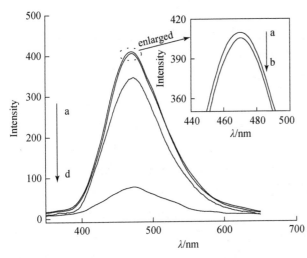

图 6.34　Tris-NaClO₄（pH=7.4，20 mmol/L）缓冲溶液体系中荧光光谱法测定 G-DNA 酶催化 H₂O₂ 氧化 α- 萘酚

注：α- 萘酚（a）；α- 萘酚 +H₂O₂（b）；α- 萘酚 +G-DNA 酶（c）；α- 萘酚 +G-DNA 酶 +H₂O₂（d）。

上述光谱实验结果证明了本书所提出的机理在溶液体系的可能性，但是在电极表面发生的反应是否也是如此？因为当 DNA 固定到电极表面后，DNA 分子的自由运动受到很大的限制，DNA 构象的变化能否像自由态一样顺利进行、能否和 hemin 结合、电极表面的 G-DNA 酶的催化氧化反应的氧化产物能否沉积到电极表面等均是决定能否采用 G-DNA 修饰电极用于 α- 萘酚检测的重要问题。基于此，接下来分别采用示差脉冲伏安法、扫描电镜法、电化学阻抗法等表征手段对电极表面的反应进行了表征。

首先，采用示差脉冲伏安法对电极表面的形成的 G- 四联体 -hemin 络合物和氧化产物（1，4- 萘醌）进行了证明。如图 6.35 所示，G- 四联体 -hemin 络合物修饰的金电极在 –0.347V 出现一个还原峰（曲线 a），这是 hemin 的还原特征峰（Liu et al.，2012b），表明在电极表面的确形成了 G- 四联体 -hemin 络合物。1，4- 萘醌在 –0.246 V 有一个还原峰（曲线 b），这是 1，4- 萘醌的还原峰。与预期结果相同，当把 G-DNA 酶修饰的电极置于 100 μmol/L α- 萘酚（含 1 mmol/L H_2O_2）溶液中 15 min，然后取出进行 DPV 测定，发现在与 1，4- 萘醌还原峰基本相同的位置（–0.242 V）出现一个还原峰（曲线 c），证明了 α- 萘酚氧化产物为 1，4- 萘醌，这也与文献报道的氧化产物相同，同时也证明了 α- 萘酚氧化产物可以沉积到电极表面。

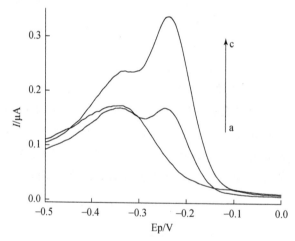

图 6.35 Tris-NaClO₄（pH=7.4，20 mmol/L）缓冲溶液体系中不同膜修饰的金电极在 Tris-NaClO₄ 缓冲溶液中示差脉冲伏安图

注：G-DNA +K⁺+hemin（a）；（a）+1，4- 萘醌（b）；（a）+α- 萘酚 +H_2O_2（c）。

此外，亦采用电化学阻抗法研究并比较了 G-DNA 酶、普通链 DNA 修饰的金电极在 2 mmol/L ［Fe（CN）₆］³⁻/⁴⁻ 的 Tris-NaClO₄ 缓冲溶液中电化学阻抗变化与电极浸没在 α- 萘酚（1 mmol/L H_2O_2）的时间关系。如图 6.36 所示，在 G-DNA 酶修饰的金电极表面观察到 ΔR_{CT} 随着作用的时间而发生急剧的变化，同时也证明了氧化产物沉积到电极表面。当反应时间为 15 min 时出现一个拐点，ΔR_{CT} 变化趋于缓和，说明 15 min 的作用时间反应基本完成而且沉积到电极表面的氧化产物引起足够大的 ΔR_{CT}，因此在本书的研究中选择 15min 作为检测的时间标准。而普通链 DNA 修饰的金电极表面也观察到 ΔR_{CT} 随着作用的时间略有增加，这可能是由于前期处理过程中吸附到 DNA 上的 hemin 分子催化 H_2O_2 氧化 α- 萘酚的原因。上述结果也表明，G-DNA 酶修饰金电极引起的 ΔR_{CT} 变化主要是催化 H_2O_2 氧化 α- 萘酚产生的 1，4- 萘醌沉积到电极表面导致电荷传输受阻的所致，而由于吸附作用引起的 ΔR_{CT} 变化可以忽略。

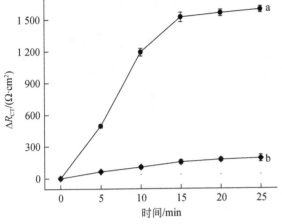

图 6.36　Tris-NaClO$_4$（pH=7.4，20 mmol/L）缓冲溶液体系中不同 DNA 修饰电极膜阻抗变化（ΔR_{CT}）与反应时间关系曲线

注：G-DNA 酶修饰的金电极（a）；普通链 DNA 修饰的金电极（b）。

为进一步证明 α- 萘酚的氧化产物可以沉积到电极表面，采用 SEM 对金表面形貌进行了观察，如图 6.37 所示。采用扫描电镜（日立 S-4800 扫描电子显微镜）观察了 α- 萘酚在 DNA 膜表面的形貌，并证实了产物在膜表面的沉积。首先将 G-DNA 通过移液枪滴加到金片表面制备得到 G-DNA 修饰电极，经硫醇处理 30 min，后滴加 Tris-KClO$_4$ 缓冲溶液放置 1h，hemin Tris-KClO$_4$ 缓冲溶液中 1h，最后将 α- 萘酚溶液（含 H_2O_2）滴加到膜表面，制备得到 1，4- 萘醌覆盖的膜，待 SEM 测定。在 SEM 图中可以清晰地看到，只有 G-DNA 酶修饰的金片表面比较平坦，而当与 100 μmol/L α- 萘酚（含 1 mmol/L H_2O_2）的 Tris-NaClO$_4$ 溶液反应 15 min 后，在金片表面生成一层均一、致密的球状物（d= 30～50 nm），证明了在电极表面确实有氧化产物存在。

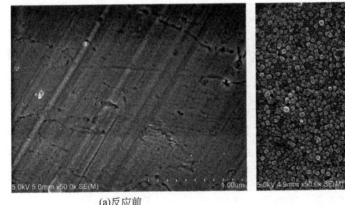

(a)反应前　　　　　　　　　　　(b)反应后

图 6.37　G-DNA 酶修饰的金片与 α- 萘酚（含 1 mmol/L H_2O_2）溶液反应前和反应后的扫描电镜图

综上所述，可以得出如下结论：① 组装于金电极表面的 G-DNA 在 K^+ 存在下构象从单链转变成 G- 四联体结构并与 hemin 结合形成 G- 四联体 -hemin 络合物（G-DNA 酶）；

② 在电极表面形成的 G-DNA 酶可以有效地催化 H_2O_2 氧化 α- 萘酚生成难溶物 1，4- 萘醌并沉积于电极表面引起较大的阻抗变化，从而可以实现对 α- 萘酚的检测，检测原理如图 6.38 所示。

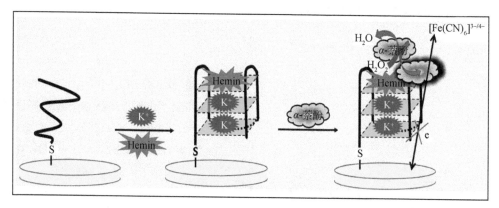

图 6.38　G-DNA 修饰金电极对 α- 萘酚检测的原理示意图

6.3.1.3　G-DNA 酶传感器检测性能

上述研究证明，以电化学阻抗法为分析手段采用所设计的 G-DNA 生物传感器可用于 α- 萘酚的电化学响应研究。所测得的电化学阻抗变化（ΔR_{CT}）与 α- 萘酚浓度关系如图 6.39 所示。从图中可以看出，随着 α- 萘酚浓度的降低（浓度范围：$1 \sim 0.01$ nmol/L）电化学阻抗变化（ΔR_{CT}）亦呈现降低的趋势，说明沉积到电极表面的氧化产物越来越少。当 α- 萘酚浓度降低到 0.01 nmol/L 时，所引起电化学阻抗的变化不足以用来区分。内嵌图所示的是阻抗变化（ΔR_{CT}）与 α- 萘酚浓度线性关系，线性方程为 Y（ΔR_{CT}）= 3958+412 lg $[C_{\alpha\text{-萘酚}}]$（R^2=0.999），检出限为 0.1 nmol/L（S/N=3）。与目前文献报道的 DNA 传感器相比（Zhao et al.，2007），该 G-DNA 传感器检测限更低，是目前最灵敏的检测 α- 萘酚电化学 DNA 生物传感器。

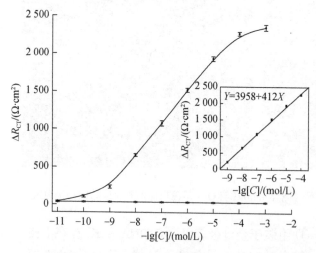

图 6.39　G-DNA 传感器 在 Tris-NaClO₄（pH=7.4，20 mmol/L）缓冲溶液体系中阻抗变化（ΔR_{CT}）与 α- 萘酚浓度关系

为了验证该电化学 G-DNA 生物传感器对 α- 萘酚的选择性，选取了环境体系中可能存在的干扰酚类物质（如 β- 萘酚、苯酚、邻苯二酚、间苯二酚、对苯二酚、连苯三酚等）分别进行了电化学响应研究。如图 6.40 所示，在相同的实验条件下，只有 α- 萘酚与 G-DNA 生物传感器作用后引起较大的阻抗变化，而其他的酚类物质引起的阻抗变化较小。将 α- 萘酚与各物质混合后进行电化学阻抗测定，发现电化学阻抗变化与单独 α- 萘酚阻抗变化相当。因此证明了该 G-DNA 生物传感器对 α- 萘酚具有较好的选择性，可以忽略其他环境体系中可能共存的酚类物质对 α- 萘酚测定的干扰。

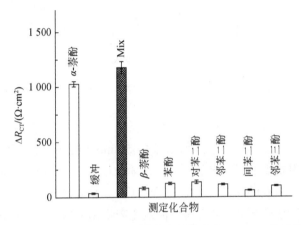

图 6.40　Tris-NaClO$_4$（pH=7.4，20 mmol/L）缓冲溶液体系中 G-DNA 传感器在溶液中对不同酚类物质的电化学响应情况

需指出的是，已有研究证明一些上述干扰酚类物质亦可以在某些无机催化剂、生物蛋白酶等作用下被 H$_2$O$_2$ 氧化生成醌类物质（Kulys and Ivanec-Goranina，2009；Romanelli et al.，2008），但是上述酚类物质在 G-DNA 酶修饰电极表面表现的电化学阻抗行为与 α- 萘酚存在差异。其原因可能是由于 G-DNA 酶催化 H$_2$O$_2$ 氧化各物质的能力存在差异、各物质氧化的醌类产物在缓冲体系中的溶解性不同导致在膜表面沉积程度不同，对于这个问题还有待用进一步深入研究。尽管如此，所设计的 G-DNA 生物传感器可以实现对 α- 萘酚的选择性检测，为科研人员提供了一种基于电化学阻抗技术的检测 α- 萘酚的方法。

再生性能是衡量电化学 DNA 生物传感器性能的一个重要指标。应用再生后的 DNA 生物传感器可以继续用于目标物的测定，这样不仅相对缩短了 DNA 传感器的制备周期，而且降低了它的制备成本。研究证明，采用 Tris-NaClO$_4$（20 mmol/L，pH=7.4）缓冲溶液 /DMSO（V/V=4∶1）混合体系对沉积 1，4- 萘醌的 G-DNA 酶修饰电极淋洗后可以使传感器性能恢复，并可进一步用于 α- 萘酚检测。进一步对其再生性能进行了研究，如图 6.41 所示。从阻抗变化数据中可以看出，经淋洗后的 G-DNA 酶膜阻抗基本可以恢复到最初状态，且以 100 μmol/L α- 萘酚（含 1 mmol/L H$_2$O$_2$）进行实验证明该 DNA 生物传感器可以实现四次循环，平均 ΔR_{CT} 恢复效率为 94%，表明该 G-DNA 生物传感器具有较好的再生性和重现性。

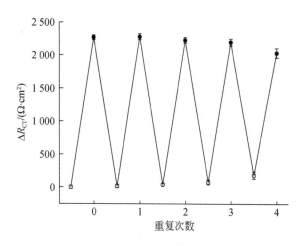

图 6.41　Tris-NaClO$_4$（pH=7.4，20 mmol/L）缓冲溶液体系中电化学 G-DNA 生物传感器重现性研究

　　为了考察该 G-DNA 传感器能否用于环境体系，然后对白洋淀湖水中样品中 α- 萘酚的电化学响应进行了研究。α- 萘酚溶液采用经 0.45 μmol 纯化的湖水配制，然后进行电化学阻抗分析，电化学阻抗变化（ΔR_{CT}）与 α- 萘酚浓度关系如图 6.42 所示。从图 6.41 中可以看出，随着 α- 萘酚浓度的降低（浓度范围：1 ～ 0.1 nmol/L）电化学阻抗变化（ΔR_{CT}）亦呈现降低的趋势，说明沉积到电极表面的氧化产物越来越少。内嵌图所示的是阻抗变化（ΔR_{CT}）与 α- 萘酚浓度线性关系（浓度范围：10^{-5} mol/L 到 10^{-9} mol/L），线性方程为 Y（ΔR_{CT}）= 3953+420 lg $[C_{\alpha\text{-}萘酚}]$（R^2=0.998），检出限为 0.8 nmol/L（S/N=3）。此外，通过比较缓冲体系和实际水体中相同 α- 萘酚浓度下引起的阻抗变化（ΔR_{CT}），计算实际水体中 α- 萘酚的回收率在 80% ～ 96%，说明实际水体系中存在的物种确实能够对 EIS 测定产生一定的影响。因此，为了更真实地反映实际水体系中的 α- 萘酚浓度，以在实际水体系中的浓度 $-\Delta R_{CT}$ 关系曲线作为工作曲线对实际样品中进行分析，从而可以实现对 α- 萘酚的准确测定。因此，该 G-DNA 电化学生物传感器可以适用于实际水体中 α- 萘酚的检测。

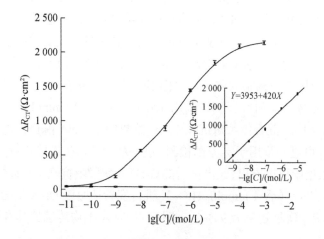

图 6.42　G-DNA 传感器在湖水体系电化学阻抗变化（ΔR_{CT}）与 α- 萘酚浓度关系

此外，不同环境水体系 pH 存在较大的差异，而 pH 可能对 DNA 酶的活性产生影响从而导致传感器的检测性能的下降。因此，采用比色法研究了 pH 对 DNA 酶活性的影响，如图 6.43 所示。从图中可以看出，pH 对 DNA 酶活性的影响确实很大，DNA 酶活性在酸性（<6）、碱性（>8.5）条件下活性均较弱；中性、偏碱性条件下催化活性较强（pH=7～8）。因此，测定实际环境水体系中含量时应将 pH 调到 7～8，然后再进行 EIS 测定。

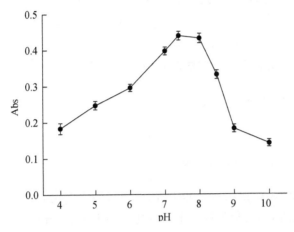

图 6.43　比色法研究 pH 对 G-DNA 酶催化活性的影响

注：实验条件：100 nmol/L G-DNA；10 mmol/L K$^+$；0.1 μmol/L hemin；2 mmol/L ABTS；2.5 mmol/L H$_2$O$_2$。

该 G-DNA 生物传感器其作用机理为修饰于金电极的 G-DNA 在 K$^+$ 作用下构象发生变化并与 hemin 结合生成 G- 四联体 -hemin 络合物（G-DNA 酶）。该 G-DNA 酶可以催化 H$_2$O$_2$ 氧化 α- 萘酚生成 1，4- 萘醌并沉积于电极表面从而导致电极 DNA 膜电阻的增加，基于此实现了对 α- 萘酚的检测。通过紫外 - 可见光谱法、荧光光谱法、示差脉冲伏安法、循环伏安法、电化学阻抗谱法、扫描电镜法等对作用机理进行了证明。该 G-DNA 传感器具有较高的灵敏性、选择性及再生性能并成功应用于实际水体系 α- 萘酚的检测。

6.3.2　基于 G-DNAzyme 生物传感器对 2- 羟基芴电化学检测方法

多环芳烃芴是环境中普遍存在的一种具有典型"三致"作用——致畸性、致癌性、致突变等的污染物（Ma et al.，2005；Yin et al.，2008）。因此，芴已经被美国国家环境保护署（USEPA）列入优先控制的污染物名单。环境中芴的重要来源之一是它的生产和使用过程中的向环境中的释放。芴作为一种重要的化工原料，被广泛应用于医药（如止痛药、镇静剂、抗高血压药）、农药、除草剂、染料、有机玻璃等的合成（Wu et al.，2009），这也是人体芴暴露的重要途径。进入人体内的芴可以被体内酶代谢，在环境体系中亦可被微生物降解（Haritash and Kaushik，2009；Luan et al.，2006；Sepic et al.，2003），其主要的降解产物为 2- 羟基芴（Toriba et al.，2003）。研究表明，由于 2- 羟基芴中羟基活化的作用而使得其同样具有代谢毒性。此外，人体内 2- 羟基芴的水平与芴的暴露水平具有正相关性（Chetiyanukornkul et al., 2004），所以 2- 羟基芴也通常是一种被广泛用于评估芴暴露水平的生物标志物（Toriba et al., 2003），可为人类健康风险预警及职业安全评估等提供数据支撑。因此，科研工作者需要迫切开发一种快速、简单、灵敏的 2- 羟基芴的检测方法，具有重要的研究价值。到目前为止，2- 羟基芴的检测仍是以传统的仪器分析方法为主，而电化学检测 2- 羟基芴的方法还未见报道。

本章节中，将介绍 G-DNA 酶修饰金电极对 2- 羟基芴检测的研究。修饰于电极表面的 G-DNA 在 K^+ 作用下形成 K^+ 稳定的 G- 四连体结构并与 hemin 结合形成 G-DNA 酶，从而可以催化双氧水氧化 2- 羟基芴生成难溶物并沉积于电极表面，导致 G-DNA 修饰膜电阻增大，以电化学阻抗法为分析手段可以成功实现对 2- 羟基芴的检测。

6.3.2.1 G-DNA 酶修饰电极的制备

详见 6.3.1.1 节的 G-DNA 酶修饰电极的制备。

6.3.2.2 G-DNA 酶传感器检测机理

首先，采用电化学阻抗谱法对 G-DNA 酶在电极表面催化氧化 2- 羟基芴的过程进行了表征。根据电极表面的 DNA 修饰膜的电阻变化可用于定量分析 2- 羟基芴的含量。对电化学阻抗谱进行数据分析时需选择合适的等效电路（内嵌图）对测定数据进行拟合处理（Li et al., 2005b）。图 6.44 是对 G-DNA 酶及氧化 2- 羟基芴过程经等效电路拟合后得到的奈奎斯特图，拟合数据见表 6.12。等效电路中的各元件分别代表不同的物理意义，通过分析其数值变化可以提供更有价值的信息。

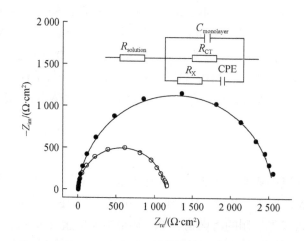

图 6.44 G-DNA 酶修饰电极检测 2- 羟基芴的奈奎斯特图（$-Z_{im}$ vs. Z_{re}）

注：G-DNA 酶修饰电极（○）；与含有 1 mmol/L H_2O_2 的 10μmol/L 2- 羟基芴溶液作用 10 min（●）。其中内嵌图为等效电路示意图。电化学阻抗测量数据用符号表示，经等效电路拟合后的数据用实线（-）表示。

表 6.12　G-DNA 修饰电极组装过程的电化学阻抗数据等效电路拟合结果

不同膜层	$R_S/(\Omega \cdot cm^2)$	$C_{film}/(\mu F/cm^2)$	$R_{CT}/(\Omega \cdot cm^2)$	$R_X/(\Omega \cdot cm^2)$	CPE/($\mu F/cm^2$)	n	$\Delta R_{CT}/(\Omega \cdot cm^2)$
G-DNA	6.8(0.1)	11.7(0.3)	1150(30)	9.9(0.5)	15.2(0.7)	0.8(0.2)	0
+2- 羟基芴	7.5(0.3)	11.0(0.2)	2555(53)	15.9(1.0)	15.9(0.5)	0.9(0.3)	1405(57)

注：括号内表示偏差。

溶液电阻（R_S），是指测定体系中参比电极与工作电极之间的电阻。如表 6.12 所示，溶液电阻的变化范围在 6.8 ～ 7.5 $\Omega \cdot cm^2$。

膜电容（C_{film}），表示电极上修饰的 G-DNA 膜层的电容。当电极表面膜的结构或性质发生变化时，膜电容会随着发生相应的改变。如表 6.12 所示，G-DNA 酶修饰电极与 2-羟基芴作用后膜电容明显变小，可以解释为 G-DNA 酶催化氧化 2- 羟基芴的氧化产物沉积到 G-DNA 膜表面使膜厚度增加从而导致介电常数的降低（Gong and Li，2011；Won et al.，2011）。

R_X 和 CPE（constant phase element，常相位元件），表示修饰到金电极表面的 6- 巯基己醇的电化学行为（Liang et al.，2013a）。从电化学阻抗谱图 6.44 中可以看出 Warburg 阻抗的缺失，这主要是由于修饰到电极表面的 DNA 分子有效地覆盖到电极表面，阻碍了氧化还原探针［Fe（CN）$_6$］$^{3-/4-}$ 通过孔隙向电极表面的扩散，同时也证明了扩散现象对整个体系阻抗信号影响较弱。

膜电阻（R_{CT}），是指氧化还原探针［Fe（CN）$_6$］$^{3-/4-}$ 通过 DNA 膜到达电极表面的电荷传递电阻。从表 6.12 可以看出，当 G-DNA 酶修饰的电极与含 1 mmol/L H$_2$O$_2$ 的 50 μmol/L 2- 羟基芴 Tris-NaClO$_4$（20 mmol/L，pH=7.4）的缓冲溶液反应 10 min 后，电化学阻抗显著增大，从 1130（30）$\Omega \cdot cm^2$ 变为 2555（53）$\Omega \cdot cm^2$，ΔR_{CT} 为 1405（37）$\Omega \cdot cm^2$。该原因可以解释为 G-DNA 酶可以有效地催化双氧水氧化 2- 羟基芴，生成难溶的氧化产物并同时沉积到电极表面（Kulys et al.，2003；Romanelli et al.，2008；Won et al.，2011），从而进一步阻碍了电荷的传输。因此，ΔR_{CT} 是实现对 2- 羟基芴检测的一个重要参数。

基于 G-DNA 酶修饰电极实现对 2- 羟基芴的定量检测，主要是应用 G- 四联体 -hemin 络合物（G-DNA 酶）的酶催化活性催化 H$_2$O$_2$ 氧化 2- 羟基芴。因此，首先采用比色法对 G-DNA 酶的活性进行了研究。如图 6.45 所示：

研究证明，G- 四联体 -hemin 络合物能够催化双氧水氧化 ABTS 生成 ABTS$^{+\cdot}$，从而在 422 nm 处实现紫外吸收峰（Zhou et al.，2010）。因此，通过观察 422 nm 处的峰强度的变化不仅可以证明 G- 四连体结构的生成，也可以证明与 hemin 作用后形成的酶的催化活性的强弱。分别选取了可以形成 G- 四联体结构的 G-DNA 和普通 DNA 进行了比色法分析。如图 6.45 所示，ABTS 体系（曲线 b）在 422 处的吸收信号非常弱，当向 ABTS 体系加入 hemin、H$_2$O$_2$ 后 422 nm 处吸收信号略有增强（曲线 d），这是由于 hemin 自身对 H$_2$O$_2$ 也具有较弱的催化活性，可以缓慢的催化 H$_2$O$_2$ 氧化 ABTS 生成 ABTS$^+$。而当 ABTS、H$_2$O$_2$ 体系中加入 G-DNA 后（曲线 c），在 422 nm 处的吸收信号没有明显变化，说明该体系中没有生成 G-DNA 酶生成。当加 ABTS、H_2O_2 的体系中加入 G-DNA 酶后，在 422 nm 处的吸收信号显著的增强（曲线 e），这是因为 G-DNA 在 K^+ 作用下形成了 G- 四联体结构并与 hemin 结合形成了 G-DNA 酶，从而可以有效、快速的催化 H_2O_2 氧化 ABTS（Jia et al., 2011；Li et al., 2010a）。上述实验结果表明，G-DNA 在 hemin、K^+ 作用下可以形成 G-DNA 酶并表现出对催化 H_2O_2 的催化活性。

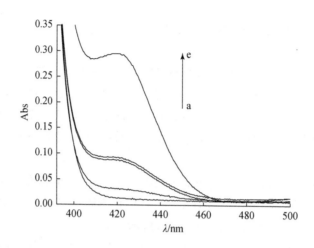

图 6.45　缓冲溶液中紫外 – 可见吸收光谱图

注：（a）缓冲溶液；（b）ABTS；（c）DNA+hemin+ABTS+H_2O_2；（d）hemin+ABTS+H_2O_2；（e）G-DNA+hemin+ABTS+H_2O_2；DNA：0.05 μmol/L；hemin：0.05 μmol/L；ABTS：2 mmol/L；K^+：10 mmol/L；H_2O_2：2.5 mmol/L。

上述实验结果表明 G-DNA 酶对 H_2O_2 具有催化活性，但是 G-DNA 酶能否催化双氧水氧化 2- 羟基芴？为证明这一点，采用荧光光谱法进一步进行了证明。首先用 Tris-NaClO$_4$ 缓冲溶液配制两组的 2- 羟基芴溶液（含双氧水 1 mmol/L），其中一组加入 G-DNA 酶，另外一组为对照组。待反应 15min 时进行荧光光谱测定。如图 6.46 所示，252 nm 波长激发下，2- 羟基芴在 332 nm 处出现较强的发射峰。当向上述体系中加入 1 mmol/L H_2O_2（曲线 b）并静置 15min，发现荧光强度稍有降低。而向其中同时加入 1 mmol/L H_2O_2 和 100 nmol/L G-DNA 酶并静置 15min 后，2- 羟基芴的荧光信号损失约 84.1%，说明 2- 羟基芴可以在 G-DNA 酶的催化作用下被双氧水氧化生成其他氧化产物，导致在 332 nm 处出现发射峰强度降低。其可能原因是 2- 羟基芴被氧化后环共平面内共轭体系被破坏，导致化合物的荧光性质消失。上述实验结果表明，G-DNA 酶可以催化 H_2O_2 氧化 2- 羟基芴。

上述光谱实验结果证明了本书所提出的机理在溶液体系的可能性，但是在电极表面发生的反应是否也是如此呢？因为当 DNA 固定到电极表面后，DNA 分子的自由运动受到很大的限制，DNA 构象的变化能否像自由态一样顺利进行、能否和 hemin 结合等均是决定能否采用 G-DNA 修饰电极用于 2- 羟基芴检测的重要问题。基于此，分别采用电化学阻抗谱法、示差脉冲伏安法等表征手段对电极表面的反应进行了表征。

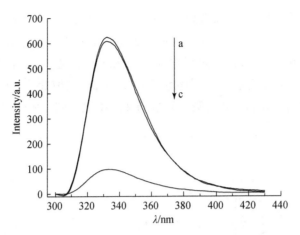

图 6.46　Tris-NaClO₄（pH=7.4，20 mmol/L）缓冲溶液体系中荧光光谱法测定 G-DNA 酶在 Tris- 缓冲溶液中催化 H₂O₂ 氧化 2- 羟基芴：5 μmol/L 2- 羟基芴（a）；5 μmol/L 2- 羟基芴 +1 mmol/L H₂O₂（b）；

5 μmol/L 2- 羟基芴 +1 mmol/L H₂O₂+ 50 nmol/L G-DNA 酶（c）。

首先，为证明电极表面修饰的 G-DNA 膜与 K⁺ 的作用情况，采用了阳离子探针 [Ru（NH₃）₆]²⁺/³⁺ 测定其与 K⁺ 的作用前后的电化学阻抗变化。如图 6.47 所示，当 G-DNA 与 K⁺ 的溶液作用后，电化学阻抗呈现明显的降低。该结果表明在 K⁺ 的作用下，DNA 的构象发生变化，由单链 G-DNA 转变成 K⁺ 稳定的 G- 四联体结构，而使得 DNA 的空间结构更加紧凑，电荷空间密度增大（Radi and O'Sullivan，2006），从而有利于与阳离子探针 [Ru（NH₃）₆]²⁺/³⁺ 发生作用，所以电化学阻抗降低。

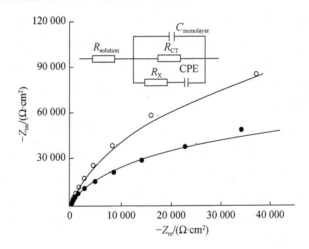

图 6.47　G-DNA 修饰电极与 K⁺ 作用前后的奈奎斯特图

注：G-DNA 修饰电极（○）；与 K⁺ 作用 1h 后（●）。其中内嵌图为等效电路示意图。电化学阻抗测量数据用符号表示，经等效电路拟合后的数据用实线（ - ）表示。

其次，采用示差脉冲伏安法对电极表面的形成的 G- 四联体 -hemin 络合物进行了证明。如图 6.48 所示，在 DNA 修饰电极表面没有还原峰出现（曲线 c），当 DNA 修饰电极与 K⁺/hemin 发生作用后，可以看到在 –0.315 V 位置出现一个较弱的还原峰（曲线 b），这是与 DNA 发生非特异性吸附作用在 DNA 表面残留的 hemin 还原峰。而当 G-DNA 形成 G-DNA- 四联体 -hemin 络合物后，可以看到在 –0.335 V 出现一个非常强的还原峰（曲线 a），这是 G- 四联体 -hemin 结合后的特征还原峰（Liu et al.，2012b），同时也表明在电极表面的确形成了 G- 四联体 -hemin 络合物，这也与文献报道相同（Yin，2012）。

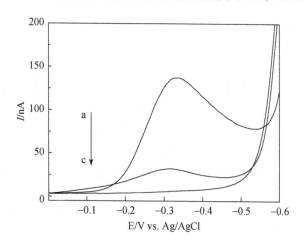

图 6.48　Tris-HClO₄（pH=7.4，20 mmol/L）缓冲溶液体系中不同膜修饰的金电极在 Tris-NaClO₄ 缓冲溶液中示差脉冲伏安图

注：G-DNA +K⁺+hemin（a）；DNA +K⁺+hemin（b）；DNA（c）。

　　此外，亦采用对照链 DNA、G-DNA 酶修饰的金电极在 2 mmol/L ［Fe（CN）₆］³⁻/⁴⁻ 的 Tris-NaClO₄ 缓冲溶液中电化学阻抗变化证明了机理，并研究了电化学阻抗变化与电极浸没在 2- 羟基芴（含 1 mmol/L H₂O₂）的时间关系。如图 6.49 所示，在 G-DNA 酶修饰的金电极表面观察到 ΔR_{CT} 随着作用的时间而发生急剧的变化，也证明了氧化产物沉积到电极表面。当反应时间为 10 min 时出现一个拐点，ΔR_{CT} 变化趋于缓和，说明 10 min 的作用时间基本完成，而且沉积到电极表面的氧化产物引起足够大的 ΔR_{CT}，因此选择 10 min 作为检测的时间。而普通链 DNA 修饰的金电极表面也观察到 ΔR_{CT} 随着作用的时间略有增加，这可能是由于前期处理过程中吸附到 DNA 上的 hemin 分子催化 H₂O₂ 氧化 2- 羟基芴的原因。上述结果表明，G-DNA 酶修饰金电极引起的 ΔR_{CT} 变化主要是形成的 G-DNA 酶催化 H₂O₂ 氧化 2- 羟基芴产生的沉积物到电极表面导致电荷传输受阻的原因，由于吸附作用引起的电化学阻抗变化可以忽略。

　　综上所述，可以得出如下结论：①组装于金电极表面的 G-DNA 在 K⁺ 存在下构象从单链转变成 G- 四联体结构并与 hemin 结合形成 G- 四联体 -hemin 络合物（G-DNA 酶）；②在电极表面形成的 G-DNA 酶可以有效地催化 H₂O₂ 氧化 2- 羟基芴生成难溶物并沉积于电极表面；③产物沉积于电极表面后引起电化学阻抗显著增加。基于电化学阻抗变化（ΔR_{CT}）与 2- 羟基芴的浓度关系从而实现对 2- 羟基芴的检测，其检测原理如图 6.50 所示。

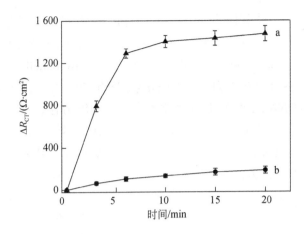

图 6.49　Tris-NaClO₄（pH=7.4，20 mmol/L）缓冲溶液体系中不同 DNA 修饰电极膜阻抗变化（ΔR_{CT}）

与反应时间关系曲线

注：G-DNA 酶修饰金电极（a）；DNA 修饰金电极（b）。

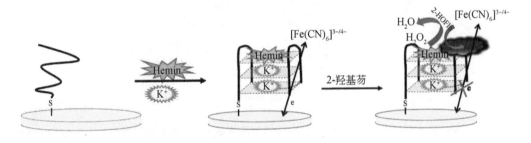

图 6.50　G-DNA 传感器对 2- 羟基芴检测的原理示意图

6.3.2.3　G-DNA 酶传感器检测性能

以电化学阻抗法为分析手段采用所设计的 G-DNA 酶生物传感器可用于 2- 羟基芴的电化学检测。所测得的电化学阻抗变化（ΔR_{CT}）与 2- 羟基芴浓度关系如图 6.51 所示。从图中可以看出，随着 2- 羟基芴浓度的降低（浓度范围：0.1 mmol/L ～ 0.1 nmol/L）电化学阻抗变化（ΔR_{CT}）亦呈现降低的趋势，说明沉积到电极表面的氧化产物越来越少。当 2- 羟基芴浓度降低到 1 nmol/L 时，所引起电化学阻抗的变化不足以用来区分。内嵌图所示的是阻抗变化（ΔR_{CT}）与 2- 羟基芴浓度线性关系（浓度范围：10^{-5} ～ 10^{-8} mol/L），线性方程为 $Y（\Delta R_{CT}）= 358.7+3201 \lg [C_{2-羟基芴}]$（$R^2=0.99$），检出限为 1.2 nmol/L（$S/N=3$）。该 G-DNA 酶传感器检测限低，通过文献检索表明该 G-DNA 酶传感器是首次报道的、最灵敏的检测 2- 羟基芴电化学 DNA 生物传感器。

为了验证该电化学 G-DNA 生物传感器对 2- 羟基芴的选择性，分别选取了 9- 羟基芴、9- 芴酮、芴等几种化合物分别进行了电化学阻抗研究。如图 6.52 所示，在相同的实验条件下，只有 2- 羟基芴与 G-DNA 酶生物传感器作用后引起较大的阻抗变化，而其他的几种物质引起的阻抗变化较小。此外，将 2- 羟基芴与各物质混合后进行电化学阻抗测定，发现电化学阻抗变化与单独 2- 羟基芴阻抗变化相当，证明了该 G-DNA 生物传感器对 2- 羟基芴具有较好的选择性，可以忽略其他几种可能共存的物质对 2- 羟基芴测定的干扰。需指出的是，已有研究证明一些羟基酚类物质亦可以在某些无机催化剂、生物蛋白酶等作用下被 H_2O_2 氧化生成醌类物质（Kulys and Ivanec-Goranina，2009；Romanelli et al.，2008），但是 9- 羟基芴在 G-DNA 酶修饰电极表面表现的电化学阻抗行为与 2- 羟基芴存在显著的差异。其原因可能是由于 G-DNA 酶催化 H_2O_2 氧化不同物质的能力存在差异，导致在膜表面产物沉积程度不同，对于这个问题还有待用进一步深入研究。尽管如此，本书所设计的 G-DNA 酶生物传感器可以实现对 2- 羟基芴的选择性检测，为科研工作者提供了一种基于电化学阻抗技术检测 2- 羟基芴的方法。

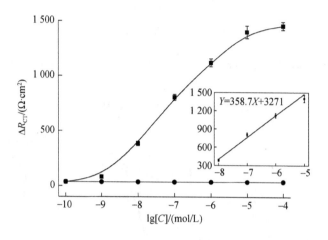

图 6.51　Tris-NaClO$_4$（pH=7.4，20 mmol/L）缓冲溶液体系中 G-DNA 酶传感器在阻抗变化（ΔR_{CT}）与 2- 羟基芴浓度关系

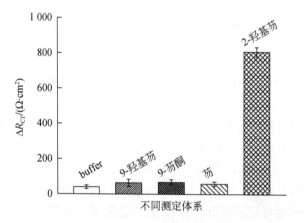

图 6.52　G-DNA 酶传感器对 2- 羟基芴的选择性研究

注：测定条件为 9- 羟基芴、9- 芴酮、芴等物质的浓度均为 100nmol/L。

　　为了考察该 G-DNA 酶生物传感器能否用于环境体系，对实际水样品——白洋淀湖水中 2- 羟基芴电化学响应进行了研究。2- 羟基芴溶液采用经 0.45 μm 纯化的湖水配制，然后进行电化学阻抗分析，电化学阻抗变化（ΔR_{CT}）与 2- 羟基芴浓度关系如图 6.53 所示。

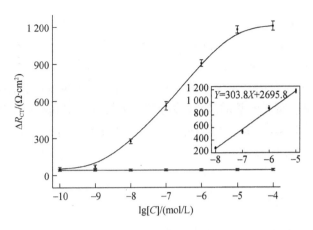

图 6.53　G-DNA 酶生物传感器在湖水体系中电化学阻抗变化（ΔR_{CT}）与 2- 羟基芴浓度关系

从图 6.53 中可以看出，随着 2- 羟基芴浓度的降低（浓度范围：0.1 mmol/L ～ 0.1 nmol/L）电化学阻抗变化（ΔR_{CT}）亦呈现降低的趋势，说明沉积到电极表面的氧化产物越来越少。内嵌图所示的是阻抗变化（ΔR_{CT}）与 2- 羟基芴浓度线性关系（浓度范围：10^{-5} ～ 10^{-8} mol/L），线性方程为 Y（ΔR_{CT}）=2695.8+420 lg $[C_{2\text{-}\text{羟基芴}}]$（$R^2$=0.99），检出限为 3.6 nmol/L（$S/N$=3）。此外，通过比较缓冲体系和实际水体中相同 2- 羟基芴浓度下引起的阻抗变化（ΔR_{CT}），计算实际水体中 2- 羟基芴的回收率在 80% ～ 96%，说明实际水体系中存在的物种确实能够对 EIS 测定产生一定的影响。因此，为了更真实地反映实际水体系中的 2- 羟基芴浓度，选取实际水体系中的浓度 – ΔR_{CT} 关系曲线作为工作曲线对实际样品中进行分析，从而可以实现对 2- 羟基芴的准确测定。因此，该 G-DNA 电化学生物传感器可以适用于实际水体中 2- 羟基芴的检测。

在本节中介绍的检测 2- 羟基芴的电化学 G-DNA 酶生物传感器，其作用机理为修饰于金电极的 G-DNA 在 K$^+$ 作用下构象发生变化并与 hemin 结合生成 G- 四联体 -hemin 络合物。该 G-DNA 酶可以催化 H$_2$O$_2$ 氧化 2- 羟基芴生成难溶物并沉积于电极表面从而导致电极 DNA 膜电阻的增加，基于此实现了对 2- 羟基芴的检测。该 G-DNA 酶传感器具有较高的灵敏性、选择性能并成功应用于实际水体系 2- 羟基芴的检测，可用于研究其他环境污染物并对其毒性进行评估。

6.4　基于电化学双功能区 DNA 传感器对白洋淀水体 Pb^{2+}、Hg^{2+} 污染物的检测方法

重金属也是环境中一类难降解、具有生物累积性、高致毒性的污染物。作为"优先管理有害物质名单"上两种重要的金属离子——Hg^{2+} 和 Pb^{2+}，因对人体及生态环境体系具有严重的危害而备受关注，研发针对 Hg^{2+} 和 Pb^{2+} 的快速、准确、便携检测方法也一直是科研工作者追求的目标。尽管采用传统的分析手段，如原子吸收光谱、电感耦合等离子体、

电感耦合等离子体质谱等，都能够达到对重金属离子的高灵敏度检测；但由于其操作复杂，样品前处理工作繁琐，所需成本高，因而在对环境和生物样品的在线、原位分析等方面存在明显的局限性。近年来，采用电化学 DNA 生物传感器方法对重金属离子的检测已成为研究热点之一。DNA 传感器在重金属离子检测方面发挥了重要的作用。本章节中将介绍一种采用 Pb^{2+}-DNA 酶、富 T 碱基的 DNA 段分别作为特异性识别目标金属离子的有效部位，通过合理巧妙的设计 DNA 结构，可实现无标记、高灵敏、同时分别检测 Hg^{2+}、Pb^{2+} 两种金属离子的电化学 DNA 传感器。

6.4.1　DNA 修饰电极的制备

方法参考 6.2.1 节 DNA 修饰电极的制备。

6.4.2　DNA 传感器检测机理

图 6.54 显示了电化学传感器用于检测 Hg^{2+} 和 Pb^{2+} 的设计原理。本传感器由三条 DNA 链构成，包括一条带巯基修饰的探针链 DNA，一条能够特异性识别 Pb^{2+} 的脱氧核酶链（其中有十个碱基与 DNA 链互补），以及一条含有部分 T-T 错配的与 DNA 酶链杂交的底物链（substrate）。其中含有 50 个碱基的底物链是传感器的重要组成部分。它可以分为两个功能区，定义为 I 和 II。功能区 I 在底物链的 3′ 端含有 20 个胸腺嘧啶（T）的能够特异性识别 Hg^{2+} 的 MSO 链，其序列为 5′-TTT-CTT-CTT-TCT-TCC-CCT-TGT-TTG-TTG-TTT-3′。在汞离子存在的情况下，它可以与核酸中碱基 T 的发生类似于碱基对（T-Hg-T）的作用，

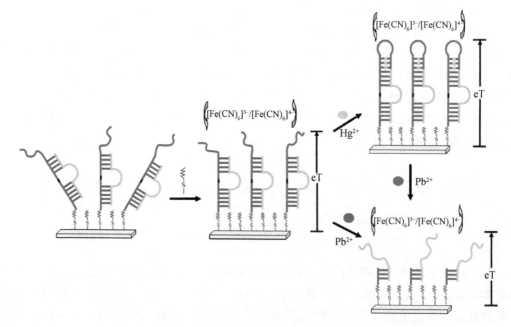

图 6.54　电化学 DNA 传感器设计原理

诱导 ssDNA 折叠形成类似于 dsDNA 的 hairpin 结构，生成的 T-Hg-T 复合物其稳定性比正常的 Watson-Crick 碱基对还要高。功能区 II 是含有单个 RNA 碱基的脱氧核酶的底物链，加入 Pb^{2+} 后脱氧核酶的催化能力被激活，底物链发生水解反应在 rA 处断开，使得整条底物链完全分离于电极表面。

在电极的修饰过程中，可以通过测定 EIS 数值来监测电极表面阻抗的变化，以此作为判断 DNA 是否组装在电极上的依据。图 6.55 表示金电极经 DNA 修饰前后的交流阻抗谱图。图中曲线（●）为裸金电极的 EIS 图，裸金电极在 4 mmol/L［Fe（CN）$_6$］$^{3-/4-}$ 溶液中阻抗值很小，近乎为一条直线。当电极修饰 DNA 后，其阻抗值增大，这是因为自组装在金电极表面的 DNA 形成了一层有序致密的膜，不利于电子的传输；另一方面由于 DNA 的磷酸根骨架带有负电荷，与带有同样电性的［Fe（CN）$_6$］$^{3-/4-}$ 有排斥作用，也不利于电子的传输，因而阻抗值增大。

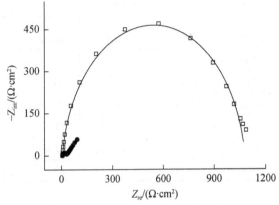

图 6.55 裸电极（●）及组装有 DNA 的电极（□）的电化学阻抗谱图

利用阻抗法研究 Hg^{2+} 和 Pb^{2+} 与组装在金电极上 DNA 间的相互作用，DNA 膜在 Hg^{2+} 和 Pb^{2+} 存在前后的阻抗图谱如图 6.56 所示。其中溶液电阻（R_s），是指参比电极和工作

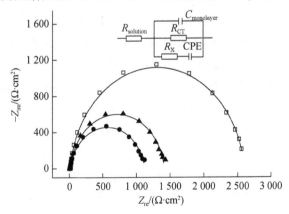

图 6.56 DNA 膜与 Hg^{2+}（10^{-6}mol/L）和 Pb^{2+}（10^{-6}mol/L）作用前后的阻抗谱图

注：DNA 膜（□），与 Hg^{2+}（▲）和 Pb^{2+}（●）作用 12h 后。测量数据经等效电路拟合后用实线（-）表示。内嵌图为等效电路示意图。

电极之间的电阻。如表 6.13 所示，（R_s）值均在 5.3～6.0 $\Omega \cdot cm^2$，差别不大。$C_{monolayer}$，表示电极上的 DNA 的膜电容。在 Hg^{2+} 和 Pb^{2+} 存在时，$C_{monolayer}$ 均有不同程度的改变，可能是由于金属离子对 DNA 膜的影响不同。在 Hg^{2+} 存在时，$C_{monolayer}$ 基本上呈现减小的趋势，原因在于 Hg^{2+} 诱导 ssDNA 折叠形成的 hairpin 结构使得电极表面膜厚增加，膜电容减小。对 Pb^{2+} 来说，$C_{monolayer}$ 则出现变大的情况，表明 Pb^{2+} 诱导底物链从电极表面脱离，致使膜厚度降低，膜电容增大。

表 6.13　DNA 膜与 Hg^{2+} 作用前后的阻抗数据由等效电路拟合后的结果

不同膜层	$R_s/(\Omega \cdot cm^2)$	$C_{monolayer}/(\mu F/cm^2)$	$R_{CT}/(\Omega \cdot cm^2)$	$R_X/(\Omega \cdot cm^2)$	$CPE/(\mu F/cm^2)$	n	$\Delta R_{CT}/(\Omega/cm^2)$
DNA	5.3(0.1)	9.9(0.3)	2594(26)	2.8(0.2)	37.3(5.3)	0.9(0.01)	—
buffer	5.5(0.1)	10.2(0.4)	2560(23)	2.9(0.2)	28.5(1.8)	0.9(0.02)	36(2)
10^{-5} mol/L	5.9(0.1)	7.9(0.1)	1186(35)	3.2(0.8)	42.4(2.1)	0.9(0.01)	1408(60)
10^{-6} mol/L	6.0(0.1)	7.7(0.1)	1385(64)	3.3(0.3)	25.9(3.1)	0.9(0.01)	1209(38)
10^{-7} mol/L	5.8(0.1)	8.2(0.2)	1561(25)	2.2(0.3)	16.4(2.5)	0.9(0.03)	1033(51)
10^{-8} mol/L	5.6(0.1)	8.4(0.1)	1776(80)	3.1(0.4)	27.7(2.6)	0.9(0.01)	818(54)
10^{-9} mol/L	5.6(0.1)	8.6(0.3)	1930(74)	3.2(0.4)	26.7(5.3)	0.9(0.03)	664(46)
10^{-10} mol/L	5.6(0.1)	9.6(0.1)	2135(18)	3.9(0.3)	39.1(5.0)	0.9(0.02)	459(39)
10^{-11} mol/L	5.7(0.1)	9.2(0.1)	2317(49)	2.1(0.1)	15.9(4.0)	0.9(0.03)	277(44)
10^{-12} mol/L	5.6(0.1)	10.2(0.3)	2432(27)	3.0(0.2)	32.4(6.7)	0.9(0.03)	162(4)
10^{-13} mol/L	5.7(0.1)	10.0(0.3)	2527(24)	3.0(0.4)	33.2(2.7)	0.9(0.02)	67(2)

R_X 和常相位元件 CPE，表示电极表面巯基己醇的电化学行为。CPE 作为一个非线性电容元件，表征了电极表面 DNA 膜的多相性，其指数 n 为 0.9（Dijksma et al.，2002）。实验过程中扩散对整个体系的阻抗信号不会产生较大影响，这可以从阻抗图谱中缺少 Warburg 阻抗得以证明。

电荷传递电阻（R_{CT}），是指氧化还原探针［Fe（CN）$_6$］$^{3-/4-}$ 的电荷通过膜层传递到金电极表面的电阻。DNA 膜的 R_{CT} 要大于加入 Hg^{2+} 和 Pb^{2+} 离子后的膜电阻。在 10^{-5} mol/L 的 Hg^{2+} 存在的情况下，R_{CT} 从 2594（26）$\Omega \cdot cm^2$ 降低到 1186（35）$\Omega \cdot cm^2$，ΔR_{CT} 为 1408（60）$\Omega \cdot cm^2$。在 Pb^{2+} 存在的情况下，R_{CT} 降低到 988（30）$\Omega \cdot cm^2$，ΔR_{CT} 为 1606（4）$\Omega \cdot cm^2$。对 Hg^{2+} 而言，电化学阻抗产生变化的主要原因可能在于原本的 ssDNA 在 Hg^{2+} 的诱导下折叠形成了类似于 dsDNA 的 hairpin 结构，使得电极表面膜的厚度增大。但是 Hg^{2+} 与碱基 T 通过 T-Hg-T 作用形成类似于 dsDNA 的这种结构，有利于电子通过膜层传递到金电极表面，因而使得 R_{CT} 减小（Voityuk，2006）。而 Pb^{2+} 引起 R_{CT} 减小可能是由于脱氧核酶的催化活性被激活，底物链发生水解反应在 rA 处断开，整条底物链从电极表面脱离下来，电极表面膜厚降低，从而引起 R_{CT} 电荷传递电阻减小。通过比对，发现 Hg^{2+} 引起的电荷传递电阻的变化（ΔR_{CT}）要小于 Pb^{2+} 引起的变化。这可能是由于 Hg^{2+} 引起 ssDNA 构型的改变都发生在底物链上，这种变化要小于底物链从电极表面脱落而引起的变化。

6.4.3　DNA 传感器检测性能

该阻抗法在检测低浓度的 Hg^{2+} 和 Pb^{2+} 时比传统传感器方法显示出更高的灵敏度。在优化的实验条件下，对不同浓度的 Hg^{2+} 和 Pb^{2+} 引起的阻抗响应变化情况进行了测定。结果如图 6.57 所示，ΔR_{CT} 值随着 Hg^{2+} 和 Pb^{2+} 浓度值的减小而降低，当 Hg^{2+}、Pb^{2+} 浓度分别为 10^{-13} mol/L 和 10^{-14} mol/L 时，ΔR_{CT} 值同没有离子存在情况下的 ΔR_{CT} 值基本相同。ΔR_{CT} 与 Hg^{2+}、Pb^{2+} 浓度对数值均在 $1 \times 10^{-5} \sim 1 \times 10^{-12}$ mol/L 浓度范围内呈现良好的线性关系，最低检出限分别为 1 pmol/L 和 0.1 pmol/L。本传感器测定的 Hg^{2+} 和 Pb^{2+} 的线性范围比以往报道的检测两种离子的生物传感器方法要高 2 至 3 个数量级。同时，该检测限要低于美国国家环境保护署对饮用水体中 Hg^{2+}（10 nmol/L）和 Pb^{2+}（72 nmol/L）的含量要求，表明该方法在对实际环境体系的汞离子和铅离子检测方面具有较大的应用潜力。

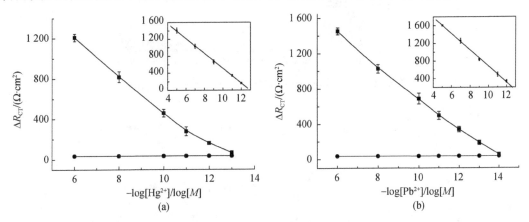

图 6.57　电荷传递电阻的变化值 ΔR_{CT} 与 Hg^{2+} 和 Pb^{2+} 不同浓度对数下的关系曲线

注：内嵌图显示了 ΔR_{CT} 与 Hg^{2+} 和 Pb^{2+} 对数浓度的线性关系。（●）作为空白对照，表示 DNA 膜与 Tris-NaClO$_4$（pH=7.4，20 mmol/L）缓冲溶液作用前后的阻抗变化值；（■）表示 DNA 膜与 Hg^{2+} 和 Pb^{2+} 溶液作用前后的阻抗变化值。

为了验证该方法对 Hg^{2+} 和 Pb^{2+} 的检测是否具有选择性，课题组考察了一些常见的二价金属离子（Co^{2+}、Ca^{2+}、Mg^{2+}、Mn^{2+}、Ni^{2+}、Cu^{2+}、Cd^{2+}、Zn^{2+}）不同的电化学响应情况，结果如图 6.58 所示。在相同的实验条件下，浓度均为 10^{-5} mol/L 的金属离子代替 Hg^{2+} 和 Pb^{2+} 分别与 DNA 膜作用后，只有 Hg^{2+} 和 Pb^{2+} 能够引起 ΔR_{CT} 较大的变化，而其他金属离子基本对 ΔR_{CT} 的影响很小。这证明了构建的 DNA 传感器在检测 Hg^{2+} 和 Pb^{2+} 方面具有很好的选择性，可以忽略其他金属离子对体系的干扰，在对环境水体和生物体等实际体系中 Hg^{2+} 和 Pb^{2+} 的检测具有可行性。

通过引入两种掩蔽剂以进一步实现对 Hg^{2+} 或 Pb^{2+} 单独检测的目的。掩蔽剂是指用以掩蔽干扰离子的试剂，体现在本实验中即表示通过掩蔽 Hg^{2+}（Pb^{2+}）以达到对 Pb^{2+}（Hg^{2+}）的特异性单独检测。这两种掩蔽剂分别为半胱氨酸（cysteine）和富含 G 碱基的 DNA 链（G-DNA），其中半胱氨酸作为一种含 S 的氨基酸可以通过 Hg-S 键作用与 Hg^{2+} 形成一种稳定的复合物，并且 Hg^{2+} 与半胱氨酸的结合能力要强于与碱基 T 的结合，所以当 Hg^{2+} 优先同过量的半胱氨酸作用后，无法再诱导 ssDNA 结构的改变。如图 6.59（a）所示，将

DNA 修饰的电极浸泡到含有 Hg^{2+}+ 半胱氨酸的混合溶液放置 12h，通过测量并没有发现阻抗有明显的变化，这表明半胱氨酸可以有效屏蔽 Hg^{2+} 与 DNA 发生作用。当进一步将该电极与 Hg^{2+}+ 半胱氨酸 +Pb^{2+} 混合溶液作用 12h 后，观察到 EIS 发生了明显变化，此时该 R_{CT} 的改变完全是由 Pb^{2+} 诱导底物链的断裂而引起的。

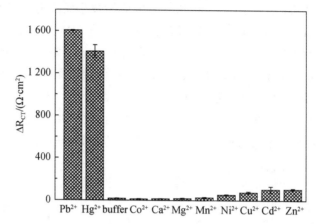

图 6.58　DNA 膜电极对不同金属离子的 ΔR_{CT} 响应情况

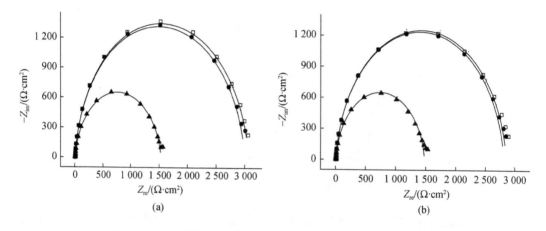

图 6.59　DNA 膜与加入掩蔽剂的金属离子作用前后的阻抗谱图

注：（a）DNA 膜（□），与半胱氨酸 +Hg^{2+}（●）和半胱氨酸 +Hg^{2+}+Pb^{2+}（▲）先后作用 12h；（b）DNA 膜（□），与 G-DNA+Pb^{2+}（●）和 G-DNA+Pb^{2+}+Hg^{2+}（▲）先后作用 12h。

　　G-DNA 是一条具有 4 个 GGG 区域的 DNA 链，在 Pb^{2+} 存在时可以形成非常稳定的 G- 四联体结构。将 DNA 修饰的电极浸泡到含有 Pb^{2+}+G-DNA 的混合溶液放置 12h，通过测量并没有发现阻抗有明显的变化，这表明 Pb^{2+} 已经同 G-DNA 作用形成 G- 四联体结构，没有游离的 Pb^{2+} 催化脱氧核酶。如图 6.59（b）所示，当进一步将该电极与 Pb^{2+}+G-DNA+Hg^{2+} 混合溶液作用 12h 后，观察到膜电阻发生了明显变化，此时该 R_{CT} 的改变完全是由 Hg^{2+} 诱导 ssDNA 转变为 hairpin 结构而引起的。经研究发现，利用半胱氨酸和 G-DNA 可以有效掩蔽 Hg^{2+} 和 Pb^{2+} 对测量体系的影响，从而达到对 Pb^{2+} 和 Hg^{2+} 单独检测的目的。本方法的优点在于同其他实验用到的掩蔽剂如 NaCN 相比，半胱氨酸和 G-DNA

均属于生物试剂，不具有毒性，比较利于生物实际样品的检测。

为了考察设计的传感器是否能用于实际样品的分析检测，本实验对河北白洋淀和江西的表水水样等实际体系进行了测定。由图6.60所示，将DNA修饰的电极浸泡到白洋淀[（a）、（b）]和江西[（c）、（d）]表水水样溶液中放置12h，通过测量发现阻抗并没有明显的变化，这表明水样中 Hg^{2+} 和 Pb^{2+} 的含量较小，低于本方法所能检测的范围，并且由此可推断出水样中含有干扰的物质较少。根据美国国家环境保护署对饮用水体中 Hg^{2+}（10 nmol/L）和 Pb^{2+}（72 nmol/L）含量的要求，将水样配成含有 10 nmol/L 浓度的 $Pb(ClO_4)_2$ 和 $Hg(ClO_4)_2$ 溶液，通过 DNA 膜与含有金属离子的水样的作用情况，以此判断利用该传感器能否可实现对实际样品中 Hg^{2+} 和 Pb^{2+} 的测定。从图中可以看出，同单纯与表水水样作用情况相比，当 DNA 修饰电极与加入离子（Hg^{2+} 和 Pb^{2+}）的水样作用后，阻抗值均呈现了不同程度减小的现象，这种变化主要源于 Hg^{2+} 和 Pb^{2+} 与 DNA 的发生相互作用的结果。这表明该方法构建的 DNA 传感器可用于判断实际样品中 Hg^{2+} 和 Pb^{2+} 的含量是否超标，为实际应用提供了可行性。

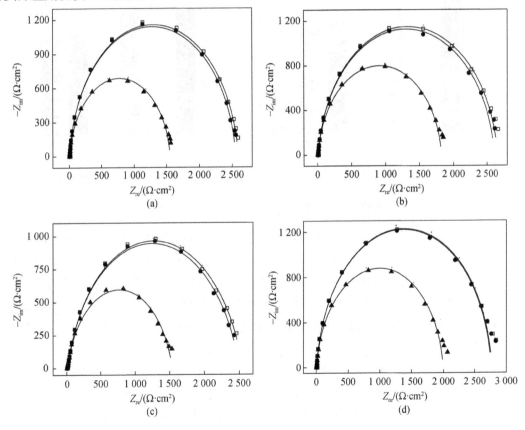

图 6.60　DNA 膜与含有 Hg^{2+} 和 Pb^{2+} 的白洋淀和江西表水水样作用前后的阻抗谱图

注：（a）DNA 膜（□），与白洋淀表水水样（●）和表水水样 +Pb^{2+}（▲）先后作用 12h；（b）DNA 膜（□），与白洋淀表水水样（●）和表水水样 +Hg^{2+}（▲）先后作用 12h；（c）DNA 膜（□），与江西表水水样（●）和表水水样 +Pb^{2+}（▲）先后作用 12h；（d）DNA 膜（□），与江西表水水样（●）和表水水样 +Hg^{2+}（▲）先后作用 12h。

为进一步利用该传感器实现对实际水体系中 Hg^{2+} 和 Pb^{2+} 的单独检测的目的，在实际表水水体系中同时加入了掩蔽剂和金属离子。从图 6.61 中可以看出，当有掩蔽剂存在时，对两种离子实现单独定性检测时引起阻抗变化值，同没有掩蔽剂时引起的 ΔR_{CT} 相一致，并且不会对 Pb^{2+} 和 Hg^{2+} 的电化学响应产生影响。表明加入掩蔽剂半胱氨酸和 G-DNA，可以有效掩蔽混合体系中 Hg^{2+} 和 Pb^{2+} 的存在，从而达到对两种离子的特异性单独检测。

为证明该传感器可以用于对实际水体系金属离子的定性检测，应用电感偶和等离子体 - 原子发射法（ICP-AES）对白洋淀和江西水体中重金属离子的含量进行了测定，结果表明当 Hg^{2+}、Pb^{2+} 的含量均低于 ICP-AES 对两种离子 Hg^{2+}（10 nmol/L）、Pb^{2+}（15nmol/L）的检测限时，应用 ICP-AES 方法无法测定实际水体样品中 Hg^{2+}、Pb^{2+} 的含量。而利用本章中构建的 DNA 传感器可以明显观察到电化学阻抗信号的变化，可以将其作为判别实际水体系中是否含有 Hg^{2+}、Pb^{2+} 的一种有效的定性检测方法。

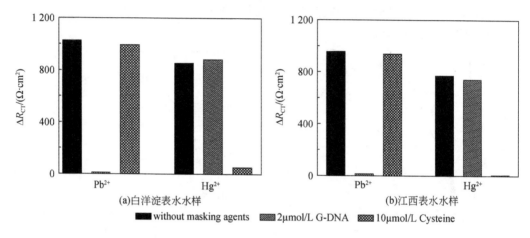

图 6.61　掩蔽剂存在情况下 Hg^{2+}、Pb^{2+} 与 DNA 作用后 ΔR_{CT} 的对比

近年来，随着环境有害物质的增多，单纯依靠环境监测的手段来评估有害物质对人体的危害，已无法准确代表人体实际接触污染物的情况，因而对人体的生物监测已逐渐被人们所重视。因为血液中化学物的浓度可以反映出体内近期接触污染物质的情况，因此常作为生物监测最常用的生物材料之一。根据美国政府工业卫生医师协会（ACHIH）于 1995 ~ 1996 年颁布的生物接触指数，对血清中无机汞和铅的限制分别为 1.5 µg/100 ml（7.5×10^{-8} mol/L）和 30 µg/ 100 ml（1.5×10^{-6} mol/L）。为了判断本传感器是否可以作为一种医用诊断仪器用于检测血清中 Hg^{2+} 和 Pb^{2+} 的超标情况，将 Hg^{2+} 和 Pb^{2+} 的检测浓度分别定为 10^{-8} mol/L 和 10^{-6} mol/L，若能检出则证明该方法具有可行性。因为血清是一种较为复杂的生物试剂，所以使用前应将其稀释 10 倍。从图 6.62 中可以看出，当 DNA 膜与人血清样品作用 12h，阻抗基本未呈现任何变化，但当血清中含有 10^{-6} mol/L 的 Pb^{2+} 和 10^{-8}mol/L 的 Hg^{2+} 时，测定结果显示出膜电阻呈现减小的趋势，这种变化主要是 Hg^{2+} 和 Pb^{2+} 与 DNA 发生相互作用的结果。

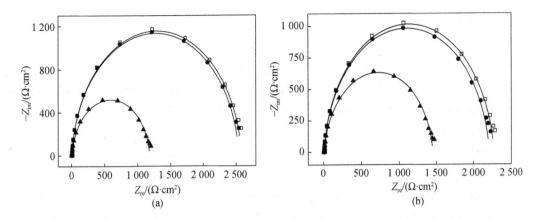

图 6.62　DNA 膜与含有 Hg^{2+} 和 Pb^{2+} 的人血清样品作用前后的阻抗谱图

注：（a）DNA 膜（□），与小牛血清样品（●）和小牛血清样品 +Pb^{2+}（▲）先后作用 12h；（b）DNA 膜（□），

与人血清样品（●）和人血清样品 +Hg^{2+}（▲）先后作用 12h。

为进一步利用该传感器实现对实际生物体系中 Hg^{2+} 和 Pb^{2+} 的单独检测的目的，在稀释十倍的人血清中加入了掩蔽剂。从图 6.63 中可以看出，加入掩蔽剂半胱氨酸和 G-DNA，可以有效掩蔽混合体系中 Hg^{2+} 和 Pb^{2+} 的存在，从而达到对两种离子的特异性单独检测。图 6.63 表示了含有掩蔽剂和金属离子的人血清样品与 DNA 膜作用后 ΔR_{CT} 的对比情况。由图所示，当有掩蔽剂存在时，对两种离子实现单独定性检测时引起阻抗变化值，同没有掩蔽剂时引起的 ΔR_{CT} 相一致，表明半胱氨酸和 G-DNA 可以有效掩蔽 Hg^{2+} 和 Pb^{2+} 的存在，并且不会对 Pb^{2+} 和 Hg^{2+} 的电化学响应产生影响。

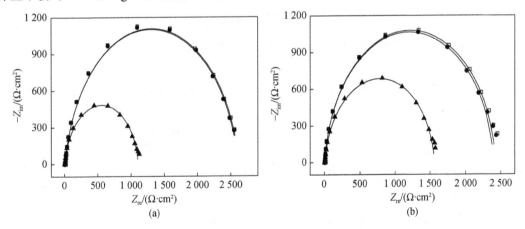

图 6.63　DNA 膜与含有 Hg^{2+}、Pb^{2+} 和掩蔽剂的人血清作用前后的阻抗谱图

注：（a）DNA 膜（□），与人血清 + 半胱氨酸 +Hg^{2+}（●）和人血清 + 半胱氨酸 +Hg^{2+}+Pb^{2+}（▲）先后作用 12h；（b）DNA 膜（□），与人血清 +G-DNA+Pb^{2+}（●）和人血清 +G-DNA+Pb^{2+}+Hg^{2+}（▲）先后作用 12h。

基于 Hg^{2+} 与 DNA 碱基 T 的 T-Hg-T 特异性作用以及 Pb^{2+} 特异性脱氧核糖酶对底物链催化水解断裂的基本原理，设计了一种高灵敏度、高选择性、同时检测两种重金属离子的电化学 DNA 传感器方法。该方法实现了对 Hg^{2+} 和 Pb^{2+} 的高特异性检测，线性范围均在

$1 \times 10^{-5} \sim 1 \times 10^{-12}$mol/L，最低检出限分别为 1 pmol/L 和 0.1 pmol/L。选择性较好，其他金属离子的干扰很小。通过引入掩蔽剂 - 半胱氨酸和 G-DNA 链，有效实现了对两种离子的单独检测。由此对复杂实际样品中 Hg^{2+} 和 Pb^{2+} 的含量进行了检测。

电化学 DNA 生物传感技术是一种新型研究 DNA 与环境污染物作用的手段，同时作为一种新的检测环境污染物的方法又比以往传统的方法具有诸多优势。本章在介绍电化学 DNA 传感器的基本检测原理的基础上，并结合具体实例对典型芳香族化合物（羟基 / 氨基多环芳烃化合物）、重金属离子传感器进行了全面、深入的论述，对研究 DNA 与靶标小分子的作用机理过程可能涉及的电化学阻抗谱法、示差脉冲伏安法、循环伏安法、计时库仑法等电化学表征手段、荧光光谱法、紫外 - 可见光谱法、拉曼光谱法、扫描电镜分析法、核磁共振波谱法等多种分析手段都进行了相关分析。但是由于电化学 DNA 传感器自身起步较晚、发展仍不完善，一些方面有待于进一步改进、提高：与其他传感器（如酶传感器、光学传感器等）相结合，扩大电化学 DNA 生物传感器的研究领域和应用范围；开发新的电极材料，提升传感器的性能（灵敏性和专一性）；拓展 DNA 的固定化方法，发展一种更有效的 DNA 修饰方法；与纳米技术相结合，向微电极、生物芯片方向发展；提高 DNA 生物传感器的实际应用能力，要面向市场化、服务于社会等。

到目前为止，应用电化学 DNA 生物传感器对环境污染物的研究已经引起环境电化学工作者极大的兴趣并取得了很大的进展，但是由于受理论基础、技术水平等原因的限制也存在一些十分棘手的问题。尽管如此，电化学 DNA 生物传感器技术为将来提供一种研究环境污染物与 DNA 作用、实现环境体系污染物定量化分析的新方法，同时也为评价环境体系污染物毒性、从分子水平揭示污染物的基因毒性提供了新思路。

参 考 文 献

何瑜，蔡朝霞，宋功武，2004. 光谱法研究诺氟沙星与 DNA 的作用. 湖北大学学报：自然科学版，26(3)：232-235.

栾崇林，程顺喜，蒋晓华，等．2008. 电化学 DNA 生物传感器检测小分子化合物的研究进展. 食品科学，29(8)：689-692.

罗黎，江崇球，李磊．2003. 光谱法研究氧氟沙星—铽络合物与脱氧核糖核酸的相互作用. 分析化学研究简报，31(12)：1504-1507.

孙伟，李清军，焦奎，等．2005. 有机小分子与 DNA 的相互作用及其在 DNA 分析中的应用. 化学试剂，27(3)：149-152.

杨功俊，徐静娟，陈洪渊．2004. 儿茶酚胺衍生物与 DNA 之间相互作用的光谱和电化学法研究. 高等学校化学学报，25（7）：1235-1239.

张霞，倪永年．2007. 荧光光谱法研究罗丹明 B 与 DNA 的相互作用. 南昌大学学报 (理科版)，31(3)：268-271.

周白云，宗传龙，郭淼．2007. 二价金属离子对博莱霉素作用淋巴细胞 SCE 的影响. 中国肿瘤，16(11)：937-939.

邹小勇，陈汇勇，李荫．2005. 电化学 DNA 传感器的研制及其医学应用. 分析测试学报，24(1)：123-128.

Amorim L, Dimandja J, Cardeal Z. 2009. Analysis of hydroxylated polycyclic aromatic hydrocarbons in urine using comprehensive two-dimensional gas chromatography with a flame ionization detector. J Chromatogr A, 1216(14): 2900-2904.

Annweiler E, Richnow H, Antranikian G, et al. 2000. Naphthalene degradation and incorporation of naphthalene-derived carbon into biomass by the thermophile bacillus thermoleovorans. Appl Environ Microbiol , 66(2): 518-523.

Bogomolova A, Komarova E, Reber K, et al. 2009. Challenges of electrochemical impedance spectroscopy in protein biosensing. Anal Chem, 81(10): 3944-3949.

Boon E M, Jackson N M, Wightman M D, et al. 2003. Intercalative stacking: A critical feature of DNA charge-transport electrochemistry. J Phys Chem B, 107(42): 11805-11812.

Cai H, Wang Y, He P, et al. 2002. Electrochemical detection of DNA hybridization based on silver-enhanced gold nanoparticle label. Anal Chim Acta, 469(2): 165-172.

Campo L, Rossella F, Fustinoni S. 2008. Development of a gas chromatography/mass spectrometry method to quantify several urinary monohydroxy metabolites of polycyclic aromatic hydrocarbons in occupationally exposed subjects. J Chromatogr B, 875(2): 531-540.

Campo L, Rossella F, Pavanello S, et al. 2010. Urinary profiles to assess polycyclic aromatic hydrocarbons exposure in coke-oven workers. Toxicol Lett, 192(1): 72-78.

Cao Y, He X. 1998. Studies of interaction between safranine T and double helix DNA by spectral methods. Spectrochim Acta, Part A 54(6): 883-892.

Carter M T, Rodriguez M, Bard A J. 1989. Voltammetric Studies of the Interaction of Metal Chelates with DNA. 2. Tris-chelated Complexes of Cobalt (III) and Iron (II) with 1, 10-phenanthroline and 2, 2'-bipyridine. J Am Chem Soc, 111(24): 8901-8911.

Chetiyanukornkul T, Toriba A, Kizu R, et al. 2004. Urinary 2-hydroxyfluorene and 1-hydroxypyrene levels in smokers and nonsmokers in Japan and Thailand. Polycycl Aromat Comp, 24(4-5): 467-474.

Chiti G, Marrazza G, Mascini M. 2001. Electrochemical DNA biosensor for environmental monitoring. Anal Chim Acta, 427(2): 155-164.

Cohen S M, Boobis A R, Meek M E, et al. 2006. 4-Aminobiphenyl and DNA reactivity: Case study within the context of the 2006 IPCS human relevance framework for analysis of a cancer mode of action for humans. Crit Rev Toxicol, 36(10): 803-819.

Collins J F, Brown J P, Alexeeff G V, et al. 1998. Potency equivalency factors for some polycyclic aromatic hydrocarbons and polycyclic aromatic hydrocarbon derivatives. Regul Toxicol Pharm, 28(1): 45-54.

Dabrowska D, Kot-Wasik A, Namiesnik J. 2008. Stability studies of selected polycyclic aromatic hydrocarbons in different organic solvents and identification of their transformation products. Pol J Environ Stud, 17(1): 17-24.

Deng C, Chen J, Chen X, et al. 2008. Direct electrochemistry of glucose oxidase and biosensing for glucose based on boron-doped carbon nanotubes modified electrode. Biosens Bioelectron, 23(8): 1272-1277.

Dervan P, Edelson B. 2003. Recognition of the DNA minor groove by pyrrole-imidazole polyamides. Curr Opin Struc Bio, 13(3): 284-299.

Dharuman V, Vijayaraj K, Radhakrishnan S, et al. 2011. Sensitive label-free electrochemical DNA hybridization detection in the presence of 11-mercaptoundecanoic acid on the thiolated single strand DNA and mercaptohexanol binary mixed monolayer surface. Electrochimi Acta, 56: 8147-8155.

Di Paolo O A, Teitel C H, Nowell S, et al. 2005. Expression of cytochromes P450 and glutathione S-transferases in human prostate, and the potential for activation of heterocyclic amine carcinogens via acetyl-coA-, PAPS- and ATP-dependent pathways. Int J Cancer, 117(1): 8-13.

Dijksma M, Boukamp B A, Kamp B, et al. 2002. Effect of hexacyanoferrate (Ⅱ / Ⅲ) on self-assembled monolayers of thioctic acid and 11-mercaptoundecanoic acid on gold. Langmuir, 18(8): 3105-3112.

Dor F, Dab W, Empereur-Bissonnet P, et al. 1999. Validity of biomarkers in environmental health studies: The case of PAHs and benzene. Crit Rev Toxicol, 29(2): 129-168.

Drummond T G, Hill M G, Barton J K. 2003. Electrochemical DNA sensors. Nat Biotechnol, 21(10): 1192-1199.

Du J, Liu M, Lou X, et al. 2012. Highly sensitive and selective chip-based fluorescent sensor for mercuric ion: Development and comparison of turn-on and turn-off systems. Anal Chem, 84(18): 8060-8066.

Du Y, Li B, Wei H, et al. 2008. Multifunctional label-free electrochemical biosensor based on an integrated aptamer. Anal Chem, 80(13): 5110-5117.

Fiel R J. 1989. Porphyrin-nucleic acid interactions: A review. J Biomole Struct Dynamics, 6(6): 1259-1274.

Fisher J, Aristoff P. 1988. The chemistry of DNA modification by antitumor antibiotics. Progr Drug Res, 32: 411-498.

Frederiksen H, Frandsen H. 2003. Impact of five cytochrome P450 enzymes on the metabolism of two heterocyclic aromatic amines, 2-amino-9 H-pyrido [2, 3-b] indole (A α C) and 2-amino-3-methyl-9 H-pyrido [2, 3-b] indole (MeAαC). Pharmacol Toxicol, 92(5): 246-248.

Fukuda R, Takenaka S, Takagi M. 1990. Metal ion assisted DNA-intercalation of crown ether-linked acridine derivatives. J Chem Soc Chem Commun, (15): 1028-1030.

Galceran M T, Moyano E. 1996. Determination of hydroxy polycyclic aromatic hydrocarbons by liquid chromatography-mass spectrometry comparison of atmospheric pressure chemical ionization and electrospray. J Chromatogr A, 731(1–2): 75-84.

Gamage N, Barnett A, Hempel N, et al. 2006. Human sulfotransferases and their role in chemical metabolism. Toxicol Sci, 90(1): 5-22.

Gao L, Li C J, Li X H, et al. 2010. Electrochemical impedance study of the interaction of metal ions with unlabeled PNA. Chem Commun, 46(34): 6344-6346.

Gao X, Huang H, Niu S, et al. 2012. Determination of magnesium ion in serum samples by a DNAzyme-based electrochemical biosensor. Anal Methods, 4(4): 947-952.

Gmeiner G, Gärtner P, Krassnig C, et al. 2002. Identification of various urinary metabolites of fluorene using derivatization solid-phase microextraction. J Chromatogr B, 766(2): 209-218.

Godschalk R, Ostertag J, Moonen E, et al. 1998. Aromatic DNA adducts in human white blood cells and skin after dermal application of coal tar. Cancer Epidem Biomar, 7(9): 767-773.

Gong H, Li X H. 2011. Y-type, C-rich DNA probe for electrochemical detection of silver ion and cysteine.

Analyst, 136(11): 2242-2246.

Gong H, Zhong T Y, Gao L, et al. 2009. Unlabeled hairpin DNA probe for electrochemical detection of single-nucleotide mismatches based on MutS-DNA interactions. Anal Chem, 81(20): 8639-8643.

Gorlewska-Roberts K M, Teitel C H, Lay Jr, et al. 2004. Lactoperoxidase-catalyzed activation of carcinogenic aromatic and heterocyclic amines. Chem Res Toxicol, 17(12): 1659-1666.

Gunasekaran S, Sailatha E, Seshadri S, et al. 2009. FTIR, FT Raman spectra and molecular structural confirmation of isoniazid. Indian J Pure Ap Phy, 47: 12-18.

Han X, Gao X. 2001. Sequence specific recognition of ligand-DNA complexes studied by NMR. Curr Med Chem, 8(5): 551-581.

Haritash A K, Kaushik C P. 2009. Biodegradation aspects of polycyclic aromatic hydrocarbons (PAHs): A review. J Hazard Mater, 169(1-3): 1-15.

Hashimoto K, Ito K, Ishimori Y. 1994. Sequence-specific gene detection with a gold electrode modified with DNA probes and an electrochemically active dye. Anal Chem, 66(21): 3830-3833.

Hein D W. 2002. Molecular genetics and function of NAT1 and NAT2: Role in aromatic amine metabolism and carcinogenesis. Mutat Res, 506: 65-77.

Hidalgo C, Sancho J, Roig-Navarro A, et al. 1998. Rapid determination of carbaryl and 1-naphthol at ppt levels in environmental water samples by automated on-line SPE-LC-DAD-FD. Chromatographia, 47(9): 596-600.

Ibrahim M. 2001. Voltammetric studies of the interaction of nogalamycin antitumor drug with DNA. Anal Chim Acta, 443(1): 63-72.

Jacob J, Seidel A. 2002. Biomonitoring of polycyclic aromatic hydrocarbons in human urine. Journal of Chromatography B, 778(1-2): 31-47.

Jia S M, Liu X F, Li P, et al. 2011. G-quadruplex DNAzyme-based Hg^{2+} and cysteine sensors utilizing Hg^{2+}-mediated oligonucleotide switching. Biosens Bioelectron, 27(1): 148-152.

Jiang X, Lin X. 2005. Overoxidized polypyrrole film directed DNA immobilization for construction of electrochemical micro-biosensors and simultaneous determination of serotonin and dopamine. Anal Chim Acta, 537(1-2): 145-151.

Jongeneelen J F. 1994. Biological monitoring of environmental exposure to polycyclic aromatic hydrocarbons: 1-hydroxypyrene in urine of people. Toxicol Lett, 72(1-3): 205-211.

Ju H, Ye Y, Zhu Y. 2005. Interaction between nile blue and immobilized single-or double-stranded DNA and its application in electrochemical recognition. Electrochimi Acta, 50(6): 1361-1367.

Keighley S D, Li P, Estrela P, et al. 2008. Optimization of DNA immobilization on gold electrodes for label-free detection by electrochemical impedance spectroscopy. Biosens Bioelectron, 23(8): 1291-1297.

Kjaällman T H M, Peng H, Soeller C, et al. 2008. Effect of probe density and hybridization temperature on the response of an electrochemical hairpin-DNA sensor. Anal Chem, 80(24): 9460-9466.

Kolomytseva M P, Randazzo D, Baskunov B P, et al. 2009. Role of surfactants in optimizing fluorene assimilation and intermediate formation by Rhodococcus rhodochrous VKM B-2469. Bioresource Technol, 100(2): 839-844.

Kosman J, Juskowiak B. 2011. Peroxidase-mimicking DNA zymes for biosensing applications: A review. Anal Chim Acta, 707(1): 7-17.

Krishnamurthi K, Devi S S, Chakrabarti T. 2006. DNA damage caused by pesticide-contaminated soil. Biomed Environ Sci, 19(6): 427-431.

Krishnan S, Hvastkovs E, Bajrami B, et al. 2007. Genotoxicity screening for N-nitroso compounds. Electrochemical and electrochemiluminescent detection of human enzyme-generated DNA damage from N-nitrosopyrrolidine. Chem Commun, 17: 1713-1715.

Kulys J, Ivanec-Goranina R. 2009. Peroxidase catalyzed phenolic compounds oxidation in presence of surfactant Dynol 604: A kinetic investigation. Enzyme Microb Technol, 44(6): 368-372.

Kulys J, Vidziunaite R, Schneider P. 2003. Laccase-catalyzed oxidation of naphthol in the presence of soluble polymers. Enzyme Microb Technol, 32(3-4): 455-463.

Kumar C V, Turner R S, Asuncion E H. 1993. Groove binding of a styrylcyanine dye to the DNA double helix: The salt effect. J Photoch Photobio A, 74(2): 231-238.

Labuda J, Brett A M O, Evtugyn G, et al. 2010. Electrochemical nucleic acid-based biosensors: Concepts, terms, and methodology (IUPAC Technical Report). Pure Appl Chem, 82(5): 1161-1187.

Labuda J, Ovádeková R, Galandová J. 2009. DNA-based biosensor for the detection of strong damage to DNA by the quinazoline derivative as a potential anticancer agent. Microchim Acta, 164: 371-377.

Lesko S A, Smith A, Ts'o P O P, et al. 1968. Interaction of nucleic acids. IV. Physical binding of 3, 4-benzopyrene to nucleosides, nucleotides, nucleic acids, and nucleoprotein. Biochemistry, 7(1): 434-447.

Li A X, Yang F, Ma Y, et al. 2007. Electrochemical impedance detection of DNA hybridization based on dendrimer modified electrode. Biosens Bioelectron, 22(8): 1716-1722.

Li C L, Liu K T, Lin Y W, et al. 2010a. Fluorescence detection of lead(II) ions through their induced catalytic activity of DNA zymes. Anal Chem, 83(1): 225-230.

Li D, Song S, Fan C, 2010b. Target-responsive structural switching for nucleic acid-based sensors. Acc Chem Res, 43(5): 631-641.

Li F, Yang L, Chen M, et al. 2012a. A novel and versatile sensing platform based on HRP-mimicking DNAzyme-catalyzed template-guided deposition of polyaniline. Biosens Bioelectron, 41: 903-906.

Li H, Zhang Q, Cai Y, et al. 2012b. Single-stranded DNAzyme-based Pb^{2+} fluorescent sensor that can work well over a wide temperature range. Biosens Bioelectron, 34(1): 159-164.

Li J F, Dong C, 2009. Study on the interaction of morphine chloride with deoxyribonucleic acid by fluorescence method. Spectrochim Acta, Part A,71(5): 1938-1943.

Li N, Ma Y, Yang C, et al. 2005a. Interaction of anticancer drug mitoxantrone with DNA analyzed by electrochemical and spectroscopic methods. Biophys Chem, 116(3): 199-205.

Li T, Ackermann D, Hall A M, et al. 2012c. Input-dependent induction of oligonucleotide structural motifs for performing molecular logic. J Am Chem Soc, 134(7): 3508-3516.

Li T, Dong S J, Wang E K. 2009a. G-Quadruplex aptamers with peroxidase-like DNAzyme functions: Which is the best and how does it work. Chem-Asian J, 4(6): 918-922.

Li T, Shi L, Wang E K, et al. 2009b. Multifunctional G-Quadruplex aptamers and their application to protein detection. Chem Eur J, 15(4): 1036-1042.

Li T, Wang E K, Dong S J. 2009c. Potassium-lead-switched G-Quadruplexes: A new class of DNA logic gates. J Am Chem Soc, 131(42): 15082-15083.

Li T, Wang E K, Dong S J. 2010c. Lead (II)-induced allosteric G-Quadruplex DNAzyme as a colorimetric and chemiluminescence sensor for highly sensitive and selective Pb^{2+} detection. Anal Chem, 82(4): 1515-1520.

Li W Y, Xu J G, Guo X Q, et al. 1997. Study on the interaction between rivanol and DNA and its application to DNA assay. Spectrochim Acta, Part A, 53(5): 781-787.

Li X H, Zhou Y, Sutherland T C, et al. 2005. Chip-based microelectrodes for detection of single-nucleotide mismatch. Anal Chem, 77(17): 5766-5769.

Li Z, Niu T, Zhang Z, et al. 2011. Exploration of the specific structural characteristics of thiol-modified single-stranded DNA self-assembled monolayers on gold by a simple model. Biosens Bioelectron, 26(11): 4564-4570.

Liang G, Li X H, Liu X H. 2013a. Electrochemical detection of 9-hydroxyfluorene based on the direct interaction with hairpin DNA. Analyst, 138(4): 1032-1037.

Liang G, Liu X H, Li X H. 2013b. Highly sensitive detection of α -naphthol based on G-DNA modified gold electrode by electrochemical impedance spectroscopy. Biosens Bioelectron, 45(15): 46-51.

Lin Z Z, Li X H, Kraatz H B. 2011a. Impedimetric immobilized-DNA based sensor for simultaneous detection of Pb^{2+}, Ag^{+} and Hg^{2+}. Anal Chem, 83(17): 6896-6901.

Lin Z, Chen Y, Li X, et al. 2011b. Pb^{2+} induced DNA conformational switch from hairpin to G-quadruplex: Electrochemical detection of Pb^{2+}. Analyst, 136(11): 2367-2372.

Lisdat F, Schfer D. 2008. The use of electrochemical impedance spectroscopy for biosensing. Anal Bioanal Chem, 391(5): 1555-1567.

Liu J, Yuan X, Gao Q, et al. 2012a. Ultrasensitive DNA detection based on coulometric measurement of enzymatic silver deposition on gold nanoparticle-modified screen-printed carbon electrode. Sensor Actuat B: Chem, 162(1): 384-390.

Liu L, Liang Z, Li Y. 2012b. Label free, highly sensitive and selective recognition of small molecule using gold surface confined aptamers. Solid State Sci, 14(8): 1060-1063.

Liu S J, Nie H G, Jiang J H, et al. 2009. Electrochemical sensor for mercury(II) based on conformational switch mediated by interstrand cooperative coordination. Anal Chem, 81(14): 5724-5730.

Liu Y, Irving D, Qiao W, et al. 2011. Kinetic mechanisms in morpholino-DNA surface hybridization. J Am Chem Soc, 133: 11588-11596.

Liu Y, Ren J, Qin Y, et al. 2012c. An aptamer-based keypad lock system. Chem Commun, 48(6): 802-804.

Long Y T, Li C Z, Kraatz H B, et al. 2003. AC impedance spectroscopy of native DNA and M-DNA. Biophys J, 84(5): 3218-3225.

Lu C H, Wang F, Willner I. 2012. Zn^{2+}-Ligation DNAzyme-Driven enzymatic and nonenzymatic cascades for the amplified detection of DNA. J Am Chem Soc, 134(25): 10651-10658.

Luan T, Fang S, Zhong Y, et al. 2007. Determination of hydroxy metabolites of polycyclic aromatic hydrocarbons by fully automated solid-phase microextraction derivatization and gas chromatography-mass spectrometry. J Chromatogr A, 1173(1-2): 37-43.

Luan T G, Yu K S H, Zhong Y, et al. 2006. Study of metabolites from the degradation of polycyclic aromatic hydrocarbons (PAHs) by bacterial consortium enriched from mangrove sediments. Chemosphere, 65(11): 2289-2296.

Luo Y, Zhang Y, Xu L, et al. 2012. Colorimetric sensing of trace UO_2^{2+} by using nanogold-seeded nucleation amplification and label-free DNAzyme cleavage reaction. Analyst, 137(8): 1866-1871.

Luthy R, Dzombak D, Peters C, et al. 1994. Remediating tar-contaminated soils at manufactured gas plant sites. Environ Sci Technol, 28(6): 266A-276A.

Ma D L, Kwan M H T, Chan D S H, et al. 2011. Crystal violet as a fluorescent switch-on probe for i-motif: Label-free DNA-based logic gate. Analyst, 136(13): 2692-2696.

Ma L, Chu S, Wang X, et al. 2005. Polycyclic aromatic hydrocarbons in the surface soils from outskirts of Beijing, China. Chemosphere, 58(10): 1355-1363.

Maalouf R, Fournier-Wirth C, Coste J, et al. 2007. Label-free detection of bacteria by electrochemical impedance spectroscopy: comparison to surface plasmon resonance. Anal Chem, 79(13): 4879-4886.

Mallakin A, George Dixon D, Greenberg B M. 2000. Pathway of anthracene modification under simulated solar radiation. Chemosphere, 40(12): 1435-1441.

Marco M P, Chiron S, Gascón J, et al. 1995. Validation of two immunoassay methods for environmental monitoring of carbaryl and 1-naphthol in ground water samples. Anal Chim Acta, 311(3): 319-329.

Mascini M, Palchetti I, Marrazza G. 2001. DNA electrochemical biosensors. Fresenius J Anal Chem, 369: 15-22.

Mattarozzi M, Musci M, Careri M, et al. 2009. A novel headspace solid-phase microextraction method using in situ derivatization and a diethoxydiphenylsilane fibre for the gas chromatography-mass spectrometry determination of urinary hydroxy polycyclic aromatic hydrocarbons. J Chromatogr A, 1216(30): 5634-5639.

Merlo F, Andreassen A, Weston A, et al. 1998. Urinary excretion of 1-hydroxypyrene as a marker for exposure to urban air levels of polycyclic aromatic hydrocarbons. Cancer Epidem Biomar, 7(2): 147-155.

Millan K M, Saraullo A, Mikkelsen S R. 1994. Voltammetric DNA biosensor for cystic fibrosis based on a modified carbon paste electrode. Anal Chem, 66(18): 2943-2948.

Mulchandani A, Bassi A S. 1995. Principles and applications of biosensors for bioprocess monitoring and control. Crit Rev Biotechnol, 15(2): 105-124.

Munde M, Kumar A, Nhili R, et al. 2010. DNA minor groove induced dimerization of heterocyclic cations: Compound structure, binding affinity and specificity for a TTAA Site. J Mol Biol, 402: 847-864.

Mundt M, Hollender J. 2005. Simultaneous determination of NSO-heterocycles, homocycles and their metabolites in groundwater of tar oil contaminated sites using LC with diode array UV and fluorescence detection. J Chromatogr A, 1065(2): 211-218.

Munteanu F D, Lindgren A, Emnéus J, et al. 1998. Bioelectrochemical monitoring of phenols and aromatic amines in flow injection using novel plant peroxidases. Anal Chem, 70(13): 2596-2600.

Nelson K E, Ihms H E, Mazumdar D, et al. 2012. The importance of peripheral sequences in determining the metal selectivity of an in vitro-selected Co^{2+}-dependent DNAzyme. Chem Bio Chem, 13(3): 381-391.

Pan S, Rothberg L. 2005. Chemical control of electrode functionalization for detection of DNA hybridization by electrochemical impedance spectroscopy. Langmuir, 21(3): 1022-1027.

Pang D W, Abruña H D.1998. Micromethod for the Investigation of the Interactions between DNA and Redox-Active Molecules. Anal Chem,70:3162-3169.

Pasternack R, Gibbs E, Villafranca J. 1983. Interactions of porphyrins with nucleic acids. Biochemistry, 22(23): 5409-5417.

Patolsky F, Lichtenstein A, Willner I. 2001. Detection of single-base DNA mutations by enzyme-amplified electronic transduction. Nat Biotechnol, 19(3): 253-257.

Pavlov V, Xiao Y, Gill R, et al. 2004. Amplified chemiluminescence surface detection of DNA and telomerase activity using catalytic nucleic acid labels. Anal Chem, 76(7): 2152-2156.

Pelossof G, Tel-Vered R, Willner I. 2012. Amplified surface plasmon resonance and electrochemical detection of Pb^{2+}ions using the Pb^{2+}-dependent DNAzyme and hemin/G-Quadruplex as a label. Anal Chem, 84(8): 3703-3709.

Pereg D, Robertson L W, Gupta R C. 2002. DNA adduction by polychlorinated biphenyls: Adducts derived from hepatic microsomal activation and from synthetic metabolites. Chem-Bio Interact, 139: 129-144.

Pinheiro H M, Touraud E, Thomas O. 2004. Aromatic amines from azo dye reduction: Status review with emphasis on direct UV spectrophotometric detection in textile industry wastewaters. Dyes Pigments, 61(2): 121-139.

Pividori M, Merkoci A, Alegret S. 2000. Electrochemical genosensor design: Immobilisation of oligonucleotides onto transducer surfaces and detection methods. Biosens Bioelectron, 15(5-6): 291-303.

Poirier M C. 2004. Chemical-induced DNA damage and human cancer risk. Nat Rev Cancer, 4(8): 630-637.

Prabhakar N, Arora K, Singh S, et al. 2007. Polypyrrole-polyvinyl sulphonate film based disposable nucleic acid biosensor. Anal Chim Acta, 589(1): 6-13.

Preuss R, Angerer J. 2004. Simultaneous determination of 1-and 2-naphthol in human urine using on-line clean-up column-switching liquid chromatography-fluorescence detection. J Chromatogr B, 801(2): 307-316.

Qiao Y, Deng J, Jin Y, et al. 2012. Identifying G-quadruplex-binding ligands using DNA-functionalized gold nanoparticles. Analyst, 137(7): 1663-1668.

Radi A E, O'Sullivan C K. 2006. Aptamer conformational switch as sensitive electrochemical biosensor for potassium ion recognition. Chem Commun, 42(32): 3432-3434.

Rahman K M, Mussa V, Narayanaswamy M, et al. 2008. Observation of a dynamic equilibrium between DNA hairpin and duplex forms of covalent adducts of a minor groove binding agent. Chem Commun, (2): 227-229.

Rauf S, Gooding J, Akhtar K, et al. 2005. Electrochemical approach of anticancer drugs-DNA interaction. J Pharmaceut Biomed Anal, 37(2): 205-217.

Relyea R A, Mills N. 2001. Predator-induced stress makes the pesticide carbaryl more deadly to gray treefrog tadpoles (Hyla versicolor). PNAS, 98(5): 2491-2496.

Romanelli G P, Villabrille P I, Vazquez, et al. 2008. Phenol and naphthol oxidation to quinones with hydrogen peroxide using vanadium-substituted Keggin heteropoly acid as catalyst. Lett Org Chem, 5(5): 332-335.

Rusling J F, Hvastkovs E, Schenkman J B. 2009. Screening for reactive metabolites using genotoxicity arrays and enzyme/DNA biocolloids. Drug Metabolism Handbook: Concepts and Applications.

Sancho J, Cabanes R, López F, et al. 2003. Direct determination of 1-naphthol in human urine by coupled-column liquid chromatography with fluorescence detection. Chromatographia, 58(9): 565-569.

Sassolas A, Leca-Bouvier B, Blum L. 2008. DNA biosensors and microarrays. Chem Rev, 108(1): 109-139.

Sepic E, Bricelj M, Leskovsek H. 2003. Toxicity of fluoranthene and its biodegradation metabolites to aquatic organisms. Chemosphere, 52(7): 1125-1133.

Shamsi M H, Kraatz H B. 2011. The effects of oligonucleotide overhangs on the surface hybridization in DNA films: An impedance study. Analyst, 136: 3107-3112.

Smith C J, Walcott C J, Huang W, et al. 2002. Determination of selected monohydroxy metabolites of 2-, 3-and 4-ring polycyclic aromatic hydrocarbons in urine by solid-phase microextraction and isotope dilution gas chromatography-mass spectrometry. J Chromatogr B, 778(1-2): 157-164.

Strekowski L, Wilson B. 2007. Noncovalent interactions with DNA: An overview. Mutat Res, 623(1): 3-13.

Sui B, Li L, Jin W. 2011. An ultra-sensitive DNA assay based on single-molecule detection coupled with hybridization accumulation and its application. Analyst, 136: 3950-3955.

Sun H, Li X, Li Y, et al. 2012. A novel colorimetric potassium sensor based on the substitution of lead from G-quadruplex. Analyst, 138(3): 856-862.

Takenaka S, Yamashita K, Takagi M, et al. 2000. DNA sensing on a DNA probe-modified electrode using ferrocenylnaphthalene diimide as the electrochemically active ligand. Anal Chem, 72(6): 1334-1341.

Tanious F A, Jenkins T C, Neidle S, et al. 1992. Substituent position dictates the intercalative DNA-binding mode for anthracene-9, 10-dione antitumor drugs. Biochemistry, 31(46): 11632-11640.

Toriba A, Chetiyanukornkul T, Kizu R, et al. 2003. Quantification of 2-hydroxyfluorene in human urine by column-switching high performance liquid chromatography with fluorescence detection. Analyst, 128(6): 605-610.

Turesky R J. 2002. Heterocyclic aromatic amine metabolism, DNA adduct formation, mutagenesis, and carcinogenesis. Drug Metab Rev, 34(3): 625-650.

Turesky R J, Le Marchand L. 2011. Metabolism and biomarkers of heterocyclic aromatic amines in molecular epidemiology studies: Lessons learned from aromatic amines. Chem Res Toxicol, 24: 1169-1214.

Vaghef H, Wisén A, Hellman B. 1996. Demonstration of benzo (a) pyrene-induced DNA damage in mice by alkaline single cell gel electrophoresis: Evidence for strand breaks in liver but not in lymphocytes and bone marrow. Pharmacol Toxicol, 78(1): 37-43.

Vaidyanathan V G, Cho B P. 2012. Sequence effects on translesion synthesis of an aminofluorene-DNA adduct: Conformational, thermodynamic, and primer extension kinetic studies. Biochemistry, 51(9): 1983-1995.

Van de Wiele T R, Peru K M, Verstraete W, et al. 2004. Liquid chromatography-mass spectrometry analysis of hydroxylated polycyclic aromatic hydrocarbons, formed in a simulator of the human gastrointestinal tract. J Chromatogr B, 806(2): 245-253.

Vione D, Barra S, de Gennaro G, et al. 2004. Polycyclic aromatic hydrocarbons in the atmosphere: Monitoring, sources, sinks and fate Ⅱ: Sinks and fate. Annali Di Chimica, 94(4): 257-268.

Voityuk A. 2006. Estimation of electronic coupling in π-stacked donor-bridge-acceptor systems: Correction of the two-state model. Journal of Chemical Physics, 124: 64505.

Vyskocil V, Labuda J, Barek J. 2010. Voltammetric detection of damage to DNA caused by nitro derivatives of fluorene using an electrochemical DNA biosensor. Anal Bioanal Chem, 397(1): 233-241.

Wang B, Jansson I, Schenkman J, et al. 2005. Evaluating enzymes that generate genotoxic benzo［a］pyrene metabolites using sensor arrays. Anal Chem, 77(5): 1361-1367.

Wang C, Zhao J, Zhang D, et al. 2009a. Detection of DNA damage induced by hydroquinone and catechol using an electrochemical DNA biosensor. Australian J Chem, 62(9): 1181-1184.

Wang J, Rivas G, Luo D, et al. 1996. DNA-modified electrode for the detection of aromatic amines. Anal Chem, 68(24): 4365-4369.

Wang L R, Wang Y, Chen J W, et al. 2009b. A structure-based investigation on the binding interaction of hydroxylated polycyclic aromatic hydrocarbons with DNA. Toxicol, 262(3): 250-257.

Wang L S. 2004. Chemistry of Organic Pollutants. Beijing: Higher Education Press.

Wang Q, Zhi F, Wang W, et al. 2009c. Direct electron transfer of thiol-derivatized tetraphenylporphyrin assembled on gold electrodes in an aqueous solution. J Phys Chem C, 113: 9359-9367.

Wang W, Jin Y, Zhao Y, et al. 2013. Single-labeled hairpin probe for highly specific and sensitive detection of lead (Ⅱ) based on the fluorescence quenching of deoxyguanosine and G-quartet. Biosens Bioelectron, 41(15): 137-142.

Wang Y, Wang J, Yang F, et al. 2010. Spectrophotometric detection of lead (Ⅱ) ion using unimolecular peroxidase-like deoxyribozyme. Microchim Acta, 171(1): 195-201.

Wartell R M, Larson J E, Wells R D. 1974. Netropsin. A specific probe for A-tregions of duplex deoxyribonucleic acid. J Chem Biol, 249(21): 6719-6731.

Wasalathanthri D P, Mani V, Tang C K, et al. 2011. Microfluidic electrochemical array for detection of reactive metabolites formed by cytochrome P450 enzymes. Anal Chem, 83(24): 9499-9506.

Weiss T, Angerer J. 2002. Simultaneous determination of various aromatic amines and metabolites of aromatic nitro compounds in urine for low level exposure using gas chromatography-mass spectrometry. J Chromatogr B, 778(1-2): 179-192.

Willner I, Shlyahovsky B, Zayats M, et al. 2008. DNAzymes for sensing, nanobiotechnology and logic gate applications. Chem Soc Rev, 37(6): 1153-1165.

Wilson A S, Davis C D, Williams D P, et al. 1996. Characterisation of the toxic metabolite (s) of naphthalene. Toxicol, 114(3): 233-242.

Wilson W D, Jones R L, Whittingham M S. 1982. Intercalation Chemistry. New York: Academic Press.

Wing R, Drew H, Takano T, et al. 1980. Crystal structure analysis of a complete turn of B-DNA. Nature, 287: 755-758.

Won B Y, Shin S, Fu R Z, et al. 2011. A one-step electrochemical method for DNA detection that utilizes a peroxidase-mimicking DNAzyme amplified through PCR of target DNA. Biosens Bioelectron, 30(1): 73-77.

Wu H, Xue Y, You Q, et al. 2009. Analysis of pyrolysis components of biomass tar by GC-MS. Chem Eng Oil Gas, 38(1): 72-77.

Wu L D, Lu X, Jin J B, et al. 2011. Electrochemical DNA biosensor for screening of chlorinated benzene pollutants. Biosens Bioelectron, 26(10): 4040-4045.

Yan J, Wang L, Fu P P, et al. 2004. Photomutagenicity of 16 polycyclic aromatic hydrocarbons from the US EPA priority pollutant list. Mutat Res, 557(1): 99-108.

Yang Z, Zhang D, Long H, et al. 2008. Electrochemical behavior of gallic acid interaction with DNA and detection of damage to DNA. J Electroanal Chem, 624(1-2): 91-96.

Yazdi A S, Es' haghi Z. 2005. Liquid-liquid-liquid phase microextraction of aromatic amines in water using crown ethers by high-performance liquid chromatography with monolithic column. Talanta, 66(3): 664-669.

Yin C, Jiang X, Yang X, et al. 2008. Polycyclic aromatic hydrocarbons in soils in the vicinity of Nanjing, China. Chemosphere, 73(3): 389-394.

Yin H. 2012. Amplified electrochemical micro RNA biosensor using hemin-G-quadruplex complex as the sensing element. Analyst, 27: 7140-7145.

Yola M L, Özaltin N. 2011. Electrochemical studies on the interaction of an antibacterial drug nitrofurantoin with DNA. J Electroanal Chem, 653: 56-60.

Zhai J, Cui H, Yang R. 1997. DNA based biosensors. Biotechnol Adv, 15(1): 43-58.

Zhang B T, Guo L H. 2012. Highly sensitive and selective photoelectrochemical DNA sensor for the detection of Hg^{2+} in aqueous solutions. Biosens Bioelectron, 37(1): 112-115.

Zhang J, Gao Q L, Chen P P, et al. 2011. A novel Tb^{3+}-promoted G-quadruplex-hemin DNAzyme for the development of label-free visual biosensors. Biosens Bioelectron, 26(10): 4053-4057.

Zhang L, Zhu J, Ai J, et al. 2012a. Label-free G-quadruplex-specific fluorescent probe for sensitive detection of copper (Ⅱ) ion. Biosens Bioelectron, 39: 268-273.

Zhang Q, Cai Y, Li H, et al. 2012b. Sensitive dual DNAzymes-based sensors designed by grafting self-blocked G-quadruplex DNAzymes to the substrates of metal ion-triggered DNA/RNA-cleaving DNAzymes. Biosens Bioelectron, 38(1): 331-336.

Zhang Z, Huang J, Yu G, et al. 2004. Occurrence of PAHs, PCBs and organochlorine pesticides in the Tonghui River of Beijing, China. Environ Pollut, 130(2): 249-261.

Zhang Z, Sharon E, Freeman R, et al. 2012c. Fluorescence detection of DNA, adenosine-5′ -triphosphate (ATP), and telomerase activity by zinc(Ⅱ)-protoporphyrin IX/G-Quadruplex labels. Anal Chem, 84(11): 4789-4797.

Zhang Z, Yin J, Wu Z, et al. 2013. Electrocatalytic assay of mercury (Ⅱ) ions using a bifunctional oligonucleotide signal probe. Anal Chim Acta, 762: 47-53.

Zhao J, Hu G Z, Yang Z S, et al. 2007. Determination of 1-naphthol with denatured DNA-modified pretreated glassy carbon electrode. Anal Lett, 40(3): 459-470.

Zhou L, Yang J, Estavillo C, et al. 2003. Toxicity screening by electrochemical detection of DNA damage by metabolites generated in situ in ultrathin DNA-enzyme films. J Am Chem Soc, 125(5): 1431-1436.

Zhou X H, Kong D M, Shen H X. 2010. G-quadruplex-hemin DNAzyme-amplified colorimetric detection of Ag^+

ion. Anal Chim Acta, 678(1): 124-127.

Zhou Z, Zhu J, Zhang L, et al. 2013. G-quadruplex-based fluorescent assay of S1 nuclease activity and K$^+$. Anal Chem, 85(4): 2431-2435.

Zhu G, Gai P, Wu L, et al. 2012. β-cyclodextrin-platinum nanoparticles/graphene nanohybrids: Enhanced sensitivity for electrochemical detection of naphthol isomers. Chem-Asian J, 7(4): 732-737.

Zhuang J, Fu L, Tang D, et al. 2013. Target-induced structure-switching DNA hairpins for sensitive electrochemical monitoring of mercury (Ⅱ). Biosens Bioelectron, 39(1): 315-319.